数字电路的逻辑分析与设计

彭建朝　编著

北京工业大学出版社

内容简介

本书结合现代数字系统设计技术的发展，系统地介绍了数字电路逻辑分析与设计的基本理论、基本方法以及基于硬件描述语言 Verilog HDL 的建模技术等。

全书共有8章。第1章～第3章讲述数字逻辑的理论基础，包括数制、码制、逻辑代数基础以及硬件描述语言基础等；第4章介绍了组合电路中常用逻辑功能电路的设计思想、分析方法、Verilog HDL 建模方法以及 MSI 器件的应用；第5章～第8章在分析锁存器、触发器工作原理和逻辑特性的基础上，讨论了同步时序电路的分析方法与设计技术，特别是同步时序电路的 Verilog HDL 建模技术。

本书可作为计算机科学与技术、自动控制、电子信息等专业的本科生教材，也可作为数字系统设计相关技术人员学习 Verilog HDL 建模方法的参考书。

图书在版编目（CIP）数据

数字电路的逻辑分析与设计/彭建朝编著. —北京:北京工业大学出版社，2009.6 重印

ISBN 978-7-5639-1822-5

Ⅰ. 数… Ⅱ. 彭… Ⅲ. 数子电路-逻辑设计-高等学校-教材 Ⅳ. TN79

中国版本图书馆 CIP 数据核字（2007）第 117577 号

数字电路的逻辑分析与设计

彭建朝　编著

*

北京工业大学出版社出版发行

邮编：100022　　电话：（010）　67392308

各地新华书店经销

徐水宏远印刷有限公司印刷

*

2007年9月第1版　2009年6月第2次印刷

787mm × 1092mm　16开本　18印张　443千字

印数：3001~6000册

ISBN 978-7-5639-1822-5/G·890

定价：28.00元

前　言

目前，在数字系统的工程设计中，已广泛采用基于硬件描述语言（HDL）、电子设计自动化（EDA）平台和可编程逻辑器件（PLD）的现代数字系统设计技术，而基于特定功能集成电路器件“搭积木”式的传统设计技术正在成为历史。因此，以数字电路的分析、设计和应用为主要教学内容的“数字逻辑”课程，必须改革陈旧的以中、小规模集成电路为核心的教学内容、教学方法和实验手段，引入基于硬件描述语言的“自主”芯片设计方法和以“自主”芯片为核心的数字电路设计技术，强化基于EDA平台的实验环节，才能适应现代数字系统设计技术发展的要求，并为后续课程（数字系统设计、计算机组成原理、微机接口技术、计算机体系结构以及嵌入式工程方法等）的学习打下坚实的基础。

《数字电路的逻辑分析与设计》是教学改革、“精品课程建设”中数字逻辑课程的配套教材。具有以下突出特点：

1. 在确保基本知识、基本理论、基本分析方法和基本设计方法的前提下，以逻辑分析和逻辑设计为主线，对传统的教学内容进行了优化、精简。例如，删除了逻辑函数化简中的Q-M法；淡化了多输出逻辑函数的化简；删除了不完全给定同步时序电路的状态化简；淡化了状态分配以及基于JK触发器设计的激励表法、卡诺图分区法。另外，由于硬件描述语言的模块化设计方法可以将异步时序电路的设计转化为同步时序电路设计，因此本书没有涉及异步时序电路的分析与设计等内容。

2. 在组合电路、同步时序电路的分析与设计中，合理渗透现代数字系统设计技术的新概念、新理论、新方法和新技术，并全面引入硬件描述语言——Verilog HDL建模技术。本书专门用一章的篇幅讲述面向可综合逻辑电路的Verilog HDL基础知识、语法规范以及门级描述、数据流描述、行为描述等建模方法。在讲述数字电路的基本分析方法的基础上，讨论了如何对以中、小规模逻辑器件构成的组合电路、同步时序电路进行逻辑抽象并转化为Verilog HDL模型；在讲述采用中、小规模逻辑器件构造组合电路、同步时序电路的基本设计技术的同时，更侧重讨论基于Verilog HDL的建模技术和方法。其目的在于，吸收传统分析方法和设计技术的精华，摆脱传统逻辑器件的束缚，适应现代数字系统设计的要求，培养创新意识和“自主”芯片的设计能力。

3. 数字逻辑课程具有较强的实践性特征。为此，本书中所有Verilog HDL模型均在EDA设计平台上进行了仿真验证，并给出了相当数量的仿真波形，以加深对设计描述的理解。另外，通过与“数字逻辑实验”课的紧密结合，可在理论学习的基础上，进一步培养学生动手能力，建立电路物理实现的真实感受，激发数字系统硬件设计与研究的兴趣。

4. 本书的每章都有本章小结和思考题。在对本章知识点进行总结归纳的基础上，通过思考题达到发散性思维和自主性学习的目的。

本书共分8章。

第1、2章是数字逻辑的基础部分，讨论了数字系统设计必备的数制与码制、逻辑代数基础等。主要内容有十进制、二进制、八进制和十六进制数之间的转换；带符号二进制数的机内表示（原码、反码、补码）；常用BCD码；可靠性编码；逻辑代数的基本概念、基本定理和规则；逻辑函数的基本表达形式以及逻辑函数的卡诺图化简法等。

第3章讲述了面向可综合逻辑设计的Verilog HDL基础知识。包括模块的概念、基本语法、行为语句以及三种基本描述方式——门级结构描述、数据流描述和行为描述。其中的行为描述是讨论的重点。关于Verilog HDL的其他建模技术放在数字系统设计课程中讲述。

第4章是组合电路的逻辑分析与设计。在组合电路的逻辑分析中，除介绍基于逻辑门、常用逻辑器件的组合电路的分析方法外，进一步讨论了如何对电路功能进行逻辑抽象并转换为Verilog HDL模型；在组合电路的逻辑设计中，讲述了加法器、比较器、编码器、译码器、数据选择器、数据分配器、奇偶校验器等常用组合电路的设计思想、设计方法、MSI器件以及Verilog HDL建模方法。最后讨论了组合电路中的险象问题。

第5章介绍时序电路中的双稳态元件——锁存器与触发器。从发现问题、分析问题和解决问题的角度，重点讨论RS锁存器、D锁存器、JK锁存器、主从JK触发器、边沿JK触发器、边沿D触发器的外部逻辑功能、触发方式以及Verilog HDL模型，而对内部电路结构仅作简单介绍。

第6章为同步时序电路的分析。通过时序电路的结构模型，建立相关的概念；给出同步时序电路的分析方法，并对基于触发器的同步时序电路进行实例分析，同时讨论如何建立与其对应的Verilog HDL模型；还研究了时序电路中的“挂起”现象及消除方法。

第7章讲述了计数器、寄存器、移位寄存器、移位寄存器型计数器、节拍分配器和序列信号发生器等典型同步时序电路的设计方法、Verilog HDL模型以及有关MSI时序器件的应用。

第8章重点讨论一般同步时序电路设计中原始状态图的建立、状态的化简以及状态的分配，并给出了完整的设计实例。

每章的最后都有一定数量的习题，以便加深对基本知识、基本理论、基本分析方法、基本设计方法和Verilog HDL建模技术的理解。习题数量较大，有些习题具有一定难度，为教学提供了一定的选择余地。

近年来，在计算机学院领导的支持下，数字逻辑课程的教育教学改革稳步进行、不断深入，不但为课程组创造了充分的研究、实验条件，而且在实验中心建立了先进的EDA实验室。系统结构系的诸位教授亲自组织、指导数字逻辑课程建设的各个环节，包括课程大纲的修订与完善、课程内容的优化、教材的编写以及与“数字逻辑实验”课程、后续课程的衔接等。

在本书的编写过程中，得到了课程组许向众、宗德忠、游周密、贾熹滨、孙丽君和魏坚华等各位教师的大力支持，他们的教学实践与经验为作者提供了极大的帮助。许向众高级工程师对全书进行了通阅，并提出了宝贵的意见和建议。在此一并表示衷心的感谢。

还要感谢实验中心韩德强主任对数字逻辑课程建设的全力支持与配合。

限于作者的水平与经验，书中的疏漏之处敬请广大读者批评指正。

彭建朝

2007年4月于北京工业大学

目　　录

第1章 数制和码制

【本章内容】 本章主要介绍数字系统中数的基本表示方法。首先讨论现实世界中不同的进位计数制及其相互之间的转换；然后讨论带符号二进制数在计算机中的表示方法——原码、反码和补码。另外，本章还介绍了数字系统中几种常用的编码，包括十进制数字符号的常用编码、可靠性编码以及字符编码。

1.1 进位计数制

所谓进位计数制，就是按照某种进位方式实现计数的一种规则，简称进位制。

在现实世界中，人们最熟悉、普遍采用的进位制是十进制。在十进制中，采用了0、1、2、3、4、5、6、7、8、9十个数字符号和一个小数点符号“.”；遵循“逢十进一”的计数规则，这里的“十”是进位制的基数；数字符号在不同的位置代表着不同的数值，即不同的数位具有不同的权值，称为位权。例如十进制数845.13可以表示为如下形式：

$$(845.13)_{10}=8\times10^2+4\times10^1+5\times10^0+1\times10^{-1}+3\times10^{-2}$$

上式左侧表示形式称为位置表示法（位置计数法、并列表示法）；右侧表示形式称为按权展开式（多项式表示法），其中 10^2、10^1、10^0、10^{-1}、10^{-2} 即为数字符号所在位置的位权。

对于任意一个十进制数 N，其位置表示法为

$$(N)_{10}=(K_{n-1}K_{n-2}\cdots K_1K_0.K_{-1}K_{-2}\cdots K_{-m})_{10} \tag{1.1}$$

对于任意一个十进制数 N，其多项式表示法为

$$\begin{aligned}(N)_{10}= & K_{n-1}10^{n-1}+K_{n-2}10^{n-2}+\cdots+K_1 10^1+K_0 10^0+\\ & K_{-1}10^{-1}+K_{-2}10^{-2}+\cdots+K_{-m}10^{-m}=\\ & \sum_{i=-m}^{n-1}K_i 10^i\end{aligned} \tag{1.2}$$

在式（1.1）和式（1.2）中，n 表示整数部分的位数；m 表示小数部分的位数；K_i 表示十进制中的任意一个数字符号，$0\leqslant K_i\leqslant 9$；10表示基数；$10^i$ 表示第 i 位的位权。

由上面对十进制数的讨论，可以推断出任意 R 进制数的共有规律：

（1）具有 R 个数字符号：0、1、2、…、$R-1$；

（2）具有小数点符号“.”；

(3) 遵循“逢 R 进一”的计数规则，“R”——进位制的基数；

(4) 不同的数位具有不同的权值——位权 R^i。

因此，任意 R 进制的数可表示为

$$(N)_R=(K_{n-1}K_{n-2}\cdots K_1K_0.K_{-1}K_{-2}\cdots K_{-m})_R=\sum_{i=-m}^{n-1}K_iR^i \tag{1.3}$$

式（1.3）中，N 为所要表示的数；R 表示进位制的基数；n 表示整数部分的位数；m 表示小数部分的位数；K_i 表示 R 进制中的任意一个数字符号，$0\leqslant K_i\leqslant R-1$；$R^i$ 表示第 i 位的位权。

例如：二进制（$R=2$），只有 0 和 1 两个数字符号，逢二进一；八进制（$R=8$），有 8 个数字符号，即 0、1、2、3、4、5、6、7，逢八进一；而十六进制（$R=16$）中的数字符号有 0、1、2、3、4、5、6、7、8、9、A、B、C、D、E、F（注意：数字符号只能占一位，所以，十六进制中用 A～F 表示 10～15），逢十六进一。

表 1.1 是几种常用进位制下数的对照表。

表 1.1　不同进位制下数的对照

十进制	二进制	八进制	十六进制	十进制	二进制	八进制	十六进制
0	0	0	0	9	1001	11	9
1	1	1	1	10	1010	12	A
2	10	2	2	11	1011	13	B
3	11	3	3	12	1100	14	C
4	100	4	4	13	1101	15	D
5	101	5	5	14	1110	16	E
6	110	6	6	15	1111	17	F
7	111	7	7	16	10000	20	10
8	1000	10	8				

下面是几种进位制下数的按权展开式：

$$(254.29)_{10}=2\times10^2+5\times10^1+4\times10^0+2\times10^{-1}+9\times10^{-2}$$

$$(1011.1101)_2=1\times2^3+0\times2^2+1\times2^1+1\times2^0+1\times2^{-1}+1\times2^{-2}+0\times2^{-3}+1\times2^{-4}$$

$$(107.6)_8=1\times8^2+0\times8^1+7\times8^0+6\times8^{-1}$$

$$(10A.B9)_{16}=1\times16^2+0\times16^1+A\times16^0+B\times16^{-1}+9\times16^{-2}$$

有时也用 D（Decimal，十进制）、B（Binary，二进制）、O（Octal，八进制）、H（Hexdecimal，十六进制）作为下标或后缀来区分不同进位制的数。

例如：

$$(125)_{10}=(125)_D=125D$$

$$(10100)_2=(10100)_B=10100B$$

$$(307)_8=(307)_O=307O$$

$$(F0CA)_{16}=(F0CA)_H=F0CAH$$

在数字系统（机器世界）中，采用二进制来表示数并进行运算。这是因为二进制只有 0

和 1 两个数字符号，很容易用物理状态来表示；二进制的运算规则简单，便于进行算术运算；不仅可以节省设备，还便于用逻辑代数进行分析研究。

二进制的运算规则如下：

加法规则 0+0=0 0+1=1 1+0=1 1+1=0（进位为 1）

减法规则 0−0=0 0−1=1（借位为 1） 1−0=1 1−1=0

乘法规则 0×0=0 0×1=0 1×0=0 1×1=1

除法规则 0÷1=0 1÷1=1

当一个二进制数的位数很多时，书写和阅读不方便，容易出错。因此，常采用八进制或十六进制作为二进制的缩写形式。这就引出了不同进位制数之间的相互转换问题。

1.2 常用进位制之间的转换

将一个数从一种进位制表示形式转换成另一种进位制表示形式，称为数制转换。相互转换的原则是，转换前后两个数的整数部分和小数部分必定分别相等。下面介绍常用的十进制数、二进制数、八进制数和十六进制数之间的转换。

1.2.1 其他进制向十进制的转换

将二进制数、八进制数、十六进制数转换成十进制数的方法是：按权展开，对多项式进行算术求和，结果用十进制的位权表示法给出。

【例 1.1】 $(1011.1101)_2=(\ ?\ )_{10}$

解 $(1011.1101)_2=1\times2^3+1\times2^1+1\times2^0+1\times2^{-1}+1\times2^{-2}+1\times2^{-4}=$

$(8+2+1+1/2+1/4+1/16)_{10}=$

$(11+0.5+0.25+0.0625)_{10}=$

$(11.8125)_{10}$

【例 1.2】 $(10A.B9)_{16}=(\ ?\ )_{10}$

解 $(10A.B9)_{16}=1\times16^2+A\times16^0+B\times16^{-1}+9\times16^{-2}=$

$(256+10+11/16+9/256)_{10}\approx$

$(266+0.6875+0.035156)_{10}=$

$(266.722656)_{10}$

【例 1.3】 $(25.67)_8=(\ ?\ )_{10}$

解 $(25.67)_8=2\times8^1+5\times8^0+6\times8^{-1}+7\times8^{-2}=$

$(16+5+6/8+7/64)_{10}\approx$

$(21.8594)_{10}$

1.2.2 十进制向其他进制的转换

按照若两数相等，则它们的整数部分和小数部分分别相等的转换思路，用除以基数取余数的方法对整数部分进行转换；用乘以基数取整数的方法对小数部分进行转换。

整数部分的转换采用“除基取余”法。即用目标数制的基数（R）去除十进制数，第一次相除所得的余数是目的数的最低位（K_0），将所得的商再除以该基数，所得的余数为目的数的次低位（K_1），重复上述过程，直到商为“0”，所得的余数为目的数的最高位（K_{n-1}）。

小数部分的转换采用“乘基取整”法。即用该小数乘以目标数制的基数（R），第一次相乘结果的整数部分为目的数的最高位（K_{-1}），将其小数部分再乘以该基数，所得结果的整数部分为目的数的次高位（K_{-2}），重复上述过程，直到乘积的小数部分为“0”或满足要求的精度为止（即根据设备字长限制，取有限位的近似值），所得结果的整数部分为目的数的最低位（K_{-m}）。

下面以十进制数转换成二进制数为例进行说明。

【例 1.4】 $(28.44)_{10}=(\ ?\ )_2$，精确到小数点后 5 位。

解 对整数部分和小数部分分别转换。

整数部分：除以 2 取余

$$
\begin{array}{lll}
28/2=14\cdots\cdots \text{余}0 & & \text{低位 } K_0 \\
14/2=7\cdots\cdots & 0 & \\
7/2=3\cdots\cdots & 1 & \\
3/2=1\cdots\cdots & 1 & \\
1/2=0\cdots\cdots & 1 & \text{高位 } K_4
\end{array}
$$

即
$$(28)_{10}=(11100)_2$$

小数部分：乘 2 取整

$$
\begin{array}{lll}
0.44\times2=0.88\cdots\cdots \text{取整}0 & & \text{高位 } K_{-1} \\
0.88\times2=1.76\cdots\cdots & 1 & \\
0.76\times2=1.52\cdots\cdots & 1 & \\
0.52\times2=1.04\cdots\cdots & 1 & \\
0.04\times2=0.08\cdots\cdots & 0 & \text{低位 } K_{-5}
\end{array}
$$

即
$$(0.44)_{10}\approx(0.01110)_2$$

答：$(28.44)_{10}\approx(11100.01110)_2$。

由例 1.4 可看出，整数部分总是能进行准确的转换，但对于小数部分不一定能准确转换，即存在一个转换精度问题。在进行小数转换时，究竟需要多少位才能保证原来的精度呢?

设 α 进制小数有 i 位，转换成 β 进制后，保证相同精度需要 j 位，此时应有

$$\alpha^{-i}=\beta^{-j}$$

等式两边同取对数，取正值，可得

$$i\lg\alpha=j\lg\beta$$

则
$$j=i\lg\alpha/\lg\beta$$

所以应取 j 为满足下列不等式的最小整数

$$j\geqslant i\lg\alpha/\lg\beta \tag{1.4}$$

例如，将 $(0.4071)_{10}$ 转换成八进制数时，$\alpha=10$，$i=4$，$\beta=8$，带入式（1.4）得

$$j\geqslant 4\lg(10)/\lg(8)=4.428$$

所以，应取 $j=5$。

1.2.3　二进制与八进制之间的转换

1 位八进制的 8 个数字符号与 3 位二进制的 8 种不同组合存在对应关系：

八进制数	0	1	2	3	4	5	6	7
二进制数	000	001	010	011	100	101	110	111

即：3 位二进制数可表示一个八进制数字符号或一个八进制数字符号可用 3 位二进制数表示。因此，二进制与八进制之间的转换很方便。

将二进制数转换成八进制数的方法是分组对应转换。以小数点为界，将二进制数的整数部分从低位开始，小数部分从高位开始，每 3 位分成一组，最后一组不足 3 位时，分别在整数的最高位前面和小数的最低位后面补“0”。然后，将每组的 3 位二进制数转换成对应的八进制数字符号。

【例 1.5】　$(11010111.0100111)_2=(\quad ?\quad)_8$

解　

二进制数	$\underline{011}$	$\underline{010}$	$\underline{111}$	.	$\underline{010}$	$\underline{011}$	$\underline{100}$
八进制数	3	2	7	.	2	3	4

所以，$(11010111.0100111)_2=(327.234)_8$

将八进制数转换成二进制数的方法是按位对应转换。将八进制数中的每一位数字符号表示成对应的 3 位二进制数，去掉首尾的“0”。

【例 1.6】　$(125.654)_8=(\quad ?\quad)_2$

解

八进制数	1	2	5	.	6	5	4
	↓	↓	↓		↓	↓	↓
二进制数	001	010	101	.	110	101	100

所以，$(125.654)_8=(1010101.1101011)_2$

1.2.4　二进制与十六进制之间的转换

1 位十六进制的 16 个数字符号与 4 位二进制的 16 种不同组合存在对应关系：

十六进制数	0	1	2	…	A	B	C	D	E	F
二进制数	0000	0001	0010	…	1010	1011	1100	1101	1110	1111

即：4 位二进制数可表示一个十六进制数字符号或一个十六进制数字符号可用 4 位二进制数表示。因此，二进制与十六进制之间的转换也很方便。

将二进制数转换成十六进制数的方法是分组对应转换。以小数点为界，将二进制数的整数部分从低位开始，小数部分从高位开始，每 4 位分成一组，最后一组不足 4 位时，分别在整数的最高位前面和小数的最低位后面补“0”。然后，将每组的 4 位二进制数转换成对应的十六进制数字符号。

【例 1.7】　$(11010111.0100111)_B=(\quad ?\quad)_H$

解

二进制数	$\underline{1101}$	$\underline{0111}$	.	$\underline{0100}$	$\underline{1110}$
十六进制数	D	7	.	4	E

所以，$(11010111.0100111)_B=(\text{D7.4E})_H$

将十六进制数转换成二进制数的方法是按位对应转换。将十六进制数中的每一位数字符号表示成对应的4位二进制数，去掉首尾的“0”。

【例1.8】 $(3A5.6)_H=(\ ?\ )_B$

解 十六进制数 3 A 5 . 6

↓ ↓ ↓ ↓

二进制数 0011 1010 0101 . 0110

所以，$(3A5.6)_H=(1110100101.011)_B$

八进制与十六进制之间的转换，通常以十进制或二进制作为中间的过渡进制，进行转换。例如：

$$(\text{A0.D})_{16}=(10100000.1101)_2=(240.64)_8$$

1.3 带符号二进制数的代码表示

前面讨论现实世界中常用进制的数及其转换时没有涉及符号，在机器世界中，是采用一组两种不同的状态（状态0和状态1）来表示二进制数的，且需考虑其符号。那么，一个带符号的二进制数在数字系统中是如何表示的呢?

1.3.1 真值与机器数

在现实世界中，通常用“＋”、“－”符号表示数的正、负。带“＋”、“－”符号的二进制数，称为真值。例如，$x_1=+0.101101$，$x_2=-100110$。可以看出，真值（带符号的二进制数）由符号部分和数值部分组成，真值X一般可表示成

$$X=\pm k_{n-1}k_{n-2}\cdots k_1k_0.k_{-1}k_{-2}\cdots k_{-m}$$

在数字系统中，存储信息的最小单位是“位”（bit），其“0”状态和“1”状态正好可以表示二进制的两个数字符号0和1；8位（8 bit）构成一个字节（Byte），可以用来存储二进制数值（单字节数）；若将真值的“＋”、“－”符号也用“0”、“1”状态来编码表示，则可以将带符号的二进制数存放到机器中，这时，所形成的代码称做机器数或机器码。显然，机器数也是由符号和数值两部分构成的，在符号部分用“0”表示“＋”，用“1”表示“－”。但由于设备的原因，机器数有字长的限制。在下面的示例中，均以一个字节作为字长（1位符号位，7位数值位）进行讨论。

设带符号的二进制数分别为

$$x_1=-0.01101=-0.0110100$$

$$x_2=+0.1011=+0.1011000$$

$$x_3=-101101=-0101101$$

$$x_4=+10011=+0010011$$

它们在数字系统中的表示如下：

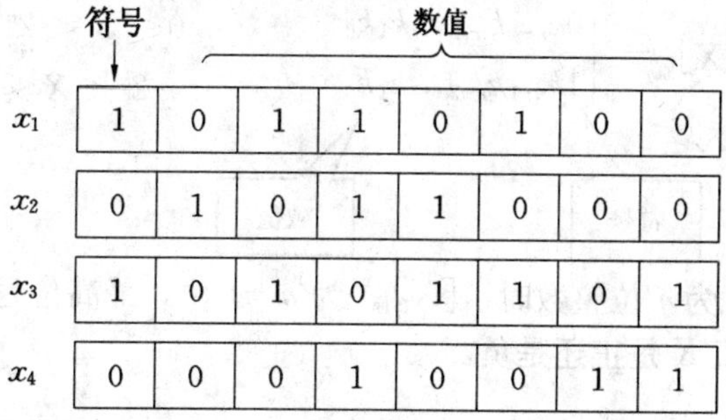

数的小数点是隐含表示的，整数时，小数点默认在数值位的最后面；小数时，小数点默认在数值位的最前面、符号位的后面。

根据数值部分在机器内存放形式的不同，机器数有多种表示形式，主要有原码、反码和补码。

1.3.2 原码

原码（True Form）又称符号—数值表示法。其符号位用状态“0”表示“＋”，用状态“1”表示“－”，而数值部分与真值的数值部分相同。

当真值 X 为小数（$\pm 0.k_{-1}k_{-2}\cdots k_{-m}$）时，它的原码表示为

$$[X]_{原}=\begin{cases}0.k_{-1}k_{-2}\cdots k_{-m} & 0\leqslant X<1\\ 1.k_{-1}k_{-2}\cdots k_{-m} & -1<X\leqslant 0\end{cases}$$

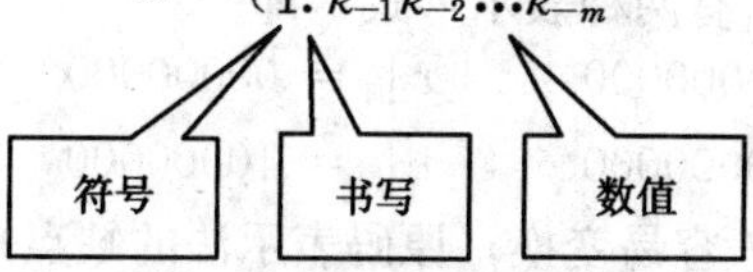

这表明，当真值 X 为 m 位小数时，$[X]_{原}$ 为 $m+1$ 位，最高位是符号位，根据符号位是0还是1，便可确定真值 X 是正还是负。这里的小数点在机器中是不存在的（只是默认位置），只是在书写时为了区别于整数。

例如：

$$x_1=+0.1101=+0.1101000 \quad [x_1]_{原}=0.1101000$$
$$x_2=-0.0011=-0.0011000 \quad [x_2]_{原}=1.0011000$$

下面给出真值 X 为小数时，其原码的数学描述形式。

设真值 $X=\pm 0.k_{-1}k_{-2}\cdots k_{-m}$ $(-1<X<1)$，则

$$[X]_{原}=\begin{cases}X & 0\leqslant X<1\\ 1-X & -1<X\leqslant 0\end{cases} \tag{1.5}$$

根据式（1.5）也可计算出真值 X 为小数的原码，例如：

$$x_1=+0.1101000 \quad [x_1]_{原}=0.1101000$$
$$x_2=-0.0011000 \quad [x_2]_{原}=1-(-0.0011000)=$$
$$1+0.0011000=$$
$$1.0011000$$

当真值 X 为整数（$\pm k_{n-1}k_{n-2}\cdots k_0$）时，它的原码表示为

$$[X]_{原}=\begin{cases}0k_{n-1}k_{n-2}\cdots k_1k_0 & 0\leqslant X<2^n\\1k_{n-1}k_{n-2}\cdots k_1k_0 & -2^n<X\leqslant 0\end{cases}$$

符号　　数值

这表明，当真值 X 为 n 位整数时，$[X]_{原}$ 为 $n+1$ 位，最高位是符号位，根据符号位是 0 还是 1，便可确定真值 X 是正还是负。

例如：

$$x_1=+101101=+0101101 \qquad [x_1]_{原}=00101101$$

$$x_2=-101011=-0101011 \qquad [x_2]_{原}=10101011$$

下面给出真值 X 为整数时，其原码的数学描述形式。

设真值 $X=\pm k_{n-1}k_{n-2}\cdots k_0(-2^n<X<2^n)$，则

$$[X]_{原}=\begin{cases}X & 0\leqslant X<2^n\\2^n-X & -2^n<X\leqslant 0\end{cases} \tag{1.6}$$

根据式（1.6）也可计算出真值 X 为整数的原码，例如：

$$x_1=+0101101 \qquad [x_1]_{原}=00101101$$

$$x_2=-0101011 \qquad [x_2]_{原}=2^7-(-0101011)=10000000+0101011=10101011$$

当真值 $X=\pm 00\cdots 0$ 时，$[X]_{原}$ 有两种表示形式，即

$$x=+0=+0000000 \qquad [x]_{原}=00000000$$

$$x=-0=-0000000 \qquad [x]_{原}=10000000$$

原码表示法的优点是简单、直观、容易变换；原码表示法的缺点是进行运算时，必须根据两数的符号及数值大小来决定运算结果的符号，即：

（1）符号相同，将两个数的数值部分相加，结果取相同的符号；

（2）符号不同，先比较两数绝对值大小，绝对值大的数减去绝对值小的数，结果取绝对值大的数的符号。

显然，这些“加”、“减”、“判断比较”使逻辑电路变得相当复杂。

1.3.3 反码

反码（Negative Number）又称对 1 的补码（One’s complement）。反码的符号位部分与原码相同，用状态“0”表示“＋”，用状态“1”表示“－”，而数值部分与真值的符号有关：对于正数，数值部分与真值的数值部分相同；对于负数，数值部分为真值的数值部分按位取反。

当真值 X 为小数（$\pm 0.k_{-1}k_{-2}\cdots k_{-m}$）时，它的反码表示为

$$[X]_{反}=\begin{cases}0.k_{-1}k_{-2}\cdots k_{-m} & 0\leqslant X<1\\1.\overline{k}_{-1}\overline{k}_{-2}\cdots\overline{k}_{-m} & -1<X\leqslant 0\end{cases}$$

符号　　书写　　数值

这表明，当真值 X 为 m 位小数时，$[X]_{反}$ 为 $m+1$ 位，最高位是符号位，根据符号位是 0 还是 1，便可确定真值 X 是正还是负。当符号位为 0，说明真值 X 是正数，反码的数值部分与真值的数值部分相同；当符号位为 1，说明真值 X 是负数，反码的数值部分由真值的数值部分按位取反构成。这里的小数点同样是在书写时为了区别于整数。

例如：

$$x_1 = +0.1101 = +0.1101000 \qquad [x_1]_{反} = 0.1101000$$
$$x_2 = -0.0011 = -0.0011000 \qquad [x_2]_{反} = 1.1100111$$

下面给出真值 X 为小数时，其反码的数学描述形式。

设真值 $X = \pm 0.k_{-1}k_{-2}\cdots k_{-m} \quad (-1 < X < 1)$，则

$$[X]_{反} = \begin{cases} X & 0 \leqslant X < 1 \\ 2 - 2^{-m} + X & -1 < X \leqslant 0 \end{cases} \tag{1.7}$$

根据式（1.7）也可计算出真值 X 为小数的反码，例如：

$$x_1 = +0.1101000 \qquad [x_1]_{反} = 0.1101000$$
$$x_2 = -0.0011000 \qquad [x_2]_{反} = 10 - 0.0000001 + (-0.0011000) = 1.1111111 - 0.0011000 = 1.1100111$$

当真值 X 为整数（$\pm k_{n-1}k_{n-2}\cdots k_0$）时，它的反码表示为

$$[X]_{反} = \begin{cases} 0k_{n-1}k_{n-2}\cdots k_1k_0 & 0 \leqslant X < 2^n \\ 1\overline{k}_{n-1}\overline{k}_{n-2}\cdots \overline{k}_1\overline{k}_0 & -2^n < X \leqslant 0 \end{cases}$$

符号　　数值

这表明，当真值 X 为 n 位整数时，$[X]_{反}$ 为 $n+1$ 位，最高位是符号位，根据符号位是 0 还是 1，便可确定真值 X 是正还是负。当符号位为 0，说明真值 X 是正数，反码的数值部分与真值的数值部分相同；当符号位为 1，说明真值 X 是负数，反码的数值部分由真值的数值部分按位取反构成。

例如：

$$x_1 = +101101 = +0101101 \qquad [x_1]_{反} = 00101101$$
$$x_2 = -101011 = -0101011 \qquad [x_2]_{反} = 11010100$$

下面给出真值 X 为整数时，其反码的数学描述形式。

设真值 $X = \pm k_{n-1}k_{n-2}\cdots k_0 (-2^n < X < 2^n)$，则

$$[X]_{反} = \begin{cases} X & 0 \leqslant X < 2^n \\ 2^{n+1} - 1 + X & -2^n < X \leqslant 0 \end{cases} \tag{1.8}$$

根据式（1.8）也可计算出真值 X 为整数的反码，例如：

$$x_1 = +0101101 \qquad [x_1]_{反} = 00101101$$
$$x_2 = -0101011 \qquad [x_2]_{反} = 2^{7+1} - 1 + (-0101011) = 11111111 - 0101011 = 11010100$$

当真值 $X = \pm 00\cdots0$ 时，$[X]_{反}$ 也有两种表示形式，即

$$x_1 = +0 = +0000000 \qquad [x_1]_{反} = 00000000$$

$$x_2 = -0 = -0000000 \qquad [x_2]_{反} = 11111111$$

在反码表示法时，除了0有两种表示形式外，还有一点需要注意，就是当反码的符号位为1时，其数值部分不能直接表示真值的数值。

采用反码进行运算时，两数反码的和等于两数和的反码；符号位也参加运算，当符号位产生进位时，需要循环进位，即把符号位的进位加到和的最低位上去。

【例 1.9】 已知 $x_1 = +1001$，$x_2 = -1011$，字长为5位，求 $x_1 + x_2$。

解

$$\begin{array}{rr} & [x_1]_{反} = \ 01001 \\ + & [x_2]_{反} = \ 10100 \\ \hline & [x_1]_{反} + [x_2]_{反} = \ 11101 \end{array}$$

即 $[x_1 + x_2]_{反} = 11101$,所以 $x_1 + x_2 = -0010$。

【例 1.10】 已知 $x_1 = +1001$，$x_2 = -0101$，字长为5位,求 $x_1 + x_2$。

解

$$\begin{array}{rr} & [x_1]_{反} = \ 01001 \\ + & [x_2]_{反} = \ 11010 \\ \hline & [x_1]_{反} + [x_2]_{反} = \ 100011 \\ + & \llcorner\!\to 1 \\ \hline & 00100 \end{array}$$

即 $[x_1 + x_2]_{反} = 00100$,所以 $x_1 + x_2 = +0100$。

由反码的运算可以看出，运用反码表示法可将减法运算转换为加法运算，运算过程比原码表示法简单，即不需要判断两数的符号，只要求出两数的反码后相加即可；但当符号位产生进位时，存在循环进位的问题，此时多了一次加法运算，即增加了运算的时间。因此，有必要寻求一种避免循环进位的更完善的表示法。

1.3.4 补码

补码（Complement Number）又称对2的补码（Two' s complement)。补码的符号位部分与原码、反码相同，用状态“0”表示“+”，用状态“1”表示“-”，而数值部分与真值的符号有关：对于正数，数值部分与真值的数值部分相同；对于负数，数值部分为真值的数值部分按位取反，且在最低位加1，即 $[X]_{补} = [X]_{反} + 1$(最低位)。

当真值 X 为小数 $(\pm 0.\,k_{-1}k_{-2}\cdots k_{-m})$ 时，它的补码表示为

$$[X]_{补} = \begin{cases} 0.\,k_{-1}k_{-2}\cdots k_{-m} & 0 \leqslant X < 1 \\ 1.\,\bar{k}_{-1}\,\bar{k}_{-2}\cdots \bar{k}_{-m} + 2^{-m} & -1 \leqslant X \leqslant 0 \end{cases}$$

这表明，当真值 X 为 m 位小数时，$[X]_{补}$ 为 $m+1$ 位，最高位是符号位，根据符号位是0还是1，便可确定真值 X 是正还是负。当符号位为0，说明真值 X 是正数，补码的数值部分与真值的数值部分相同；当符号位为1，说明真值 X 是负数，补码的数值部分是真值的数值部分按位取反，且加上 2^{-m}（即在最低位加上“1”)。这里的小数点同样也是在书写时为了区别于整数。

例如：

$x_1 = +0.1101 = +0.1101000 \qquad [x_1]_补 = 0.1101000$

$x_2 = -0.0011 = -0.0011000 \qquad [x_2]_补 = [x_2]_反 + 1_{最低位} =$

$1.1100111 + 0.0000001 =$

1.1101000

下面给出真值 X 为小数时，其补码的数学描述形式。

设真值 $X = \pm 0.k_{-1}k_{-2}\cdots k_{-m} \quad (-1 \leqslant X < 1)$，则

$$[X]_补 = \begin{cases} X & 0 \leqslant X < 1 \\ 2 + X & -1 \leqslant X \leqslant 0 \end{cases} \tag{1.9}$$

根据式（1.9）也可计算出真值 X 为小数的补码，例如：

$x_1 = +0.1101000 \qquad [x_1]_补 = 0.1101000$

$x_2 = -0.0011000 \qquad [x_2]_补 = 10 + (-0.0011000) =$

$10.0000000 - 0.0011000 =$

1.1101000

当 $x = -1.0000000$ 时，$[x]_补 = 10.0000000 - 1.0000000 = 1.0000000$。此时，符号位的“1”既表示符号又表示数值。

当真值 X 为整数（$\pm\, k_{n-1}k_{n-2}\cdots k_0$）时，它的补码表示为

$$[X]_补 = \begin{cases} 0k_{n-1}k_{n-2}\cdots k_1k_0 & 0 \leqslant X < 2^n \\ 1\,\bar{k}_{n-1}\,\bar{k}_{n-2}\cdots\bar{k}_1\,\bar{k}_0 + 1(\text{最低位}) & -2^n \leqslant X \leqslant 0 \end{cases}$$

这表明，当真值 X 为 n 位整数时，$[X]_补$ 为 $n+1$ 位，最高位是符号位，根据符号位是 0 还是 1，便可确定真值 X 是正还是负。当符号位为 0，说明真值 X 是正数，补码的数值部分与真值的数值部分相同；当符号位为 1，说明真值 X 是负数，补码的数值部分由真值的数值部分按位取反，且在最低位加 1 构成。

例如：

$x_1 = +101101 = +0101101 \qquad [x_1]_补 = 00101101$

$x_2 = -101011 = -0101011 \qquad [x_2]_补 = [x_2]_反 + 1_{最低位} =$

$11010100 + 00000001 =$

11010101

下面给出真值 X 为整数时，其补码的数学描述形式。

设真值 $X = \pm k_{n-1}k_{n-2}\cdots k_0 (-2^n \leqslant X < 2^n)$，则

$$[X]_补 = \begin{cases} X & 0 \leqslant X < 2^n \\ 2^{n+1} + X & -2^n \leqslant X \leqslant 0 \end{cases} \tag{1.10}$$

根据式（1.10）也可计算出真值 X 为整数的补码，例如：

$x_1 = +101101 = +0101101 \qquad [x_1]_补 = 00101101$

$x_2 = -101011 = -0101011 \qquad [x_2]_补 = 2^{7+1} + (-0101011) =$

$100000000 - 0101011 =$

11010101

当 $X = -2^n$ 时，$[X]_补 = 2^{n+1} - 2^n = 2^n$。

例如，$x = -10000000$，$[x]_补 = 100000000 - 10000000 = 10000000$。此时，符号位的

"1"既表示符号又表示数值。

当真值 $X=\pm 00\cdots0$ 时，$[X]_{补}$ 只有一种表示形式，即

$x_1=+0=+0000000 \quad [x_1]_{补}=00000000$

$x_2=-0=-0000000 \quad [x_2]_{补}=2^{7+1}+(-0000000)=100000000-0000000=100000000$

超出机器字长部分自动丢失

所以，$[+0]_{补}=[-0]_{补}=00000000$（字长 8 位）。

在补码表示法中，0 只有一种表示形式，并且定义域和原码、反码有所不同，另外，当补码的符号位为 1 时，其数值部分也不能直接表示真值的数值。

采用补码进行运算时，可无须证明，直接利用两数补码的和等于两数和的补码，即

$$[x_1]_{补}+[x_2]_{补}=[x_1+x_2]_{补}$$

这一性质表明，在进行加法运算时，不论两个加数的真值是正还是负，只要先把它们表示成补码形式，然后按二进制规则相加（符号位也参加运算），其结果就是两个数之和的补码，且能获得正确的结果符号。

【例 1.11】 已知真值 $x_1=+1110$，$x_2=-0110$，字长 5 位，求 x_1+x_2。

解

$$\begin{array}{rr} [x_1]_{补}= & 01110 \\ +\quad [x_2]_{补}= & 11010 \\ \hline [x_1]_{补}+[x_2]_{补}= & 101000 \end{array}$$

超出机器字长部分自动丢失

即 $[x_1+x_2]_{补}=01000$，所以，$x_1+x_2=+1000$。

【例 1.12】 已知真值 $x_1=-1110$，$x_2=+0110$，字长 5 位，求 x_1+x_2。

解

$$\begin{array}{rr} [x_1]_{补}= & 10010 \\ +\quad [x_2]_{补}= & 00110 \\ \hline [x_1]_{补}+[x_2]_{补}= & 11000 \end{array}$$

即 $[x_1+x_2]_{补}=11000$，所以，$x_1+x_2=-1000$。

由此可见，当采用补码表示法时，不仅可以简化加法运算，并且可以将减法变成加法，即 $x_1-x_2=x_1+(-x_2)$，只要分别求出 $[x_1]_{补}$ 和 $[-x_2]_{补}$，然后相加，得 $[x_1-x_2]_{补}$。这样，数字系统中只要一套加法电路，就可实现两个数的加、减运算，进而实现乘、除运算。现代数字系统中几乎都采用补码表示法。

1.3.5 模和同余的概念

从数学上讲，补码与其真值构成了一个以某值（由设备字长决定）为模的"模数系统"，或者说构成了一个"同余"结构的代数系统。

1. 模

所谓模，就是一个计量器的容量，记作 M。例如：一个 n 位十进制计数器，其模 $M=10^n$。当 $n=2$ 时，$M=10^2=100$，能计 100 个数（0 ～ 99）。大于等于模的数就不能表示。

同理，对于数字系统中的 4 位二进制计数器，其模 $M=2^4=16$，可计 16 个状态（0000～1111）。当二进制计数器的位数为 n 时，它的模 $M=2^n$。

如果设 x、y 为小于等于 M 的正整数，且 $x+y=M$，则称 x 是 y 以 M 为模的补数，或 y 是 x 以 M 为模的补数。

2. 同余

设 a 和 b 为两个整数，若用某个正整数 M 去除这两个数，所得的余数相同，则称 a、b 对模 M 是同余的，且称 a、b 在以 M 为模时是相等的，记作

$$a=b\ (\bmod\ M)$$

例如，日常生活中的钟表，以 12 为模（$M=12$），所以 3 点和 15 点、4 点和 16 点……均是同余的，可写作 $3=15\ (\bmod\ 12)$，$4=16\ (\bmod\ 12)$。

又如，某数字系统的字长为 4 位，它所能表示的二进制数为 0000～1111，即它的模为 16（$M=16$）。所以，当计算 1001+1000 时，其结果将为 0001，而不是 10001，即超出字长部分自动丢弃。这就是说，在 4 位字长的系统中，存入 $(17)_{10}$ 和存入 1 是相同的。

显然，由同余的概念可得出

$$a=M+b\quad(\bmod M)$$

$$a=kM+b\quad(\bmod M)\quad k=0,1,2,\cdots,n$$

引入了模和同余的概念后，补码的数学定义式（1.9）和式（1.10）可以写成

$$[x]_{补}=x\ (\bmod\ 2)$$

$$[x]_{补}=x\ (\bmod\ 2^{n+1})$$

将减法变成加法的实质，就是在一个模 $=M$ 的系统中，运用了同余和补数的概念。

仍以日常生活中的钟表为例，如图 1.1 所示。若将时间从 1 点调到 8 点有两种方法，一种是沿逆时针方向减去 5h；另一种方法是沿顺时针方向加上 7h。显然结果是一样的。

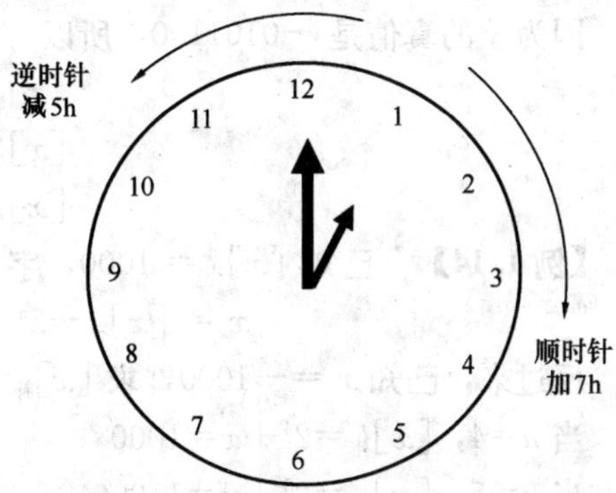

图 1.1 减法变加法说明示意图

采用模和同余的概念可作如下描述（$M=12$）：

$1-5=M+1-5\quad(\bmod\ M)=$ （同余概念）

$1+M-5=$

$1+\underline{12-5}=$ （将 $M=12$ 代入，求补数）

$1+7$ （7 是 5 对 12 的补数）

由此可以看出，在“模数系统”中，减去一个数，就是加上这个数对模的补数。

1.3.6 真值、原码、反码、补码之间的关系

真值、原码、反码、补码之间的转换关系可以由图 1.2 说明。

【例 1.13】 试求 $x=(+38)_{10}$ 和 $y=(-44)_{10}$ 的 8 位二进制原码、反码、补码。

解 字长是 8 位，1 位符号位，7 位数值位。

因为 x 的真值是 $+0100110$，所以

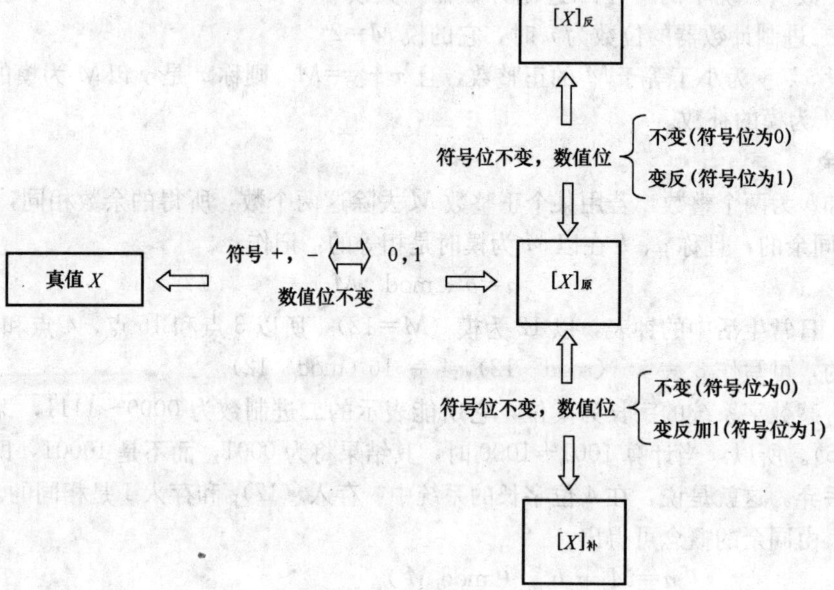

图 1.2　真值、原码、反码、补码之间的转换

$$[x]_{原}=[x]_{反}=[x]_{补}=00100110$$

因为 y 的真值是 -0101100，所以

$$[x]_{原}=10101100$$
$$[x]_{反}=11010011$$
$$[x]_{补}=11010100$$

【例 1.14】　已知 $[x]_{补}=1000$，字长 $n=4$，则

$$x=[x]_{补}-2^n=1000-10000=-1000$$

反过来，已知 $x=-1000$，求 $[x]_{补}$ 时，则与字长 n 有关：

当 $n=4$，$[x]_{补}=2^4+x=1000$

当 $n=5$，$[x]_{补}=2^5+x=11000$

表 1.2 列举了字长 $n=4$ 时，真值与三种机器数之间的对照。

表 1.2　真值与原码、反码、补码的对照

十进制数	真　值	原　码	反　码	补　码
7	+111	0111	0111	0111
6	+110	0110	0110	0110
5	+101	0101	0101	0101
4	+100	0100	0100	0100
3	+011	0011	0011	0011
2	+010	0010	0010	0010
1	+001	0001	0001	0001
0	+000	0000	0000	0000
−0	−000	1000	1111	

续表

十进制数	真　值	原　码	反　码	补　码
−1	−001	1001	1110	1111
−2	−010	1010	1101	1110
−3	−011	1011	1100	1101
−4	−100	1100	1011	1100
−5	−101	1101	1010	1011
−6	−110	1110	1001	1010
−7	−111	1111	1000	1001
−8	−1000			1000

由表 1.2 可看出，当真值 X 为正数时：其机器数 $[X]_{原}=[X]_{反}=[X]_{补}$，即数值部分与真值 X 的数值部分相同，符号位为 0。当真值 X 为负数时：$[X]_{原}$ 的数值部分不变，符号位为 1；$[X]_{反}$ 的数值部分是 X 按位求反，符号位为 1；$[X]_{补}$ 的数值部分是 X 按位求反后，末位算术加 1，符号位为 1。当真值为 0 时：原码和反码有正零和负零两种表示形式，而补码仅有一种表示形式。另外，补码的定义域与原码、反码有所不同。

1.4 编码

所谓编码，就是按一定规则，用一套排列起来的机器状态来表示某些给定的信息。每一组状态称做代码或码。编码表示一种过程，代码是编码的结果。

在数字系统中，由“1”、“0”状态组成的二进制代码不仅可以表示数值大小，而且还可以用来表示特定信息。下面介绍几种常用的二进制代码。

1.4.1 自然二进制代码

自然二进制代码是按自然数顺序排列的二进制代码。表 1.3 列出了 4 位自然二进制代码，各位的权值依次为 2^3、2^2、2^1、2^0，其表示的十进制数为 0～15。由此可得，n 位自然二进制代码能表示的十进制数为 0 ～ (2^n-1)。

表 1.3　4 位自然二进制代码

十进制数	4 位自然二进制代码	十进制数	4 位自然二进制代码
0	0000	8	1000
1	0001	9	1001
2	0010	10	1010
3	0011	11	1011
4	0100	12	1100
5	0101	13	1101
6	0110	14	1110
7	0111	15	1111

1.4.2 十进制数字符号的常用代码

在数字系统的输入输出过程中，为了既满足系统中使用二进制的要求，又适应人们使用十进制数的习惯，通常使用4位二进制代码对十进制的数字符号进行编码，简称二-十进制代码，或称BCD码（Binary Coded Decimal）。它具有二进制的形式，十进制的特点。采用BCD码可以方便地将位置表示法的十进制数映射到数字系统中，即

十进制数	1	5	7
	↓	↓	↓
数字系统	BCD码	BCD码	BCD码

十进制中有0～9共10个数字符号，需要用4位二进制数才能表示，而4位二进制数具有16种状态组合。显然，从16种状态中取10种状态来表示数字符号0～9的编码方案很多，且每种方案中都有6种状态不允许出现。

常用的BCD码有8421码、2421码和余3码，如表1.4所示。

表1.4　常用的BCD码编码表

十进制数字符号	8421码	2421码	余3码
0	0000	0000	0011
1	0001	0001	0100
2	0010	0010	0101
3	0011	0011	0110
4	0100	0100	0111
5	0101	1011	1000
6	0110	1100	1001
7	0111	1101	1010
8	1000	1110	1011
9	1001	1111	1100

1. 8421码

这是一种最常用的二-十进制编码，它取4位二进制16种状态组合的前10种，依次对十进制数字符号进行编码，且不允许出现1010～1111这6种状态组合，如表1.4所示。

8421码是一种有权码，各位的权值依次为2^3、2^2、2^1、2^0，即8、4、2、1。若设8421码的4位二进制数字符号为$A_3A_2A_1A_0$，则它所代表的十进制数字符号N为

$$N = 8A_3 + 4A_2 + 2A_1 + A_0$$

例如：$A_3A_2A_1A_0$为0110时，对应的十进制数字符号是6。

采用8421码进行计算时，当计算结果大于1001或产生进位时，应进行加6修正。例如，采用8421码计算$(5)_{10}+(6)_{10}$。

$$\begin{array}{rl} & (0\ 1\ 0\ 1)_{8421} \\ + & (0\ 1\ 1\ 0)_{8421} \\ \hline & 1\ 0\ 1\ 1 \quad \text{(结果超出8421码范围)} \\ + & 0\ 1\ 1\ 0 \quad \text{(加6修正)} \\ \hline & 1\ 0\ 0\ 0\ 1 \quad \text{(结果为}(11)_{10}\text{)} \end{array}$$

再例如，采用 8421 码计算 $(9)_{10}+(8)_{10}$。

$$
\begin{array}{rl}
 (1\ 0\ 0\ 1)_{8421} & \\
+\ (1\ 0\ 0\ 0)_{8421} & \\
\hline
1\ 0\ 0\ 0\ 1 & \text{（结果产生进位）} \\
+\quad 0\ 1\ 1\ 0 & \text{（加 6 修正）} \\
\hline
1\ 0\ 1\ 1\ 1 & \text{（结果为}(17)_{10}\text{）}
\end{array}
$$

8421 码和十进制数之间的转换是一种简单的直接按位（按组）转换。

【例 1.15】 将 $(138)_{10}$ 转换为对应的 8421 码。

解

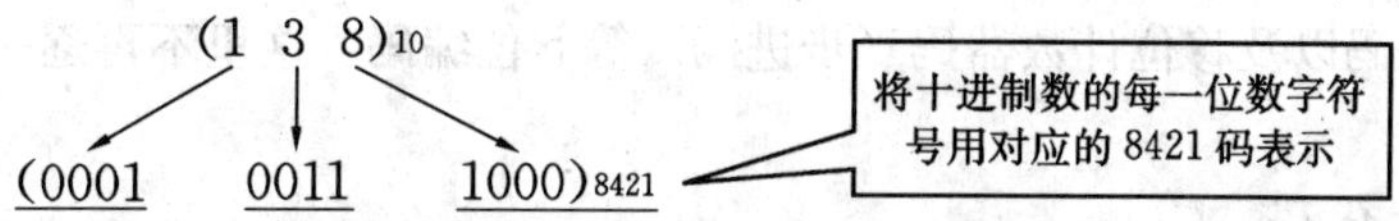

【例 1.16】 将 $(010010010101)_{8421}$ 转换成对应的十进制数。

解

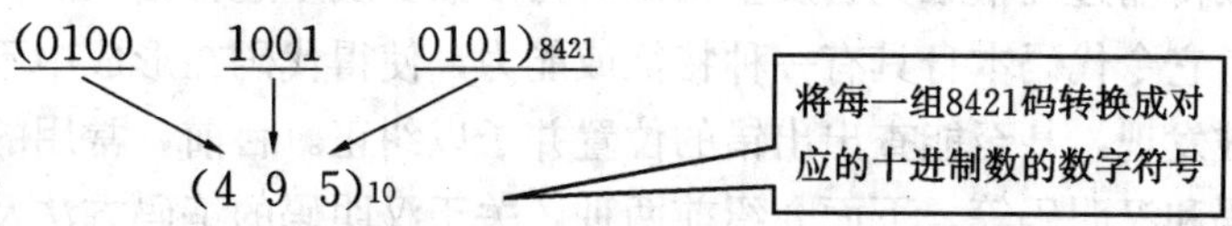

2. 2421 码

2421 码取 4 位二进制 16 种状态组合的前 5 种和后 5 种，依次对十进制数字符号进行编码，且不允许出现 0101～1010 这六种状态组合，如表 1.4 所示。

2421 码也是一种有权码，各位的权值依次为 2^1、2^2、2^1、2^0，即 2、4、2、1。设 2421 码的 4 位二进制数字符号为 $A_3A_2A_1A_0$，则它所代表的十进制数字符号 N 为

$$N=2A_3+4A_2+2A_1+A_0$$

例如：$A_3A_2A_1A_0$ 为 1110 时，对应的十进制数字符号是 8。

需要指出的是，2421 码的编码方案不止一种，表 1.4 给出了其中的一种方案，它具有自补特性，即按位取反，可获得“9”之补的 2421 码。例如，$(0100)_{2421}$ 对应的数字符号是 4，将其按位取反，得到 $(1011)_{2421}$，它对应的数字符号是 5，而 5 恰好是 4 对 9 的补数。利用这一特性，有助于在数字系统中实现十进制的运算。

2421 码和十进制数之间的转换也是一种直接按位（按组）转换。

3. 余 3 码

余 3 码取 4 位二进制 16 种状态组合的中间 10 种，依次对十进制数字符号进行编码，不允许出现 0000～0010 和 1101～1111 这六种状态组合，如表 1.4 所示。

余 3 码是由 8421 码加 0011 得到的一种无权码，即它的编码比相应的 8421 码多“3”，所以称为余 3 码。余 3 码和十进制数之间的转换同样是一种直接按位（按组）转换。

若设余 3 码的 4 位二进制数字符号为 $A_3A_2A_1A_0$，则它所代表的十进制数字符号 N 为

$$N=8A_3+4A_2+2A_1+A_0-3$$

余 3 码也具有自补特性，即按位取反，可获得“9”之补的余 3 码。

采用余 3 码进行运算时，也存在修正问题。两个余 3 码相加，所产生的进位对应于十进

制数的进位，但所产生的和要进行修正才是正确的余3码。修正的方法是：如果没有进位，则和减“3”；若产生进位，则和加“3”。例如：

十进制数	余3码	十进制数	余3码
2	0101	9	1100
+ 3	+ 0110	+ 1	+ 0100
5	1011	10	10000
	− 11		+ 11
	1000		10011

除了上述三种常用的十进制数字符号的二-十进制编码外，还有5421码、4421码、4221码等4位编码以及移位计数器码（步进码）等5位编码，这里不再逐一介绍。

1.4.3 可靠性代码

代码在形成或传输过程中难免会发生错误，为了减少发生这种错误的概率，可以采用可靠性编码的方法。它令代码本身具有一种特征或能力，使得代码在形成中不易出错，或者在代码出错时容易被发现，甚至能查出出错的位置并予以纠正。目前，常用的可靠性代码有格雷码、奇偶校验码和汉明码等。下面介绍前两种，关于汉明码的编码方法及应用，读者可查阅相关资料。

1. 格雷码

格雷码（Gray Code又称间隔位编码、循环码）有许多种编码形式，但它们都有一个共同的特点，即从一个代码变为相邻的另一个代码时，只有1位二进制状态发生变化。表1.5给出了两种典型的格雷码。

表1.5 典型格雷码及格雷BCD码

十进制数	二进制代码	典型格雷码	格雷BCD码
0	0000	0000	0000
1	0001	0001	0001
2	0010	0011	0011
3	0011	0010	0010
4	0100	0110	0110
5	0101	0111	0111
6	0110	0101	0101
7	0111	0100	0100
8	1000	1100	1100
9	1001	1101	1000
10	1010	1111	
11	1011	1110	
12	1100	1010	
13	1101	1011	
14	1110	1001	
15	1111	1000	

观察表 1.5 可以看出，十进制数从 7→8，对应的二进制码从 0111→1000，4 位均发生了变化，而对应的格雷码从 0100→1100，只有 1 位发生变化。这一特点的意义何在？当采用二进制码进行加 1 计数时，例如从 0111→1000，4 位都要发生变化，而实现计数的物理设备的状态是不会同时改变的，于是就有可能出现下列情况：

$$0111 \rightarrow \underbrace{0101 \rightarrow 0100 \rightarrow 1100}_{\text{中间状态}} \rightarrow 1000$$

虽然最终的结果从 0111 变到了 1000，但中间出现了瞬间的错误状态。如果该计数器的输出控制着后续设备，则有可能使后续设备产生误动作。格雷码从编码形式上杜绝了出现这种错误的可能性。

格雷码也是一种无权码，因此，很难从某个代码识别出它所代表的数值。但是，格雷码与二进制码之间具有简单的转换关系。

设二进制码为

$$B = B_n B_{n-1} \cdots B_1 B_0$$

并设对应的格雷码为

$$G = G_n G_{n-1} \cdots G_1 G_0$$

则有

$$\begin{cases} G_n = B_n \\ G_i = B_{i+1} \oplus B_i \qquad i < n \end{cases} \tag{1.11}$$

式（1.11）中，$i = 0, 1, \cdots, n-1$；符号$\oplus$表示异或运算（也称模 2 加运算，将在逻辑代数中详细讨论），其运算规则是

$$0 \oplus 0 = 0,\ 0 \oplus 1 = 1,\ 1 \oplus 0 = 1,\ 1 \oplus 1 = 0$$

例如，将二进制码 1100 转换成格雷码：

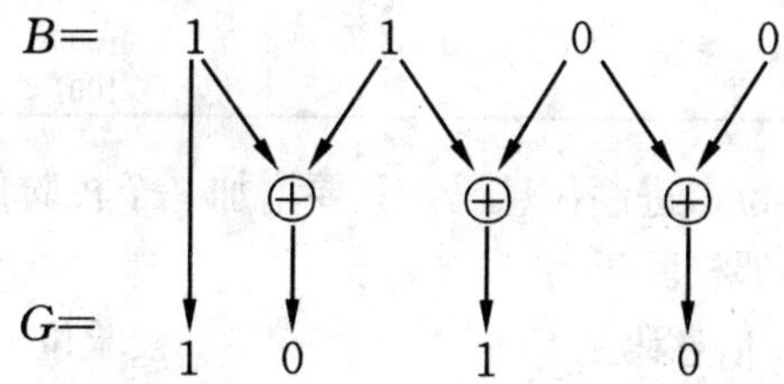

反过来，若已知格雷码，可以用式（1.12）求出对应的二进制码：

$$\begin{cases} B_n = G_n \\ B_i = B_{i+1} \oplus G_i \qquad i < n \end{cases} \tag{1.12}$$

例如，将格雷码 1010 转换成二进制码：

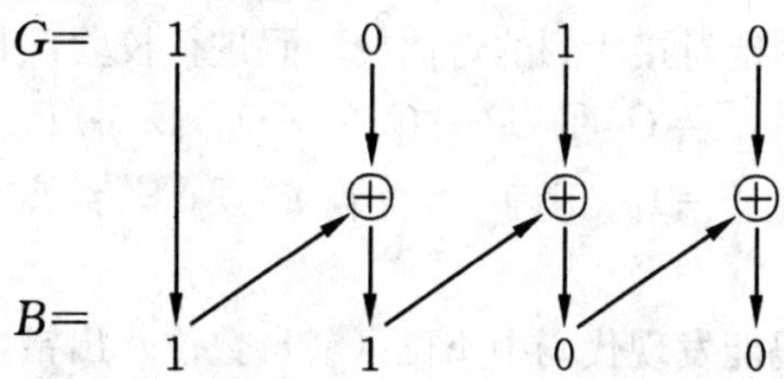

可以用 4 位格雷码对十进制的数字符号进行编码，称为格雷 BCD 码。从 4 位格雷码的 16 个代码中选出 10 个对十进制数字符号进行编码的方案也很多，表 1.5 只列出其中之一。

它取 4 位格雷码的前 9 个代码依次对 0～8 编码，取最后一个（1000）对 9 编码，以保证十进制数字符号头尾两个符号（0 和 9）的格雷 BCD 码也只有 1 位不同，构成一个“循环”。在格雷 BCD 码中同样有六种状态不允许出现。

2. 奇偶校验码（Parity Code）

二进制信息在发送、接收或存储过程中，可能会发生错误，即有时 1 可能错成 0；有时 0 可能错成 1。奇偶校验码具有发现这种错误的能力，因此，它是数字系统中常用的一种可靠性代码。

奇偶校验码由信息码和校验位两部分组成。信息码就是要传送的信息本身，可以是位数不限的二进制代码，例如，并行传送 8421 码，信息码就是 4 位；校验位是传送时附加的冗余位，这里仅用 1 位。

在信息的发送端，应对校验位进行编码，并随信息码一起发送。其编码方法有两种：一种是校验位的取值（0 或 1）使整个代码（信息码 ＋ 校验位）中“1”的个数为奇数，称为奇校验；另一种是校验位的取值（0 或 1）使整个代码（信息码 ＋ 校验位）中“1”的个数为偶数，称为偶校验。表 1.6 给出了以 8421 码为信息码所构成的奇校验码和偶校验码。

表 1.6　8421 码的奇偶校验码

十进制数字符号	8421 奇校验码		8421 偶校验码	
	8421 码	校验位	8421 码	校验位
0	0000	1	0000	0
1	0001	0	0001	1
2	0010	0	0010	1
3	0011	1	0011	0
4	0100	0	0100	1
5	0101	1	0101	0
6	0110	1	0110	0
7	0111	0	0111	1
8	1000	0	1000	1
9	1001	1	1001	0

一般来说，对于任何 n 位二进制信息码，只要增加一个校验位，便可构成（$n+1$）位的奇校验码或偶校验码。设奇偶校验码为

信息码　　　　　　　校验位

$$C_1 \quad C_2 \quad C_3 \quad \cdots \quad C_n \qquad P$$

则校验位 P 可以表示成

$$P = C_1 \oplus C_2 \oplus C_3 \oplus \cdots \oplus C_n \qquad \text{（偶校验）}$$

$$P = C_1 \oplus C_2 \oplus C_3 \oplus \cdots \oplus C_n \oplus 1 \qquad \text{（奇校验）}$$

在信息接收端要按照约定对接收到的奇偶校验码进行校验，其校验方程为

$$S = C_1 \oplus C_2 \oplus C_3 \oplus \cdots \oplus C_n \oplus P$$

若约定为奇校验时，则 $S=1$，正确，$S=0$，错误；若约定为偶校验时，则 $S=0$，正确，$S=1$，错误。

可以看出，奇偶校验码能发现代码中 1 位（或奇数位）出错，但不能发现 2 位（或偶数位）同时出错，且不能确定出错位置并纠正错误。由于 2 位出错的概率远小于 1 位出错的概率，因此，用奇偶校验码检测代码传输过程中的错误还是很有效的。

1.4.4 字符代码

数字系统中处理的数据除了数值、数字符号之外，还有字母、运算符号、标点符号以及其他特殊符号，统称为字符。所有字符在数字系统中必须用二进制表示，称做字符代码。最常用的是被国际组织采用的美国信息交换标准码——ASCII 码（American Standard Code for Information Interchange）。

ASCII 是一种七单位字符代码，用 7 位二进制表示 128 种不同的字符，其中包括 26 个大写的英文字母、26 个小写的英文字母、10 个十进制数字符号、34 个专用符号等 96 个符号，称做图形字符；此外还有 32 个控制字符。具体编码如表 1.7 所示。

表 1.7 7 位 ASCII 码编码表

高位 低位	000	001	010	011	100	101	110	111
0000	NUL	DLE	SP	0	@	P	`	p
0001	SOH	DC1	!	1	A	Q	a	q
0010	STX	DC2	“	2	B	R	b	r
0011	ETX	DC3	#	3	C	S	c	s
0100	EOT	DC4	$	4	D	T	d	t
0101	ENQ	NAK	%	5	E	U	e	u
0110	ACK	SYN	&	6	F	V	f	v
0111	BEL	ETB	‘	7	G	W	g	w
1000	BS	CAN	(	8	H	X	h	x
1001	HT	EM	)	9	I	Y	i	y
1010	LF	SUB	*	:	J	Z	j	z
1011	VT	ESC	+	;	K	[	k	{
1100	FF	FS	,	<	L	\	l	|
1101	CR	GS	—	=	M	]	m	}
1110	SO	RE	.	>	N	^	n	~
1111	SI	US	/	?	O	_	o	DEL

注：其中控制字符的含义可查阅有关文献。

我国用于信息交换的国家标准码为《信息处理交换用的七位编码字符集》（GB 1988—80）。为了与国际标准具有互换性，国家标准基本上采用了 ASCII 码的编码方案。除少数图形字符有区别（如 $ 改成 ¥）外，两者基本上是一致的。

此外，还有采用 8 位二进制进行编码的 EBCDIC 码，称为扩充的二-十进制交换码或扩展 ASCII 码。需要时读者可查阅有关资料。

本章小结

本章介绍了与数字系统相关的基础知识，主要包括三个方面：

1. 进位计数制。在理解、掌握现实世界中数的表示方法以及不同进位制之间的转换方法的基础上，能熟练地进行十进制、二进制、八进制、十六进制之间的转换。

2. 带符号二进制数在数字系统中的表示方法。在建立真值、机器数、模、同余、补数等基本概念的基础上，介绍了带符号二进制数在计算机中的原码、反码和补码的表示方法，应结合图 1.2，认真理解并掌握。同时，应理解采用原码、反码、补码进行运算时的特点。

3. 常用的编码方法及特点。BCD 码是采用 4 位二进制状态对十进制数字符号进行编码，进而实现十进制数位置表示法在数字系统中的映射，常用的 BCD 码有 8421 码、余 3 码、2421 码和格雷 BCD 码等。格雷码和奇偶校验码是常见的两种可靠性编码，应熟练掌握格雷码和二进制码之间的关系以及 2 位、3 位、4 位格雷码的编码规律。还应掌握奇偶校验码的编码方法和校验方法，并了解字符代码。

思考题

1. 总结十进制数转换成二进制数的方法。
2. 已知 $(88.25)_{10}$，试写出对应的二进制数。
3. 总结二进制、八进制、十六进制之间的转换方法。
4. 为什么说采用补码进行数的运算时，所需设备资源较少？
5. 真值、原码、反码、补码之间的转换关系是什么？
6. 已知某数的反码表示，如何求其补码？
7. 由 $[x]_{补}=10000000$，你能想到什么？
8. 8421 码、余 3 码、2421 码和格雷 BCD 码是对什么的编码？各有什么特点？
9. 由 $(138)_{10}$ 可得 $(100111000)_{8421}$，对吗？
10. 奇偶校验码由哪两部分构成？
11. 校验位是在发送端形成，还是在接收端形成？校验位的形成规则是什么？
12. 接收端如何进行奇偶校验？
13. 如何由 3 位格雷码直接写出 4 位格雷码？

习　题

1.1　写出下列各数的按权展开式

$(1024.5)_{10}$　　$(10110)_2$　　$(237)_8$　　$(A01D)_{16}$

1.2　完成下列数制转换

(1) $(255)_{10}=(\quad)_2=(\quad)_8=(\quad)_{16}$

(2) $(52.125)_{10}=(\quad)_2=(\quad)_8=(\quad)_{16}$

(3) $(110011)_2=(\quad)_{10}=(\quad)_8=(\quad)_{16}$

(4) $(400)_8=(\quad)_2=(\quad)_{10}=(\quad)_{16}$

(5) $(3FF)_{16}=(\quad)_{10}=(\quad)_2=(\quad)_8$

(6) $(1A.5)_H=(\quad)_B=(\quad)_D=(\quad)_O$

(7) $(376)_8=(\quad)_{16}$

(8) $(44.375)_{10}=(\quad)_8$

1.3　如何判断一个 7 位二进制正整数 $A=a_1\ a_2\ a_3\ a_4\ a_5\ a_6\ a_7$ 是否为 $(4)_{10}$ 的倍数？

1.4　完成下列运算

(1) $(110101)_2+(101001)_2=(\quad)_2$

(2) $(1001101)_2-(110011)_2=(\quad)_2$

(3) $(A378)_{16}+(4631)_{16}=(\quad)_{16}$

(4) $(1B34)_{16}-(CA5)_{16}=(\quad)_{16}$

1.5　写出下列各真值所对应的一字节长（1 位符号，7 位数值）的原码、反码和补码。

$+0.00101$　　-0.1101　　-0.1　　$+11001$

-1000　　-10000000　　-11111　　$+11111$

1.6　先写出下列十进制数 x 的真值，再写出所对应的一字节长（1 位符号，7 位数值）的原码、反码和补码。

$x=0$　　$x=-0$　　$x=126$　　$x=-126$

$x=127$　　$x=-127$　　$x=128$　　$x=-128$

1.7　已知 $[x]_{补}$，求 $[x]_{原}$、$[x]_{反}$ 及真值 x。

$[x]_{补}=10111010$　　$[x]_{补}=1.1111111$

$[x]_{补}=0.0101010$　　$[x]_{补}=10000000$

1.8　已知 $[x]_{反}$，求 $[x]_{补}$ 及真值 x。

$[x]_{反}=10110101$　　$[x]_{反}=1.0110010$

1.9　已知 $[x]_{原}$，求 $[x]_{补}$。

$[x]_{原}=1.0011010$　　$[x]_{原}=10111101$　　$[x]_{原}=0.0011000$

1.10　先写出十进制数的真值，再写出所对应的一字节长（1 位符号，7 位数值）的补码。

$\frac{13}{64}$　　$-\frac{13}{128}$　　$\frac{15}{32}$　　$-\frac{11}{64}$

1.11　已知 $(178)_{10}$，如何用 8421 码、余 3 码、2421 码和格雷 BCD 码表示？

1.12　完成下列转换

(1) $(001101001000)_{8421} \rightarrow (\quad)_{余3码} \rightarrow (\quad)_{10}$

(2) $(100100100101)_{8421} \rightarrow (\quad)_{2421} \rightarrow (\quad)_{10}$

(3) $(469)_{10} \rightarrow (\quad)_{8421} \rightarrow (\quad)_{余3码} \rightarrow (\quad)_{格雷BCD}$

(4) $(001111001110)_{2421} \rightarrow (\quad)_{余3码} \rightarrow (\quad)_{8421}$

1.13　求 $(010010010110)_{8421}$ 关于模为 $(1000)_{10}$ 的补数的 8421 码表示。

1.14　求 $(010000111100)_{余3码}$ 关于模为 $(1000)_{10}$ 的补数的余 3 码表示。

1.15　分别写出关于 8421 码、余 3 码、2421 码的 6 个伪码。

1.16　写出与 4 位自然二进制代码对应的 4 位格雷码。

1.17　分别确定下列二进制信息码的奇校验位和偶校验位的值。

1010011　　1100111　　0011101　　1111100

第 2 章　逻辑代数基础

【本章内容】 本章从应用的角度介绍逻辑代数的一些基本概念、基本定理、逻辑函数的基本形式以及逻辑函数的化简方法，使读者掌握分析和设计数字逻辑电路所需的数学工具。

19 世纪中叶，英国数学家乔治·布尔（George Boole）提出了将人的逻辑思维规律和推理过程归结为一种数学运算的代数系统——布尔代数。1938 年，贝尔实验室研究员克劳德·香农（Claude E. Shannon）将布尔代数应用于电话继电器电路的分析与描述，形成二值布尔代数，即开关代数，又称为逻辑代数。至今，逻辑代数仍是分析和设计逻辑电路的基本工具和理论基础。

2.1　逻辑代数中的基本概念

1. 逻辑命题

所谓逻辑命题就是一段描述事物某种特征的，具有意义且能判断真假的文字。

2. 逻辑状态

事务虽然是复杂的，但在一定条件下，事物的某种性质只表现为两种互不相容的状态，称为逻辑状态。例如，信号的有与无、开关的通与断、事件的真与假、电平的高与低、晶体管的导通与截止等。这两种状态必出现且仅出现一种，一种状态是另一种状态的反状态。因此，可以用符号 0 和 1 分别表示这两种逻辑状态。这里的 0 和 1 已不是数的概念，不表示数的大小，而是代表状态的符号。0 状态（0-state）一般表示逻辑条件的假或无效。1 状态（1-state）一般表示逻辑条件的真或有效。

3. 逻辑变量

由于条件的变化，表示事物状态的逻辑状态也随之变化，这种未予确定的逻辑状态称为逻辑变量。和普通代数一样，在逻辑代数中也用字母表示逻辑变量；和普通代数不同的是，逻辑变量仅能取值“0”或“1”，这里的“0”或“1”称为逻辑常量。

4. 逻辑电平

在二值逻辑电路中，把描述输入和输出的物理量离散成两种电平（相对于参考地的电压值），即高电平（H）和低电平（L）。这种抽象化的逻辑电平不是某一个具体的值，而是代表着一定的范围。不同工艺的逻辑器件所定义的逻辑电平有所不同，如表 2.1 所示。

表 2.1　不同工艺器件定义的逻辑电平（电源电压为 5V）

工　　艺	逻 辑 电 平	
	L/V	H/V
TTL	0～0.40	3.0～5.0
CMOS	0～0.80	2.0～5.0

从表 2.1 可看出，逻辑高、低电平之间存在一个逻辑不确定的区间，称为噪声区。如果逻辑器件的输入、输出电平处于噪声区，称为逻辑模糊，这在逻辑电路中会引发错误。

逻辑电平除了表示已定义的物理电压范围之外，还可以表示其他的物理含义。例如，用 H 电平表示在规定时间内一定幅度的正脉冲的出现；用 L 电平表示在规定时间内没有脉冲出现，或有负脉冲出现。因此，可以说逻辑电平是表示逻辑状态的物理特性。

5. 正、负逻辑规定（约定）

实际上，逻辑器件的输入、输出都用物理量表示，通常用逻辑电平表示，而器件的逻辑功能又是用逻辑状态描述，因此必须规定逻辑电平和逻辑状态之间的关系。这一规定的过程被称为逻辑化过程。有两种规定方法，即正逻辑规定（约定）和负逻辑规定（约定），如图 2.1 所示。

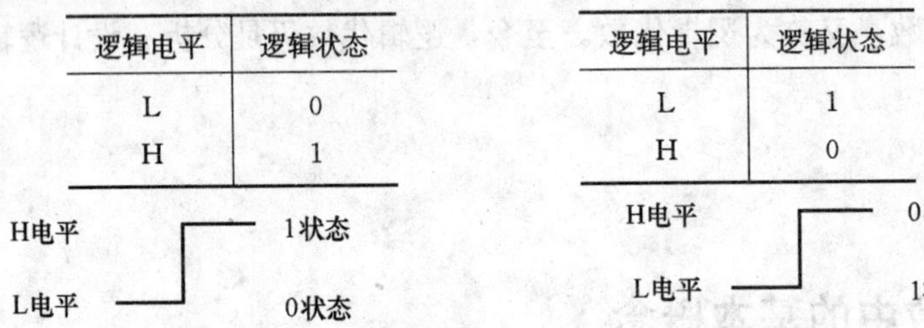

(a) 正逻辑规定　　(b) 负逻辑规定

图 2.1　正、负逻辑的规定

确定了逻辑规定（约定）之后，各种物理量都转化为逻辑状态，可以用逻辑变量来表示，进而可以用各种数学或逻辑方法对电路进行分析或表达。也就是说，一旦完成了逻辑化的工作，则不再考虑逻辑电路输入、输出端的实际电平，而是假设电路直接按照逻辑信号的 0 和 1 进行操作。在实际工作中，通常采用正逻辑规定。

6. 逻辑代数

逻辑变量之间的因果关系可以用代数运算表示出来，这种代数称为逻辑代数。其定义如下：逻辑代数是一个由逻辑变量集 $\boldsymbol{K}$、逻辑常量 0 和 1、与运算符、或运算符、非运算符所构成的代数系统，记为

$$\boldsymbol{L} = \{\boldsymbol{K}, 0, 1, \cdot, +, -\}$$

其中，“·”是与运算符；“+”是或运算符；“−”是非运算符。

7. 逻辑函数

设某一逻辑网络的输入变量为 A_1，A_2，…，A_n，输出逻辑变量为 F，如图 2.2 所示。当 A_1，A_2，…，A_n 的取值确定后，F 的值就唯一地被确定下来，则称 F 是 A_1，A_2，…，A_n 的逻辑函数，记为

$$F = f(A_1, A_2, \cdots, A_n)$$

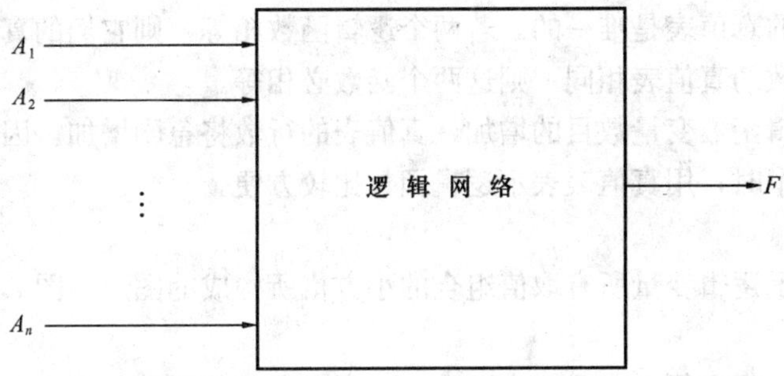

图 2.2　逻辑函数 $F = f(A_1, A_2, \cdots, A_n)$

逻辑函数反映了逻辑网络中输出变量与输入变量之间的因果关系，但它只能说明事物的某些主要特性，而不能反映事物的全部特性。例如，逻辑网络的电特性、时间特性等。

另外，逻辑函数可以作为另一逻辑网络的输入变量。

8. 逻辑函数的相等

在逻辑代数中，两个逻辑函数相等的定义如下：

设有两个逻辑函数

$$F = f\,(A_1, A_2, \cdots, A_n)$$
$$G = g\,(A_1, A_2, \cdots, A_n)$$

F、G 都是某 n 个逻辑变量的逻辑函数，在这 n 个变量的 2^n 种组合中的任意一组取值，F、G 的值都相同，则称逻辑函数 F 和 G 相等，记为 $F = G$。

由逻辑函数相等的概念可看出，不同形式的逻辑网络可以实现相同的逻辑功能。

9. 逻辑函数的表示方法

逻辑函数可以用逻辑表达式、逻辑真值表、卡诺图、逻辑原理图、时序波形图等形式来表示或采用硬件描述语言描述。

1）逻辑表达式

逻辑表达式是由逻辑变量、逻辑常量、三种逻辑运算符（与、或、非）和括号构成的代数表达式。例如，要表示这样一种函数关系：当两个变量 A 和 B 取值相同时，函数 F 的取值为 0；否则，F 的取值为 1。可用下列逻辑表达式表示

$$F = f(A, B) = \overline{A} \cdot B + A \cdot \overline{B}$$

若将变量 A 和 B 的四种取值组合代入表达式，可验证该逻辑表达式是正确的。

2）逻辑真值表

逻辑真值表是由逻辑变量的所有可能取值组合及其对应的逻辑函数值所构成的表格。若有 n 个变量，则有 2^n 种组合，真值表就有 2^n 行，列在左边，一般采用二进制编码顺序给出；每种组合对应的逻辑函数值列在右边。逻辑真值表简称真值表。

表 2.2 是某逻辑函数的真值表，该函数有两个变量 a 和 b，表中列出了它们的四种组合及对应的函数值 F。该真值表表示了如下函数关系：只有当 a 和 b 的取值都是 1 时，函数 F 的取值才为 1；其他取值组合时，F 取值均为 0。

表 2.2　函数的真值表

a	b	F
0	0	0
0	1	0
1	0	0
1	1	1

一个逻辑函数的真值表是唯一的。若两个逻辑函数相等，则它们的真值表一定相同；反之，若两个逻辑函数的真值表相同，则这两个函数必相等。

显然，随着逻辑函数变量数目的增加，真值表的行数将急剧增加。因此，当逻辑函数的变量个数不超过4个时，用真值表表示逻辑函数比较方便。

3）卡诺图

卡诺图是由表示逻辑变量所有取值组合的小方格所构成的图形，图2.3给出了两变量和三变量的卡诺图。

利用卡诺图可以很方便地表示一个函数。只要在那些使函数值为1的变量取值组合所对应的小方格上标记1，其他小方格标记0，便得到该函数的卡诺图。例如，表2.2所示逻辑函数的卡诺图如图2.4所示。

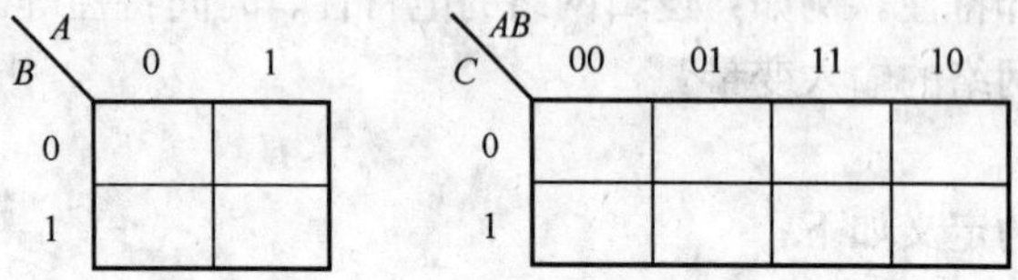

(a) 两变量　　(b) 三变量

图2.3　卡诺图

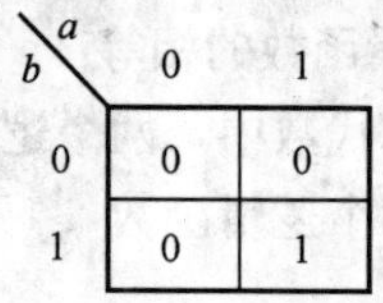

图2.4　表2.2所示逻辑函数F的卡诺图

观察表2.2和图2.4可看出，卡诺图实际上是真值表的变形或重新排列，真值表的每一行在卡诺图上对应一个小方格。当变量为2个时，真值表有4行，相应的卡诺图有4个方格；当变量为n个时，卡诺图有2^n个方格。卡诺图的这种方格排列方式比真值表更紧凑、更有特点。它是逻辑函数化简的有效工具，将在有关章节进一步讨论。

由于卡诺图是真值表的变形，因此，一个逻辑函数的卡诺图也是唯一的。即若两个逻辑函数相等，则它们的卡诺图一定相同；反之，若两个逻辑函数的卡诺图相同，则这两个函数必相等。

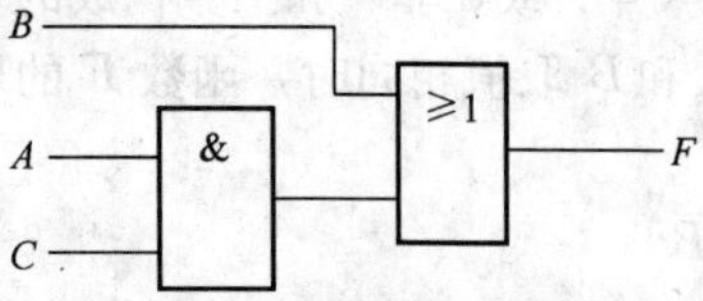

图2.5　逻辑原理图示例

4）逻辑原理图

用逻辑符号来表示逻辑函数的运算关系称为逻辑函数的逻辑原理图。例如，下列逻辑函数对应的逻辑原理图如图2.5所示。

$$F=f(A,B)=B+A\cdot C$$

由图2.5可看出，标注“&”的逻辑符号完成变量A和C的与运算；标注“≥1”的逻辑符号完成或运算。而这些逻辑符号又和逻辑器件具有明显的对应关系，所以，逻辑原理图便于构成实际的数字电路。

5）时序波形图

反映输入、输出波形变化的图形称为波形图，又称为时序图。波形图能清晰、直观地反映出变量间的时间关系和函数值随时间变化的规律。它同实际电路中的电压波形相对应，常用于数字电路的分析检测和设计调试。如图2.6所示的输入变量A和B、输出变量F的波形，描述了如下函数关系：当A和B的逻辑电平相同时，函数F为高电平；否则，函数F为低电平。

6）硬件描述语言

硬件描述语言（HDL，Hardware Description Language）作为一种用形式化方法来描述数字电路和系统的语言，已广泛用于现代数字系统的设计。目前，较为流行的是两种已成为国际标准的硬件描述语言——VHDL 和Verilog HDL，在第 3 章将专门讨论 Verilog HDL 的产生、特点、基本语法和建模方法。

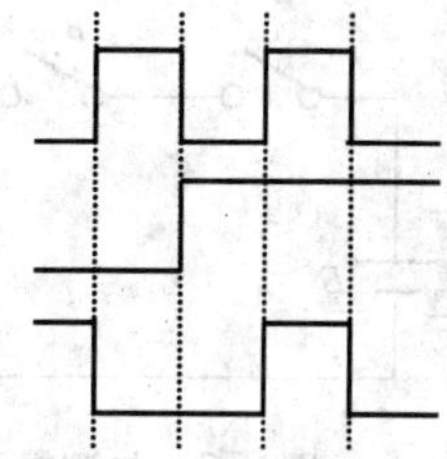

图 2.6　波形图

逻辑函数的定义描述了逻辑网络应具有的行为特性，即在一定输入条件下应产生相应的输出，而硬件描述语言恰好具备了这种描述能力。例如，两个 4 位二进制数的乘法网络，具有 8 个输入变量，8 个输出变量，每一个输出变量都是 8 个输入变量的函数。显然，写出 8 个函数的逻辑表达式是比较困难的，但采用硬件描述语言进行描述就非常简单。下面是采用 Verilog HDL 的描述：

```
module multiplier ( A, B, out );     //定义模块名和模块端口列表
  input [4:1] A, B ;                 //定义两个乘数为 4 位二进制
  output [8:1] out ;                 //定义乘积(输出)为 8 位二进制
    assign out = A * B;              //乘法功能描述
endmodule
```

从这段 Verilog HDL 描述中，看不出任何的电路结构。那么，该描述是如何生成具体逻辑网络的呢？这项工作是由电子设计自动化（EDA）工具完成的。设计者将采用硬件描述语言进行的设计描述提交给 EDA 平台，进行编译、仿真、综合、适配，生成网表文件，然后下载到可编程逻辑器件（PLD），形成目标芯片。

由此可以看出，在基于 EDA 平台和 PLD 的现代数字系统设计技术中，硬件描述语言为数字电路的设计提供了极大的帮助。也就是说，设计者不用关心电路结构，只需描述电路的行为。

另外，只要对上述程序稍加修改，借助 EDA 工具，就可以构造出不同规模的乘法网络。这是硬件描述语言的又一特色——便于保存、交流和修改。

上述各种逻辑函数的表达方式各有特点，适用于不同的场合，可方便地进行相互转换。对于给定的一个逻辑函数而言，其真值表和卡诺图是唯一的，而逻辑表达式可以有多种形式，进而实现该逻辑函数的逻辑网络也具有多种形式，还可以采用硬件描述语言的多种描述方式进行描述。

2.2　逻辑代数的基本运算

逻辑代数有三种基本逻辑运算：与运算、或运算和非运算。根据这三种基本运算规则，可以推导出逻辑代数运算的基本定理和规则。由这三种基本逻辑运算，可以组成复杂的逻辑网络。

2.2.1　与运算

与运算又称为“逻辑乘”（Logic Multiplication），其运算结果称为“逻辑积”（Logic Product）。

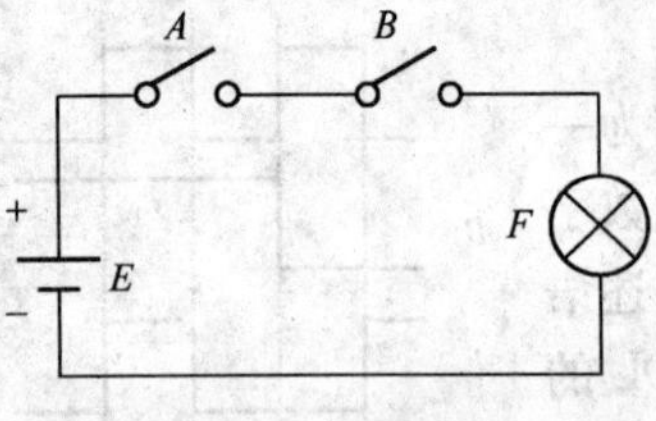

图 2.7　与逻辑示意图

与运算的定义为：在逻辑问题中，如果决定某一事件的多个条件必须同时具备，事件才能发生，则这种因果关系称为“与”逻辑关系。

图 2.7 所示串联开关电路是与逻辑的典型实例。A、B 为两个串联开关，控制一个电灯 F，如果将“条件”和“结果”的各种可能性列成表格，则可得到与逻辑关系表。由表 2.3 可见，只有开关 A、B 都闭合，灯 F 才会亮；只要有一个开关不闭合，灯 F 就不会亮。

若设开关闭合状态为“1”，断开状态为“0”；灯亮状态为“1”，灯灭状态为“0”。则可得到对应的“与”逻辑状态关系表——真值表，如表 2.4 所示。

表 2.3　与逻辑关系表

开关 A	开关 B	灯 F
断开	断开	灭
断开	闭合	灭
闭合	断开	灭
闭合	闭合	亮

表 2.4　与逻辑真值表

A	B	F
0	0	0
0	1	0
1	0	0
1	1	1

上述这种“与”逻辑关系，可用逻辑表达式记为

$$F = A \times B = A \cdot B = AB$$

其中，“×”和“·”是与运算符，一般可以省略。A 和 B 称为输入逻辑变量；F 称为输出逻辑变量。

显然，若上述开关电路中有四个开关 A、B、C、D 串联，则有逻辑表达式$F=ABCD$。

由表 2.4 可得到“与”运算的运算规则

$$0 \cdot 0 = 0 \quad 0 \cdot 1 = 0 \quad 1 \cdot 0 = 0 \quad 1 \cdot 1 = 1$$

在数字电路中，实现“与”运算逻辑功能的电路称为“与门”（AND Gate），其逻辑符号如图 2.8 所示（方框中的“&”是与门的定性符）。

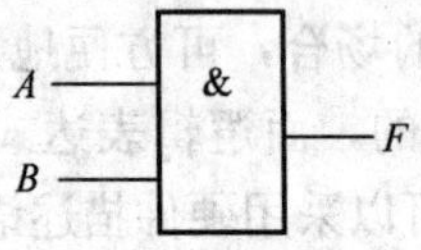

(a) 国家标准符号

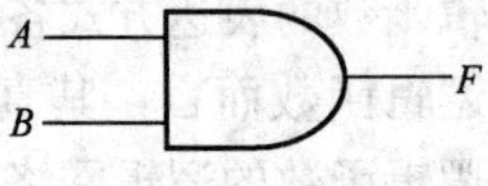

(b) 国际标准符号(变形符号)

图 2.8　二输入与门逻辑符号

2.2.2　或运算

或运算又称为“逻辑加”（Logic Addition），其运算结果称为“逻辑和”（Logic Sum）。

或运算的定义为：在逻辑问题中，如果决定某一事件的多个条件中，只要有一个或一个以上条件具备，事件就发生，则这种因果关系称为“或”逻辑。

并联开关电路是“或”逻辑的典型实例。在图 2.9 中，A、B 为两个并联开关，控制一个电灯 F，如果将两个开关的 4 种组合与灯的亮、灭之间的关系列成表格，则可得到

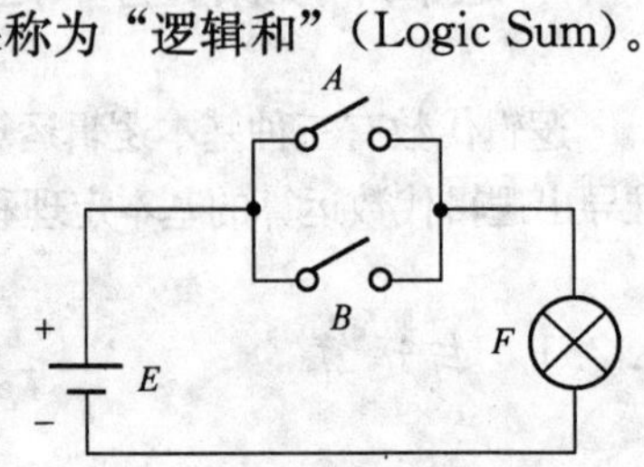

图 2.9　或逻辑示意图

"或"逻辑关系表。从表 2.5 可知，只要开关 A、B 有一个闭合，灯 F 就亮；只有开关都断开，灯 F 才不亮。

若设开关闭合状态为"1"，断开状态为"0"；灯亮状态为"1"，灯灭状态为"0"，则可得到对应的"或"逻辑状态关系表——真值表，如表 2.6 所示。

表 2.5 或逻辑关系表

开关 A	开关 B	灯 F
断开	断开	灭
断开	闭合	亮
闭合	断开	亮
闭合	闭合	亮

表 2.6 或逻辑真值表

A	B	F
0	0	0
0	1	1
1	0	1
1	1	1

上述这种"或"逻辑关系，可用逻辑表达式记为

$$F = A + B$$

其中，"+"是或运算符，A 和 B 称为输入逻辑变量；F 称为输出逻辑变量。

同理，若上述开关电路中有四个开关 A、B、C、D 并联，则有逻辑表达式 $F = A + B + C + D$。

同样，由表 2.6 可得到"或"运算的运算规则

$$0 + 0 = 0 \quad 0 + 1 = 1 \quad 1 + 0 = 1 \quad 1 + 1 = 1$$

在数字电路中，实现"或"运算逻辑功能的电路称为"或门"（OR Gate），其逻辑符号如图 2.10 所示（方框中的"≥1"是或门的定性符）。

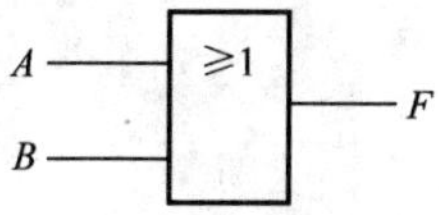

(a) 国家标准符号

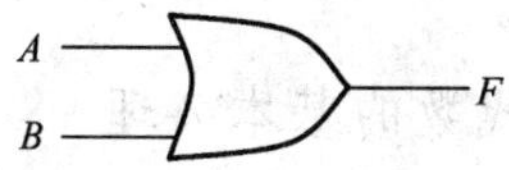

(b) 国际标准符号(变形符号)

图 2.10 二输入或门逻辑符号

2.2.3 非运算

非运算又称为"逻辑非"（Logic Negation），或逻辑否定。

非运算的定义为：在逻辑问题中，如果决定某一事件的条件满足时，事件不发生；反之事件发生，则这种因果关系称为"非"逻辑。

图 2.11 所示的开关和灯并联电路是非逻辑的实例。只要开关 A 闭合，灯 F 就不亮；只有开关 A 断开，灯 F 才会亮。表 2.7 是"非"逻辑关系表，表 2.8 是其真值表。

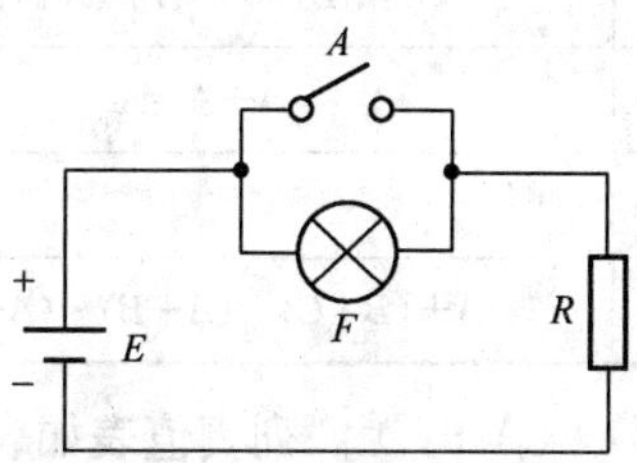

图 2.11 非逻辑示意图

表 2.7 非逻辑关系表

开关 A	灯 F
断开	亮
闭合	灭

表 2.8 非逻辑真值表

A	F
0	1
1	0

上述这种“非”逻辑关系，可用逻辑表达式记为

$$F=\overline{A}$$

其中，“—”是非运算符，A 称为输入逻辑变量；F 称为输出逻辑变量。

若将 A 称做原变量，则 $\overline{A}$ 为其反变量，读作“A 非”。

同样，由表 2.8 可得到“非”运算的运算规则

$$\overline{0}=1 \quad \overline{1}=0$$

在数字电路中，实现“非”逻辑功能的电路称为“非门”（NOT Gate），或称为“反相器”，其逻辑符号如图 2.12 所示（方框中的“1”是非门的定性符）。

(a) 国家标准符号 (b) 国际标准符号(变形符号)

图 2.12 非门逻辑符号

2.3 逻辑代数的基本公理、定理及规则

2.3.1 逻辑代数的基本公理

表 2.9 列出了逻辑代数的基本公理，它们是客观存在的抽象，无须证明，但可以用真值表进行检验。

表 2.9 逻辑代数的基本公理

名　称	公理（Ⅰ）	公理（Ⅱ）
0—1 律	$A\cdot 0=0$	$A+1=1$
自等律	$A\cdot 1=A$	$A+0=A$
互补律	$A\cdot\overline{A}=0$	$A+\overline{A}=1$
交换律	$A\cdot B=B\cdot A$	$A+B=B+A$
结合律	$(A\cdot B)\cdot C=A\cdot(B\cdot C)$	$(A+B)+C=A+(B+C)$
重叠律	$A\cdot A=A$	$A+A=A$
还原律	$\overline{\overline{A}}=A$	
分配律	$A\cdot(B+C)=A\cdot B+A\cdot C$	$A+(B\cdot C)=(A+B)\cdot(A+C)$

例如，可用真值表检验分配律 $A+(B\cdot C)=(A+B)\cdot(A+C)$，列真值表如表 2.10 所示。若进一步设 $F=A+(B\cdot C)$ 和 $G=(A+B)\cdot(A+C)$，由真值表（表 2.10），根据逻辑函数相等的定义，有 $F=G$。实现 F 和 G 逻辑功能的逻辑原理图如图 2.13 所示。

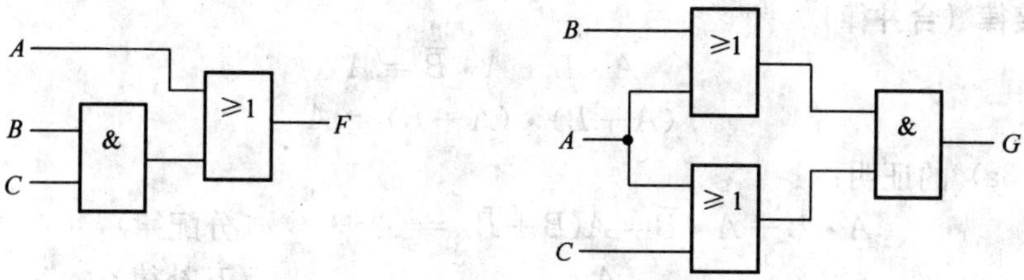

图 2.13 函数 F 和 G 的逻辑原理图

表 2.10 验证分配律的真值表

A	B	C	$A+(B\cdot C)$	$(A+B)\cdot(A+C)$
0	0	0	0	0
0	0	1	0	0
0	1	0	0	0
0	1	1	1	1
1	0	0	1	1
1	0	1	1	1
1	1	0	1	1
1	1	1	1	1

因此，不难看出，一个逻辑函数可以用不同的逻辑表达式、逻辑原理图描述，但它的真值表是唯一的。

2.3.2 逻辑代数的基本定理

根据逻辑基本公理可以推导出如下基本定理：

1. 吸收律

$$A+A\cdot B=A \tag{2.1a}$$
$$A\cdot(A+B)=A \tag{2.1b}$$

式（2.1a）的证明：

$$A+A\cdot B=A(1+B)=A \qquad \text{(分配律)(0－1律)}$$

该式说明，在一个“与或”表达式中，如果一个乘积项是另外一个乘积项的因子，则这另外一个乘积项是多余的。

2. 消因律

$$A+\overline{A}\cdot B=A+B \tag{2.2a}$$
$$A\cdot(\overline{A}+B)=A\cdot B \tag{2.2b}$$

式（2.2a）的证明：

$$\begin{aligned} A+B &=(A+B)\cdot 1= && \text{(自等律)}\\ &(A+B)\cdot(A+\overline{A})= && \text{(互补律)}\\ &A+AB+A\overline{A}+\overline{A}B= && \text{(分配律)}\\ &A+\overline{A}B && \text{(分配律、互补律)} \end{aligned}$$

该式说明，在一个“与或”表达式中，如果一个乘积项的反是另外一个乘积项的因子，则这个因子是多余的。

3. 邻接律（合并律）

$$A \cdot B + A \cdot \overline{B} = A \tag{2.3a}$$

$$(A+B) \cdot (A+\overline{B}) = A \tag{2.3b}$$

式（2.3a）的证明：

$$A \cdot B + A \cdot \overline{B} = A(B+\overline{B}) = \quad \text{（分配律）}$$

$$A \quad \text{（互补律）}$$

该式说明，若两个乘积项中分别包含某变量的原变量和反变量，且其他因子都相同时，可将这两项合并成一项，消去该变量。邻接律是基于卡诺图化简逻辑函数的理论基础。

4. 反演律（摩根定理）

$$\overline{A+B} = \overline{A} \cdot \overline{B} \tag{2.4a}$$

$$\overline{A \cdot B} = \overline{A} + \overline{B} \tag{2.4b}$$

根据逻辑函数相等的定义，可用真值表证明反演律的成立，如表 2.11 所示。

表 2.11　证明反演律的真值表

A　B	$\overline{A+B}$	$\overline{A} \cdot \overline{B}$	$\overline{A \cdot B}$	$\overline{A}+\overline{B}$
0　0	1	1	1	1
0　1	0	0	1	1
1　0	0	0	1	1
1　1	0	0	0	0

反演律是一个十分重要的定理，它说明了变量进行“与”和“或”运算时的互补效应。常用于逻辑函数的化简及逻辑变换。

式（2.4a）提供了将原变量或运算的非改成反变量与运算的简便方法；式（2.4b）提供了将原变量与运算的非改成反变量或运算的简便方法。

5. 包含律（多余项定理）

$$AB + \overline{A}C + BC = AB + \overline{A}C \tag{2.5a}$$

$$(A+B)(\overline{A}+C)(B+C) = (A+B)(\overline{A}+C) \tag{2.5b}$$

式（2.5a）的证明：

$$AB + \overline{A}C + BC = AB + \overline{A}C + (A+\overline{A}) \cdot BC =$$

$$AB + ABC + \overline{A}C + \overline{A}BC =$$

$$AB(1+C) + \overline{A}C(1+B) =$$

$$AB + \overline{A}C$$

包含律说明：如果与或表达式中，两个与项分别包含同一因子的原变量和反变量，而两与项的剩余因子包含在第三个与项中，则第三个与项是多余的。因此，可进一步证明下面的等式成立：

$$AB + \overline{A}C + BCDE = AB + \overline{A}C$$

2.3.3　逻辑代数的三个基本规则

1. 代入规则

任何一个含有变量 X 的逻辑等式，如果将所有出现 X 的地方都代之以一个逻辑函数

H，则此等式仍然成立。

因为逻辑函数 H 与逻辑变量一样，只有 0 和 1 两种取值，而且当 H 取 0 或 1 时等式成立，所以代入规则是正确的。

利用代入规则证明摩根定理

$$\overline{A+B}=\overline{A}\cdot\overline{B}$$

证明：令 $X=A+B, Y=\overline{A}\cdot\overline{B}$，则

$$\begin{aligned}X+Y=&A+B+\overline{A}\cdot\overline{B}= &&（代入规则）\\&(A+B+\overline{A})\cdot(A+B+\overline{B})= &&（分配律）\\&(1+B)\cdot(1+A)= &&（结合律、互补律）\\&1 &&（0-1律）\end{aligned}$$

而

$$\begin{aligned}X\cdot Y=&(A+B)\cdot\overline{A}\cdot\overline{B}= &&（代入规则）\\&A\cdot\overline{A}\cdot\overline{B}+B\cdot\overline{A}\cdot\overline{B}= &&（分配律）\\&0 &&（互补律、0-1律）\end{aligned}$$

因为 $X+Y=1$，且 $X\cdot Y=0$，则

$$\overline{X}=Y \qquad（互补律）$$

即

$$\overline{A+B}=\overline{A}\cdot\overline{B} \qquad（代入规则）$$

运用代入规则可以扩展基本定理的应用范围，因为将某一个已知等式中的变量用任意一个逻辑函数代替后，就得到一个新的等式。例如：

已知 $\overline{A\cdot X}=\overline{A}+\overline{X}$，若令 $X=BC$ 并代入，则有

$$\overline{A\cdot BC}=\overline{A}+\overline{BC}=\overline{A}+\overline{B}+\overline{C}$$

反复使用代入规则，可将摩根定理扩展到 n 个变量，即

(1) $\overline{A_1+A_2+\cdots+A_n}=\overline{A}_1\cdot\overline{A}_2\cdot\cdots\cdot\overline{A}_n$

(2) $\overline{A_1\cdot A_2\cdot\cdots\cdot A_n}=\overline{A}_1+\overline{A}_2+\cdots+\overline{A}_n$

从实际应用角度看，运用代入规则，可将较复杂逻辑函数中的某一部分或公共部分代之以变量，达到“简化”、便于分析研究的目的。

2. 反演规则（香农定理）

从原函数求反函数的过程称为反演。反演规则是由已知逻辑函数求其反函数的一种简便的方法。

对于任何一个逻辑函数 F，若将该函数的所有原变量换成反变量，反变量换成原变量；并将函数中“0”变成“1”，“1”变成“0”；且运算符“+”变成“·”，“·”变成“+”；得到的结果就是其反函数 $\overline{F}$。这个规则称为反演规则。

利用反演规则得到的反函数通常称为反演式。

在使用反演规则时，应注意以下三点：

(1) 原函数不得变形。

(2) 必须保持原有变量的运算次序，必要时添加各种括号。

(3) 不属于单个变量上的非号保留，而非号下面的函数式按反演规则变换。

【例 2.1】 已知 $F=A(\overline{B}+\overline{CD}+\overline{E}G)$，求反演式 $\overline{F}$。

解 利用反演规则可得：

$$\overline{F}=\overline{A}+B\cdot(\overline{C}+D)\cdot(E+\overline{G})$$

注意，适当添加括号，以保证运算顺序不变。

也可利用反演律求得：

$$\begin{aligned}\overline{F}=&\overline{A(\overline{B}+C\overline{D}+\overline{E}G)}=\\&\overline{A}+\overline{\overline{B}+C\overline{D}+\overline{E}G}=\\&\overline{A}+B\cdot\overline{C\overline{D}+\overline{E}G}=\\&\overline{A}+B\cdot\overline{C\overline{D}}\cdot\overline{\overline{E}G}=\\&\overline{A}+B\cdot(\overline{C}+D)\cdot(E+\overline{G})\end{aligned}$$

由例 2.1 可看出，反演律是逻辑运算中使用的定律公式，可以获得反函数的多种表达形式，反演式只是其中之一；而反演规则是求反演式的一种简便方法。

【例 2.2】 已知 $F=A\overline{B}+\overline{(A+C)B}+\overline{A}\,\overline{B}\,\overline{C}$，求其反演式。

解 利用反演规则，其反演式为

$$\overline{F}=(\overline{A}+B)\cdot\overline{\overline{A}\,\overline{C}+\overline{B}}\cdot(A+B+C)$$

注意，适当添加括号，不属于单个变量上的非号保留。

3. 对偶规则

对偶函数的定义：对于任意逻辑函数 F，将该函数中的所有变量保持不变；并将函数中“0”变成“1”，“1”变成“0”；且运算符“+”变成“·”，“·”变成“+”；得到的新函数称为原函数的对偶函数（对偶式），记为 F'。

求某个逻辑函数的对偶函数时，也应注意适当地添加括号，以保持原函数中的运算顺序不变。

【例 2.3】 已知 $F=(A+B)(\overline{A}+C)(C+DE)$，求其对偶式。

解 根据对偶函数的定义

$$F'=AB+\overline{A}C+C(D+E)$$

有些逻辑函数的对偶函数就是原函数本身，即 $F'=F$。此时，称函数 F 为自对偶函数。一般情况下，$\overline{F}\neq F'$，但下例中 $\overline{F}=F'$。

$$F=A\overline{B}+\overline{A}B$$

$$\overline{F}=(\overline{A}+B)(A+\overline{B})$$

$$F'=(A+\overline{B})(\overline{A}+B)$$

对偶规则指的是：如果函数 F' 是函数 F 的对偶函数，那么 F 也是 F' 的对偶函数。如果函数 F、G 相等，它们的对偶函数 F'、G' 也相等，即若 $F=G$，则 $F'=G'$。

观察逻辑代数的基本公理和基本定理，不难看出，公理（II）可由公理（I）根据对偶规则求出，反之亦然；基本定理（2.1b）到（2.5b）可由基本定理（2.1a）到（2.5a）根据对偶规则推出，反之亦然。

利用对偶规则，使需要证明和记忆的公式减少一半，且为函数的形式变换和简化带来方便。

【例 2.4】 证明 $(A+B)(\overline{A}+C)(B+C)=(A+B)(\overline{A}+C)$ 成立。

证明 因为$AB+\overline{A}C+BC=AB+\overline{A}C$（基本定理（2.5a））

两边同取对偶，有

$$(A+B)(\overline{A}+C)(B+C)=(A+B)(\overline{A}+C)$$

根据对偶规则，得证。

2.4 逻辑函数的性质

在实际工程设计中，特别是基于逻辑器件的传统设计技术，通常要求采用最少的逻辑门电路、最少的逻辑门的输入端数和最少的逻辑器件类型来完成预定的逻辑功能。获得正确描述逻辑关系的最佳逻辑函数（逻辑表达式），进而满足三个“最少”的要求，实际上是要解决逻辑函数的最简化问题。在讨论逻辑函数化简之前，有必要对逻辑函数的一些重要性质进行讨论，包括复合逻辑、逻辑表达式的多种形式、逻辑表达式的标准形式等。

2.4.1 复合逻辑

逻辑代数中的与、或、非三种基本逻辑运算，可以组合起来描述任意逻辑函数，与其相对应的与门、或门、非门可以组合起来构造具有任意逻辑功能的逻辑网络（电路）。但是，仅采用与门、或门、非门构造逻辑电路，往往使实现复杂逻辑函数功能的逻辑网络中的门数、输入端数和门的串联级数非常多，不能满足工程设计的基本要求。所以，在实际应用的基本逻辑器件中，除了与门、或门和非门，还有与非门、或非门、与或非门、异或门等，称为复合逻辑门。

1. 与非逻辑

与非逻辑（NAND）是“与”和“非”的复合逻辑，如图 2.14 所示。它的逻辑表达式为

$$F=\overline{A\cdot B\cdot C}$$

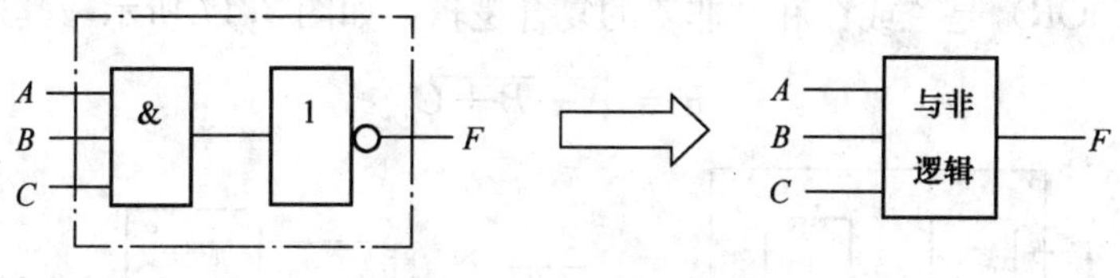

图 2.14 与非逻辑的构成

与非逻辑描述的逻辑功能：只要有一个变量取值为 0，F 就为 1；只有所有变量均取值为 1，F 才为 0。实现与非逻辑功能的逻辑器件称为“与非门”，图 2.15 是其逻辑符号。表 2.12是三变量与非逻辑的真值表。在实际应用中，可根据需要选用具有不同输入端数的与非门逻辑器件。

容易理解，采用与非门可以实现“与”运算和“非”运算，但能实现“或”运算吗？由摩根定理$\overline{A\cdot B}=\overline{A}+\overline{B}$可看出，“与”之“非”可以产生“或”的关系。因此，可以用单一的与非门实现三种基本逻辑运算。例如：

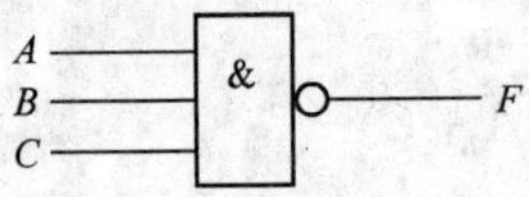

(a) 国家标准符号

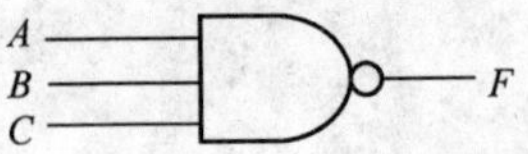

(b) 国际标准符号（变形符号）

图 2.15　三输入与非门逻辑符号

表 2.12　与非逻辑真值表

A	B	C	F
0	0	0	1
0	0	1	1
0	1	0	1
0	1	1	1
1	0	0	1
1	0	1	1
1	1	0	1
1	1	1	0

$$F_1 = AB = \overline{\overline{AB}} = \overline{\overline{AB} \cdot 1}$$

$$F_2 = A + B = \overline{\overline{A} \cdot \overline{B}} = \overline{\overline{A \cdot 1} \cdot \overline{B \cdot 1}}$$

$$F_3 = \overline{A} = \overline{A \cdot 1}$$

图 2.16 是采用与非门实现三种基本运算的逻辑图。与非门是数字系统中使用最广泛的复合逻辑门电路器件，在没有其他种类器件时，可用与非门等效实现。这说明与非逻辑具有完备性。

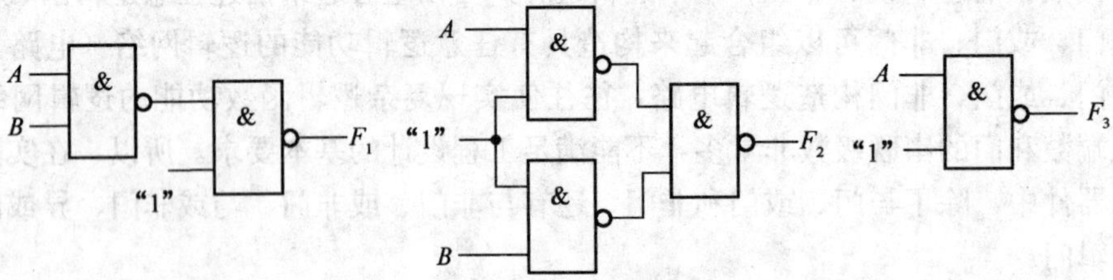

(a) 与运算　　(b) 或运算　　(c) 非运算

图 2.16　用与非门实现三种基本运算

2. 或非逻辑

或非逻辑（NOR）是“或”和“非”的复合逻辑，如图 2.17 所示。其逻辑表达式为

$$F = \overline{A + B + C}$$

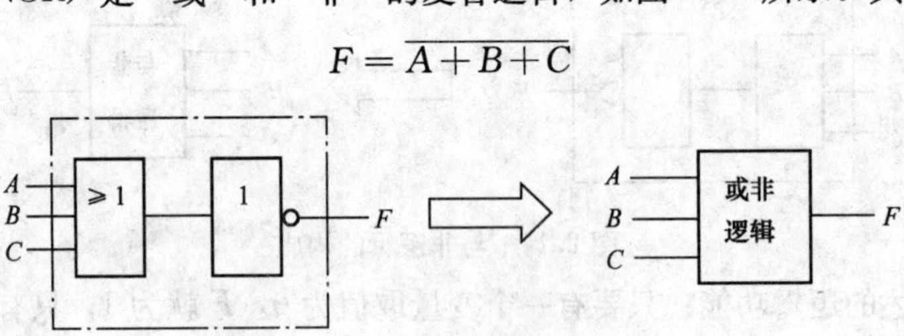

图 2.17　或非逻辑的构成

或非逻辑实现的逻辑功能是：只要有一个变量取值为 1，F 就为 0；只有所有变量均取值为 0，F 才为 1。实现或非逻辑功能的逻辑器件称为“或非门”，图 2.18 是它的逻辑符号。表 2.13 是三变量或非逻辑的真值表。在实际应用中，同样有不同输入端数的或非门逻辑器件供选择。

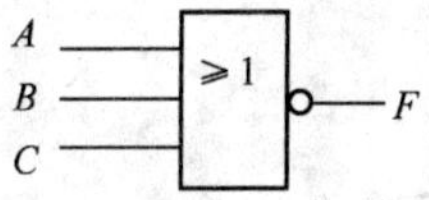

(a) 国家标准符号

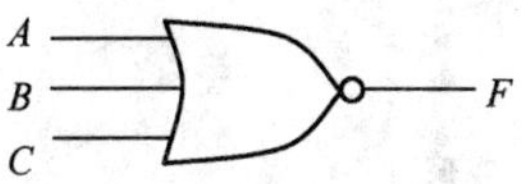

(b) 国际标准符号（变形符号）

图 2.18　三输入或非门逻辑符号

表 2.13　或非逻辑真值表

A	B	C	F
0	0	0	1
0	0	1	0
0	1	0	0
0	1	1	0
1	0	0	0
1	0	1	0
1	1	0	0
1	1	1	0

显然，采用或非门可以实现“或”运算和“非”运算，如何实现“与”运算呢？由摩根定理$\overline{A+B}=\overline{A}\cdot\overline{B}$可看出，“或”之“非”可以产生“与”的关系。因此，也可以用单一的或非门实现三种基本逻辑运算。例如：

$$F_1 = AB = \overline{\overline{A}+\overline{B}} = \overline{\overline{A+0}+\overline{B+0}}$$

$$F_2 = A+B = \overline{\overline{A+B}} = \overline{\overline{A+B}+0}$$

$$F_3 = \overline{A} = \overline{A+0}$$

图 2.19 是采用或非门实现三种基本运算的逻辑图。或非门也是数字系统中常用的复合逻辑门电路器件，在没有其他种类器件时，可用或非门等效实现。这说明或非逻辑同样具有完备性。

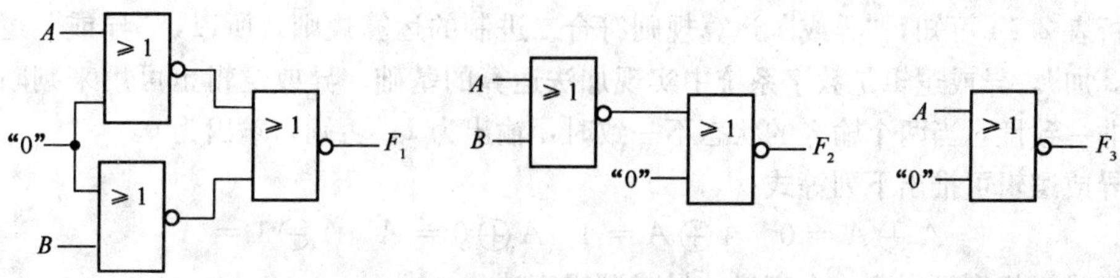

(a) 与运算　　(b) 或运算　　(c) 非运算

图 2.19　用或非门实现三种基本运算

3. 与或非逻辑

与或非逻辑（AOI）是“与”、“或”和“非”的复合逻辑，其逻辑表达式为

$$Y = \overline{AB + CD + EF}$$

与或非逻辑实现的逻辑功能是：仅当每个“与项”均为 0，Y 才为 1；否则，Y 为 0。显然，用单一的与或非门可以实现与、或、非三种基本逻辑运算。但有时很不经济。

实现与或非逻辑功能的逻辑器件称为“与或非门”，图 2.20 是它的逻辑符号。从图 2.20可看出，与或非门可以有多组与输入，每组与输入可有多个输入端。

4.“异或”逻辑和“同或”逻辑

“异或”逻辑（XOR）的定义：对于两个输入变量问题，若输入变量取值相异时，输出为 1；输入变量取值相同时，输出为 0，则这种输出与输入的逻辑关系称为“异或”逻辑关系。

两个输入变量的异或逻辑表达式为

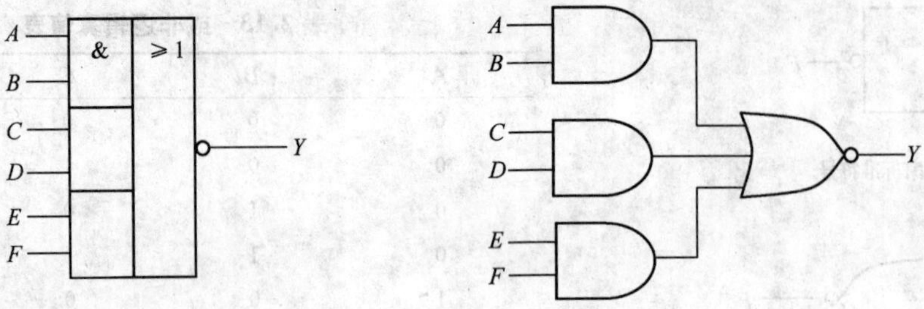

(a) 国家标准符号　　　　(b) 国际标准符号（变形符号）

图 2.20　与或非门逻辑符号

$$F = A\overline{B} + \overline{A}B = A \oplus B$$

其中，“$\oplus$”是异或运算符。实现异或逻辑的逻辑器件称为“异或门”，其逻辑符号如图 2.21 所示，真值表如表 2.14 所示。

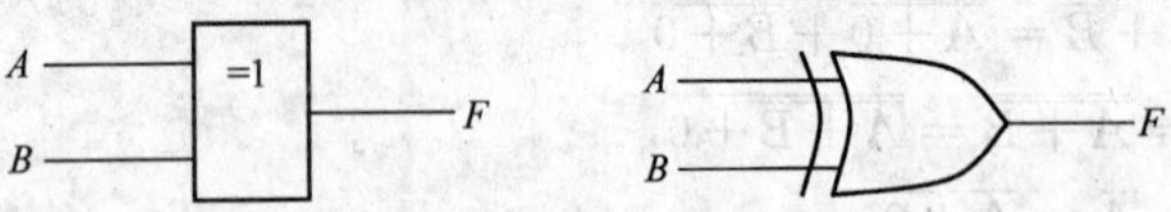

(a) 国家标准符号　　　　(b) 国际标准符号（变形符号）

图 2.21　异或门的逻辑符号

表 2.14　异或逻辑真值表

A	B	F
0	0	0
0	1	1
1	0	1
1	1	0

分析表 2.14 可知，“异或”运算规则符合二进制的运算规则，所以，“异或”逻辑又称为“模 2 加”。异或逻辑是数字系统中实现加法运算的基础。异或逻辑也可用来判断两个输入端的非一致性，当两个输入的状态不一致时，输出为 1；否则，输出为 0。

由异或逻辑可推出下列等式：

$$A \oplus A = 0 \quad A \oplus \overline{A} = 1 \quad A \oplus 0 = A \quad A \oplus 1 = \overline{A}$$

利用代入规则可得到三个变量的异或逻辑表达式，即

$$F = A \oplus B \oplus C = A\overline{B}\,\overline{C} + \overline{A}B\overline{C} + \overline{A}\,\overline{B}C + ABC$$

由于物理上只有二输入异或门器件，所以，三变量异或逻辑的实现如图 2.22 所示，其真值表如表 2.15 所示。

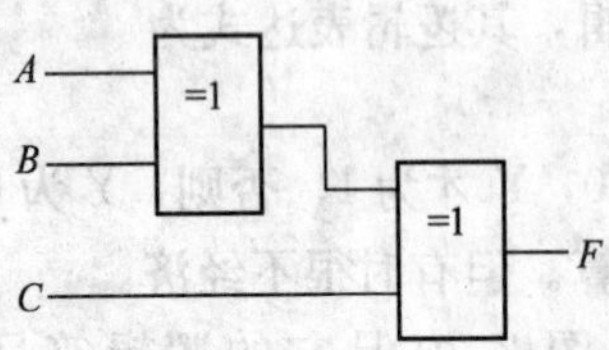

图 2.22　三变量异或电路的实现

表 2.15　三变量异或逻辑真值表

A	B	C	F	A	B	C	F
0	0	0	0	1	0	0	1
0	0	1	1	1	0	1	0
0	1	0	1	1	1	0	0
0	1	1	0	1	1	1	1

从三变量异或逻辑的真值表，可以得到异或逻辑的一个重要性质：当输入变量为 1 的个数是奇数时，输出为 1；偶数时，输出为 0。该性质可推广到 n 个变量的异或逻辑中。这一性质常用于奇偶校验逻辑电路中。

异或逻辑的反函数称为同或逻辑（也称符合逻辑）。

"同或"逻辑（XNOR）的定义：对于两个输入变量问题，若输入变量取值相同时，输出为1；输入变量取值相异时，输出为0，则这种输出与输入的逻辑关系称为"同或"逻辑关系。

两个变量、三个变量"同或"逻辑的真值表如表2.16、表2.17所示。两个输入变量的同或逻辑表达式为

$$F=\overline{A\oplus B}=AB+\overline{A}\,\overline{B}=A\odot B$$

其中，"⊙"是同或运算符，其逻辑符号如图2.23所示。

表2.16　二变量同或逻辑真值表

A	B	F
0	0	1
0	1	0
1	0	0
1	1	1

表2.17　三变量同或逻辑真值表

A	B	C	F	A	B	C	F
0	0	0	0	1	0	0	1
0	0	1	1	1	0	1	0
0	1	0	1	1	1	0	0
0	1	1	0	1	1	1	1

在数字系统中，常用"同或"逻辑构造比较电路，即判断两个输入状态是否一致。"同或"逻辑也可用于奇偶校验。

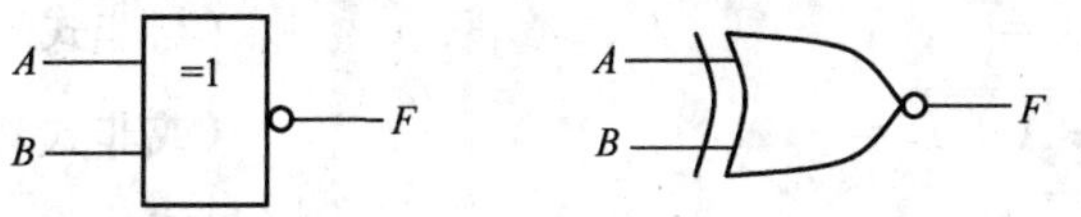

(a) 国家标准符号　　(b) 国际标准符号（变形符号）

图2.23　"同或"逻辑符号

观察两个变量的异或逻辑、同或逻辑真值表，可得

$$A\oplus B=\overline{A\odot B}\qquad A\odot B=\overline{A\oplus B}$$

同样，观察三个变量的异或逻辑、同或逻辑真值表，可得

$$A\oplus B\oplus C=A\odot B\odot C$$

对于多输入变量，用代入法可证明：偶数个变量的异或逻辑和同或逻辑之间具有互补关系。即

$$A_1\oplus A_2\oplus\cdots\oplus A_n=\overline{A_1\odot A_2\odot\cdots\odot A_n}\qquad (n\text{ 为偶数})$$

对于多输入变量，用代入法可证明：奇数个变量的异或逻辑和同或逻辑之间具有相等关系。即

$$A_1\oplus A_2\oplus\cdots\oplus A_n=A_1\odot A_2\odot\cdots\odot A_n\qquad (n\text{ 为奇数})$$

异或逻辑和同或逻辑是一对互补的逻辑运算，具有特殊的性质，在数字系统中有着广泛的应用。表2.18给出关于异或运算、同或运算的基本代数性质。

表2.18　异或运算、同或运算的基本代数性质

0—1律	(a) $A\oplus 0=A$，$A\oplus 1=\overline{A}$ (b) $A\odot 1=A$，$A\odot 0=\overline{A}$
交换律	(a) $A\oplus B=B\oplus A$ (b) $A\odot B=B\odot A$
分配律	(a) $A(B\oplus C)=AB\oplus AC$ (b) $A+(B\odot C)=(A+B)\odot(A+C)$
结合律	(a) $A\oplus(B\oplus C)=(A\oplus B)\oplus C$ (b) $A\odot(B\odot C)=(A\odot B)\odot C$
调换律	(a) 如 $A\oplus B=C$，则 $A\oplus C=B$，$C\oplus B=A$ (b) 如 $A\odot B=C$，则 $A\odot C=B$，$C\odot B=A$

在0—1律、交换律、分配律、结合律中，式（a）与式（b）互为对偶。这里需要说明的是，若在一个函数的逻辑表达式中包含“⊕”和“⊙”运算符，求其反演式和对偶函数时，除按前述规则外，还应将“⊕”换成“⊙”，“⊙”换成“⊕”。例如：

$$F = A + BC \oplus D$$
$$\overline{F} = \overline{A} \cdot [(\overline{B} + \overline{C}) \odot \overline{D}]$$
$$F' = A \cdot [(B + C) \odot D]$$

调换律是异或运算和同或运算所特有的性质。它表明：若用“⊕”和“⊙”表示的等式成立，则等号两边的变量互换后，新的等式仍然成立。此性质常用于逻辑函数的化简。

2.4.2 逻辑函数的基本表达式

一个给定的逻辑函数，其真值表是唯一的，但其逻辑表达式具有多种形式。常见的逻辑表达式形式有五种，即与或式、或与式、与非式、或非式和与或非式。例如：

$$F = A\overline{B} + \overline{A}B = \qquad \text{（与或式）}$$
$$(A + B)(\overline{A} + \overline{B}) = \qquad \text{（或与式）}$$
$$\overline{\overline{A\overline{B}} \cdot \overline{\overline{A}B}} = \qquad \text{（与非式）}$$
$$\overline{\overline{A + B} + \overline{\overline{A} + \overline{B}}} = \qquad \text{（或非式）}$$
$$\overline{AB + \overline{A}\,\overline{B}} = \qquad \text{（与或非式）}$$
$$\vdots$$

与或式和或与式是逻辑表达式中最基本的两种形式，其他形式的表达式都可以运用逻辑代数的公理、定理和基本规则转换成这两种形式。

一般与或表达式（也称“积之和”表达式）是用逻辑加的形式将若干与项（乘积项）连在一起的表达式。也可表述为若干“与项”进行“或”运算所构成的表达式。

例如，$F(A,B) = AB + \overline{A}\,\overline{B}$ 是一个关于两个变量的与或表达式，含有两个与项。再例如，$G(x_1, x_2, x_3) = x_1\overline{x}_2x_3 + x_2\overline{x}_3 + \overline{x}_1x_3 + x_1$ 是关于三个变量的与或表达式，含有四个与项。

一般或与表达式（也称“和之积”表达式）是由逻辑与的形式将若干或项连在一起的表达式。也可表述为若干“或”项进行“与”运算所构成的表达式。

例如，表达式 $G(x_1, x_2, x_3) = (x_1 + \overline{x}_2 + x_3)(x_2 + \overline{x}_3)(\overline{x}_1 + x_3)$ 就是一个关于三个变量的或与表达式，包括三个或项。

在对逻辑函数进行理论分析时，经常使用与或式、或与式，而与或式的使用更为普遍。

2.4.3 逻辑函数的标准表达式

从上面列举的与或表达式和或与表达式中可看出，有些“与项”和“或项”只是某几个变量的组合，即没有反映出所有变量的组合。所以称它们为一般与或表达式和一般或与表达式。

给定逻辑函数可以用真值表、逻辑表达式、卡诺图、逻辑图、波形图、硬件描述语言等多种方式来表示或描述，而其真值表具有唯一性。由真值表导出的逻辑函数表达式是一种标准的形式，既可以表示成最小项之和表达式（标准与或式），也可以表示成最大项之积表达式（标准或与式）。因此，引出两个重要的概念：最小项和最大项。

1. 最小项

设有一个两变量的逻辑函数

$$F = f(A,B) = A + B$$

应用有关定理可表示成

$$\begin{aligned} F = A + B &= A(B+\overline{B}) + B(A+\overline{A}) = \\ & AB + A\overline{B} + BA + B\overline{A} = \\ & AB + A\overline{B} + \overline{A}B \end{aligned}$$

在函数 F 的各种表示形式中，最后一个是最规则的表示形式，其中每个与项具有如下特点：包含该函数的全部变量（两个），每个变量或以原变量（A，B）形式出现，或以反变量（$\overline{A}$，$\overline{B}$）形式出现，且仅出现一次。具有这种特点的与项称之为最小项（minterm，标准与项）。

下面给出关于 n 个变量的最小项的定义：设有 n 个逻辑变量，它们所组成的具有 n 个变量的与项中，每个变量或以原变量形式或以反变量形式出现一次，且仅出现一次，此与项称为 n 个变量的最小项。

对于 n 个变量，可以构成 2^n 个最小项。例如，4 个变量的顺序为 A、B、C、D，可构成 16 个最小项：$\overline{A}\,\overline{B}\,\overline{C}\,\overline{D},\overline{ABCD},\overline{A}\,\overline{B}C\overline{D},\cdots,ABCD$ 。为了书写方便和便于记忆，常用符号 m_i 表示最小项。下标 i 的取值规则如下：当变量顺序确定后，用“1”代替原变量，用“0”代替反变量，得到一个二进制数，该二进制数对应的十进制数即为下标 i 的取值。例如，最小项 $ABCD \rightarrow (1111)_2$，即 $(15)_{10}$。所以，可写成 $ABCD = m_{15}$。

对于三个变量 A、B、C 构成的八个最小项可写成：

$$\begin{aligned} \overline{A}\,\overline{B}\,\overline{C} &= m_0 \\ \overline{A}\,\overline{B}\,C &= m_1 \\ \overline{A}\,B\overline{C} &= m_2 \\ \overline{A}\,BC &= m_3 \\ A\overline{B}\,\overline{C} &= m_4 \\ A\overline{B}\,C &= m_5 \\ AB\overline{C} &= m_6 \\ ABC &= m_7 \end{aligned}$$

需要指出的是，最小项与变量个数及其排列顺序有关。

从表 2.19 列出的三变量 A、B、C 全部最小项的真值表，可看出最小项具有如下性质：

性质 1 对于任意一个最小项，只有一组变量的取值使其值为 1。（即只有最小项下标对应的一组变量的取值使其为 1。）

性质 2 对于任一组变量的取值，任意两个最小项之积为 0。

$$m_i \cdot m_j = 0 (i \neq j)$$

性质 3 n 变量的全部最小项之和为 1，即

$$\sum_{i=0}^{2^n-1} m_i = 1$$

性质 4 n 个变量的任一最小项，都有 n 个相邻最小项。

所谓相邻最小项是指，若两个最小项中，只有一个变量互为相反，其余均相同，则这两个最小项具有相邻性。例如，三个变量组成的八个最小项中，与 m_0 相邻的最小项是 m_1、m_2 和 m_4。

表 2.19 三变量 A、B、C 全部最小项的真值表

A	B	C	m_0 $\overline{A}\overline{B}\overline{C}$	m_1 $\overline{A}\overline{B}C$	m_2 $\overline{A}B\overline{C}$	m_3 $\overline{A}BC$	m_4 $A\overline{B}\overline{C}$	m_5 $A\overline{B}C$	m_6 $AB\overline{C}$	m_7 ABC
0	0	0	1	0	0	0	0	0	0	0
0	0	1	0	1	0	0	0	0	0	0
0	1	0	0	0	1	0	0	0	0	0
0	1	1	0	0	0	1	0	0	0	0
1	0	0	0	0	0	0	1	0	0	0
1	0	1	0	0	0	0	0	1	0	0
1	1	0	0	0	0	0	0	0	1	0
1	1	1	0	0	0	0	0	0	0	1

2. 最大项

最大项（maxterm）的定义如下：设有 n 个逻辑变量，它们所组成的具有 n 个变量的或项中，每个变量或以原变量形式或以反变量形式出现一次，且仅出现一次，此或项称为 n 个变量的最大项。

对于 n 个变量，可以构成 2^n 个最大项。例如，两个变量可构成四个最大项，即

$$A+B \quad A+\overline{B} \quad \overline{A}+B \quad \overline{A}+\overline{B}$$

常用符号 M_i 表示最大项。下标 i 的取值规则为：当变量顺序确定后，用“0”代替原变量，用“1”代替反变量，得到一个二进制数，该二进制数对应的十进制数即为下标 i 的取值。

同样，最大项与变量个数及其排列顺序有关。

例如，三个变量 A，B，C 构成的八个最大项记为

$$A+B+C=M_0$$

$$A+B+\overline{C}=M_1$$

$$A+\overline{B}+C=M_2$$

$$A+\overline{B}+\overline{C}=M_3$$

$$\overline{A}+B+C=M_4$$

$$\overline{A}+B+\overline{C}=M_5$$

$$\overline{A}+\overline{B}+C=M_6$$

$$\overline{A}+\overline{B}+\overline{C}=M_7$$

从表 2.20 列出的三变量 A、B、C 全部最大项的真值表，可得出最大项具有如下性质：

性质 1 对于任意一个最大项，只有一组变量的取值使其值为 0。(即只有最大项下标对应的一组变量的取值使其为 0。)

性质 2 对于任一组变量的取值，任意两个最大项之和为 1。

$$M_i+M_j=1 \quad (i\neq j)$$

性质 3 n 变量的全部最大项之积为 0，即

$$\prod_{i=0}^{2^n-1}M_i=0$$

性质 4 n 个变量的任一最大项，都有 n 个相邻最大项。

所谓相邻最大项是指，若两个最大项中，只有一个变量互为相反，其余均相同，则这两个最大项具有相邻性。例如，三个变量组成的八个最大项中，与 M_1 相邻的最大项是 M_0、M_3 和 M_5。

表 2.20 三变量 *A*、*B*、*C* 全部最大项的真值表

A	B	C	M_0 $A+B+C$	M_1 $A+B+\overline{C}$	M_2 $A+\overline{B}+C$	M_3 $A+\overline{B}+\overline{C}$	M_4 $\overline{A}+B+C$	M_5 $\overline{A}+B+\overline{C}$	M_6 $\overline{A}+\overline{B}+C$	M_7 $\overline{A}+\overline{B}+\overline{C}$
0	0	0	0	1	1	1	1	1	1	1
0	0	1	1	0	1	1	1	1	1	1
0	1	0	1	1	0	1	1	1	1	1
0	1	1	1	1	1	0	1	1	1	1
1	0	0	1	1	1	1	0	1	1	1
1	0	1	1	1	1	1	1	0	1	1
1	1	0	1	1	1	1	1	1	0	1
1	1	1	1	1	1	1	1	1	1	0

当变量个数、变量顺序相同时，下标相同的最小项和最大项之间具有互补特性。即

$$\overline{m_i}=M_i \quad \overline{M_i}=m_i$$

例如，

$$\overline{m_5}=\overline{A\overline{B}C}=\overline{A}+B+\overline{C}=M_5$$

$$\overline{M_7}=\overline{\overline{A}+\overline{B}+\overline{C}}=ABC=m_7$$

3. 逻辑函数的最小项标准式

如果逻辑函数的与或表达式中，每一个与项均为最小项，则称之为最小项标准式，也称为标准与或式。

由 n 个变量组成的任何逻辑函数均可以表示成最小项标准式，且这种表示是唯一的。

例如，

$$F(A,B,C)=ABC+A\overline{B}C+\overline{A}BC+\overline{A}B\overline{C}$$

是一个最小项标准式，为了方便地进行书写与表达，可记为

$$F(A,B,C) = m_7 + m_5 + m_3 + m_2 = \sum m(2,3,5,7)$$

或

$$F = \sum m^3(2,3,5,7)$$

但需要注意的是，最小项表达式中必须标明变量个数。

如果给定函数用真值表表示，则真值表每一行变量取值的组合对应一个最小项，即每种组合使对应最小项为“1”。若某组合使函数的输出为1，则函数的最小项表达式中就应包含该组合对应的最小项；若某组合使函数的输出为0，则函数的最小项表达式中就不应包含该组合对应的最小项。

例如，某函数 $F = f(A,B,C)$ 的真值表如表2.21所示。

表 2.21　$F=f(A, B, C)$ 的真值表

A	B	C	F	m_i	M_i
0	0	0	0	$m_0=\overline{A}\,\overline{B}\,\overline{C}$	$M_0=A+B+C$
0	0	1	0	$m_1=\overline{A}\,\overline{B}C$	$M_1=A+B+\overline{C}$
0	1	0	0	$m_2=\overline{A}B\overline{C}$	$M_2=A+\overline{B}+C$
0	1	1	0	$m_3=\overline{A}BC$	$M_3=A+\overline{B}+\overline{C}$
1	0	0	1	$m_4=A\overline{B}\,\overline{C}$	$M_4=\overline{A}+B+C$
1	0	1	1	$m_5=A\overline{B}C$	$M_5=\overline{A}+B+\overline{C}$
1	1	0	1	$m_6=AB\overline{C}$	$M_6=\overline{A}+\overline{B}+C$
1	1	1	0	$m_7=ABC$	$M_7=\overline{A}+\overline{B}+\overline{C}$

函数值为1对应的最小项相“或”就构成原函数的最小项标准式（或的叠加性）。即

$$F(A,B,C) = \sum m(4,5,6)$$

或

$$F = \sum m^3(4,5,6)$$

显然，函数值为0对应的最小项相“或”就构成反函数的最小项标准式。即

$$\overline{F}(A,B,C) = \sum m(0,1,2,3,7)$$

或

$$\overline{F} = \sum m^3(0,1,2,3,7)$$

由此可以看出，三个变量组成的最小项，不是包含在原函数 $F(A,B,C)$ 中，就一定包含在反函数 $\overline{F}(A,B,C)$ 中。推广到一般情况，有如下结论：

对于 n 个变量的逻辑函数 F，共有 2^n 个最小项，这些最小项不是包含在 F 的最小项表达式中，就是包含在 $\overline{F}$ 的最小项表达式中。

例如，若 $F = \sum m^4(0,2,4,7,13)$，则

$$\overline{F} = \sum m^4(1,3,5,6,8,9,10,11,12,14,15)$$

在逻辑函数的最小项表达式中，显性地给出了使函数值为“1”的变量组合，隐性地给出了使函数值为“0”的变量组合。

如果给定的函数为一般与或表达式，可反复使用公式 $X=X\ (Y+\overline{Y})$，转换成最小项之和的形式。

例如，

$$F(A,B,C) = AC + A\overline{B} + BC =$$

$$AC(B+\overline{B})+A\overline{B}(C+\overline{C})+BC(A+\overline{A})=$$
$$ABC+A\overline{B}C+A\overline{B}C+A\overline{B}\,\overline{C}+ABC+\overline{A}BC=$$
$$ABC+A\overline{B}C+A\overline{B}\,\overline{C}+\overline{A}BC=$$
$$\sum m(3,4,5,7)$$

4. 逻辑函数的最大项标准式

如果逻辑函数的或与表达式中，每一个或项均为最大项，则称为最大项标准式。也称为标准或与式。

由 n 个变量组成的任何逻辑函数均可以表示成最大项标准式，且这种表示是唯一的。

例如，

$$F(A,B,C)=(A+B+C)(A+\overline{B}+C)(\overline{A}+B+\overline{C})$$

是一个最大项标准式，为了方便地进行书写与表达，可记为

$$F(A,B,C)=M_0\cdot M_2\cdot M_5=\prod M(0,2,5)$$

或

$$F=\prod M^3(0,2,5)$$

同样，最大项表达式中也必须标明变量个数。

如果给定函数用真值表表示，则真值表每一行变量取值的组合对应一个最大项，即每种组合使对应最大项为“0”。若某组合使函数的输出为 0，则函数的最大项表达式中就应包含该组合对应的最大项；若某组合使函数的输出为 1，则函数的最大项表达式中就不应包含该组合对应的最大项。

由表 2.21 给出的 $F=f(A,B,C)$ 的真值表，将函数值为 0 对应的最大项相“与”就构成原函数的最大项标准式（与的公共性）。即

$$F(A,B,C)=M_0\cdot M_1\cdot M_2\cdot M_3\cdot M_7=\prod M(0,1,2,3,7)$$

或

$$F=\prod M^3(0,1,2,3,7)$$

显然，将函数值为 1 对应的最大项相“与”就构成反函数的最大项标准式。即

$$\overline{F}(A,B,C)=M_4\cdot M_5\cdot M_6=\prod M(4,5,6)$$

或

$$\overline{F}=\prod M^3(4,5,6)$$

由此可以看出，三个变量组成的最大项，不是包含在原函数 F（A，B，C）中，就一定包含在反函数 $\overline{F}(A,B,C)$ 中。推广到一般情况，有如下结论：

对于 n 个变量的逻辑函数 F，共有 2^n 个最大项，这些最大项不是包含在 F 的最大项表达式中，就是包含在 $\overline{F}$ 的最大项表达式中。

例如，若 $F=\prod M^4(1,3,4,7,11,15)$，则

$$\overline{F}=\prod M^4(0,2,5,6,8,9,10,12,13,14)$$

在逻辑函数的最大项表达式中，显性地给出了使函数值为“0”的变量组合，隐性地给出了使函数值为“1”的变量组合。

如果给定的函数为一般或与表达式，可反复使用公式 $X=X+Y\cdot\overline{Y}=(X+Y)\cdot(X+\overline{Y})$，转换成最大项之积的形式。

例如，

$$\begin{aligned}F(A,B,C)=&(A+C)(\overline{A}+B)=\\&[(A+C)+B\cdot\overline{B}][(\overline{A}+B)+C\cdot\overline{C}]=\\&(A+B+C)(A+\overline{B}+C)(\overline{A}+B+C)(\overline{A}+B+\overline{C})=\\&M_0\cdot M_2\cdot M_4\cdot M_5=\\&\prod M(0,2,4,5)\end{aligned}$$

5. 同一逻辑函数的最小项标准式与其最大项标准式之间的关系

对于同一个逻辑函数可用最小项标准式表示，也可以用最大项标准式表示。那么，同一函数的最小项标准式与其最大项标准式之间有什么关系呢?

若设 $F=\sum m^3(0,2,3)$，则有

$$\overline{F}=\sum m^3(1,4,5,6,7)$$

对 $\overline{F}$ 求反，并应用摩根定理，有

$$\begin{aligned}F=\overline{\overline{F}}=&\overline{m_1+m_4+m_5+m_6+m_7}=\\&\overline{m_1}\cdot\overline{m_4}\cdot\overline{m_5}\cdot\overline{m_6}\cdot\overline{m_7}\end{aligned}$$

根据最小项和最大项的关系，有

$$\begin{aligned}F=&\overline{m_1}\cdot\overline{m_4}\cdot\overline{m_5}\cdot\overline{m_6}\cdot\overline{m_7}=\\&M_1\cdot M_4\cdot M_5\cdot M_6\cdot M_7=\\&\prod M^3(1,4,5,6,7)\end{aligned}$$

由此可得到该函数最小项标准式与其最大项标准式之间的关系

$$F=\sum m^3(0,2,3)=\prod M^3(1,4,5,6,7)$$

推广到一般情况，同一逻辑函数的一种标准式（原式）变换成另一种标准式时，互换 $\sum m^n$ 和 $\prod M^n$ 符号，并在符号后列出原式中缺少的那些数字。

例如，

$$\begin{aligned}F=&\sum m^4(0,2,3,9,10)=\\&\prod M^4(1,4,5,6,7,8,11,12,13,14,15)\end{aligned}$$

综上所述，逻辑函数的最小项标准式、最大项标准式与该函数的真值表有着密切的关系。给定一个逻辑函数，它的真值表具有唯一性，它的最小项标准式和最大项标准式也具有唯一性。讨论最小项、最大项以及逻辑函数标准表达式的目的，是为了对逻辑函数进行化简和组合逻辑网络的设计。

2.5 逻辑函数的化简

同一逻辑函数，可以用不同形式的逻辑表达式来表示，而每一个表达式对应着一定的电

路结构。不同形式的逻辑表达式对应的逻辑电路结构也有所不同；即使同一类型的表达式，也有繁有简。例如，

$$F = ABC + \overline{A}BC$$

此函数逻辑表达式对应的逻辑电路图如图 2.24（a）所示。应用逻辑代数的有关定理，该逻辑表达式可转换为

$$F = BC$$

对应的逻辑电路图如图 2.24（b）所示。

显然，采用图 2.24（b）更为合理，只用一个逻辑门就可以实现该函数的逻辑功能。

由此可看出，逻辑电路的复杂性与描述该功能的逻辑表达式的复杂性直接相关。求最简逻辑函数表达式的过程称为逻辑函数的化简（或称为逻辑函数的最小化）。

逻辑电路设计者的希望：在满足技术指标的前提下，选用最简的逻辑电路，以降低成本、减小复杂度、提高可靠性。那么，最简的标准是什么呢？

最简逻辑电路——逻辑门的数量最少、输入端数最少、级数最少。

最简与或式——与项的数目最少、每个与项的变量数最少。

最简或与式——或项的数目最少、每个或项的变量数最少。

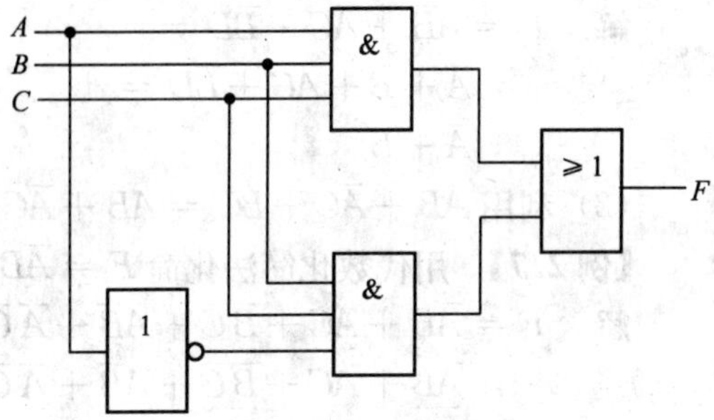

(a) $F=ABC+\overline{A}BC$ 的逻辑图

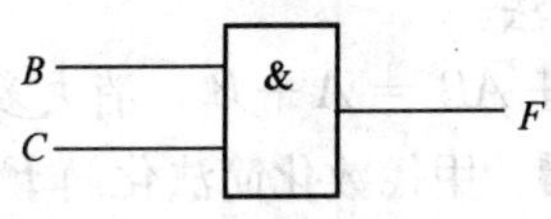

(b) $F=BC$ 的逻辑图

图 2.24　函数 F 不同表达式对应的逻辑原理图

这里，仅讨论逻辑函数的代数化简法和卡诺图化简法。

2.5.1　逻辑函数的代数化简法

所谓代数化简法，就是利用逻辑代数的公理、定理和规则对逻辑函数表达式进行化简。在此，主要研究与或式、或与式的化简。

1. 与或式的化简

对逻辑函数的与或表达式进行化简时，经常用到如下定理：

$$A + \overline{A} = 1$$

$$A + AB = A$$

$$AB + A\overline{B} = A$$

$$A + \overline{A}B = A + B$$

$$AB + \overline{A}C + BC = AB + \overline{A}C$$

1）并项法

利用 $AB + A\overline{B} = A$，将两项合并为一项，且消去一个变量。

【例 2.5】 用代数化简法化简 $F = A\overline{B}\,\overline{C} + A\overline{B}C + AB\overline{C} + ABC$。

解 $F=A\bar{B}\bar{C}+A\bar{B}C+AB\bar{C}+ABC=$

$A(\bar{B}\bar{C}+BC)+A(\bar{B}C+B\bar{C})=$

$A\overline{B\oplus C}+A(B\oplus C)=$

A

2）消项法

(1) 利用 $A+AB=A$，消去多余的项。

【例 2.6】 用代数化简法化简 $F=\overline{AB}+\bar{A}C+\bar{B}D$。

解 $F=\overline{AB}+\bar{A}C+\bar{B}D=$

$\bar{A}+\bar{B}+\bar{A}C+\bar{B}D=$

$\bar{A}+\bar{B}$

(2) 利用 $AB+\bar{A}C+BC=AB+\bar{A}C$，消去多余的项。

【例 2.7】 用代数化简法化简 $F=\bar{A}B+AC+\bar{B}\bar{C}+A\bar{B}+\bar{A}\bar{C}+BC$。

解 $F=\bar{A}B+AC+\bar{B}\bar{C}+A\bar{B}+\bar{A}\bar{C}+BC=$

$\bar{A}B+AC+\bar{B}\bar{C}+A\bar{B}+\bar{A}\bar{C}=$

$\bar{A}B+AC+\bar{B}\bar{C}+A\bar{B}=$

$\bar{A}B+AC+\bar{B}\bar{C}$

3）消元法

利用 $A+\bar{A}B=A+B$，消去多余变量。

【例 2.8】 用代数化简法化简 $F=AB+\bar{A}C+\bar{B}C$。

解 $F=AB+\bar{A}C+\bar{B}C=$

$AB+(\bar{A}+\bar{B})C=$

$AB+\overline{AB}C=$

$AB+C$

【例 2.9】 用代数化简法化简 $G=ABCD+\bar{A}+\bar{C}$。

解 $G=ABCD+\bar{A}+\bar{C}=$

$BCD+\bar{A}+\bar{C}=$

$BD+\bar{A}+\bar{C}$

4）配项法

利用 $AB+\bar{A}C+BC=AB+\bar{A}C$ 和互补律、重叠律，先增加一些项，再利用增加项消去多余项。

【例 2.10】 用代数化简法化简 $F=A\bar{B}+B\bar{C}+\bar{B}C+\bar{A}B$。

解法 1 $F=A\bar{B}+B\bar{C}+\bar{B}C+\bar{A}B=$

$A\bar{B}+B\bar{C}+\bar{B}C(A+\bar{A})+\bar{A}B(C+\bar{C})=$

$(A\bar{B}+A\bar{B}C)+(B\bar{C}+\bar{A}B\bar{C})+(\bar{A}\bar{B}C+\bar{A}BC)=$

$A\bar{B}+B\bar{C}+\bar{A}C$

解法 2 $F=A\bar{B}+B\bar{C}+\bar{B}C+\bar{A}B=$ （添加 $\bar{A}C$）

$A\bar{B}+B\bar{C}+\bar{B}C+\bar{A}B+\bar{A}C=$ （消去 $\bar{B}C$）

$A\bar{B}+B\bar{C}+\bar{A}B+\bar{A}C=$ （消去 $\bar{A}B$）

$A\bar{B}+B\bar{C}+\bar{A}C$

5）综合法

综合应用前面的几种方法，进行化简。

【例 2.11】 用代数化简法化简 $Y = AD + A\overline{D} + AB + \overline{A}C + BD + ACEF + \overline{B}E + DEF$。

解 $Y = AD + A\overline{D} + AB + \overline{A}C + BD + ACEF + \overline{B}E + DEF =$

$A + AB + \overline{A}C + BD + ACEF + \overline{B}E + DEF =$

$A + \overline{A}C + BD + \overline{B}E + DEF =$

$A + C + BD + \overline{B}E + DEF =$

$A + C + BD + \overline{B}E$

2. 或与式的化简

对逻辑函数的或与表达式进行化简时，经常用到如下定理：

$$A \cdot \overline{A} = 0$$

$$A(A + B) = A$$

$$(A + B)(A + \overline{B}) = A$$

$$A(\overline{A} + B) = AB$$

$$(A + B)(\overline{A} + C)(B + C) = (A + B)(\overline{A} + C)$$

显然，直接利用公式对逻辑函数的或与表达式进行化简的难度加大，下面介绍一种简便的方法——二次对偶法，如图 2.25 所示。

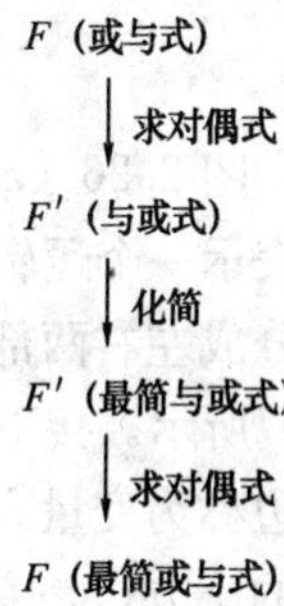

图 2.25 或与式化简的二次对偶法

【例 2.12】 用代数化简法试求下列函数的最简或与式。

$$F = (\overline{A} + \overline{B})(\overline{A} + \overline{C} + D)(A + C)(B + \overline{C})$$

解 由 $F = (\overline{A} + \overline{B})(\overline{A} + \overline{C} + D)(A + C)(B + \overline{C})$

可得 $F' = \overline{A}\,\overline{B} + \overline{A}\,\overline{C}D + AC + B\overline{C}$

化简得 $F' = \overline{A}\,\overline{B} + AC + B\overline{C}$

再求对偶 $F'' = F = (\overline{A} + \overline{B})(A + C)(B + \overline{C})$

通过以上讨论可看出，逻辑函数的代数化简法对函数变量的数目没有限制，方法灵活，技巧性强，无严格的步骤可循，能否得到满意的结果，主要取决于设计者对公式的熟练程度、综合应用能力和实践经验。

2.5.2 逻辑函数的卡诺图化简法

逻辑函数的代数化简法给人们带来的最大困惑是，很难确定最后的结果是否为最简。而卡诺图化简法是一种将逻辑函数用图解的方式进行化简的方法，利用卡诺图可以按步骤、有规律地化简逻辑函数表达式，并能直观地写出逻辑函数的最简表达式。

1. 卡诺图的构成

真值表是由一个逻辑函数的 n 个变量按照自然顺序的取值组合构成的纵向列表，它的每一行对应一个最小项，虽然包含了 n 个变量的全部最小项，但没有完全反映出最小项的相邻关系。卡诺图（Karnaugh Map）是逻辑函数真值表的一种图形表示，它用小方格来表示最小项，显然，n 个变量，就应有 2^n 个小方格，将这 2^n 个小方格按照一定的规则组成能够反映最小项相邻关系的方格矩阵，即卡诺图。

图 2.26 给出了一个两变量逻辑函数的真值表及其卡诺图的形成过程。

A	B	F	m_i
0	0	0	m_0
0	1	1	m_1
1	0	1	m_2
1	1	0	m_3

(a) 真值表

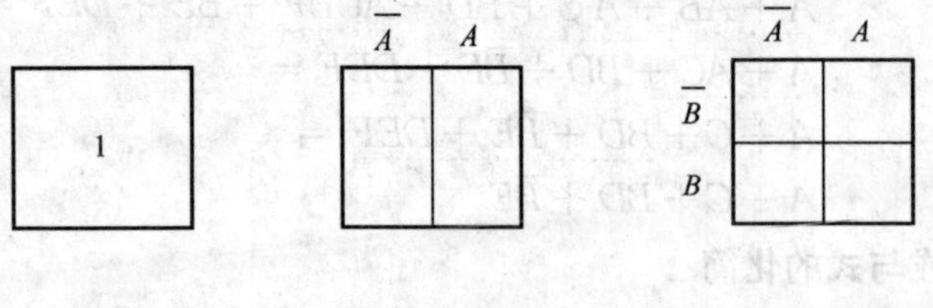

(b)　(c) 用变量 A 划分　(d) 用变量 B 划分

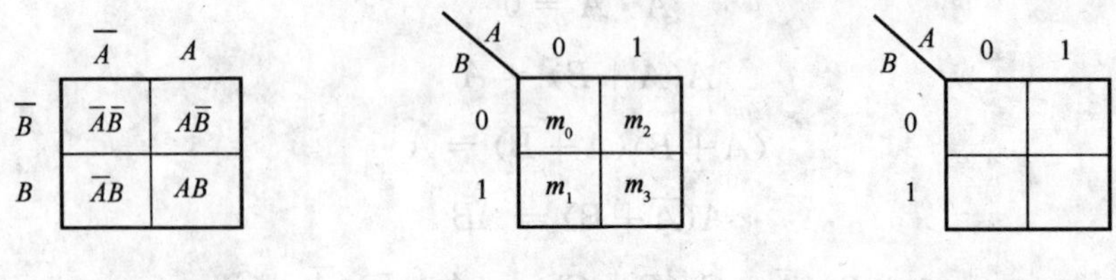

(e) 小方格对应的变量组合　(f) 状态表示变量　(g) 两变量卡诺图

图 2.26　两变量逻辑函数的真值表、最小项、卡诺图

图 2.26（a）是一个关于变量 A、B 的逻辑函数的真值表及最小项。首先，用一个大方块表示一个逻辑函数的全部最小项之和为 1，如图 2.26（b）所示。然后，用变量 A 将大方块分成左右两部分，左边称为变量 A 的反变量区；右边称为变量 A 的原变量区，如图 2.26（c）所示。接下来，再用变量 B 将大方块分成上下两部分，上边称为变量 B 的反变量区；下边称为变量 B 的原变量区，如图 2.26（d）所示。至此，大方块被分成四个小方格，左上角的小方格是变量 A、B 反变量区的公共部分，可表示为 $\overline{A}\overline{B}$，即最小项 m_0；同理，左下角的小方格可表示为 $\overline{A}B$，即 m_1；右上角的小方格可表示为 $A\overline{B}$，即 m_2；右下角的小方格可表示为 AB，即 m_3，如图 2.26（e）所示。如果用“0”表示反变量，用“1”表示原变量，并将变量名在大方块的左上方标注，且用 m_i 表示最小项，则可得到图 2.26（f）。由此可看出，每一个小方格代表一个最小项，m_i 的下标 i 与变量的顺序和取值组合形成对应关系。图 2.26（g）是使用两变量卡诺图时的一般形式。

图 2.27 给出了三变量、四变量和五变量的卡诺图。

其中五变量的卡诺图由两幅方格阵列图组成（小方格内仅标注 m_i 的下标）。从图中可以看到，函数中的高位变量作为卡诺图的列坐标，其变量组合采用循环码（格雷码）进行编码；函数中的低位变量作为卡诺图的行坐标，其变量组合也采用循环码（格雷码）进行编码。采用循环码编码，可使最小项的相邻关系在卡诺图上清晰地反映出来。

卡诺图的构成特点：

（1）将函数的输入变量分成列、行两组（通常，高位变量为列，低位变量为行），每组变量顺序确定后，其取值组合按循环码规律排列。

（2）n 个变量的卡诺图含有 2^n 个小方格，每个小方格对应一个最小项，小方格列、行取值组合对应的十进制数就是该最小项的下标值。

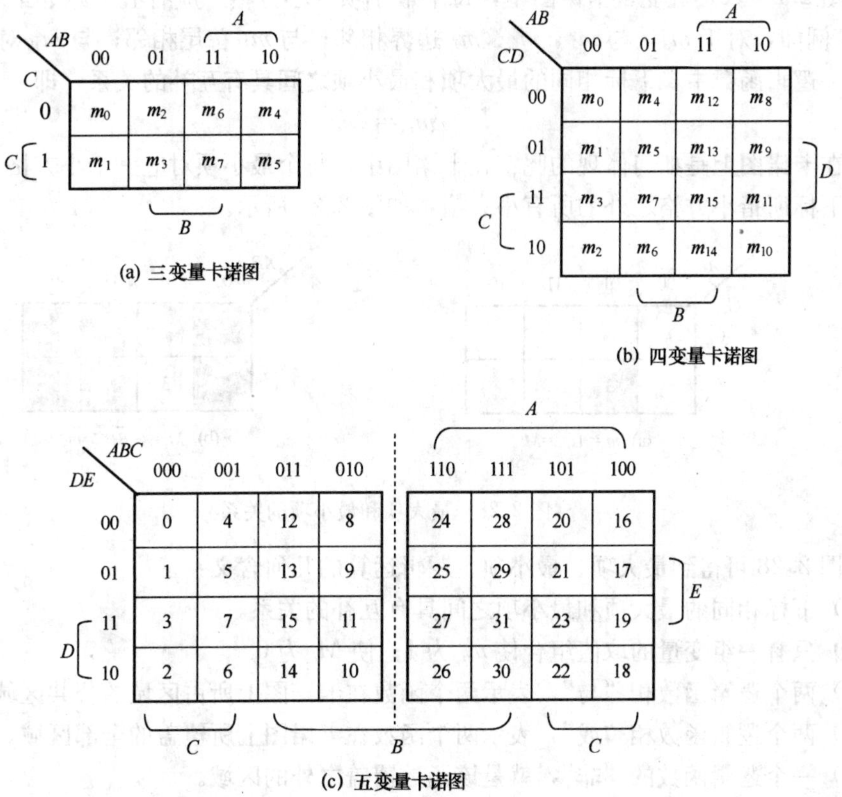

(a) 三变量卡诺图

(b) 四变量卡诺图

(c) 五变量卡诺图

图 2.27　三变量、四变量和五变量的卡诺图

(3) 若干个小方格将对应一个逻辑函数；反之，一个逻辑函数可以图示于卡诺图上。

(4) 整个卡诺图总是被每个变量分成两半，原变量、反变量各占一半。任意变量的原变量和反变量所占的区域又被其他变量分成两半。

(5) 从图上可直观、方便地找到每个最小项的 n 个相邻最小项。

(6) 除掉某个小方格以外的卡诺图区域，对应一个最大项，该最大项的下标值就是应被除掉的小方格列、行取值组合对应的十进制数。

由最小项的性质可知，n 个变量构成的每个最小项都有 n 个相邻最小项。此性质可推广到相邻与项，即如果在两个最小项（与项）的诸变量中，仅有一个变量互为反变量，其余变量相同，则称这两个最小项（与项）为相邻最小项（相邻与项）。

由于卡诺图中行、列变量的取值组合均采用循环码编码，可将卡诺图的上下、左右封闭起来看做一个“球体”，进而能清晰地反映出最小项的相邻关系。下面以图 2.27（c）五变量卡诺图为例，说明卡诺图上最小项的几种相邻关系。

边界相邻：有一条公共边的两个小方格相邻。例如，m_0 和 m_4；m_0 和 m_1；m_{13} 和 m_9；m_{31} 和 m_{23}…

首尾相邻：同一幅卡诺图中，分别处于行（列）两端的小方格是相邻的。例如，m_2 和 m_{10}；m_{24} 和 m_{16}；m_{16} 和 m_{18}…

对折相邻：在相邻的两幅卡诺图中，以“邻边”（图中的虚线）为轴对折，则左右（上下）相对的小方格是相邻的。例如，m_{15} 和 m_{31}；m_1 和 m_{17}…

在图 2.27（c）五变量卡诺图中，每个最小项（小方格）应有五个相邻最小项（相邻小方格）。例如，对于 m_3，与 m_1、m_2、m_7 边界相邻；与 m_{11} 首尾相邻；与 m_{19} 对折相邻。

同一逻辑函数中，下标相同的最大项和最小项之间具有互补的关系，即

$$\overline{m_i} = M_i$$

那么，在卡诺图上是如何体现的呢？在卡诺图中，每个最小项对应一个小方格。每个最大项对应其下标所指小方格之外的所有小方格，如图 2.28 所示。

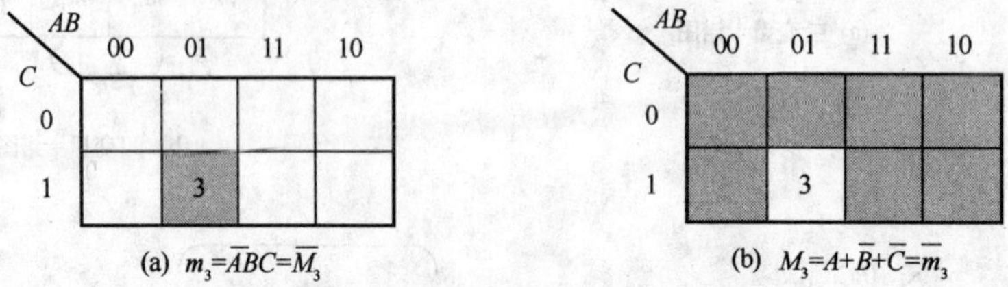

(a) $m_3=\overline{A}BC=\overline{M_3}$　　(b) $M_3=A+\overline{B}+\overline{C}=\overline{m_3}$

图 2.28　最大项和最小项的关系

从图 2.28 可得到最大项、最小项、逻辑运算的几何含义：

(1) 下标相同的最大项和最小项之间具有互补的关系。

(2) 只有一组变量的取值组合使 m_i 为 1；使 M_i 为 0。

(3) 两个逻辑函数相“与”，表示两个函数在卡诺图上所占区域的公共区域。

(4) 两个逻辑函数相“或”，表示两个函数在卡诺图上所覆盖的全部区域。

(5) 一个逻辑函数的“非”，就是该函数覆盖之外的区域。

2. 逻辑函数在卡诺图上的表示

逻辑函数的表达形式具有多样性，下面讨论几种表达形式下，逻辑函数在卡诺图上的表示。

1) 逻辑函数为最小项表达式

当逻辑函数为最小项表达式时，在卡诺图上，将逻辑函数包含的每个最小项所对应的小方格填“1”，则所有标“1”方格的集合就表示该函数。

【例 2.13】 将 $F_1 = \sum m^3$（0，1，3，7）在卡诺图上表示。

解　设该三个变量逻辑函数的变量为 A、B、C，画卡诺图，在 m_0、m_1、m_3 和 m_7 小方格上填“1”，其余小方格中填“0”，如图 2.29 所示。

C \ AB	00	01	11	10
0	1	0	0	0
1	1	1	1	0

图 2.29　F_1 的卡诺图表示

【例 2.14】 将 $F_2(A,B,C,D) = m_0 + m_4 + m_7 + m_9 + m_{10} + m_{13}$ 在卡诺图上表示。

解　该函数具有四个变量，已给出变量名及排列顺序，可直接作四变量的卡诺图，在函数包含的六个最小项对应的小方格中填“1”，如图 2.30所示。

CD \ AB	00	01	11	10
00	1	1		
01			1	1
11		1		
10				1

图 2.30　F_2 的卡诺图表示

2) 逻辑函数为最大项表达式

当逻辑函数为最大项表达式时，在卡诺图上，将逻辑函数包含的每个最大项下标值所对应的小方格填“0”，其余小方格填

“1”，则所有标“1”方格的集合就表示该函数。

也可将最大项表达式转换为最小项表达式再填卡诺图。

【例 2.15】 将函数 $F_3=\prod M^4$（3，5，7，8，14）表示在卡诺图上。

解 设函数变量为 A、B、C、D，作四变量卡诺图，根据最大项表达式中显性给出了使函数值为 0 的变量取值组合这一特点，将函数包含的 M_3、M_5、M_7、M_8、M_{14} 下标值所对应的小方格填“0”，其余小方格填“1”，如图 2.31 所示。

3）逻辑函数为一般与或表达式

当逻辑函数以一般与或表达式的形式描述时，可以转换成标准与或式，即最小项表达式，然后填图；也可以利用逻辑运算在卡诺图上几何意义的概念，即“与”的共性和“或”的叠加性，进行填图，方法是：先在卡诺图上标出一个“与项”所占的区域（“与”的共性），再逐个标出其他“与项”，相重的小方格只需标注一个“1”，则所有标“1”方格的集合就表示该函数（“或”的叠加性）。

CD \ AB	00	01	11	10
00	1	1	1	0
01	1	0	1	1
11	0	0	1	1
10	1	1	0	1

图 2.31　F_3 的卡诺图表示

【例 2.16】 用卡诺图表示 $F_4=AC+BC+AB$。

解 根据“与”的共性，与项 AC 对应在卡诺图上就是 A 的原变量区和 C 的原变量区的公共部分；与项 BC 对应在卡诺图上就是 B 的原变量区和 C 的原变量区的公共部分；与项 AB 对应在卡诺图上就是 A 的原变量区和 B 的原变量区的公共部分。三个与项依次填图后，所有标“1”方格的集合就表示该函数，如图 2.32 所示。

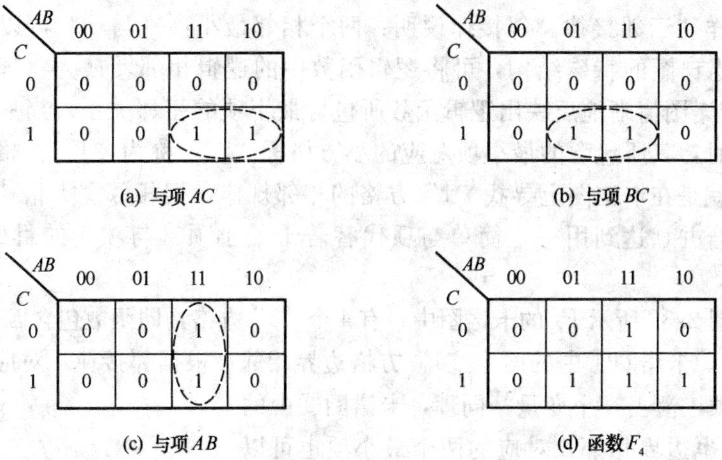

(a) 与项 AC　(b) 与项 BC　(c) 与项 AB　(d) 函数 F_4

图 2.32　基于一般与或表达式构造卡诺图

4）逻辑函数为一般或与表达式

当逻辑函数为一般或与表达式时，先将函数取反，获得反函数的与或表达式，填图时，反函数对应的小方格填“0”，其余小方格填“1”，标“1”方格的集合就是该函数的卡诺图表示。

【例 2.17】 将函数 $F_5=(A+\overline{B})(\overline{C}+B)(\overline{A}+B)$ 用卡诺图表示。

解 利用反演规则，有 $\overline{F}_5=\overline{A}B+C\overline{B}+A\overline{B}$。

将 $\overline{F}_5$ 对应的小方格填“0”，其余小方格填“1”，标“1”方格的集合就是 F_5 的卡诺图

C \ AB	00	01	11	10
0	1	0	1	0
1	0	0	1	0

图 2.33　F_5 的卡诺图

表示，如图 2.33 所示。

5）逻辑函数为其他形式的表达式

当逻辑函数为其他形式的表达式时，可先进行变换，也可根据其特点直接填图。

【例 2.18】 用卡诺图表示 $F_6(A, B, C, D)=\overline{AB}+\overline{A+CD}$。

解　根据卡诺图上一个逻辑函数的“非”，就是该函数覆盖之外的区域。分别作出$\overline{AB}$和$\overline{A+CD}$的卡诺图，再根据“或”的叠加性（标“1”方格的集合）作 F_6 的卡诺图，如图 2.34 所示。

CD \ AB	00	01	11	10
00	1	1	0	1
01	1	1	0	1
11	1	1	0	1
10	1	1	0	1

(a) $\overline{AB}$ 的卡诺图

CD \ AB	00	01	11	10
00	1	1	0	0
01	1	1	0	0
11	0	0	0	0
10	1	1	0	0

(b) $\overline{A+CD}$ 的卡诺图

CD \ AB	00	01	11	10
00	1	1	0	1
01	1	1	0	1
11	1	1	0	1
10	1	1	0	1

(c) F_6的卡诺图

图 2.34　F_6 的卡诺图

3. 利用卡诺图化简逻辑函数的基本原理

在逻辑函数的代数化简法中，经常使用邻接律，即 $AB+A\overline{B}=A$。用卡诺图化简逻辑函数的原理同样基于邻接律。邻接律说明：两个相邻最小项（与项）可以合并成一个简单与项。由于卡诺图的特殊结构，可将逻辑函数中的逻辑相邻转换为物理相邻（几何相邻），所以，卡诺图清晰地反映出逻辑函数所包含最小项的相邻关系。当一个逻辑函数表示在卡诺图上时，其所包含的最小项对应的小方格标“1”，称为“1”方格。用卡诺图化简逻辑函数，就是在卡诺图上寻找“1”方格的相邻规律，把相邻 1 方格“圈”起来，根据邻接律进行合并，达到用一个简单与项代替若干最小项（与项）的目的。这个“圈”称之为卡诺圈。

例如，在图 2.35 所示 F_7 的卡诺图中，有 4 个“1”方格，即函数包含四个最小项（m_4、m_6、m_{12}、m_{14}）。卡诺圈①中的两个“1”方格边界相邻，根据邻接律，对应的两个最小项可以合并成一项，消去一个变量；同理，卡诺圈②中的两个“1”方格也边界相邻，对应的两个最小项也可以合并成一项，消去一个变量。可用逻辑代数描述此过程：

$$F_7=m_4+m_{12}+m_6+m_{14}=$$

$$\underbrace{\overline{A}B\overline{C}\,\overline{D}+AB\overline{C}\,\overline{D}}_{\text{卡诺圈 ①}}+\underbrace{\overline{A}BC\overline{D}+ABC\overline{D}}_{\text{卡诺圈 ②}}=$$

$$B\overline{C}\,\overline{D}+BC\overline{D}$$

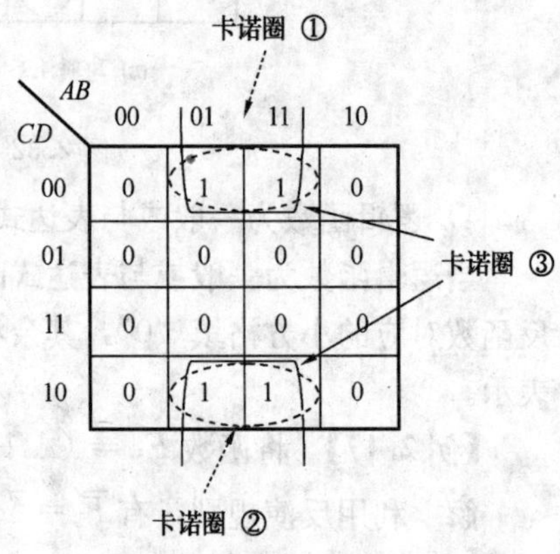

图 2.35　F_7 的卡诺图

至此，F_7 被简化成仅包含两个与项。但这两个与项仍具有相邻性，按照邻接律，有

$$F_7 = B\overline{C}\,\overline{D} + BC\overline{D} = B\overline{D}$$

而 $B\overline{D}$ 正好是 F_7 卡诺图中卡诺圈③所覆盖的区域。也就是说，可以将 F_7 卡诺图中的 4 个“1”方格圈在一起（卡诺圈③），用卡诺圈③覆盖区域所对应的坐标变量（即卡诺圈中所有最小项的公共因子）构成的与项代替若干个最小项，进而实现逻辑函数的化简。

进一步分析可看出，若一个卡诺圈中的某变量既处于原变量区又处于其反变量区，则该变量必被消去。

任何 2^m 个（$m \leqslant$ 变量数 n）相邻“1”方格均可画成一个卡诺圈。

两个相邻 1 方格所代表的最小项可以合并为一项，消去 1 个变量；

四个相邻 1 方格所代表的最小项可以合并为一项，消去 2 个变量；

八个相邻 1 方格所代表的最小项可以合并为一项，消去 3 个变量；

⋮

2^m 个相邻 1 方格所代表的最小项可以合并为一项，消去 m 个变量。

图 2.36 列举了三变量卡诺图中“1”方格的几种典型合并情况。

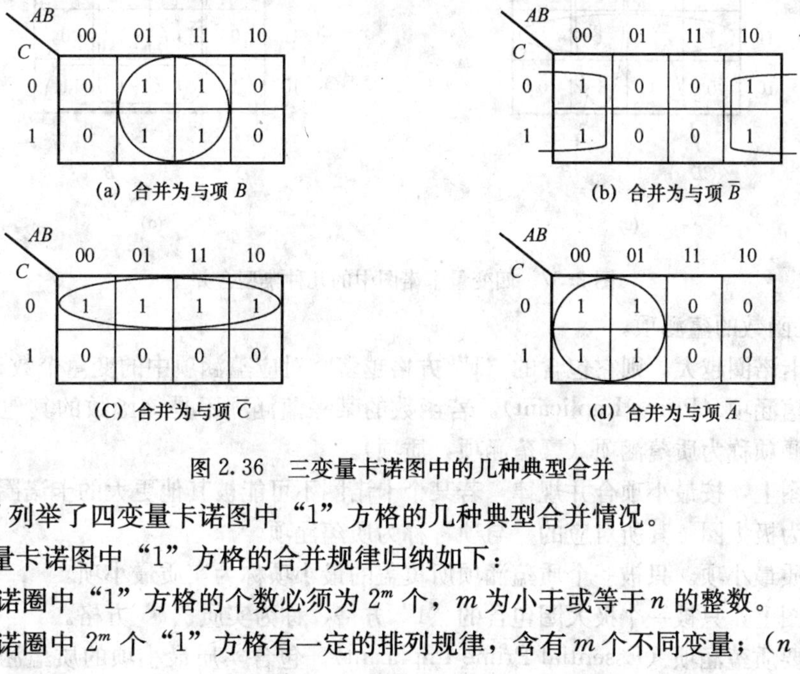

(a) 合并为与项 B　(b) 合并为与项 $\overline{B}$

(C) 合并为与项 $\overline{C}$　(d) 合并为与项 $\overline{A}$

图 2.36　三变量卡诺图中的几种典型合并

图 2.37 列举了四变量卡诺图中“1”方格的几种典型合并情况。

n 个变量卡诺图中“1”方格的合并规律归纳如下：

(1) 卡诺圈中“1”方格的个数必须为 2^m 个，m 为小于或等于 n 的整数。

(2) 卡诺圈中 2^m 个“1”方格有一定的排列规律，含有 m 个不同变量；$(n-m)$ 个相同变量。

(3) 卡诺圈中 2^m 个“1”方格对应的最小项可用 $(n-m)$ 个变量的“与项”表示，该“与项”由这些最小项的相同变量构成。

(4) 当 $m=n$ 时，卡诺圈包围整个卡诺图，用“1”表示，即 n 个变量的全部最小项之和为 1。

4. 利用卡诺图化简逻辑函数的方法

在讨论利用卡诺图化简逻辑函数的具体方法之前，先定义几个基本概念。

(1) 蕴涵项（Implicant）。在逻辑函数的与或表达式中，每一个与项都称为该函数的蕴涵项。

在卡诺图上，任何一个“1”方格对应的最小项或一个卡诺圈中 2^m 个“1”方格对应的

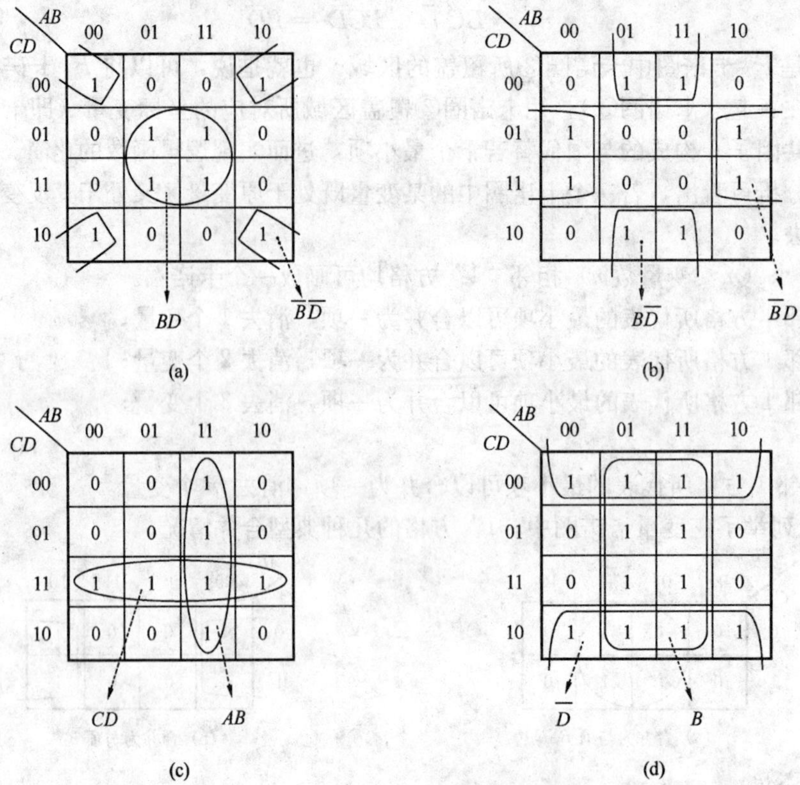

图 2.37　四变量卡诺图中的几种典型合并

“与项”都是函数的蕴涵项。

显然，卡诺圈越大，则它包含的“1”方格越多，对应蕴涵项中的变量个数越少。

(2) 质蕴涵项（Prime Implicant）。若函数的某一蕴涵项不是该函数的其他蕴涵项的子集，则此蕴涵项称为质蕴涵项（素蕴涵项，质项）。

在卡诺图上，按最小项合并规律，若某个卡诺圈不可能被其他更大的卡诺圈包含，则这个卡诺圈称为极大圈，其所对应的“与项”称为质蕴涵项。

(3) 实质最小项。只被一个质蕴涵项所覆盖的最小项称为实质最小项。

在卡诺图上，只被一个极大圈包含的“1”方格，称为实质“1”方格。

(4) 必要质蕴涵项（Essential Prime Implicant）。包含实质最小项的质蕴涵项，称为必要质蕴涵项。

在卡诺图上，包含实质“1”方格的极大圈称为必要极大圈，其所对应的“与项”称为必要质蕴涵项。

(5) 卡诺图上的最小覆盖。选用最少数量的质蕴涵项（极大圈），包含卡诺图上所有“1”方格，这就是最小覆盖。

显然，按照最小覆盖写出的逻辑表达式就是最简的表达式。

根据以上定义，用卡诺图化简逻辑函数的基本步骤如下：

(1) 将逻辑函数正确地表示在卡诺图上。

(2) 在卡诺图上圈出函数的全部极大圈（质蕴涵项）。

(3) 确定全部实质最小项，找出必要极大圈（必要质蕴涵项）。

(4) 如果选出的所有必要极大圈已覆盖卡诺图上的所有“1”方格，则所有极大圈的集合就是最小覆盖。

(5) 如果所有必要极大圈不能覆盖卡诺图上的所有“1”方格，则从剩余的极大圈中选择最少的极大圈，与必要极大圈一起构成函数的最小覆盖。此时，函数的最简表达式不是唯一的。

(6) 根据最小覆盖，写出函数的最简表达式。

1) 将逻辑函数化简成最简与或表达式

【例 2.19】 用卡诺图将 $F_8=\sum m^4(0,1,6,7,8,9,12,13,14,15)$ 化简成最简与或式。

解 (1) 设函数变量为 A、B、C、D，作 F_8 的卡诺图，并求得所有的质蕴涵项（画极大圈）为 AB，BC，$A\overline{C}$，$\overline{B}\,\overline{C}$，如图 2.38 所示。

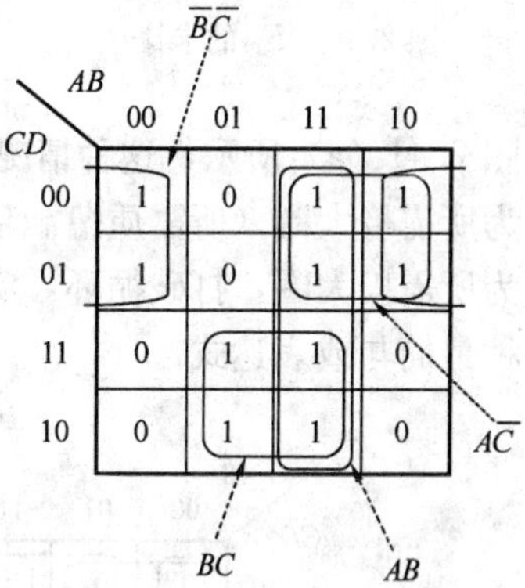

图 2.38 F_8 的卡诺图

(2) 找出实质最小项：m_0、m_1、m_6、m_7，确定必要极大圈：BC，$\overline{B}\,\overline{C}$。

(3) 两个必要极大圈覆盖了 8 个最小项，但没有覆盖 m_{12} 和 m_{13}，不能实现最小覆盖，需增加其他极大圈。由观察可知，只要选择 $A\overline{C}$ 或 AB 即可满足最小覆盖。因此，该函数的最简与或式为

$$F_8=AB+BC+\overline{B}\,\overline{C}$$

或

$$F_8=A\overline{C}+BC+\overline{B}\,\overline{C}$$

由此可以看出，当必要极大圈不能满足最小覆盖时，函数的最简与或表达式不是唯一的。

【例 2.20】 已知 $F_9(A,B,C,D)=\sum m(0,3,4,5,7,11,13,15)$，用卡诺图法求其最简与或式。

解 (1) 作 F_9 的卡诺图，画极大圈，求得所有质蕴涵项为 BD、CD、$\overline{A}\,\overline{C}\,\overline{D}$、$\overline{A}B\overline{C}$，如图 2.39 所示。

(2) 找实质最小项，确定必要极大圈为 BD、CD、$\overline{A}\,\overline{C}\,\overline{D}$。

(3) 由于 3 个必要极大圈已经覆盖了函数的所有最小项，因此，该函数的最简与或式为

$$F_9=BD+CD+\overline{A}\,\overline{C}\,\overline{D}$$

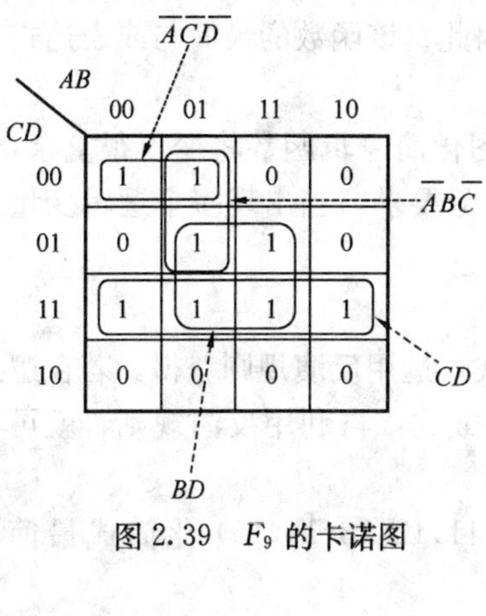

图 2.39 F_9 的卡诺图

这说明，当必要极大圈已经满足最小覆盖时，函数的最简与或表达式具有唯一性。

还应指出，卡诺图化简法带有试凑性质，当熟练掌握后，就不必严格遵循上述步骤，可以在卡诺图上一次画出最小覆盖。

【例 2.21】 用卡诺图法将下列函数化简为最简与非式。

$$F_{10}=\sum m^4(0,1,3,5,7,14,15)$$

解 与非式可由与或式二次取反、运用摩根定理获得。因此，本题的关键是求出函数的最简与或式。首先，作函数的卡诺图，画卡诺圈，实现最小覆盖，如图 2.40 所示。

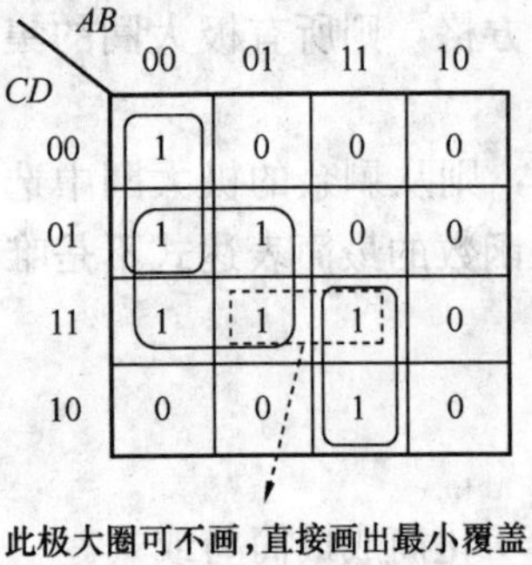

图 2.40　F_{10}的卡诺图

根据最小覆盖求出函数的最简与或表达式

$$F_{10}=\bar{A}\bar{B}\bar{C}+ABC+\bar{A}D$$

对最简与或式二次取反，并运用摩根定理，即可求出最简与非式

$$F_{10}=\overline{\overline{\bar{A}\bar{B}\bar{C}+ABC+\bar{A}D}}=\overline{\overline{\bar{A}\bar{B}\bar{C}}\cdot\overline{ABC}\cdot\overline{\bar{A}D}}$$

【例 2.22】 用卡诺图化简函数 $F_{11}(A,B,C,D)=\sum m(0,1,3,4,7,12,13,15)$。

解 作F_{11}的卡诺图，如果画出所有极大圈，可发现该函数的 8 个质蕴涵项相互交连，找不出哪一个是必要质蕴涵项，如图 2.41 (a) 所示，这种情况通常称为循环结构。对于这种循环结构，通常选最大卡诺圈作为所需极大圈（所需质蕴涵项），打破循环。在本例中，8 个极大圈相同，故可任选一个作为所需极大圈，打破循环，实现最小覆盖，如图 2.41 (b) 所示。因此，可得到该函数的一种最简与或表达式

$$F_{11}=\bar{A}\bar{B}\bar{C}+B\bar{C}\bar{D}+ABD+\bar{A}CD$$

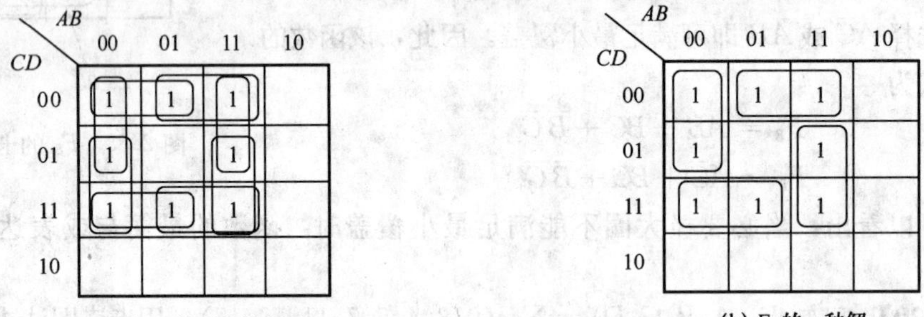

(a) F_{11}的所有极大圈　　(b) F_{11}的一种解

图 2.41　F_{11}的卡诺图

【例 2.23】 用卡诺图化简五变量函数，写出最简与或式。

$$F_{12}=\sum m^5(0,1,2,4,5,6,10,16,17,18,20,21,22,24,26,27,28,30,31)$$

解 五变量的卡诺图可用两个四变量的卡诺图表示，F_{12}的卡诺图如图 2.42 所示。在画卡诺圈时，应充分考虑边界相邻、首尾相邻和对折相邻，先画大的卡诺圈，例如本例中的①、②、③，然后再画较小的卡诺圈④、⑤。特别是画⑤时，容易只考虑了对折相邻，而漏掉首尾相邻。这 5 个卡诺圈均为极大圈，且满足最小覆盖，因此，该函数的最简与或表达式为 $F_{12}=A\bar{E}+\bar{B}\bar{D}+\bar{B}\bar{E}+ABD+\bar{C}D\bar{E}$ 。

由此例可看出，当函数的变量数超过 5 个时，采用卡诺图化简逻辑函数将变得很复杂，但一般情况下，4 变量逻辑函数的卡诺图化简，可以满足大部分要求。当出现多个逻辑变量时，可将逻辑命题分解，逐一解决。

2）将逻辑函数化简成最简或与表达式

一个逻辑函数的或与表达式，可由其反函数的与或表达式，运用反演规则获得。若在逻辑函数的卡诺图上，圈“0”方格，即可求出反函数的最简与或式，再利用反演规则，就可得到原函数的最简或与式。

【例 2.24】 用卡诺图法将函数 $F_{13}=\sum m^4(0,8,9,10,11,12,13,14,15)$ 化简成最简

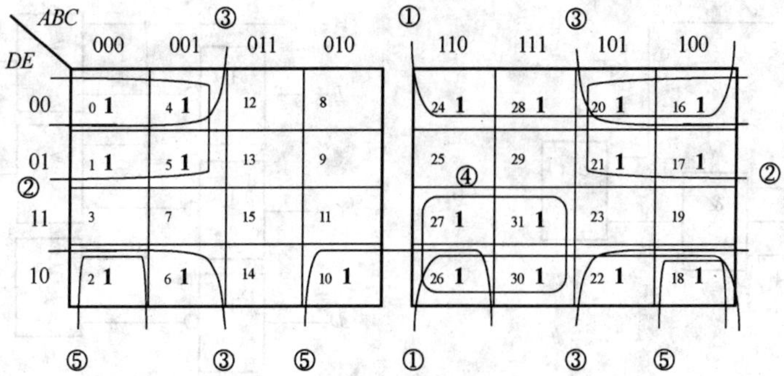

图 2.42　F_{12}的卡诺图及最小覆盖

或与式。

解　作函数的卡诺图，圈“0”，如图 2.43 所示，求反函数的最简与或式

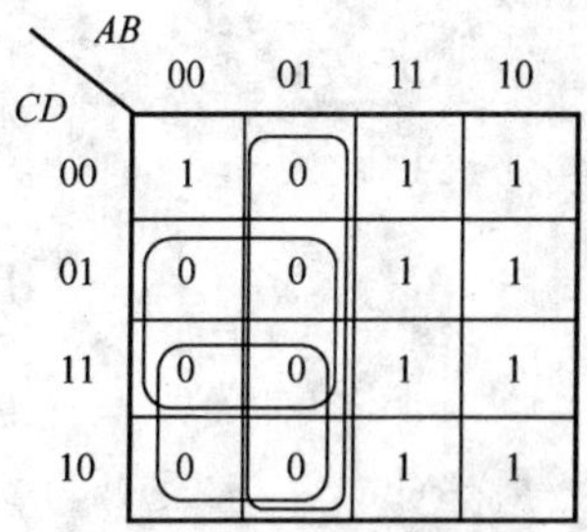

图 2.43　F_{13}的卡诺图

$$\overline{F}_{13}=\overline{A}B+\overline{A}D+\overline{A}C$$

再运用反演规则求出函数的最简或与式

$$F_{13}=(A+\overline{B})(A+\overline{D})(A+\overline{C})$$

通过观察分析，也可通过圈“0”并根据同一逻辑函数中“m_i 和 M_i 的互补性质”直接写出最简或与表达式。

总之，用卡诺图化简逻辑函数的总原则是：在覆盖逻辑函数所有最小项（圈“1”时指卡诺图中所有 1 方格；圈“0”时指卡诺图中所有 0 方格）前提下，卡诺圈的个数最少，每个卡诺圈达到最大。

3）同一函数的最简与或式和最简或与式所对应的电路比较

原则上讲，同一函数的最简与或表达式和最简或与表达式所对应的电路代价基本上是一致的，即所用逻辑门的数量、逻辑门的输入端数以及信号通过逻辑门的级数基本一致。但在实际电路的设计中，往往还需考虑基本电路价格的差异、逻辑门类型环境的限制、电路速度的要求以及逻辑门的驱动能力等因素，通常根据函数的最简与或式和最简或与式，有时还要进一步变形得到最简与非式、最简或非式、最简与或非式以及最简的其他形式，通过比较，选择符合设计要求且代价最小的电路形式。

下面以图 2.43 所示的 F_{13}为例，进行比较说明。该函数的最简与或表达式为

$$F_{13}=A+\overline{B}\,\overline{C}\,\overline{D}$$

其对应的逻辑电路图如图 2.44（a）所示，该函数的最简或与表达式为

$$F_{13}=(A+\overline{B})(A+\overline{D})(A+\overline{C})$$

其对应的逻辑电路图如图 2.44（b）所示，由最简与或式可变形为

$$F_{13}=A+\overline{B}\,\overline{C}\,\overline{D}=\overline{\overline{A+\overline{B}\,\overline{C}\,\overline{D}}}=\overline{\overline{A}(B+C+D)}$$

其对应的逻辑电路图如图 2.44（c）所示。

通过比较，图 2.44（a）和图 2.44（b）所示电路均为三级，图 2.44（a）所示电路比

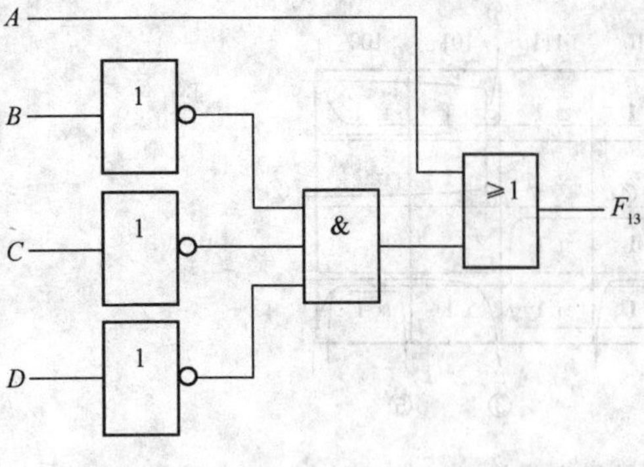

(a) F_{13}最简与或式对应的逻辑电路图

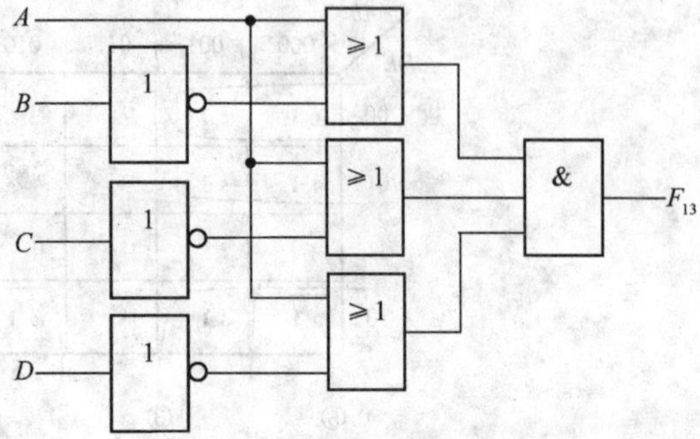

(b) F_{13}最简或与式对应的逻辑电路图

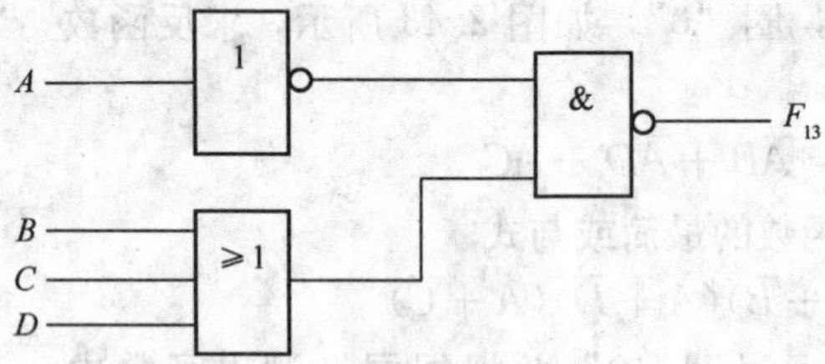

(c) F_{13}的另一种电路形式

图 2.44　F_{13}的电路实现

图 2.44（b）所示电路少用两个“或门”，理应优选图 2.44（a）所示电路。但通过对最简与或式的变形，可得到图 2.44（c）所示的只用 3 个逻辑门且为两级的电路，显然，若只考虑逻辑门的数量和信号传输级数，采用图 2.44（c）所示电路来实现 F_{13} 的逻辑功能是最经济的。

由此可看出，逻辑函数化简的目标是为了获得代价最小的电路，究竟采用哪一种最简表达式，无规可循，因为它通常受到设计要求、成本、环境等情况的制约。

2.5.3　具有无关项的逻辑函数及其化简

在前面的讨论中，逻辑函数取值和输入变量的 2^n 种取值均相关，即若有 m 种取值使函数值为 1，则有（2^n-m）种取值使函数值为 0。但是，在某些特殊电路中，其输出并不是与 2^n 种输入组合都相关的，而是仅与其中一部分相关，而另一部分输入组合不影响输出。这常分为两种情况：第一种情况是某些输入变量的取值受到限制，也称受到约束，它们对应的最小项称为约束项。例如，8421 码只采用 4 位二进制 16 种状态组合的前 10 种（0000～1001），后 6 种（1010～1111）被限制。第二种情况是在某些输入变量取值组合下，函数值是“1”或“0”，都不影响整个电路系统的功能，这些输入变量取值组合对应的最小项称为任意项。

约束项和任意项在逻辑函数中统称为无关项，即当函数输出与某些输入组合无关时，这些输入组合对应的最小项就是无关项。记为 d 或 x。这里所说的无关是指是否把这些最小项写入逻辑函数式无关紧要，可以写入，也可以删除。对应到卡诺图上，可以在无关项对应的位置上填 1，也可填 0。因此，当无关项 d 标注在卡诺图上后，可根据需要圈进卡诺圈，进而达到利用无关项化简逻辑函数的目的。

例如，某逻辑函数

$$Y=\sum m^4(1,2,3,5,7)+\sum d(10,11,13,14,15)$$

其中，d（…）中列出的即为无关项。该表达式说明，函数 Y 对于最小项（1，2，3，5，7）必须为 1；对于最小项（10，11，13，14，15）可以为任意值；对于其他最小项必须为 0。

对于具有无关项的逻辑函数，若采用代数化简法进行化简是十分困难的，而采用卡诺图法则显得既简单又直观。

【例 2.25】 用卡诺图法化简含有无关项的逻辑函数。

$$F_{14}=\sum m^4(0,1,4,7,9,10,13)+\sum d(2,5,6,8,12,14,15)$$

解 先看一下不考虑无关项时，如图 2.45（a）所示，得到的函数最简与或式

$$F_{14}=\overline{A}\,\overline{C}\,\overline{D}+\overline{A}\,\overline{B}\,\overline{C}+A\overline{C}D+\overline{A}BCD+A\overline{B}C\overline{D}$$

当考虑无关项时，如图 2.45（b）所示，无关项对应的方格内填 d，化简时，根据需要将 d 作为 1 或 0 使用。得到的函数最简与或式

$$F_{14}=B+\overline{C}+\overline{D}$$

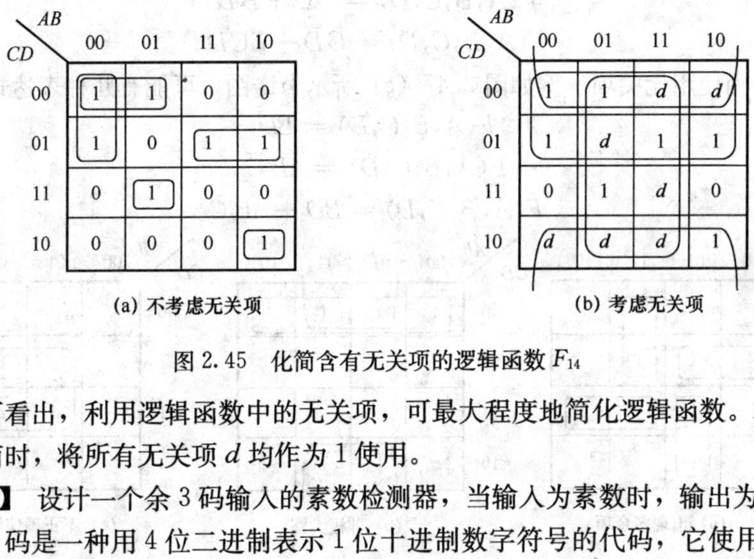

(a) 不考虑无关项　　(b) 考虑无关项

图 2.45　化简含有无关项的逻辑函数 F_{14}

由此例可看出，利用逻辑函数中的无关项，可最大程度地简化逻辑函数。本例中，在利用卡诺图化简时，将所有无关项 d 均作为 1 使用。

【例 2.26】 设计一个余 3 码输入的素数检测器，当输入为素数时，输出为 1。

解 余 3 码是一种用 4 位二进制表示 1 位十进制数字符号的代码，它使用 16 种组合中的中间 10 种，即 m_3，m_4，…，m_{12} 对应十进制数字符号 0，1，…，9。正常情况下，首尾各三种组合不会出现，即 m_0，m_1，m_2，m_{13}，m_{14}，m_{15}。设余 3 码的输入为 $Y_3Y_2Y_1Y_0$，输出为 F。

由 1 位十进制数中的 1、2、3、5、7 是素数，可得

$$F(Y_3,Y_2,Y_1,Y_0)=\sum m^4(4,5,6,8,10)+\sum d(0,1,2,13,14,15)$$

作函数的卡诺图，化简时，需要的 d 当做“1”；不需要的 d 当做“0”，如图 2.46 所示。

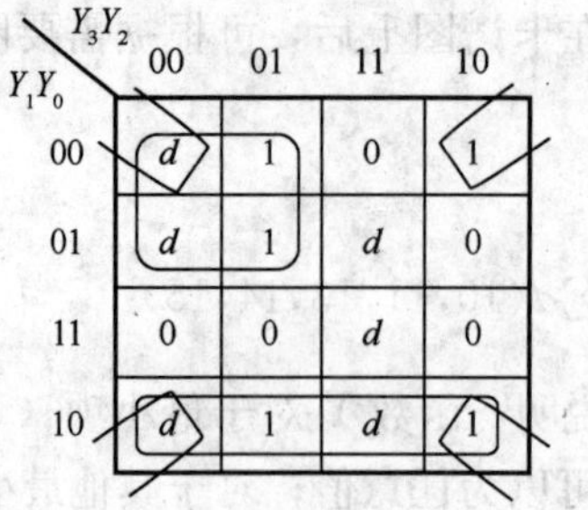

$$F=\overline{Y}_2\,\overline{Y}_0+\overline{Y}_3\,\overline{Y}_1+\overline{Y}_1\,\overline{Y}_0$$

图 2.46　例 2.26 的卡诺图

在利用无关项进行逻辑函数的化简时，应充分理解尽量使用无关项与尽量不使用无关项的辩证关系！还应注意一点，无关项不能作为实质最小项。

利用卡诺图化简逻辑函数，简单明了，形象直观，容易掌握。但对于初学者来说，容易出现以下几种错误，需要特别引起注意。

(1) 出现多余项。例如图 2.47 (a) 所示卡诺图，可能有两种表达式：

$$F(A,B,C,D)=AB\,\overline{C}+ACD+\overline{A}BC+\overline{A}\,\overline{C}D \quad \text{（正确）}$$

$$F(A,B,C,D)=BD+AB\,\overline{C}+ACD+\overline{A}BC+\overline{A}\,\overline{C}D \quad \text{（错误）}$$

(2) 出现非质蕴涵项，即非极大圈。例如图 2.47 (b) 所示卡诺图，可能有两种表达式：

$$F(A,B,C,D)=\overline{C}\,\overline{D}+B\overline{D} \quad \text{（正确）}$$

$$F(A,B,C,D)=\overline{C}\,\overline{D}+BC\overline{D} \quad \text{（错误）}$$

(3) 不正确使用无关项。例如图 2.47 (c) 所示卡诺图，可能有几种表达式：

$$F(A,B,C,D)=BD \quad \text{（正确）}$$

$$F(A,B,C,D)=\overline{A}B\,\overline{C} \quad \text{（错误）}$$

$$F(A,B,C,D)=BD+\overline{A}B\,\overline{C} \quad \text{（错误）}$$

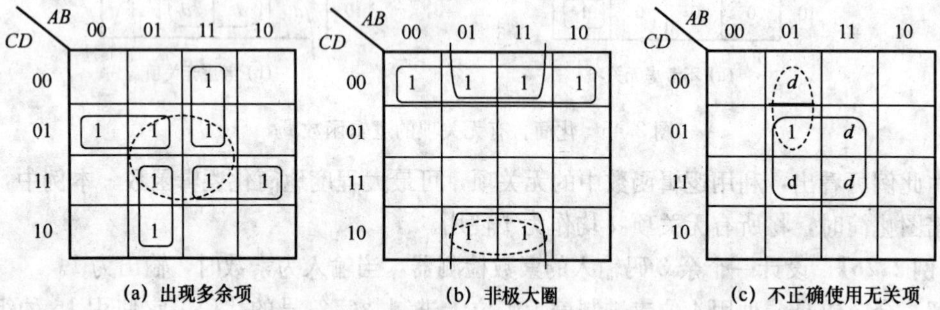

(a) 出现多余项　(b) 非极大圈　(c) 不正确使用无关项

图 2.47　容易出现的几种错误

2.5.4　具有多个输出的逻辑函数的化简

化简逻辑函数的意义在于用较少的逻辑器件来实现特定的逻辑功能。在实际工程设计中，经常遇到对于同一组输入变量产生多个输出的问题，此时，就会有多个输出函数的逻辑表达式，若对各表达式独立地进行化简，往往得不到整个电路的最佳简化方案。如果在化简时，进行综合考虑，尽可能使各表达式中有更多的公共项，则整个电路所采用的逻辑门数量可以减少。对这类逻辑电路的设计，采用卡诺图化简法比较方便。

对于同一组输入变量，具有多个输出的函数称为多输出函数。

单输出函数的化简目标是逻辑函数的表达式中项数最少，每项中的变量数最少。

多输出函数的化简目标是总体最简，即多输出函数的总项数最少，每项中的变量数最少。其方法是在单个函数化简的基础上，谋求使用多输出函数的各个函数间的公共项。

【例 2.27】 已知某电路的两个输出表达式如下，试求最简电路。

$$\begin{cases}F_1(A,B,C)=\sum m(0,1,2,6,7)\\F_2(A,B,C)=\sum m(1,6,7)\end{cases}$$

解 (1) 对两个函数分别化简，其卡诺图如图 2.48 所示。

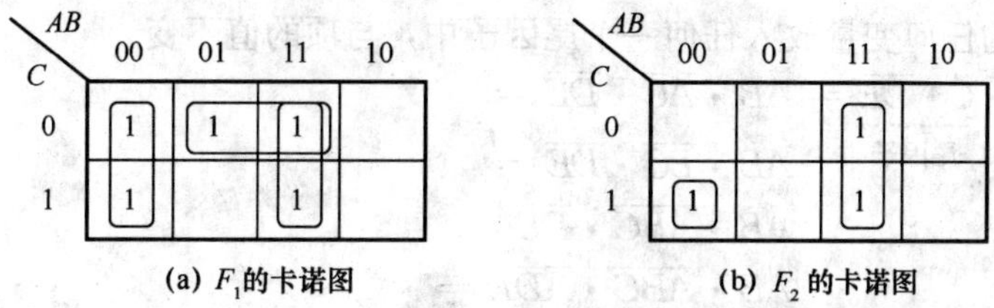

图 2.48 例 2.27 中两函数分别化简

可分别得到函数的最简与或式

$$\begin{cases}F_1(A,B,C)=AB+B\overline{C}+\overline{A}\,\overline{B}\\F_2(A,B,C)=AB+\overline{A}\,\overline{B}C\end{cases}$$

其对应的逻辑图如图 2.49 所示，共需 6 个逻辑门(不考虑产生反变量的非门，采用符号标注)。

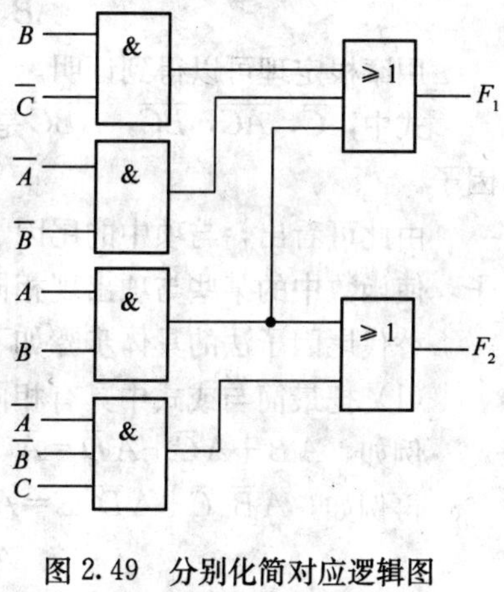

图 2.49 分别化简对应逻辑图

(2) 对两个函数的卡诺图综合考虑，寻求公共项，如图 2.50 所示。

共有两个公共项，由此得到两函数的表达式

$$\begin{cases}F_1(A,B,C)=AB+\overline{A}\,\overline{C}+\overline{A}\,\overline{B}C\\F_2(A,B,C)=AB+\overline{A}\,\overline{B}C\end{cases}$$

综合化简后对应的逻辑图如图 2.51 所示，用 5 个逻辑门就可实现，比单独化简的电路少用一个逻辑门。

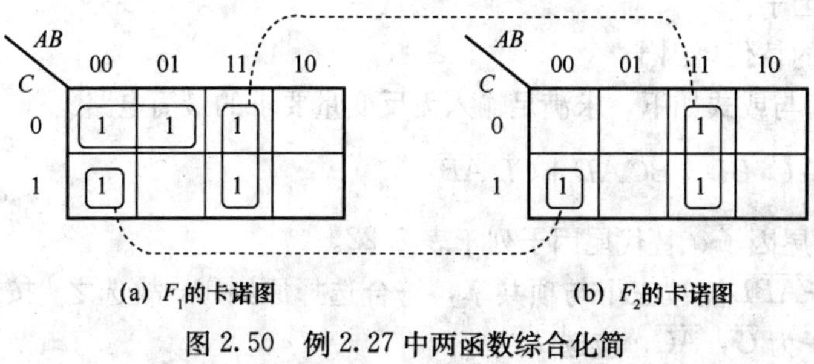

图 2.50 例 2.27 中两函数综合化简

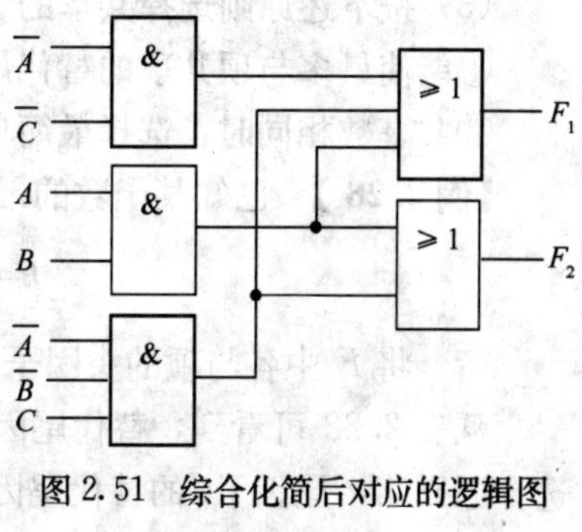

图 2.51 综合化简后对应的逻辑图

2.5.5 输入无反变量的逻辑函数的化简

在电路的设计中，其外部输入变量往往只有原变量，没有反变量，此时最简单的方法就是采用“非门”产生必要的反变量。但当逻辑函数中反变量较多时，简单地增加“非门”就不太经济了。这时应寻求公共门，即寻找把多个单输入非门合并成一个多输入与非门的方法，以减少非门的个数。

对最简与或式进行输入无反变量的化简，就是要寻找公共的与非门。化简方法有两种：替代尾因子法和禁止逻辑法。前者基于逻辑代数，后者基于卡诺图。

1. 替代尾因子法

每个与项的原变量部分称为头因子，反变量部分称为尾因子。头、尾因子具有如下特点：将头因子中的任何变量放入任何一个尾因子中，与项的值不变。

例如，$\underbrace{AB}_{\text{头因子}}\cdot\underbrace{\overline{C}\cdot\overline{DE}}_{\text{尾因子}}=AB\cdot\overline{AC}\cdot\overline{DE}=$

$$AB\cdot\overline{BC}\cdot\overline{DE}=$$
$$AB\cdot\overline{ABC}\cdot\overline{DE}=$$
$$AB\cdot\overline{ABC}\cdot\overline{ADE}=$$
$$AB\cdot\overline{ABC}\cdot\overline{BDE}=$$
$$AB\cdot\overline{ABC}\cdot\overline{ABDE}$$

用摩根定理可以得到证明。

式中，$\overline{C}$，$\overline{AC}$，$\overline{BC}$，$\overline{ABC}$是$\overline{C}$的替代因子，$\overline{DE}$，$\overline{ADE}$，$\overline{BDE}$，$\overline{ABDE}$是$\overline{DE}$的替代因子。

由此可看出，与项中的尾因子是可以变化的，但头因子是不可变的。如果通过改变尾因子，使函数中的某些与项出现相同尾因子，则可达到共享与非门的目的。

替代尾因子法的具体步骤如下：

(1) 把最简与或式中具有相同头因子的与项合并成一个与项。

例如，$A\overline{B}+A\overline{C}+A\overline{D}=A\ (\overline{B}+\overline{C}+\overline{D})\ =A\overline{BCD}$

再例如，$A\overline{B}\ \overline{C}+A\overline{D}\ \overline{E}=A\ (\overline{B}\ \overline{C}+\overline{D}\ \overline{E})\ =$

$$A\ (\overline{B}+\overline{D})\ (\overline{C}+\overline{D})\ (\overline{B}+\overline{E})\ (\overline{C}+\overline{E})\ =$$
$$A\cdot\overline{BD}\cdot\overline{CD}\cdot\overline{BE}\cdot\overline{CE}$$

(2) 列出最简与或式中所有与项的头因子、尾因子和替代因子。

(3) 按下述原则选择共享的替代尾因子：

①能使最多与项共享的替代尾因子。

②共享数相同时，选择最简单的替代尾因子。

【例 2.28】 已知某函数的最简与或式如下，求满足输入无反变量要求的最简电路。

$$F=A\overline{C}\ \overline{BD}+BC\overline{AD}+CD\overline{AB}$$

解 将 F 中各与项的头因子、尾因子、替代尾因子列于表 2.22。

从表 2.22 可看到，替代尾因子$\overline{ABD}$能被三个与项共享，符合选择原则①，故选之；按选择原则②，尾因子$\overline{C}$的替代尾因子为$\overline{C}$，$\overline{AC}$，应选$\overline{C}$。

表 2.22　函数 F 各与项中的诸因子

与　项	头 因 子	尾 因 子	替 代 尾 因 子
$A\overline{C}\ \overline{BD}$	A	$\overline{C}$	$\overline{C}$, $\overline{AC}$
		$\overline{BD}$	$\overline{BD}$, $\overline{ABD}$
$BC\overline{AD}$	BC	$\overline{AD}$	$\overline{AD}$, $\overline{ACD}$, $\overline{ABD}$, $\overline{ABCD}$
$CD\overline{AB}$	CD	$\overline{AB}$	$\overline{AB}$, $\overline{ABC}$, $\overline{ABD}$, $\overline{ABCD}$

因此，有

$$F=A\overline{C}\ \overline{ABD}+BC\overline{ABD}+CD\overline{ABD}$$

可画出前后两种电路图（此处略，由读者完成），进行比较，当采用替换尾因子法后，少用两个逻辑门。

2. 禁止逻辑法

（1）任何函数同不属于它的最小项之非相“与”，其逻辑功能不变。即

$$F=F\cdot\overline{m_i}\qquad(m_i\text{不在}F\text{ 中})$$

因为，不属于 F 的最小项 m_i 取值为 0，$\overline{m_i}$则为 1，所以上式成立。

（2）进一步推广，任何函数同不属于它的最小项之和的非相“与”，其逻辑功能不变。即

$$F=F\cdot\overline{m_i+m_j}\qquad(m_i\text{，}m_j\text{ 均不在}F\text{ 中})$$

（3）任何函数同属于它的最小项之和的非相“与”，则相当于从该函数中扣除了这些最小项。

$$F=m_1+m_3+m_5+m_7\quad G=m_1+m_3$$

$$G=F\cdot(\overline{m_5+m_7})=$$

$$(m_1+m_3+m_5+m_7)(\overline{m_5+m_7})=$$

$$(m_1+m_3)(\overline{m_5+m_7})=m_1+m_3\quad(m_5,m_7\text{ 均不在}G\text{之中})$$

这就是所谓的禁止逻辑（又称为阻塞逻辑）。上式中的 m_5+m_7 称为禁止项，G 是 F 被 m_5+m_7 禁止后的函数。

禁止逻辑指出，只要用不属于该函数的最小项之和的非作为禁止项去“与”该函数，该函数逻辑功能不变。而这个不属于该函数的最小项之和可作为任意项，在卡诺图上任意圈用。这就使利用卡诺图化简逻辑函数时更加灵活，如果将函数中各与项或部分与项共享的“小方格”也画入极大圈，把这些“小方格”作为禁止项，再把它们禁止掉，原函数的逻辑功能不变。此时，与或式表达式的各与项或部分与项中将出现公共的与非项，这正符合关于输入无反变量的化简要求。

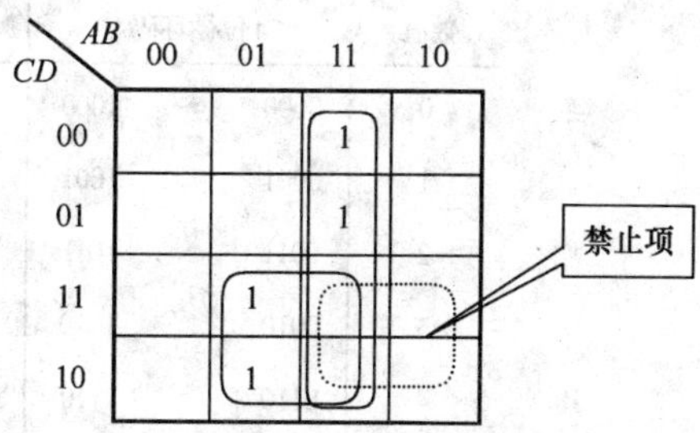

图 2.52　例 2.29 卡诺图

【例 2.29】　化简函数 $F=\sum m^4$（6，7，12，13），满足输入无反变量的要求。

解　作函数的卡诺图，如图 2.52 所示。

将 m_{10}、m_{11}、m_{14} 和 m_{15} 作为禁止项，先作为任意项使用，画极大圈，然后再禁止掉，从

而获得公共与非门。因此，满足输入无反变量要求的逻辑表达式为

$$F=AB\overline{AC}+BC\overline{AC}$$

由此可见，禁止项的选择类似于极大圈，越大越好。另外，应尽量在原变量区寻求禁止项，以避免增加新的反变量。

如果对最简或与式进行输入无反变量的化简，就是寻求公共的或非门。

根据对偶函数的定义和对偶规则，求或与式函数 F 的对偶式 F'，而 F'是一个与或式，可用替代尾因子法或禁止逻辑法进行化简，然后，对 F'再求对偶式，则可得 F。此时的公共门将是或非门。

【例 2.30】 化简函数 $F=(A+B+\overline{C})(A+\overline{B}+C)(\overline{A}+B+C)$，满足输入无反变量的要求。

解 求对偶式，

$$F'=AB\overline{C}+A\overline{B}C+\overline{A}BC=$$
$$AB\overline{ABC}+AC\overline{ABC}+BC\overline{ABC}$$

再求对偶式，

$$F=(F')'=$$
$$(A+B+\overline{A+B+C})(A+C+\overline{A+B+C})(B+C+\overline{A+B+C})$$

可见，共享的是或非门。

2.5.6 几种典型逻辑函数的卡诺图表示

当逻辑网络的输入变量是一种特定的编码（代码），例如，格雷码、格雷 BCD 码、8421 码、余 3 码、2421 码等，其输出逻辑函数的卡诺图就具有某种特征。熟悉这些特征，有助于解决相关逻辑网络的设计问题。

例如，设 4 位格雷码（循环码）为 $G_3G_2G_1G_0$，且将 4 位格雷码看做对十进制数 0～15 的编码，如图 2.53 (a) 所示，则从以 4 位格雷码作为输入变量的逻辑函数对应的卡诺图中，

数值	4位循环码			数值
0	0000	←	1000	15
1	0001		1001	14
2	0011		1011	13
3	0010		1010	12
4	0110		1110	11
5	0111		1111	10
6	0101		1101	9
7	0100	→	1100	8

(a) 4位格雷码编码

G_1G_0 \ G_3G_2	00	01	11	10
00	0	7	8	15
01	1	6	9	14
11	2	5	10	13
10	3	4	11	12

(b) 4位格雷码卡诺图

图 2.53 格雷码为输入变量的卡诺图特征

可看出 0～15 的排列规律，如图 2.53（b）所示。注意：小方格中的数字不是最小项的下标值，它表示循环码变化的次序，或其对应的十进制数。当遇到相关的逻辑命题时，可根据规律，很快地填写卡诺图。

对于格雷 BCD 码，是采用 4 位格雷码对 10 个十进制数字符号的编码，有六种状态组合不允许出现，在应用中可当做无关项处理。因此，在以格雷 BCD 码作为输入变量的逻辑函数的卡诺图中，既体现出 10 个数字符号的位置，又体现出六个无关项的位置。图 2.54（a）是格雷 BCD 码的编码；图 2.54（b）是格雷 BCD 码的卡诺图。注意：六种不允许出现的状态组合，当做无关项处理。小方格内数字不是最小项的下标值，而是格雷 BCD 码对应的十进制数字符号。

数值	4位循环码	数值
0	0000 ← 1000	9
1	0001	*d*
2	0011	*d*
3	0010	*d*
4	0110	*d*
5	0111	*d*
6	0101	*d*
7	0100 → 1100	8

(a) 格雷 BCD 码编码

G_1G_0 \ G_3G_2	00	01	11	10
00	0	7	8	9
01	1	6	*d*	*d*
11	2	5	*d*	*d*
10	3	4	*d*	*d*

(b) 格雷 BCD 码卡诺图

图 2.54　格雷 BCD 码为输入变量的卡诺图特征

显然，对于 8421 码、余 3 码、2421 码来说，其卡诺图的特征主要体现在无关项（不允许出现的六种状态）的位置不同，图 2.55 给出了以这三种代码作为输入变量时的卡诺图特征，请读者自行分析其特点。注意：小方格中的数字不是最小项的下标值，而是它们对应的十进制字符。

CD \ AB	00	01	11	10
00	0	4	*d*	8
01	1	5	*d*	9
11	3	7	*d*	*d*
10	2	6	*d*	*d*

(a) 8421码卡诺图

CD \ AB	00	01	11	10
00	*d*	1	9	5
01	*d*	2	*d*	6
11	0	4	*d*	8
10	*d*	3	*d*	7

(b) 余3码卡诺图

CD \ AB	00	01	11	10
00	0	4	6	*d*
01	1	*d*	7	*d*
11	3	*d*	9	5
10	2	*d*	8	*d*

(c) 2421码卡诺图

图 2.55　常用三种代码为输入变量时的卡诺图特征

当分析、设计有关代码转换电路时，了解并熟悉相应卡诺图的特征，将带来很大的方便。

本章小结

首先，在有关基本概念的基础上，介绍了逻辑代数中的基本运算、公理、定理和三个规则，并引申出复合逻辑——与非、或非、与或非、异或、同或。运用逻辑代数的公理和定理，可以将逻辑表达式的五种基本形式（与或式、或与式、与非式、或非式、与或非式）进行相互转换。

其次，在有关逻辑函数性质的讨论中，研究了最小项的概念与性质、最大项的概念与性质、最小项与最大项之间的关系、逻辑函数的标准形式（最小项表达式、最大项表达式）及相互转换。

读者可通过“由表达式 $F=\sum m^4(0,1,4,7,9,10,13)$，你能想到什么?”进行深入的理解。

逻辑问题的描述可用真值表、逻辑表达式、逻辑图、卡诺图和时序图，它们各具特点又相互关联，如图 2.56 所示。

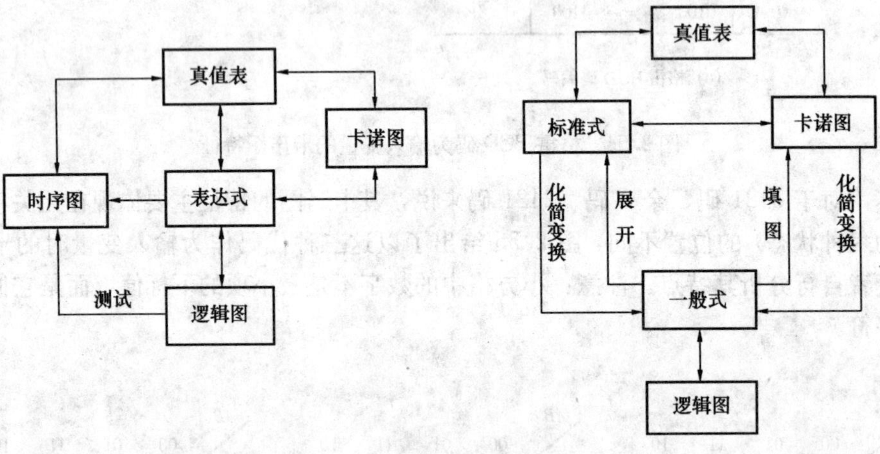

图 2.56 逻辑电路描述方法

随后，研究、讨论了逻辑函数化简的目标以及化简方法——逻辑代数化简法和卡诺图化简法。利用卡诺图化简逻辑函数，是分析、设计数字电路的重要手段，应重点掌握。

图 2.57 总结了基于卡诺图化简逻辑函数的有关概念、方法及要点，应认真体会。

最后，针对实际应用中的问题，讨论了含有无关项的逻辑函数、输入无反变量逻辑函数和多输出逻辑函数的化简，并研究了典型输入变量逻辑函数对应的卡诺图特征。

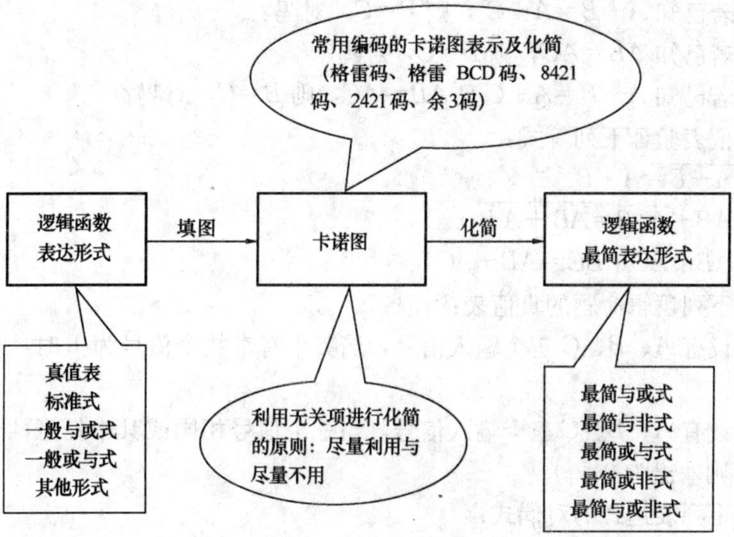

图 2.57　利用卡诺图化简逻辑函数的要点

思　考　题

1. 运用反演规则求反演式与利用摩根定理求反函数之间有什么不同?

2. 当逻辑表达式中含有⊕、⊙运算时，如何运用规则得到反演式和对偶式?

3. 若两个逻辑函数相等，它们的对偶式一定相等吗?

4. 由逻辑函数 $F=\sum m^3$ (1，2，4，7)，你能想到什么?

5. 由逻辑函数 $F=\prod M^4$ (0，1，2，7，8，9，10，14，15)，你又能想到什么?

6. 由给定逻辑函数的与或式，如何求得与非式、或与式、或非式和与或非式?

7. 运用卡诺图化简逻辑函数时，根据表达式形式正确填图是关键，请举例说明并总结出相应方法。

8. 由给定函数的卡诺图，如何求得与或式、与非式、或与式、或非式和与或非式?

9. 利用无关项进行逻辑函数的化简时，应注意什么?

10. 当逻辑网络的输入变量是格雷码、格雷 BCD 码、8421 码、余 3 码、2421 码时，其输出逻辑函数的卡诺图具有何种特征?

11. 若要求输入无反变量时，逻辑函数化简的基本思路和基本方法是什么?

12. 认真阅读图 2.56 和图 2.57。

习　　题

2.1　设 A、B、C 为逻辑变量，试回答:

(1) 若已知 $A+B=A+C$，则 $B=C$，对吗？

(2) 若已知 $AB=AC$，则 $B=C$，对吗？

(3) 若已知 $A+B=A+C$ 且 $AB=AC$，则 $B=C$，对吗？

2.2 用真值表验证下列等式：

(1) $\overline{A+B}=\overline{A}\cdot\overline{B}$

(2) $AB+\overline{A}\ \overline{B}=\overline{\overline{A}B+A\overline{B}}$

(3) $AB+\overline{A}C+BC=AB+\overline{A}C$

2.3 写出下列逻辑命题的真值表：

(1) 设有 A、B、C 三个输入信号，当其中有奇数个信号为 1 时，输出为 1，否则输出为 0。

(2) 设有 A、B、C 三个输入信号，当三个信号相同或其中任意两个信号为 0 时，则输出为 1，否则输出为 0。

2.4 写出下列表达式的对偶式：

(1) $F=(A+B)(\overline{A}+C)(C+DE)+AD$

(2) $F=\overline{ABC}(A+\overline{B}\ \overline{C})\overline{\overline{A}+C}$

(3) $F=B(\overline{A\oplus B})+\overline{B}(A\oplus C)$

2.5 运用反演规则，写出下列表达式的反演式：

(1) $F=A[\overline{B}+(C\overline{D}+E)BD]$

(2) $F=A\overline{B}+B\overline{C}+C(\overline{A}+D)$

(3) $F=\overline{(A+\overline{B})(\overline{A}+C)}\cdot AC+BC$

(4) $F=A\cdot\overline{B\oplus D}+(AC\oplus BD)E$

2.6 用逻辑代数的公理、定理及规则，证明下列等式：

(1) $AB+\overline{A}C+\overline{B}C=AB+C$

(2) $BC+D+\overline{D}(\overline{B}+\overline{C})(AD+B)=B+D$

(3) $A\oplus B\oplus C=A\odot B\odot C$

(4) $(X\oplus Y)\oplus Z=X\oplus(Y\oplus Z)$

(5) $AB+AC+BC=(A+B)(B+C)(A+C)$

(6) $ABC+\overline{A}\ \overline{B}\ \overline{C}=\overline{A\overline{B}+B\overline{C}+\overline{A}C}$

2.7 试写出 $F=\overline{A}\ \overline{B}+AB$ 的或与式、与非式、或非式及与或非式。

2.8 下列函数中，哪些变量取值使 $F=1$？

(1) $F(A,B,C)=(A+B+\overline{C})(A+B+C)(A+\overline{B}+C)$

(2) $F(X,Y,Z,W)=\sum m(1,3,4,6,7,12,14,15)$

(3) $F(S_2,S_1,S_0)=\prod M(0,1,2,3,4,5,6,7)$

(4) $F(A,B,C)=A\overline{C}+AB$

2.9 下列函数中，哪些变量取值使 $F=0$？

(1) $F(X_3,X_2,X_1)=\sum m(1,2,4,7)$

(2) $F(A,B,C)=(A+\overline{B})(A+C)$

(3) $F(A,B)=\overline{A}\ \overline{B}+A\overline{B}+\overline{A}B+AB$

(4) $F(X_3,X_2,X_1)=\prod M(3,5,6,7)$

2.10 将下列逻辑表达式转换为最小项之和的形式：

(1) $Y=\overline{A}BC+AC+\overline{B}C$

(2) $F(X,Y,Z)=\prod M\,(2,4,6,7)$

(3) $Y=AB+\overline{\overline{BC}(\overline{C}+\overline{D})}$

(4) $F=(B+\overline{C})(\overline{A}+B)+A\,\overline{BC}$

2.11 将下列逻辑表达式转换为最大项之积的形式：

(1) $F_1=A\oplus B+\overline{AC}$

(2) $F_2(A,B,C)=\sum m\,(0,3,5,6)$

(3) $F_3=(A+B)(\overline{A}+B+C)$

(4) $F_4=X+Y+\overline{XZ}$

2.12 已知 $F=\sum m^3(\,0,1,5,6\,)$，写出原函数的最大项表达式、反函数的最小项表达式以及反函数的最大项表达式。

2.13 用逻辑代数化简法，将下列逻辑函数化简为最简与或式：

(1) $F=A\overline{B}\,\overline{C}+A\overline{B}C+AB\,\overline{C}+ABC$

(2) $F=\overline{A}+ABC\,\overline{D}+CD$

(3) $F=AC+ABC+A\overline{C}+\overline{A}\ \ \overline{B}\ \ \overline{C}+BC$

(4) $F=\sum m^3(2,3,5,6,7)$

2.14 用卡诺图化简法，求下列各逻辑函数的最简与或式：

(1) $F=\overline{A}\ \ \overline{B}+AC+\overline{B}C$

(2) $F=(\overline{A}+\overline{B})(\overline{A}+B+\overline{C})(A+\overline{C}+D)$

(3) $F=\sum m^4(1,4,5,6,7,9,14,15)$

(4) $F=\prod M^4(1,7,9,13,15)$

2.15 用卡诺图化简法，求下列各逻辑函数的最简或与式：

(1) $F=\sum m^4(2,3,4,5,8,9,14,15)$

(2) $F=\prod M^4(0,2,3,5,6,7,8,14,15)$

(3) $F=ABC+\overline{A}B+\overline{B}C$

(4) $F=(A+C)(\overline{A}+B+\overline{C})(\overline{A}+\overline{B}+C)$

2.16 已知 $F=\sum m^4(0,1,2,5,6,8,9,10,13,15)$，用卡诺图化简法，求 F 的最简与或式、最简与非式、最简或与式、最简或非式和最简与或非式，并分别画出它们的逻辑图。

2.17 用卡诺图化简法，求下列具有无关项的逻辑函数的最简与或式和最简或与式：

(1) $F=\sum m^4(0,1,3,7,9)+\sum d\,(8,10)$

(2) $F=\sum m^4(1,5,9,13,14,15)+\sum d\,(11)$

(3) $F=\prod M^4(0,8,9,10,11,14)\cdot\prod d\,(1,2,4,12,15)$

(4) $F=\prod M^4(1,7,9,13,15)\cdot\prod d\,(2,4,12)$

2.18 试用卡诺图对已知函数作逻辑运算：

(1) 已知

$$\begin{cases}F(A,B,C,D)=AB\,\overline{C}+\overline{\overline{CD}(A+\overline{B})}+\overline{B}\ \ \overline{CD}\\ G(A,B,C,D)=(AB+C\overline{D})\,\overline{AB\,\overline{C}}+\overline{A}\ \ \overline{B}\ \ \overline{D}\end{cases}$$

试求 $F \cdot G$ 、$F+G$、$F\oplus G$ 的最简与或式。

(2) 已知

$$\begin{cases} F_1 = \sum m^4(2,4,6,9,13,14) + \sum d\,(0,1,3,8,11,15) \\ F_2 = \sum m^4(4,5,7,9,12,13,14) + \sum d\,(1,3,8,10) \end{cases}$$

试求 $F_1 \cdot F_2$、F_1+F_2、$F_1 \oplus F_2$ 的最简与或式。

2.19 化简多输出函数，并画出用与非门实现的逻辑图。

$$\begin{cases} F_1(A,B,C,D) = \sum m\,(2,3,4,6,7,9,12,13,14,15) \\ F_2(A,B,C,D) = \sum m\,(0,3,7,8,9,13) \\ F_3(A,B,C,D) = \sum m\,(0,2,4,6,7,8,12,14,15) \end{cases}$$

2.20 满足输入无反变量要求，用替代尾因子法或禁止逻辑法将下列逻辑函数用最少的与非门实现，画出逻辑图。

(1) $F = \sum m^3(1,2,5,6)$

(2) $F = \overline{A}B + A\overline{C} + A\overline{B}$

2.21 某逻辑网络的输入为 8421 码（用 A，B，C，D 表示），当其对应的十进制数 $X>5$ 时，输出 F 为 1，否则 F 为 0，试求 F 的最简与非式，并画出逻辑图。

2.22 确定图习 2.1 中的输入变量，并使输出功能为 $F(A,B,C,D) = \sum m\,(6,7,12,13)$。

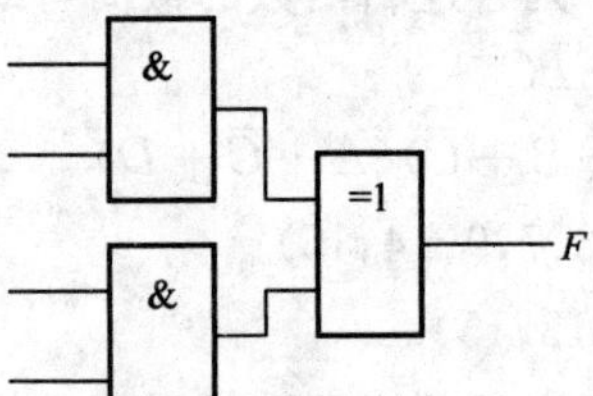

图习 2.1

第 3 章　硬件描述语言基础

【本章内容】　Verilog HDL 作为一种硬件描述语言，已经广泛应用于数字系统设计。本章首先介绍硬件描述语言的产生和作用，通过实例引出 Verilog HDL 的模块结构。在介绍基本语法知识和行为语句的基础上，论述可综合 Verilog HDL 模块的三种描述方式——门级结构描述、数据流描述和行为描述。

3.1　概述

传统的基于集成电路器件“搭积木”式的数字系统设计技术正在成为历史，基于硬件描述语言（HDL，Hardware Description Language）、电子设计自动化（EDA，Electronic Design Automation）平台和可编程逻辑器件（PLD，Programmable Logic Device）的现代数字系统设计技术正在蓬勃发展。以惊人的速度发展的微电子技术，使集成电路的工艺水平达到深亚微米级（0.13μm），到 2005 年已开始进入 90nm 级，并向 65nm、45nm…挺进。一个芯片上可集成数百万乃至上千万只晶体管，工作速度可达几 Gbit/s，为制造出规模大、速度快和信息容量更高的芯片系统（SOC，System On Chip）提供了基础条件。特别是，大规模可编程逻辑器件的出现，引起了数字系统设计领域的革命性变革。PLD 是厂家作为一种通用性器件生产的半定制电路，用户通过对器件的编程实现所需要的逻辑功能以及系统的重构。PLD 的可灵活配置性使设计师在实验室就可以设计出具有特色功能的芯片，并立即投入实际应用。不仅设计周期短、可靠性高、风险小，而且降低了产品的成本。PLD 已成为现代数字系统的物理载体。

以计算机为工作平台，融合应用电子技术、计算机技术、智能化技术以及图形学、拓扑学、计算数学等众多学科的最新成果，辅助进行集成电路设计、电子电路设计和印制电路板设计的 EDA 技术也日趋完善。现代 EDA 技术的主要特征是：引入硬件描述语言；支持高层次的抽象设计；具有逻辑综合、行为综合、系统综合能力。

硬件描述语言是一种采用形式化方法描述数字电路和数字系统的语言。设计者利用这种语言可以摆脱传统集成电路器件的束缚，从上层到下层（从抽象到具体），逐层描述自己的设计思想，用一系列分层次的模块来表示极其复杂的数字系统；借助 EDA 仿真工具逐层进行仿真验证；通过 EDA 综合工具将需要物理实现的模块组合转换成门级电路网表；利用芯片厂家提供的自动布线布局工具（适配器）将网表映射为具体器件的布线结构，最后编程下载到 PLD。

从 20 世纪 80 年代至今，先后出现过数十种硬件描述语言。Verilog HDL 是目前流行的硬件描述语言之一。据有关文献报道，在美国使用 Verilog HDL 进行设计的工程师有十几万人，全美国有 200 多所大学讲授 Verilog HDL 的设计方法；在我国的台湾省，几乎所有著名大学的电子和计算机工程系都开设了与 Verilog HDL 有关的课程。

1983 年，GDA（GateWay Design Automation）公司的 Phil Moorby 首创了面向模拟仿真的 Verilog HDL。1984 年，Moorby 设计出第一个基于 Verilog HDL 的仿真器——Verilog - XL。1986 年，Moorby 提出了用于快速门级仿真的 XL 算法，使 Verilog HDL 得到迅速发展。1989 年，Cadence 公司收购了 GDA，Verilog HDL 成为其私有财产。1990 年，Verilog HDL 公开发表，成立 OVI（Open Verilog International）组织，负责促进该语言的发展，进而获得了 EDA 平台的支持，成为既面向模拟又面向综合的硬件描述语言。1995 年，基于该语言具有简洁、高效、易学易用、功能强等优点，电气与电子工程师学会（IEEE，Institute of Electrical and Electronic Engineers）制定了 Verilog HDL 的 IEEE 标准，即 Verilog HDL 1364—1995，并公开发表，使 Verilog HDL 成为标准化的硬件描述语言。1999 年，模拟和数字都适用的 Verilog HDL 标准公开发表。2001 年，Verilog HDL 1364—2001 标准公开发表。

Verilog HDL 的最大优点是：它是一种在 C 语言的基础上发展起来的、非常容易掌握的硬件描述语言，从语法结构上看，Verilog HDL 与 C 语言有许多相似之处，继承和借鉴了很多 C 语言的语法结构，二者的运算符几乎完全相同。但是作为一种硬件描述语言，Verilog HDL 与 C 语言有着本质的区别，应当在学习中认真体会。

Verilog HDL 具有以下特点：

(1) 既能进行面向综合的电路设计，也可用于电路的模拟仿真。

(2) 能够在多个层次上对所设计的系统进行描述：开关级、门级、寄存器传输级、行为级。

(3) 不对设计的规模施加任何限制。

(4) 具有混合建模能力，即在一个设计中，各个模块可在不同层次上建模和描述。

(5) 灵活多样的电路描述风格：行为描述、结构描述、数据流描述。

(6) 其行为描述语句（条件、赋值、循环）类似于高级语言，易学易用。

(7) 内置各种基本逻辑门，适合门级建模。

(8) 内置各种开关级元件，适合开关级建模。

(9) 可灵活创建用户定义原语（UDP）。

(10) 可通过编程语言接口（PLI）调用 C 语言编写的各种函数。

3.2 Verilog HDL 模块的概念和结构

Verilog HDL 支持以模块集合的形式构造数字系统。利用层次化、结构化的设计方法，一个完整的硬件设计任务可以划分成若干个模块，每一个模块又可以划分成若干个子模块，子模块还可以进一步划分。各个模块可以是自主开发的模块，也可以是从商业渠道购买的具有知识产权的IP核（IP Core）。图3.1以设计树的形式给出了基于模块的设计思想，即自顶向下（Top-Down）的设计思想。

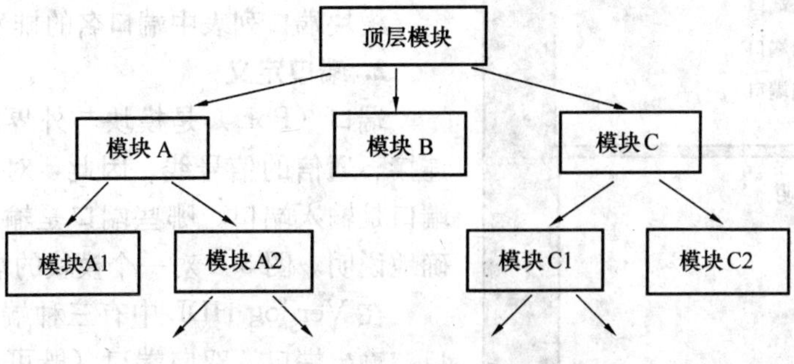

图3.1 Verilog HDL模块化设计树

从图3.1可以看出，模块（module）是基于Verilog HDL进行系统设计的基本单元。在这个设计树上，节点对应着该层次上基本单元的功能描述，树枝对应着基本单元的结构分解。换言之，这些基本单元可以是描述某种逻辑功能的模块，也可以由下一层的基本单元互连而成。本章重点介绍可综合模块的设计方法，关于如何利用各种模块构造更大规模系统的设计方法，请参考有关书籍。

下面通过一个具体的示例剖析Verilog HDL模块的基本结构。

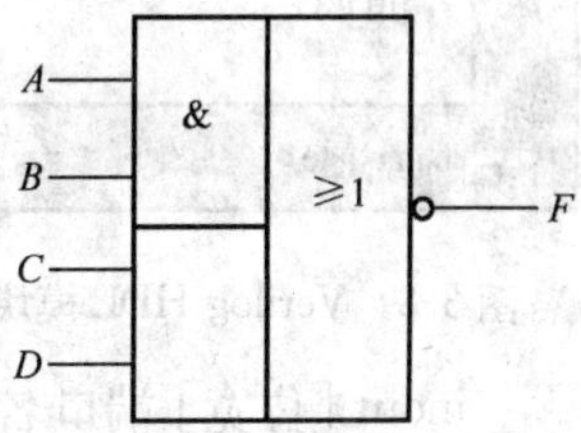

图3.2 “与—或—非”门电路

图3.2是一个简单的“与—或—非”门电路。该门电路的输出逻辑表达式可写为

$$F=\overline{AB+CD}$$

【例3.1】 用Verilog HDL对图3.2“与—或—非”门电路进行描述。

```
module AOI ( A, B, C, D, F ) ;                  // 定义模块名为AOI
  input A, B, C, D ;                            // 定义输入端口
  output F ;                                    // 定义输出端口
  wire A, B, C, D, F ;                          // 定义端口信号的数据类型
  assign F= ~ ( (A&B) | (C&D) ) ;               // 逻辑功能描述
endmodule
```

将Verilog HDL程序与图3.2进行比照，可以对模块的结构有一个较为直观的认识。

该程序的第1行定义了模块的名字、模块的端口列表；第2行定义了模块的输入端口；第3行定义了模块的输出端口；第4行定义了端口的数据类型；第5行是逻辑功能描述，即输入、输出信号之间的逻辑关系。Verilog HDL模块的基本结构如图3.3所示。

Verilog HDL模块结构完全嵌在module和endmodule关键字之间，包括四个部分：模块声明、端口定义、端口信号的数据类型说明和逻辑功能定义。

1. 模块声明

模块声明包括模块名和模块的端口列表。其格式如下：

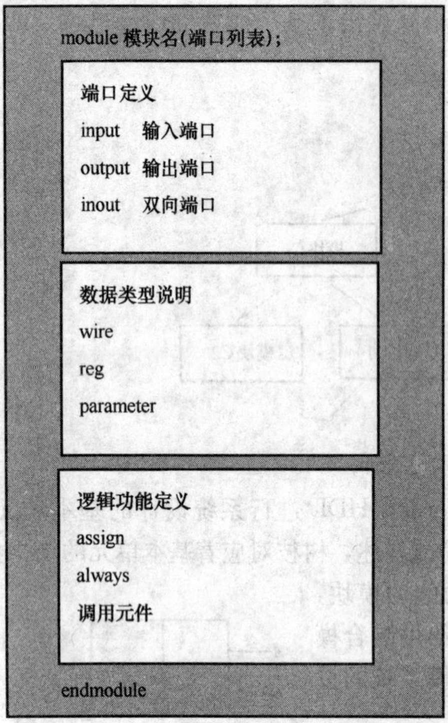

图 3.3 Verilog HDL 模块的基本结构

module 模块名 （端口名 1，端口名 2，…,端口名 n）;

⋮ // 模块的其他部分

endmodule // 模块结束关键字

模块端口列表中端口名的排列顺序是任意的。

2. 端口定义

端口（Port）是模块与外界或其他模块进行连接、通信的信号线。因此，对端口列表中哪些端口是输入端口、哪些端口是输出端口要进行明确地说明。图 3.4 对一个模块的端口进行了图示。

在 Verilog HDL 中有三种端口类型：输入端口、输出端口、双向端口（既可用做输入也可用做输出）。

用 input 定义输入端口，格式如下：

input［位宽］端口名 1，端口名 2，…，端口名 n；

用 output 定义输出端口，格式如下：

output［位宽］端口名 1，端口名 2，…，端口名 n；

用 inout 定义双向端口，格式如下：

inout［位宽］端口名 1，端口名 2，…，端口名 n；

在使用上述三种定义格式时应注意：

(1) 位宽的说明应遵循 n：1 或 n−1：0 的规则；

(2) 不同位宽的端口应分别定义；

(3) 位宽说明省略时，默认值为 1。

3. 端口信号的数据类型说明

在模块中用到的所有信号（包括端口信号、节点信号、中间变量等）都必须进行数据类型的定义。Verilog HDL 提供了各种信号类型，最常用的是连线型（wire）、寄存器型（reg）和参数型（parameter）。下面是几个数据类型定义的实例：

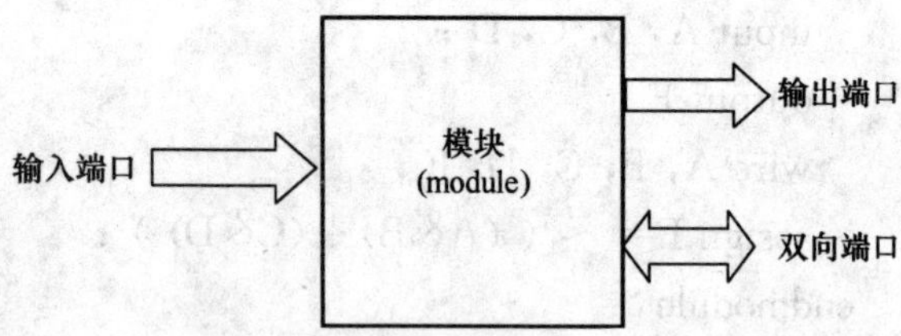

图 3.4 模块的端口示意

reg［4:1］cout； //定义信号 cout 的数据类型为 4 位寄存器型

wire a，b，c； //定义信号 a,b,c 的数据类型为 1 位连线型

需要强调的是，输入端口和双向端口不能说明为寄存器型；端口信号的数据类型说明缺省时，EDA 的综合器将其默认为 wire 型。

4. 逻辑功能定义

模块中的核心部分是逻辑功能的定义。Verilog HDL 提供了多种逻辑功能的定义方式，下面介绍三种最基本的定义方式。有关其他方式，请参考有关文献。

1）用持续赋值语句（assign）定义

assign 语句一般用来描述组合逻辑电路的功能，称为持续赋值方式。这种描述方式比较简单，只需将传统逻辑表达式转换成符合 Verilog HDL 规范的表达式，再放到关键字 assign 后面即可。例如：

```
assign F = ~ (A&B) | (C&D) ;
```

2）通过调用逻辑门元件（元件例化）定义

这种逻辑功能的定义，就是通过调用 Verilog HDL 提供的内置逻辑门元件，按照元件模型，在它们之间进行信号的连接，完成逻辑电路的结构描述。从某种意义上讲，采用这种方法可以将传统的电路原理图转换成 Verilog HDL 文本形式。例如：

```
and myand3 (out, a, b) ;
```

其中，and 是 Verilog HDL 中内置“与门”元件的关键字；myand3 为模块中调用元件时定义的实例化名；(out，a，b) 是信号连接表，按照元件模型的端口顺序，模块中的 out 信号连接到“与门”的输出，信号 a 和信号 b 连接到“与门”的输入。通过这条元件调用语句，在模块中定义了一个二输入的与门。再例如：

```
and u3 (f, a, b, c) ;
```

该条元件调用语句定义了一个名为 u3 的三输入与门。

比较这两条元件调用语句不难发现，Verilog HDL 中的内置逻辑门元件是一种动态模型，其端口个数随用户的定义动态生成。无疑，这种元件动态模型突破了传统逻辑器件的限制，为设计人员提供了极大的便利。

3）用过程块（always）定义

如果说上面两种逻辑功能的定义方式仍与电路结构有着某种关联，那么，采用 always 定义逻辑功能时，则不关心电路结构，只描述电路的行为，即在某种输入情况下产生相应的输出。硬件描述语言的重要贡献之一就是支持与逻辑电路结构无关的行为描述。行为描述转化为具体电路结构的工作由 EDA 工具完成。下面是一个用 always 定义逻辑功能的实例。

【例 3.2】 用 always 过程块描述一个 4 位计数器。

```
module counter (out, reset, clk ) ;
  output [4 : 1] out ;
  input reset, clk;
  reg [4 : 1] out ;
  always @ (posedge clk)
    begin
      if (reset) out <= 0 ;
      else out <=out+1 ;
    end
endmodule
```

在这个例子中，用 always 过程块定义了一个具有同步复位功能的计数器。每当 clk 的上升沿到来时，就执行一次 begin…end 中的行为语句。在 Verilog HDL 的 always 过程块中可以使用多种行为语句描述电路的逻辑功能，本例采用 if…else 语句描述计数器的行为，当

clk 的上升沿到来时，若 reset 信号为“1”，计数器清零；否则进行加 1 计数。从该模块的描述中，看不出任何的电路结构，只是该电路的行为。

例 3.2 描述了一个时序逻辑电路，采用 always 过程块也可以描述组合逻辑电路，但它们的描述规则有所不同。

综上所述，可以给出可综合的 Verilog HDL 模块的基本设计模板：

```
module ＜模块名＞（＜模块端口列表＞）;
/* 端口声明 */
  output 输出端口列表 ;
  input 输入端口列表 ;
//数据类型说明
  wire 信号名 ;
  reg 信号名 ;
  parameter ＜标志符＞ = ＜表达式＞ ;
//逻辑功能定义
      //采用 assign 语句定义逻辑功能
        assign ＜信号名＞ = ＜表达式＞ ;
      //调用内置门元件
        门元件关键字 ＜实例名＞（＜信号顺序连接表＞）;
      //用 always 过程块描述逻辑功能
        always @（＜敏感信号列表＞）
          begin
            // 阻塞赋值语句
            // 非阻塞赋值语句
            // if…else 语句
            // case 语句
            // for 循环语句
          end
endmodule
```

Verilog HDL 模块结构小结：

(1) 模块是 Verilog HDL 的基本设计单元。

(2) 模块可以进行层次嵌套，构成更大规模的系统。

(3) 一个可综合的 Verilog HDL 模块由模块声明、端口定义、数据类型说明、逻辑功能定义四部分构成。

(4) 模块的书写格式自由，一行可写多个语句，一个语句也可分写多行。

(5) 除 endmodule 外，每个语句和数据定义后面必须有分号。

(6) 可用/ * … * /和//…进行多行、单行注释，增加代码的可读性。

3.3 Verilog HDL 基础知识

本节介绍可综合 Verilog HDL 模块中常用的基本要素，包括数字常量、标志符、关键字、数据类型和运算符。这些要素既有与软件编程语言（例如 C 语言）相同或相似之处，也有作为一种硬件描述语言所特有的地方。例如：Verilog HDL 的运算符与 C 语言的运算符几乎完全相同，但数据类型是 Verilog HDL 特有的。在实际应用中，要认真体会、深入理解硬件描述语言与软件编程语言的本质区别。

3.3.1 数字常量

Verilog HDL 模块中的信号有下列四种基本逻辑状态：0、1、x 或 X 和 z 或 Z。

0：低电平、逻辑 0 或“假”。

1：高电平、逻辑 1 或“真”。

x 或 X：不确定或未知的逻辑状态。

z 或 Z：高阻状态。

Verilog HDL 中的数字常量（Number Constant）是由以上四类基本值组成。x 和 z 不区分大小写。

在 Verilog HDL 可综合模块中最常用的是整数型数字常量，其书写格式为

± <size> ’ <base _ format> <number>

即　± <位宽> ’ <进制> <数字>

size：数字对应的二进制数的宽度说明。默认值为 32 位。

base _ format：数字所采用的进制格式说明。进制格式说明有四种形式：二进制（用 b 或 B 说明）；十进制（用 d 或 D 或缺省说明）；十六进制（用 h 或 H 说明）；八进制（用 o 或 O 说明）。另外，书写时，十六进制中的 a 到 f 不区分大小写。默认为十进制。

number：基于进制的数字序列。

下面是合法的整数型数字常量的书写：

```
325            //十进制数
'h83ff         /*默认位宽的十六进制数。位宽大于实际位数，数的最左边是 0 或
                 1，则高位补“0”。*/
10'Bx1001      /* 10 位二进制数。位宽大于实际位数，数的最左边是 x 或 z，则
                 高位对应补 x 或 z。*/
12'O3645       //12 位八进制数
4'b1101        //4 位二进制数
5'D3           //用 5 位二进制表示十进制 3
8'b0001_0100   //较长数，可用下画线分开，便于阅读
12'hz          //12 位高阻状态
```

以下是不正确的整数型数字常量的书写：

```
4af               //非法，十六进制必须有 'h 或 'H
b0011             //非法，进制说明时不能省略'
3' B011           //非法，进制说明时，'和 B 之间不能有空格
'H17 ff           //非法，数字序列中间不能有空格
```

3.3.2 标志符

Verilog HDL 中的标志符（Identifiers）可由字母、数字以及符号“$”、“_”（下画线）组成，但标志符的第一个字符必须是字母或者下画线。另外，标志符是区分大小写的。

以下是合法的标志符：

```
count
COUNT             //区分大小写，COUNT 与 count 是不同的标志符
_3fiter           //以下画线开头
Coder_3_8
```

下面的例子是不正确的标志符：

```
30sum             //不能用数字开头
err*              //不能含有“*”
$123              //不能用$开头
module            //关键字不能用作标志符
```

3.3.3 关键字

关键字（Keywords）也称保留字，是 Verilog HDL 内部的专用词，用于组织语言的结构，全部采用小写形式。用户不能随意使用关键字，Verilog HDL 模块中的模块名、端口名、变量名以及节点信号名不能与其相同。下面列出可综合 Verilog HDL 模块中的部分关键字（IEEE Std 1364—1995）。关于全部关键字及 Verilog—2001 中新增关键字，请查阅有关资料。

always	and	assign	begin	buf
bufif0	bufif1	case	casex	casez
default	else	end	endcase	endfunction
endmodule	endtask	for	function	if
inout	input	integer	module	nand
negedge	nor	not	notif0	notif1
or	output	parameter	posedge	reg
task	wire	xnor	xor	

3.4 Verilog HDL 的数据类型

数据类型（Data Type）也称为变量类型。在 Verilog HDL 中，数据类型用来表示数字电路中的物理连线、数据存储和数据传送等物理量。

Verilog HDL 中共有 19 种数据类型，分成连线型（Net Type）和寄存器型（Register Type）两类。本节着重介绍其中的 wire 型、reg 型和 parameter 型。

3.4.1 连线型数据

连线型数据用来描述数字电路中的各种物理连接，其特点是：没有状态保持能力；输出值随着输入值的变化而变化。因此，必须对连线型数据进行连续的驱动。有两种驱动连线型数据的方式，一种方式是在结构描述中将其连接到逻辑门的输出端或其他模块的输出端；另一种方式是用 assign 语句进行赋值。当连线型数据没有获得驱动时，它的取值为 z。

Verilog HDL 中的连线型数据包括：wire 型、tri 型、wor 型、trior 型、wand 型、triand 型、tri1 型、tri0 型、trireg 型、vectored 型、large 型、medium 型、scalared 型、small 型。其中，在可综合模块中最常用的是 wire 型。下面重点介绍。

wire 型数据（变量）常用来表示用 assign 语句赋值的组合逻辑信号。Verilog HDL 模块输入/输出端口的信号类型说明缺省时，自动定义为 wire 型。wire 型变量可以用作任何表达式的输入，也可用作 assign 语句、元件调用语句和模块调用语句的输出。wire 型变量的取值可为 0、1、X、Z。wire 型数据的定义格式如下：

wire ＜［位宽］＞ 数据名 1，数据名 2，…，数据名 n ；

其中，wire 是关键字；位宽遵循［n: 1］或［(n−1): 0］规则进行说明时，可定义多位的 wire 型向量；位宽说明缺省时，默认定义 1 位的 wire 型变量（标量）。另外，不同位宽的 wire 型数据也必须分别定义。

下面是 wire 型数据定义实例：

```
wire a,b ;                    //定义两个 1 位 wire 型变量 a 和 b
wire [7:0] data ;             //定义一个 8 位 wire 型向量 data
wire [16:1] adder,buff ;      //定义两个 16 位 wire 型向量
```

如下的 wire 型数据定义是非法的：

```
wire [4:1]a,[2:1]b ;          //不同位宽应分别定义
wire d[8:0];                  //定义的格式错
```

在使用 wire 型向量时，可以全选或域选。例如：

```
wire [7:0] out,in;            //定义两个 8 位向量
assign out=in;                //全选,按位对应赋值
assign out[7:4]=in[3:0];      //域选,将 in 的低 4 位赋值给 out 的高 4 位
```

再例如：

```
wire [8:1] f ;
wire [3:0] x ;
assign f[5:2]=x;   //f 域选,x 全选。将 x 赋值给 f 的 5 到 2 位
```

此时，连续赋值语句的赋值操作等效于：

```
assign f[5]=x[3];
assign f[4]=x[2];
assign f[3]=x[1];
assign f[2]=x[0];
```

3.4.2 寄存器型数据

寄存器型数据是物理电路中数据存储单元的抽象，对应着数字电路中具有状态保持作用的器件，例如触发器、寄存器等。寄存器型数据与 wire 型数据有着本质的区别，它的特点是：具有记忆功能，必须明确赋值才能改变其状态，否则一直保持上一次的赋值状态。在设计中，寄存器型变量只能在过程块（例如 always）中，通过过程赋值语句进行赋值。换言之，在过程块内被赋值的每一个信号，都必须在数据类型说明时定义成寄存器型。

在 Verilog HDL 中有五种寄存器型数据，它们是 reg 型、integer 型、parameter 型、real 型和 time 型。可综合模块中使用的是 integer 型、reg 型和 parameter 型。现分别介绍如下：

(1) integer 型数据，它是一种纯数学的抽象描述，虽然能定义带符号的 32 位整型数据，但不对应任何具体的硬件电路。常用作 for 循环语句中的循环变量。其定义格式如下：

integer 变量名 1，变量名 2，…，变量名 n;

(2) reg 型数据，它通常用作 always 过程块中被赋值的信号，也可用于表达式的输入。其定义格式如下：

reg < [位宽] > 数据名 1，数据名 2，…，数据名 n ;

其中，reg 是关键字；位宽遵循 [n: 1] 或 [n−1: 0] 规则进行说明时，可定义多位的 reg 型向量；位宽说明缺省时，默认定义 1 位的 reg 型变量（标量）。同样，不同位宽的 reg 型数据也必须分别定义。

在使用 reg 型数据时，可以域选或全选。下面是 reg 型数据定义及使用举例：

```
⋮
wire f, y;              //定义两个 1 位 wire 型变量
reg a, b;               //定义两个 1 位 reg 型变量
reg [4:1] c;            //定义一个 4 位 reg 型向量
reg [7:0] out ;         //定义一个 8 位 reg 型向量
assign f = a ;          //a 值赋给 f,保持对 f 的驱动
assign y = c[4];        //reg 型向量的某位对 wire 型的 y 保持驱动
always @ (posedge clk)
begin
  a <= b ;
```

```
    c <= out[7:4] ;      //域选赋值
    c <= c+a ;           //全选运算赋值
  end
  ⋮
```

下面对 reg 型变量的赋值是错误的：

```
reg a,b ;
assign a=b;           //错误,assign 语句只能对 wire 型变量赋值
```

(3) parameter 型数据。它是一种符号常量。在 Verilog HDL 中，常用 parameter 定义标志符常量，进行模块的参数化设计，便于代码的修改。定义格式如下：

parameter 参数名 1 = 表达式 1，…，参数名 n = 表达式 n ；

例如：

```
//定义参数 sel 代表十进制数 5；参数 size 代表 8 位十六进制数 3a
parameter sel=5, size=8'H3a ;
//参数由表达式确定
parameter data=8, adder=data * 2 ;
```

3.5 Verilog HDL 的运算符

Verilog HDL 提供了丰富的运算符（Operators），按功能分成九大类，包括算术运算符、逻辑运算符、位运算符、关系运算符、等式运算符、归约运算符、移位运算符、条件运算符以及拼接运算符。如果按运算符所带操作数的个数来区分，可分为三类：

(1) 单目运算符（unary operator）。带一个操作数。

(2) 双目运算符（binary operator）。带两个操作数。

(3) 三目运算符（ternary operator）。带三个操作数。

学习 Verilog HDL 的运算符，应注意它们与传统逻辑代数中与、或、非运算符含义的不同。

3.5.1 算术运算符

常用的算术运算符（Arithmetic Operators）包括：

+	加
−	减
*	乘
/	除
%	模运算符

以上的算术运算符都是双目运算符。前四个分别表示常用的加、减、乘、除四则运算，%是求模运算符，或称为求余运算符，例如，8%4 的值为 0，13%6 的值为 1。在进行整

数除法运算时，结果略去小数。取模运算时，结果符号与第一个操作数的符号相同。当两个操作数中有一个包含 x 时，则结果就为 x。

3.5.2 逻辑运算符

逻辑运算符（Logical Operators）包括：

&&	逻辑与，双目运算
‖	逻辑或，双目运算
!	逻辑非，单目运算

当进行逻辑运算时：

(1) 若操作数是 1 位的，则逻辑运算真值表如表 3.1 所示。

表 3.1 逻辑运算符真值表

a b	a&&b	a‖b	!a !b
0 0	0	0	1 1
0 1	0	1	1 0
1 0	0	1	0 1
1 1	1	1	0 0

(2) 当操作数由多位组成，则将操作数作为一个整体处理，即若操作数所有位都是“0”，则整体作为逻辑“0”；只要其中有 1 位是“1”，则整体作为逻辑“1”。

(3) 若操作数中含有 x，则整体作为 x，结果也可能是 x。

例如，a = 2，b = 0，c = 4′hx，则

```
a && b       //逻辑与，即 1 && 0，结果为 1′b0
a ‖ b        //逻辑或，即 1 ‖ 0，结果为 1′b1
! a          //逻辑非，即 ! 1，结果为 1′b0
a && c       //逻辑与，即 1 && x，结果为 1′bx
a ‖ c        //逻辑或，即 1 ‖ x，结果为 1′b1
!c           //逻辑非，即 ! x，结果为 1′bx
```

从上述各例可看出，逻辑运算的结果是 1 位二进制状态。

3.5.3 位运算符

所谓位运算，就是将两个操作数按对应位分别进行逻辑运算。位运算符（Bitwise Operators）包括：

~	按位非（按位取反），单目运算。
&	按位与
|	按位或
^	按位异或
^~，~^	按位异或非（按位同或）

使用位运算符时应注意：

(1) 将操作数按位对应，进行逻辑运算。

(2) 两个不同长度的数据进行位运算时，按右端对齐，位数少的在高位补“0”。

(3) 注意 x 对运算结果的影响。

位运算符应用举例，若 A = 5′B11001，B = 5′b101x1 ，则

~A = 5′b00110

A & B = 5′b10001

A | B = 5′b111x1

A ^ B = 5′b011x0

3.5.4 关系运算符

关系运算符（Relational Operators）包括：

<	小于
<=	小于或等于
>	大于
>=	大于或等于

关系运算符用来比较两个操作数的大小关系，运算结果是1位的逻辑状态。如果比较关系成立，则返回逻辑“1”；否则，返回逻辑“0”。如果两个操作数中有一个含有 x，则返回值是 x。

例如，A = 2 ，B = 5 ，D = 4′hx，则：

```
A < B                    //返回逻辑“1”
A > B                    //返回逻辑“0”
B <= D                   //返回值是 x
```

3.5.5 等式运算符

等式运算符（Equality Operators）包括：

==	等于
!=	不等于
===	全等
!==	不全等

等式运算符均为双目运算，运算的结果是1位的逻辑值。

应注意相等运算符（==）和全等运算符（===）的区别，对于相等运算符，当两个操作数逐位相等，返回逻辑 1 ；否则，返回逻辑 0 ；若任何一个操作数中某位是 x 或 z ，则返回 x 。而对于全等运算符，对操作数中的 x 和 z 也进行逐位比较，全一致时，返回逻辑 1 ；否则，返回逻辑 0。

例如，a = 5′b11x01，c = 5′b11x01，则

```
a == c       //得到的结果是 x
a === c      //得到的结果是 1
```

3.5.6 归约运算符

归约运算符（Reduction Operators）又称为“缩位运算符”或“缩减运算符”，是单目运算符。包括：

&	归约与
~&	归约与非
|	归约或
~|	归约或非
^	//归约异或
~^，^~	//归约异或非（归约同或）

归约运算符可以将一个向量缩减为一个标量。即其运算结果是 1 位的二进制逻辑值。归约运算的过程是：先将操作数的第 1 位与第 2 位进行归约运算，运算结果再与第 3 位进行归约运算，依此类推，直到最高位。例如，

```
reg [3:0] a;
⋮
b = &a;    // 等效于 b = (((a[0] & a[1]) & a[2]) & a[3])
⋮
```

再例如，A = 5'b11001，则

```
& A    //归约运算结果是 0，即只有各位均为 1，结果才为 1。
| A    //归约运算结果是 1，即只有各位均为 0，结果才为 0
^ A    //归约运算结果是 1，即操作数中有奇数个 1，结果为 1。
```

3.5.7 移位运算符

移位运算符（Shift Operators）包括：

>>	逻辑右移
<<	逻辑左移

移位运算符是双目运算符，功能是将运算符左边的操作数左移或右移，移动的位数由运算符右边的操作数指定，移出的空位补 0。即

A >> n 或 A << n

例如：A = 6'b110010，则

```
A >> 2    //得到的结果是 6'b001100
A << 2    //得到的结果是 6'b001000
```

3.5.8 条件运算符

条件运算符（Conditional Operators）为“?：”。

这是一个三目运算符，需要三个操作数。其应用方式为

signal = condition ? true - expression : false - expression;

即：信号 = 条件 ? 表达式 1 : 表达式 2 ;

当条件成立时，信号取表达式 1 的值，反之取表达式 2 的值。

条件运算符应用举例：

```
module add-subtract ( a , b , op , result ) ;
  parameter ADD = 1'b0 ;        //定义标志符常量
  input [ 3 : 0 ] a , b ;       //定义 a,b 为 4 位输入向量
  input op ;                    //定义 op 为 1 位输入变量
  output [ 3 : 0 ] result ;     //定义 result 为 4 位输出向量
    assign result = (op = = ADD ) ? a + b : a - b ;
endmodule
```

当输入控制信号 op 的状态与标志符常量 ADD 相同时，做 a 加 b 操作；否则，做 a 减 b 操作。

3.5.9 拼接运算符

拼接运算符（Concatenation Operators）是用大括号“{ }”将两个或多个信号的某些位拼接起来，构成拼接向量。

其用法如下：

{ 信号 1 的某几位，信号 2 的某几位，…信号 n 的某几位 }

例如，若 a = 1'b1 , b = 2'b00 , c = 6'b101001 , 则

```
{ a , b }               //产生一个 3 位数 3'b100
{ c [ 5: 3 ] , a }      //产生一个 4 位数 4'b1011
```

拼接运算符可以嵌套使用，进行常量或变量的复制以及简化书写。例如，{ 3 { a , b } } 等同于 { { a , b } , { a , b } , { a , b } }，也等同于 { a , b , a , b , a , b }。

在 Verilog HDL 程序中，常将相关的信号拼接在一起使用，便于阅读理解。

例如：描述加法运算时，将和的输出（sum）与进位输出（cout）拼接在一起赋值，简化了中间变量的使用。

```
module add ( ina , inb , cin , sum , cout ) ;
  output [ 3 : 0 ] sum ;
  output cout ;
  input [ 3 : 0 ] ina , inb ;
  input cin ;
    assign { cout , sum } = ina + inb + cin ;
endmodule
```

3.5.10 运算符的优先级

以上运算符的优先级顺序如表 3.2 所示。需要指出的是，不同的 EDA 开发工具，对运

算符优先级的规定略有不同，应养成用括号“()”控制优先级的习惯，以适应 EDA 平台，并增加程序的可读性。

表 3.2 运算符的优先级

运 算 符	优 先 级
! ~	高
* / %	↓
+ -	↓
<< >>	↓
< <= > >=	↓
== != === !==	↓
& ~&	↓
^ ^~	↓
| ~|	↓
&&	↓
||	低
?:	

3.6 Verilog HDL 模块的门级描述方式

从 Verilog HDL 的描述风格看，分为结构描述、数据流描述、行为描述以及混合描述。本节介绍逻辑电路的结构描述方式中的门级结构描述方式。

3.6.1 结构描述的概念

所谓 Verilog HDL 结构描述就是通过调用逻辑元件，描述它们之间的连接，建立逻辑电路的模型。可以狭义地理解为将“逻辑电路图”转化为 Verilog HDL 描述。这里的逻辑元件，包括 Verilog HDL 内置门级元件、内置开关级元件、自主开发的已有模块或商业 IP (Intellectual Property，知识产权）模块。结构描述的核心是逻辑元件的模型及其调用方法。

本书重点讨论基于 Verilog HDL 内置门级元件的建模方法，并在有关章节中结合设计实例介绍基于模块的建模技术。关于其他结构建模方法，请参考有关资料。

3.6.2 Verilog HDL 内置门级元件

Verilog HDL 提供了 14 个内置门级元件，列于表 3.3 中。

与传统的具有固定输入/输出数量的逻辑门器件不同，Verilog HDL 中的内置门级元件是一种动态模型，可以根据用户调用时的输入、输出列表动态生成相应的电路结构。

表 3.3 Verilog HDL 内置门元件

元件类别	关键字	门元件名称
多输入门	and	与门
	nand	与非门
	or	或门
	nor	或非门
	xor	异或门
	xnor	异或非门（同或门）
多输出门	buf	缓冲器
	not	非门
三态门	bufif1	高使能三态门
	bufif0	低使能三态门
	notif1	高使能三态非门
	notif0	低使能三态非门
电阻	pullup	上拉电阻
	pulldown	下拉电阻

Verilog HDL 多输入门，是一种具有多个输入，只有一个输出的动态元件，其元件模型为：

＜门级元件名＞（＜输出＞，＜输入 1＞，＜输入 2＞，…，＜输入 n＞）

Verilog HDL 多输出门，是一种只有一个输入，具有多个输出的动态元件，其元件模型为

＜门级元件名＞（＜输出 1＞，＜输出 2＞，…，＜输出 n＞，＜输入＞）

Verilog HDL 中四种三态门的元件模型为

＜元件名＞（＜数据输出＞，＜数据输入＞，＜控制输入＞）

三态门元件带有使能控制输入端，当使能有效时，按正常逻辑产生输出；当使能无效时，数据输出端为高阻状态。

对于高电平使能缓冲器“bufif1”，若控制输入为“1”，则输入数据被传送到数据输出端；若控制输入为“0”，则数据输出端处于高阻状态“z”。

对于低电平使能缓冲器“bufif0”，若控制输入为“0”，则输入数据被传送到数据输出端；若控制输入为“1”，则数据输出端处于高阻状态“z”。

对于高电平使能非门“notif1”，若控制输入为“1”，则数据输出端的逻辑状态是输入的“逻辑非”；若控制输入为“0”，则数据输出端处于高阻状态“z”。

对于低电平使能非门“notif0”，若控制输入为“0”，则数据输出端的逻辑状态是输入的“逻辑非”；若控制输入为“1”，则数据输出端处于高阻状态“z”。

3.6.3 Verilog HDL 内置基本门元件的调用

在 Verilog HDL 模块中通过“模块实例语句”调用内置门级元件。模块实例语句的语法格式如下：

＜门级元件名＞＜实例名＞（端口连接表）；

其中，“门级元件名”是被调用门级元件的关键字；“实例名”是该元件在本模块中的例化名；“端口连接表”是本模块中的信号与元件模型信号相对应的顺序连接表。

下面是多输入门调用示例：

```
and A1 (out1, in1, in2);    // 生成名为A1的二输入与门,out1连接到与门的输出
or F2 (a, b, c, d);    // 生成名为F2的三输入或门,a连接到或门的输出
xor X1 (out, p1, p2);    // 生成名为X1的二输入异或门,out连接到异或门的输出
```

下面是多输出门调用示例：

```
not N1 (out1,out2,in);   // 生成非门,输出连到out1和out2
buf B2 (y1,y2,y3,in);   // 生成缓冲器,输出连到y1、y2和y3
```

下面是三态门的调用示例：

bufif1 F1 (out , in , en) ; //生成三态缓冲器,高有效使能连到en,输出连到out

notif0 f2 (s1 , din , ctrl) ; //低有效三态非门,使能连到ctrl,输出连到s1

当对同一个基本门级元件进行多次调用时，可采用下面的元件实例语句格式：

＜门级元件名＞＜实例名1＞(端口连接表1)，
＜实例名2＞(端口连接表2)，
⋮
＜实例名n＞(端口连接表n)；

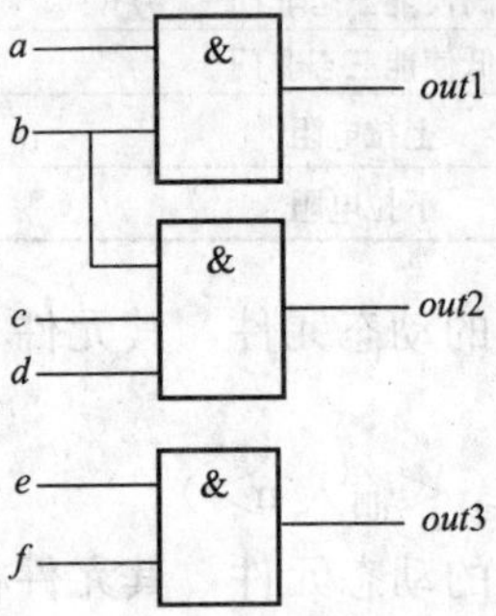

图3.5　例3.3对应的电路结构

【例3.3】 基本门元件多次调用。

```
module ddd ( … ) ;
   ⋮
and A1 ( out1, a, b ),
    A2 (out2, b, c, d ),
    A3 (out3, e, f ) ;
endmodule
```

其描述的电路结构如图3.5所示。

3.6.4　Verilog HDL门级描述模型

门级描述就是利用Verilog HDL内置的基本门级元件以及它们之间的连接来构筑逻辑电路的模型。图3.6是Verilog HDL门级描述的设计模型。

【例3.4】 对图3.7全加器电路进行Verilog HDL门级建模。

```
// 图3.7逻辑电路的门级建模
module full_adder (cout, sout, a, b, cin) ;
    output cout, sout ;
    input a, b, cin ;
```

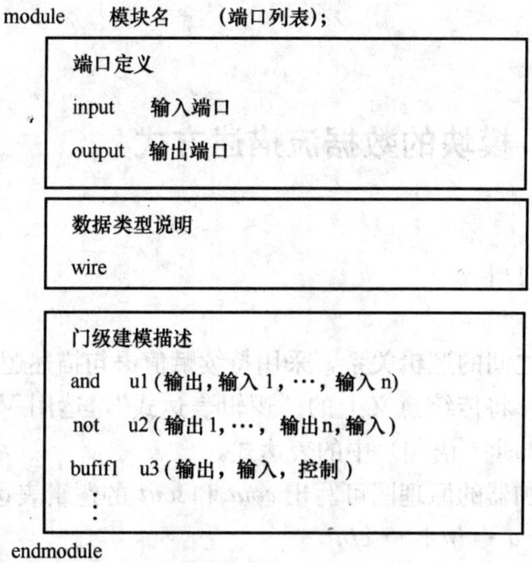

图 3.6 门级描述设计模型

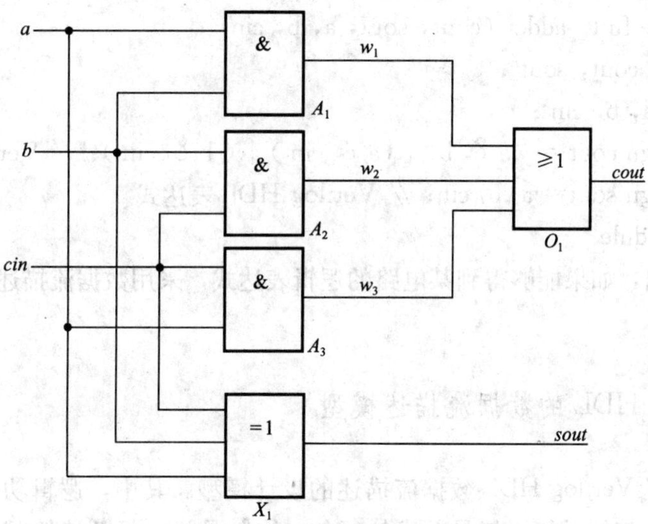

图 3.7 全加器电路原理图

```
    wire w1, w2, w3;    // 定义内部节点(连线)
    // 元件实例语句,注意连接表的构成
    and A1 ( w1, a, b ),
         A2 ( w2, b, cin ),
         A3 ( w3, a, cin ) ;
    or O1 ( cout, w1, w2, w3 ) ;
    xor X1 ( sout, a, b, cin ) ;
endmodule
```

由例 3.4 可看出，门级建模描述的是电路结构，可将一些成熟的组合逻辑电路由原理图形式转换为 Verilog HDL 描述。但通过阅读一个门级建模程序，很难分析其所描述的功能。

3.7 Verilog HDL 模块的数据流描述方式

3.7.1 数据流描述的概念

根据信号（变量）之间的逻辑关系，采用持续赋值语句描述逻辑电路的方式，称为数据流描述。可狭义理解为：将传统意义上的"逻辑表达式"，运用 Verilog HDL 中的运算符，改变成持续赋值语句（assign 语句）中的表达式。

例如，由图 3.7 全加器的原理图可写出 *cout* 和 *sout* 的逻辑表达式：

$cout = a \cdot b + a \cdot cin + b \cdot cin$

$sout = a \oplus b \oplus cin$

```
//Verilog HDL 数据流描述
module full _ adder (cout, sout, a, b, cin) ;
output cout, sout ;
input a, b, cin ;
  assign cout = (a & b) | (a & cin ) | ( b & cin ); // Verilog HDL 表达式
  assign sout= a∧b∧cin; // Verilog HDL 表达式
endmodule
```

由此可以看出，如果能够得到某电路的逻辑表达式，采用数据流描述方式建模是比较方便的。

3.7.2 Verilog HDL 的数据流描述模型

图 3.8 给出了 Verilog HDL 数据流描述的设计模型。其中，逻辑功能定义采用持续赋值语句（assign）。持续赋值语句是并发执行的，也就是说，每条持续赋值语句对应着独立的逻辑电路，它们的执行顺序与其在描述中的顺序是无关的。

持续赋值语句的语法格式如下：

assign 连线型变量名 = 赋值表达式；

其中，assign 是关键字；连线型变量名一般用 wire 定义；赋值表达式应为 Verilog HDL 的合法表达式。

由于 wire 型变量没有数据保持能力，只有被连续驱动后，才能取得确定值。（而寄存器型变量只要在某时刻得到过一次过程赋值，就能一直保持该值，直到下一次过程赋值。）若一个连线型变量没有得到任何连续驱动，它的取值将是不定态"x"。assign 持续赋值语句就是实现对连线型变量进行连续驱动的一种方法。

进一步讲，assign 持续赋值语句对 wire 型变量赋值后，始终监视赋值表达式中的每一个操作数，只要赋值表达式中任一操作数发生变化，立即对 wire 型变量进行更新操作，以保持对 wire 型变量的连续驱动。从而体现了组合逻辑电路的特征——任何输入的变化，立即影响输出。所以，可根据组合电路的逻辑表达式，用 assign 持续赋值语句进行描述。

实际应用中，持续赋值语句的赋值目标可以是如下几种：

(1) 变量（标量）

```
wire a , b;
assign a = b;
```

(2) 向量

```
wire [7:0] a , b;
assign a = b;
```

(3) 向量中某1位

```
wire [7:0] a , b;
assign a[3] = b[3];
```

(4) 向量中某几位

```
wire [7:0] a , b;
assign a[3:2] = b[3:2];
```

(5) 拼接向量

```
wire a , b;
wire [2:1]c;
assign {a , b} = c;
```

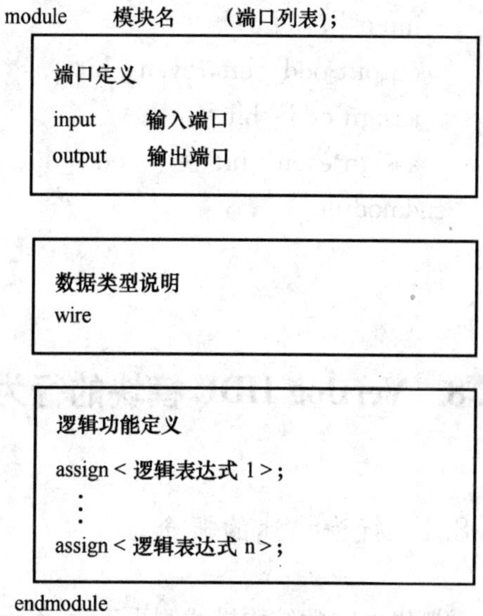

图 3.8 数据流描述设计模型

3.7.3 Verilog HDL 的数据流描述设计举例

【例 3.5】 用 Verilog HDL 数据流描述方式描述下列表达式的逻辑功能。

$$F=AB+\overline{CD}$$

```
module ff_1 (A, B, C, D, F) ;
input A, B, C, D ;
output F ;
wire w1, w2;  // 运用代入规则分解表达式的中间信号(变量)
  assign w1 = A&B ;
  assign w2 = ~ (C&D) ;
  assign F = w1 | w2 ;
endmodule
```

【例 3.6】 用 Verilog HDL 数据流描述方式设计一个 8 位乘法器。

```
module cheng_8 (a, b, res ) ;
  parameter size = 8;  // 定义标志符常量,便于修改
  input [size : 1] a, b;  // 定义乘数位宽
  output [2 * size : 1] res;  // 定义乘积位宽
    assign res = a * b;  // 用算术运算符描述
```

```
endmodule
```

【例 3.7】 用 Verilog HDL 数据流描述方式设计一个 8 位数据奇偶校验器。

```
module parity (d, odd_bit, even_bit);
  input [7:0] d;                    // 定义8位输入
  output odd_bit, even_bit;         // 定义奇、偶输出标志
  assign odd_bit = ^d;              // 归约运算,输出奇标志
  assign even_bit = ~ odd_bit;      // 输出偶标志
endmodule
```

3.8 Verilog HDL 模块的行为描述方式

3.8.1 行为描述的概念

逻辑电路的结构描述侧重于表示一个电路由哪些基本元件组成，以及这些基本元件的相互连接关系；逻辑电路的数据流描述侧重于逻辑表达式以及 Verilog HDL 中运算符的灵活运用；而逻辑电路的行为描述关注逻辑电路输入、输出的因果关系（行为特性），即在何种输入条件下，产生何种输出（操作），并不关心电路的内部结构。EDA 的综合工具能自动将行为描述转换成电路结构，形成网表文件。显然，当电路的规模较大或时序关系较复杂时，通常采用行为描述方式进行设计。

支持电路的行为描述，是硬件描述语言的最大优势。这使基于 EDA 的现代数字系统设计方法发生了革命性变化。设计人员可以摆脱传统的逻辑器件的限制，设计出各式各样的、具有特色和个性的功能模块（自己的器件），进而构成系统。

3.8.2 Verilog HDL 的行为描述模型

图 3.9 是可综合 Verilog HDL 模块行为描述的基本设计模型。

由设计模型可以看出，所谓行为描述，就是在 always 过程块中采用各种行为语句描述逻辑功能。特别应当注意：在 always 过程块中被赋值的所有信号（变量），都必须在数据类型说明时定义为寄存器型（通常为 reg 型或 integer 型）。

1. always 过程块

always 过程块的应用模板为

```
always @ ( <敏感信号表达式> )
begin
    // 过程赋值语句
    // if…else, case, casex, casez 选择语句
```

// for 循环语句

end

一般情况下，always 进程带有触发条件，这些触发条件列在敏感信号表达式中，只有当触发条件满足时，begin…end 块语句才被执行。

```
module  模块名  （端口列表）;
  ┌──────────────────────────────┐
  │ 端口定义                      │
  │ input    输入端口             │
  │ output   输出端口             │
  └──────────────────────────────┘
  ┌──────────────────────────────┐
  │ 数据类型说明                  │
  │ reg                          │
  │ parameter                    │
  └──────────────────────────────┘
  ┌──────────────────────────────┐
  │ 逻辑功能定义                  │
  │ always @(敏感事件列表)        │
  │ begin                        │
  │ 阻塞、非阻塞、if…else、case、for 等行为语句 │
  │ end                          │
  └──────────────────────────────┘
endmodule
```

图 3.9　行为描述设计模型

在一个 Verilog HDL 模块中可以有多个 always 进程，它们是并发执行的。always 过程块的功能是：监视敏感信号表达式，当该表达式中任意一个信号（变量）的值改变时，就会执行一遍块内语句。因此，应将所有影响块内取值的信号（变量）列入。当有多个敏感信号时，用“or”连接。敏感信号表达式又称敏感事件列表。例如，

@ (a)　　　　　　　　// 当信号 a 的值发生改变时

@ (a or b)　　　　　　// 当信号 a 或信号 b 的值发生改变时

这里 a 和 b 称为电平敏感型信号，代表的触发事件是，信号除了保持稳定状态以外的任意一种变化过程。这种电平敏感型信号列表常用在组合逻辑的描述中，以体现输入随时影响输出的组合逻辑特性。再例如，

@ (posedge clock)　　// 当 clock 的上升沿到来时

@ (negedge clock)　// 当 clock 的下降沿到来时

@ (posedge clock or negedge reset)

　　　　// 当 clock 的上升沿到来或当 reset 的下降沿到来时

这里的 clock 和 reset 信号称为边沿敏感型信号，posedge 描述对信号的上升沿敏感；negedge 描述对信号的下降沿敏感。显然，这种边沿敏感型信号列表适合描述同步时序电路，以体现同步时序电路的特点——在统一时钟作用下改变电路的状态。posedge 代表的触发事件是，信号发生了正跳变。即 0→x，0→z，0→1，x→1，z→1。negedge 代表的触发

事件是，信号发生了负跳变。即 1→x，1→z，1→0，x→0，z→0。在每一个 always 过程块中，最好只使用一种类型的敏感信号列表，不要混合使用，以避免使用不同的综合工具时发生错误。

2. begin…end 串行块

由关键字 begin…end 界定的一组语句称为串行块。当 Verilog HDL 的行为描述中，有一条以上行为语句时，必须采用 begin…end 串行块结构。串行块结构为

```
begin
  行为语句 1
  行为语句 2
  ⋮
end
```

串行块有如下特点：

(1) 一般情况下，块内语句是顺序执行的，前面一条语句执行完毕后，才开始执行下一条语句。

(2) 模块运行时，遇到串行块，块内第一条语句即开始执行，最后一条执行完毕，串行块结束。

(3) 整个串行块执行时间等于块内各条语句执行时间的总和。

例如：

```
begin
  regb=rega;        //语句 1
  regc=regb;        //语句 2
end
```

由于 begin…end 中的语句顺序执行，先执行语句 1，再执行语句 2。当串行块结束时，regb 和 regc 都被更新为 rega 的值。

3. 用 always 过程块描述组合逻辑功能

采用 always 过程块既可以描述组合逻辑，也可以描述时序逻辑，但其描述规则有着本质的区别。

组合逻辑电路的特点是输入信号的变化随时影响输出，或者说输出随时跟随输入。always过程块监视着敏感事件列表中的每一个事件，只要有一个事件发生，立即对输出进行更新。因此，用 always 过程块描述组合逻辑时应遵循以下规则：

(1) 敏感事件表达式中不应包含 posedge 和 negedge 关键词，因为组合电路的输出是由输入电平决定的。

(2) 组合逻辑的所有输入信号（变量）都要列入敏感事件列表，因为组合电路的输入输出关系在每个时刻都是严格成立的。

(3) always 过程块中被赋值的所有信号都必须在数据类型说明时定义成 reg 型。

(4) 在 always 过程块中一律采用阻塞赋值语句对变量赋值。

例如：

```
⋮
reg f;                    //被赋值信号定义为 reg 型
```

```
always @( a or b)            //所有影响输出的输入信号都要列入
  f =~(a & b);               // 用阻塞赋值语句更新 f
⋮
```

4. 用 always 过程块描述时序逻辑功能

时序逻辑的特点是电路的输出不仅和当前输入有关，还与电路上一次的状态有关，电路状态的改变是在时钟信号的作用下完成的。always 过程块监视同步信号的有效沿，只有当同步信号的有效沿到来时，才执行一遍块内语句。因此，用 always 过程块描述时序逻辑时应遵循以下规则：

(1) 在敏感表达式中用 posedge 或 negedge 关键词描述同步信号的有效沿。

(2) 不要求所有输入信号都列入敏感事件列表，因为，同步时序逻辑电路中，状态的改变只发生在某个或某几个同步信号的有效沿，其他情况下，状态保持不变。

(3) always 过程块中被赋值的所有信号都必须在数据类型说明时定义成 reg 型。

(4) 在 always 过程块中一律采用非阻塞赋值语句对变量赋值。

例如：

```
⋮
reg out;                     //被赋值信号定义为 reg 型
  always @(posedge clk)      //监视 clk 上升沿,信号 a 不需列入
    out <=a+1;               //clk 上升沿到来时进行的操作,用非阻塞赋值
⋮
```

在 Verilog HDL 的行为描述中，敏感事件发生后，电路行为的改变是由各种行为语句完成的。在可综合模块中常用的行为语句有：过程赋值语句、if…else 条件语句、case 分支控制语句和 for 循环语句。下面分别予以介绍。

3.8.3 Verilog HDL 行为语句——过程赋值语句

Verilog HDL 的过程赋值语句必须放在 always 过程块中，用来对寄存器型变量赋值，分为阻塞（blocking）型赋值语句和非阻塞（non _ blocking）型赋值语句，其基本格式为

<被赋值变量><赋值操作符><赋值表达式>

其中，被赋值变量通常是 reg 型 或 integer 型变量，可以是变量的某 1 位或某几位，也可以是用拼接符拼接起来的寄存器向量。若赋值操作符采用“=”，则称为阻塞赋值；若赋值操作符采用“<=”，则称为非阻塞赋值。赋值表达式指符合 Verilog HDL 规范的任意表达式。

例如：

```
⋮
  reg a;
  reg [3:1]c;
  reg [6:0]b;
  integer i;
    always @(敏感事件列表)
```

```
    begin
      a=0;                          //reg 型标量
      c = 3'O7;                     //reg 型向量
      i =356;                       //integer 型
      b[2]=1'b1;                    //向量的某 1 位
      b[3 : 0]=4'b1111;             //向量的某几位
      {a, b} = 8'b1011_0110;        //拼接向量
    end
  ⋮
```

1. 阻塞赋值语句

阻塞赋值在该语句结束时立即完成对被赋值变量的赋值操作。阻塞赋值语句的语法格式为

＜被赋值变量＞＝＜赋值表达式＞

begin…end 串行块内各条阻塞型过程赋值语句按顺序依次执行。下一条语句的执行被阻塞，等本条语句的赋值操作完成后，才开始执行。阻塞型过程赋值语句的执行过程可以理解为：计算“赋值表达式”的值后，立即赋值给“=”左边的“被赋值变量”。

【例 3.8】 阻塞赋值示例。

```
module block ( c, b, a, clk);
  output c, b;
  input clk, a;
  reg b, c;
    always @(posedge clk)
      begin
        b=a;            //阻塞赋值语句 1
        c=b;            //阻塞赋值语句 2
      end
endmodule
```

在例 3.8 中，每当 clk 的上升沿到来时，就执行一遍 begin…end 中的操作。两条阻塞赋值语句被顺序执行，语句 1 执行时，语句 2 被阻塞；a 值赋值给 b 后，语句 2 才开始执行。begin…end 结束时，c 和 b 的取值相同，都被更新为 a 的值，因为 b 的值是立即更新的。该模块被 EDA 综合后生成的电路模型如图 3.10 所示。

注意：分析例 3.8 的敏感事件列表，该模块描述时序逻辑，按照规则应使用非阻塞赋值，这里只是为了说明阻塞赋值而已。

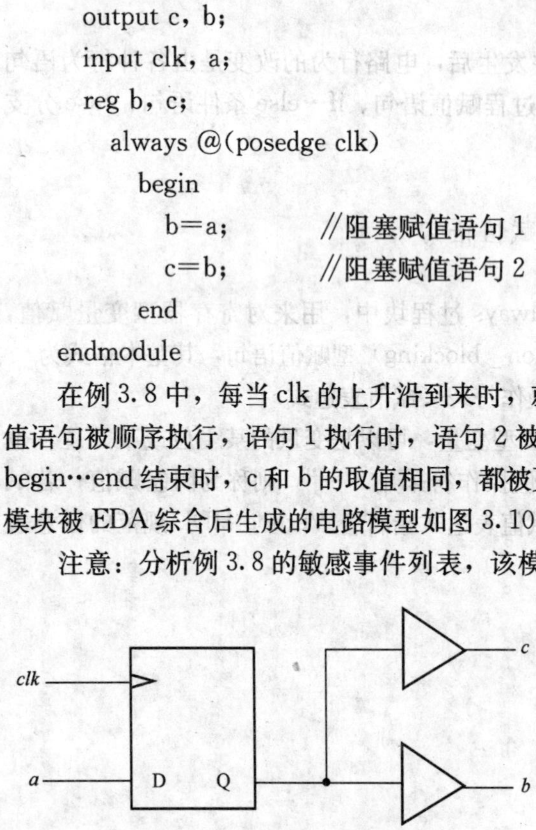

图 3.10 例 3.8 的综合电路模型

2. 非阻塞赋值语句

非阻塞赋值语句是在过程块结束时才对被赋值变量赋值。非阻塞赋值语句的语法格式为

＜被赋值变量＞ ＜= ＜赋值表达式＞

当 begin…end 中有多条非阻塞赋值语

句时，本条非阻塞语句执行时（计算右侧表达式），允许下一条语句执行。也就是说，在begin…end串行块中，各条非阻塞过程赋值语句对应的“赋值表达式”同时开始计算。在过程块结束时，才将计算的结果赋值给各个“被赋值变量”。可以理解为先同时采样，最后一起赋值。

【例 3.9】 非阻塞赋值示例。

```
module block(c, b, a, clk);
  output c, b;
  input clk, a;
  reg b, c;
    always @(posedge clk)
      begin
        b<=a;          //非阻塞赋值语句 1
        c<=b;          //非阻塞赋值语句 2
      end
endmodule
```

在例 3.9 中，每当 clk 的上升沿到来时，就执行一遍 begin…end 中的操作。两条非阻塞赋值语句同时执行，语句 1 计算 a 值时，语句 2 也开始执行，此时刻的 b 值也得到计算。begin…end结束时，计算的结果一起分别赋值给 b 和 c，b 被更新为 a 的值，而 c 仍为上一时钟周期的 b 值。换言之，在每个 clk 的上升沿，对 a 和 b 采样，然后赋值给 b 和 c。由此不难理解，在 begin…end 中，若将语句 1 和语句 2 互换位置，其电路行为是一样的。该模块被 EDA 综合后生成的电路模型如图 3.11 所示。

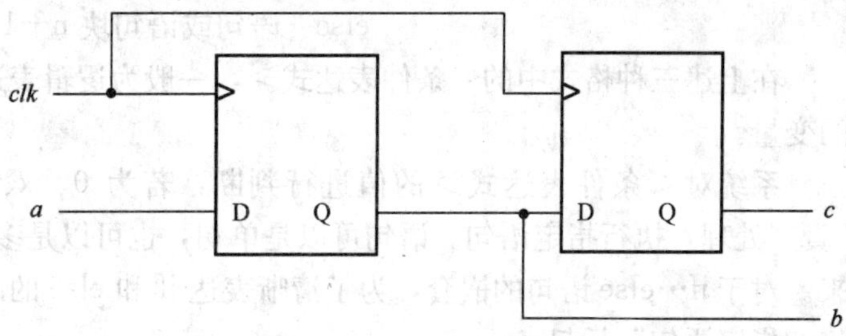

图 3.11 例 3.9 的综合电路模型

3. 阻塞赋值与非阻塞赋值的比较

阻塞赋值方式与非阻塞赋值方式是学习 Verilog HDL 的难点之一，问题是不易把握 always 过程块中寄存器型变量的赋值时刻，不认真体会，掌握不好二者的区别，往往在设计中遇到麻烦。比较例 3.8 和例 3.9，可以看出，采用不同的赋值方式综合出来的电路是不一样的。

若在例 3.8 中将阻塞赋值语句 1 和阻塞赋值语句 2 互换位置，也可以得到例 3.9 的效果。这说明在描述时序逻辑时，若采用阻塞赋值，必须精心安排阻塞赋值语句的顺序，而采用非阻塞赋值，就没有这个麻烦。因此，在描述时序逻辑时，应当采用非阻塞赋值。

在 Verilog HDL 的行为描述中，遵循下列原则，有助于电路的设计与实现：

（1）描述组合逻辑时，采用阻塞赋值方式。

（2）描述时序逻辑时，采用非阻塞赋值方式。

（3）尽量避免被赋值变量重新作为右侧表达式的输入。

(4) 在一个 always 过程块中，当既有组合描述又有时序描述时，应采用非阻塞赋值方式。

3.8.4 Verilog HDL 行为语句——if …else 条件语句

Verilog HDL 的 if…else 条件语句有三种语法格式：

格式 1

if (<条件表达式>) 语句或语句块；

格式 2

if (<条件表达式>) 语句或语句块 1；
else 语句或语句块 2；

格式 3

if (<条件表达式 1>) 语句或语句块 1；
else if (<条件表达式 2>) 语句或语句块 2；
⋮
else if (<条件表达式 n>) 语句或语句块 n；
else 语句或语句块 n+1；

在上述三种格式中的<条件表达式>，一般为逻辑表达式或关系表达式，也可以是 1 位的变量。

系统对<条件表达式>的值进行判断，若为 0、x、z，按“假”处理；若为 1，按“真”处理，执行指定语句。语句可以是单句，也可以是多句，多句时应用 begin…end 括起来。对于 if…else 语句的嵌套，为了清晰表达 if 和 else 的匹配关系，建议最好用 begin…end 将“指定语句”括起来。

【例 3.10】 if…else 条件语句应用举例。

```
module sel_from_three (q, sela, selb, a, b, c);
  input sela, selb, a, b, c;
  output q;
  reg q;
   always @ (sela or selb or a or b or c)
     begin
       if (sela) q=a;            //当 sela 为 1,q=a,与 selb 无关
         else if (selb) q=b;     //当 sela 为 0,selb 为 1,q=b
             else q=c;           //当 sela 为 0,selb 为 0,q=c
     end
endmodule
```

例 3.10 描述了一个三选一组合逻辑电路，注意 if…else 隐含的优先级关系。排在前面的分支项指定的操作具有较高优先级。例如，sela 与 selb 为 11 时，执行 q=a，而不是q=b。

3.8.5 Verilog HDL 行为语句—— case 分支控制语句

相对 if…else 语句只有两个分支而言，case 语句是一种多分支控制语句。所以，case 语句在 Verilog HDL 的行为描述中有着更广泛的应用，常用来描述译码器、多路数据选择器、微处理器的指令译码和有限状态机。case 分支控制语句有三种形式：case 语句 、casex 语句和 casez 语句。

1. case 语句

case 语句是一种全等比较分支控制语句，其语法格式如下：

```
case (＜控制表达式＞)
    ＜分支项表达式 1＞： 语句块 1；
    ＜分支项表达式 2＞： 语句块 2；
          ⋮
    ＜分支项表达式 n＞： 语句块 n；
    default：            语句块 n＋1；
endcase
```

其中，控制表达式为对程序流向进行控制的信号（变量）列表，可以是标量、向量或拼接向量；分支项表达式为控制信号（变量）的具体状态组合取值，可以是常数或标志符常量；语句块 1 到语句块 n 是受控的分支操作，可以是单句，也可以是多句，多句时应使用 begin…end 括起来。default 是未列入分支控制的状态组合的统称，即表示其余状态；语句块 n＋1 是未列入分支控制的状态组合下应进行的操作。

case 语句在执行时，控制表达式和分支项表达式之间进行的是按位全等比较，只有对应的每一位都相等，才认为控制表达式和分支项表达式是相等的。显然，这种比较包含了信号的 0、1、x、z 四种状态。

另外，根据按位全等比较的特点，要求 case 语句中的控制表达式和分支项表达式必须具有相同的位宽。当各个分支项表达式以常数形式给出时，必须明确标明位宽，否则编译器默认为与机器字长相同的位宽（例如 32 位）。

【例 3.11】 用 case 语句描述微处理器操作码对应的运算操作。

```
module decode_of_opcode(a , b , opcode , out);
  input [7:0]a, b;          //操作数输入
  input [2:1] opcode;       //2 位的操作码输入
  output [7:0]out;          //运算结果输出
  reg [7:0]out;
    always @ (a or b or opcode)    //组合描述
    begin
      case(opcode)          // 用 case 描述 opcode 各种组合下的操作
        2'b10:out=a+b;      //opcode 为 10 时,加法
        2'b11:out=a-b;      //opcode 为 11 时,减法
        2'b01:out=(~a)+1;     //opcode 为 01 时,求 a 的补码
```

```
        2'b00:out=(~b)+1;    //opcode 为 00 时,求 b 的补码
      endcase
    end
endmodule
```

2. casex 语句和 casez 语句

case 语句的控制表达式和分支项表达式之间进行的是按位全等比较，要求对应的每一位都相等。casex 和 casez 是 case 语句的两种变形，在 casez 语句中，如果分支项表达式中某些位的值为高阻 z，则忽略对这些位的比较，只关心其他位的比较结果。而在 casex 语句中，将这种处理方式进一步扩展到对 x 的处理，即忽略分支项表达式中值为 x 或 z 那些位的比较。

【例 3.12】 用 casex 语句描述例 3.11。

```
module decode_casex(a, b, opcode, out);
  input [7:0] a, b;
  input [4:1] opcode;
  output [7:0] out;
  reg [7:0] out;
    always @ (a or b or opcode)
      begin
        casex ( opcode )              // 用 casex 描述
          4'b1zzx : out=a+b;         // 忽略低 3 位
          4'b01xx : out=a-b;         // 忽略低 2 位
          4'b001? : out=(~a)+1;      // ? 是 z 的另一种表示
          4'b0001 : out=(~b)+1;
        endcase
      end
endmodule
```

3. if…else 语句和 case 语句应用要点

使用 if…else 条件分支语句和 case 分支控制语句时，应注意列出所有条件分支，否则，EDA 的编译器认为条件不满足时，会引入触发器保持原值。这一点可用于时序电路的设计，例如，在计数器的设计中，条件满足加 1，否则计数值保持不变；但在组合电路设计时，应避免这种隐含触发器的存在。当不能列出所有条件分支时，可在 if 语句的最后加上 else 分支，在 case 语句的最后加上 default 语句。

【例 3.13】 组合逻辑隐含触发器举例。

```
module buried_ff ( c, b, a ) ;
  input a, b ;
  output c ;
  reg c ;
    always @ ( a or b )
      begin
        if ( (a= =1) && ( b= =1 ) ) c = 1 ;
```

```
end
endmodule
```

该设计的原意是描述一个二输入与门，但因 if 语句中没有 else 处理，EDA 的编译器认为存在“$c=c$”，即保持不变。该例的综合模型如图 3.12 所示。

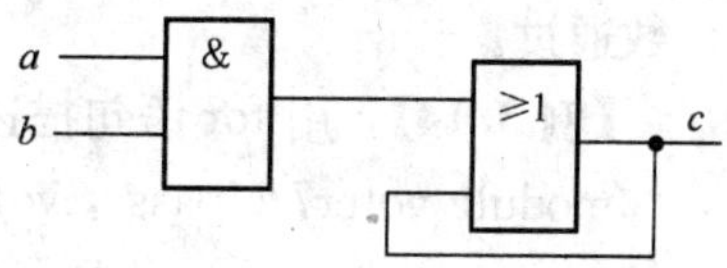

图 3.12　隐含触发器

分析例 3.13 和图 3.12，可知，当 $a=1$ 且 $b=1$，使 $c=1$ 后，不管 a、b 如何变化，输出 c 一直为 1，保持不变。显然无法实现与门功能。为改正此错误，加上“else c=0;”即可。修改后的 always 过程块为

```
always @ ( a or b )
  begin
    if ( (a= =1) && ( b= =1 ) ) c = 1 ;
    else c = 0 ; // 避免触发隐含触发器
  end
```

同理，在使用 case 描述组合逻辑时，若不能列出所有分支项，必须使用 default 进行处理。

3.8.6　Verilog HDL 行为语句—— for 循环语句

在 Verilog HDL 中有多种循环语句，可综合模块的行为描述中，常使用 for 循环语句。其语法格式如下：

```
for (< 语句 1 > ;< 条件表达式 > ; < 语句 2 >)
    循环体中的语句或语句块;
```

其中，语句 1 对循环变量进行赋初值操作；语句 2 是循环变量的增值操作；条件表达式描述进行循环的条件，常为逻辑表达式。执行循环体语句之前，都要对其是否成立进行判断，若成立，执行循环体中的语句；否则，退出循环。for 循环语句的执行过程如图 3.13 所示。

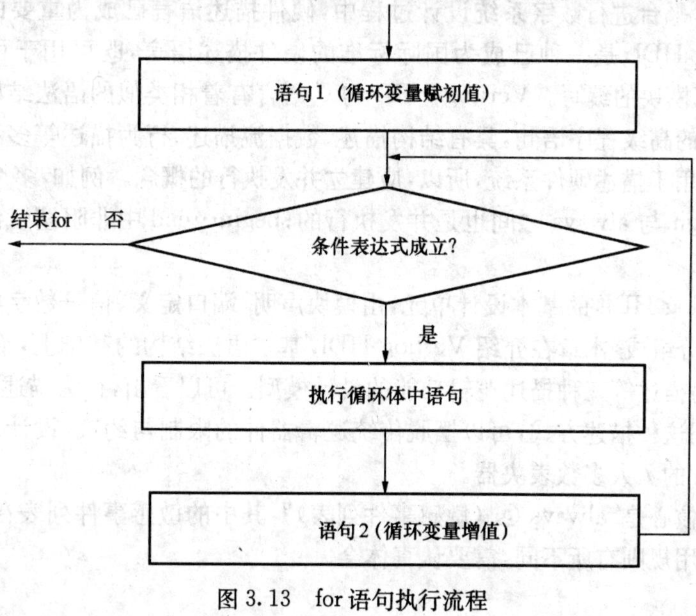

图 3.13　for 语句执行流程

下面通过“七人多数表决器”的例子，说明 for 循环语句的使用。记录七人表决情况的 vote 作为表决器的输入，用 for 循环语句统计赞成人数(1 表示赞成)，pass 输出标志为 1 表示多数通过。

【例 3.14】 用 for 语句描述七人多数表决器。

```
module voter7 ( pass , vote ) ;
  output pass ;    //表决结果输出
  input [6:0] vote ;    //七人表决记录
  reg [2:0] sum ;   //统计变量
  integer i ;   //定义循环变量
  reg pass ;
  always @ ( vote )    // 组合描述
    begin
      sum=0 ;    // 统计变量复位
      for (i=0 ; i<=6 ; i=i+1)    //for 语句
        if ( vote [ i ] ) sum=sum+1;    //循环体，统计赞成人数
      if ( sum [ 2 ] ) pass=1;    //判断结果，多数通过 pass 为 1
      else pass=0;    //未通过，pass 为 0
    end
endmodule
```

本 章 小 结

在基于 EDA 平台进行数字系统设计过程中，硬件描述语言已成为重要的建模工具。本章介绍的 Verilog HDL 是一种已成为国际标准的硬件描述语言，既可用于可综合模块的设计，也可用于仿真模块的编写。Verilog HDL 与 C 语言有着相类似的语法结构，容易掌握，并借鉴了 C 语言中的高级程序语句，具有结构描述、数据流描述、行为描述等多种描述方式。由于 Verilog HDL 用于描述硬件系统，所以，应建立并发执行的概念。例如，多个 always 之间是并发执行的；assign 与 always 之间也是并发执行的；begin…end 中非阻塞赋值语句还是并发执行的等。

模块是 Verilog HDL 的基本设计单元，由模块声明、端口定义、信号数字类型定义以及逻辑功能描述四部分组成，本章在介绍 Verilog HDL 基本语法结构的基础上，给出了结构描述、数据流描述、行为描述等三种描述逻辑功能的设计模型。可以看出，行为描述是 Verilog HDL 的重要贡献，运用这种描述方式，可以摆脱传统逻辑器件的限制与约束，设计“自己的”逻辑芯片，例如，例 3.14 的 7 人多数表决器。

行为描述的核心是“always @ (敏感事件列表)”，其中的敏感事件列表在描述组合逻辑、时序逻辑时的应用规则有所不同，需要认真体会。

思　考　题

1. 什么是硬件描述语言？
2. 采用硬件描述语言设计数字电路的优势是什么？
3. 如何理解“硬件描述语言支持以模块集合的形式描述数字系统”？
4. 如何理解“模块是 Verilog HDL 的基本设计单元”？
5. 可综合 Verilog HDL 模块的结构是什么？
6. 可综合 Verilog HDL 模块的三种基本描述方式各有什么特点？
7. Verilog HDL 中的逻辑运算符和位运算符各具什么特点？
8. Verilog HDL 的关键字与标志符的区别是什么？
9. 持续赋值语句(assign)的语法格式和特点是什么？
10. 为什么说 Verilog HDL 内置门级元件是一种动态模型？
11. 采用 always 过程块描述组合逻辑的基本规则是什么？
12. 采用 always 过程块描述时序逻辑的基本规则是什么？
13. 阻塞赋值与非阻塞赋值的特点是什么？
14. 组合逻辑的行为描述中如何避免隐含触发器？

习　题

3.1　可综合 Verilog HDL 模块由几部分组成？

3.2　可综合 Verilog HDL 模块中，有哪些进行逻辑功能定义的方法？

3.3　下列哪些是合法的标志符？哪些是错误的？

and，Key，8sum，_ data，module，$end

3.4　下列数字的表示是否正确？

6′d18，b0101，10′b2，′Hzf，5′B0x101

3.5　reg 型变量和 wire 型变量的本质区别是什么？

3.6　针对 Verilog HDL 运算符，各举一例。

3.7　简述 always 过程块的特点。

3.8　举例说明用 case 语句描述组合电路时如何避免隐含触发器。

3.9　指出下列 Verilog HDL 描述中的错误，并改为正确的描述。

```
module (a, b, c, f)
    input a,b,c;
    output f;
    wire w1;
```

```
      always @ (a or b)
         w1 <= a b
            f <= w1| (~bc)
endmodule
```

3.10　简述阻塞型过程赋值语句和非阻塞型过程赋值语句的特点。

3.11　下列端口说明和数据类型说明是否正确？错误的请改正。

```
input q [3:0];
OUTPUT [3:1]a,[4:0]b;
wire a, b[4:2];
reg a[5:0], x;
integer [6:1]x;
```

3.12　对下列代码转换电路进行 Verilog HDL 行为描述。

（1）该电路的输入是 8421 码，输出为余 3 码。

（2）该电路的输入是 4 位二进制码，输出为 4 位循环码。

（3）该电路的输入是 8421 码，输出为 2421 码。

3.13　将例 3.7 改为行为描述。

3.14　编写完整的可综合逻辑模块，分别用门级结构描述、数据流描述和行为描述，描述图习 3.1 所示电路。

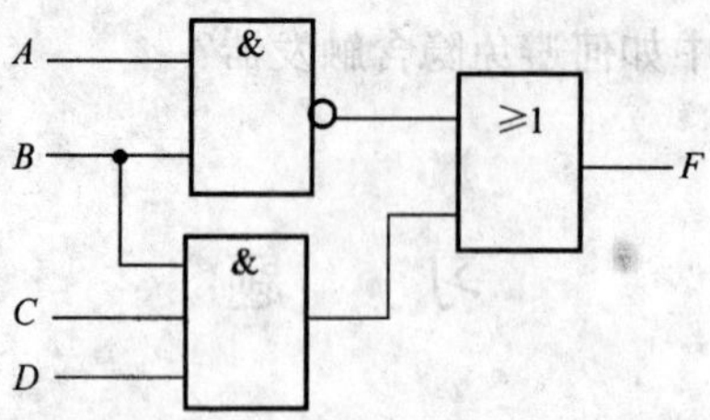

图习 3.1

第 4 章　组合电路的逻辑分析与设计

【本章内容】 本章在讨论组合电路的特点及相关问题的基础上，重点介绍基于逻辑门、组合逻辑器件、硬件描述语言——Verilog HDL 的组合电路的基本分析方法和设计方法，最后，简单讨论组合电路中的竞争与冒险问题。

4.1　概述

数字系统中的逻辑电路按其逻辑特性、结构可分为组合电路和时序电路两大类型。本章研究组合电路。

组合电路指电路在任何时刻产生的稳态输出仅仅取决于该时刻的输入，而与电路原来的状态无关。从电路结构上看，组合电路只有从输入到输出的通路，而没有输出反馈到输入的回路，并且电路由逻辑门(或组合逻辑器件)构成，不含任何记忆元件。

图 4.1 是组合电路的基本模型。

在图 4.1 中，x_1，x_2，…，x_n 是电路的输入信号(变量)，F_1，F_2，…，F_m 是电路的输出信号(变量)，输出变量和输入变量之间的逻辑关系一般表示为

$$F_i = f_i(x_1, x_2, \cdots, x_n) \qquad (i = 1, 2, \cdots, m)$$

或写成向量形式

$$\boldsymbol{F}(t_k) = f[x(t_k)] \qquad (4.1)$$

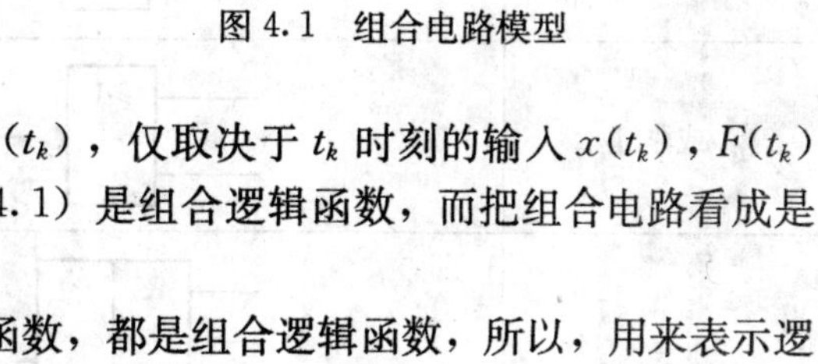

图 4.1　组合电路模型

式 (4.1) 表示，t_k 时刻电路的稳定输出 $F(t_k)$，仅取决于 t_k 时刻的输入 $x(t_k)$，$F(t_k)$ 与 $x(t_k)$ 的函数关系用 $f[x(t_k)]$ 表示。即式 (4.1) 是组合逻辑函数，而把组合电路看成是这种函数的电路实现。

在第 2 章“逻辑代数基础”中介绍的逻辑函数，都是组合逻辑函数，所以，用来表示逻辑函数的几种方式——真值表、卡诺图、逻辑表达式、时序图以及硬件描述语言，也都可以用来表示组合电路的逻辑功能。

按照电路的逻辑功能特点，典型组合电路包括：加法器、比较器、编码器、译码器、数据选择器、数据分配器、奇偶校验器……实际上，实现各种逻辑功能的组合电路，五花八门，不胜枚举。重要的是，通过对典型组合电路的分析与设计，弄清基本概念，掌握基本

方法。

4.1.1 逻辑门符号标准

常用逻辑门符号标准有以下两种。

(1) 长方形符号。所有的逻辑门采用相同的长方形形状，用内部标志区分逻辑门的类型。

(2) 变形符号。不同类型的逻辑门采用不同的形状，用形状区分逻辑门的类型。

我国的国标和 IEC(International Electrotechnical Commission,国际电工委员会)标准都采用长方形符号;IEEE 标准中允许使用上述两种符号。本书主要采用长方形符号,在引用国外技术资料的原理图时,会出现变形符号。读者应熟悉和适应这两种符号,以便学习和交流。有一点应注意,在同一幅电路图中不能混用两种符号。表 4.1 列出了常用逻辑门的两种符号的对照。

表 4.1 常用逻辑门的两种符号表示形式

逻辑门名称	长方形符号	变形符号
跟随器	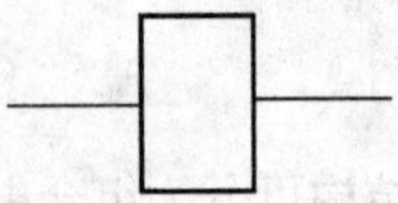	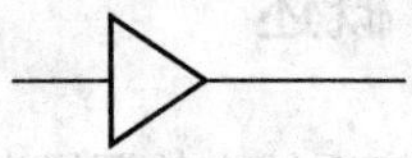
非门	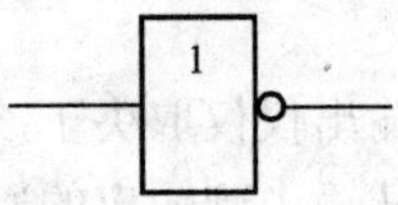	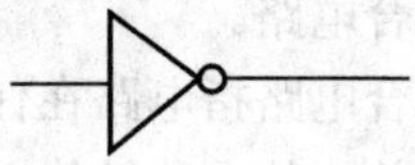
与门	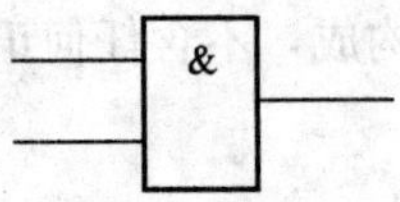	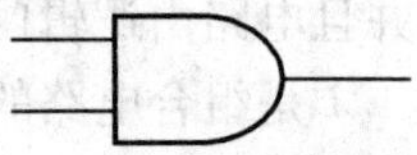
或门	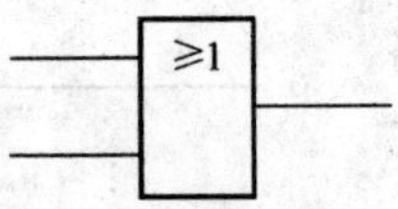	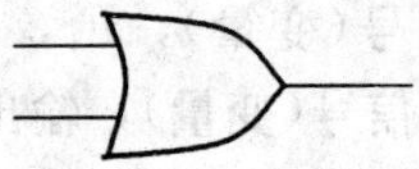
与非门	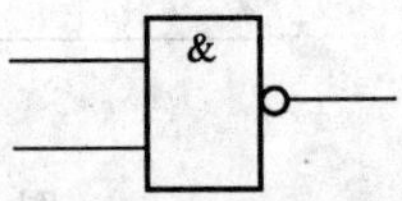	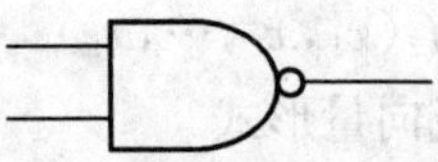
或非门	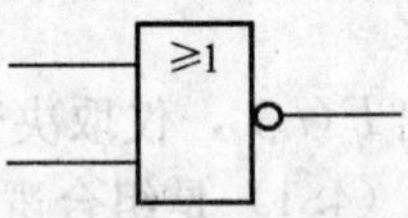	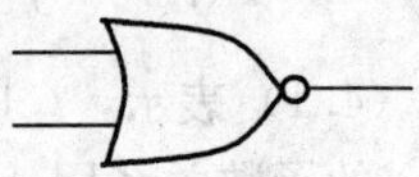
与或非门	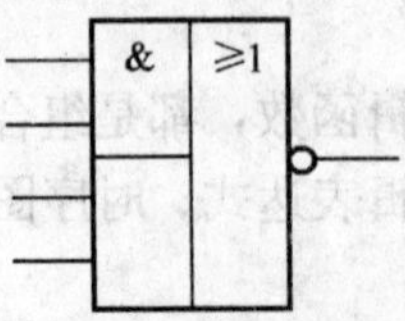	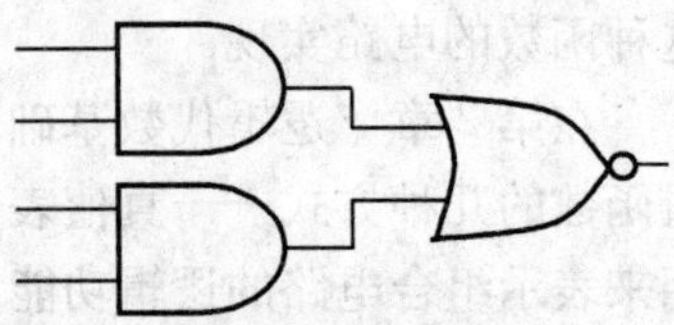
异或门	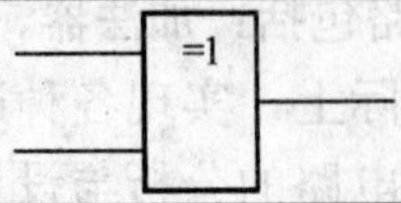	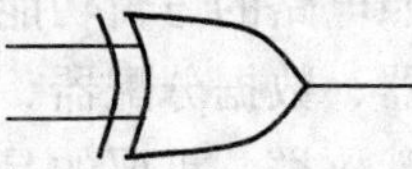

4.1.2 逻辑门的等效符号

图 4.2 (a) 是一个与非门，即 $F=\overline{A\cdot B}$，运用摩根定律可变换成 $F=\overline{A}+\overline{B}$，可由图 4.2(b)所示的逻辑门电路构成。如果用一个小圆圈表示非门，则与非门的等效符号如图 4.2(c)所示。

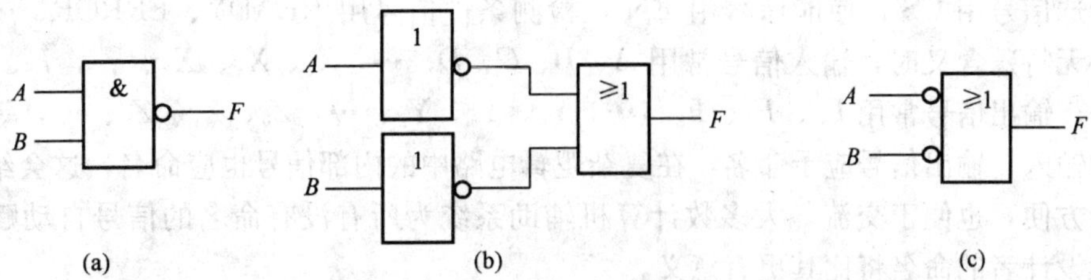

图 4.2 与非门的等效变换

运用摩根定律并把非门用一个小圆圈表示，则常用逻辑门的等效符号如表 4.2 所示。逻辑门的等效符号常用于正、负逻辑的表达及有效级的变换，便于电路的分析与应用。

表 4.2 根据摩根定律得到的等效逻辑门符号

逻辑门名称	原符号	等效符号
跟随器	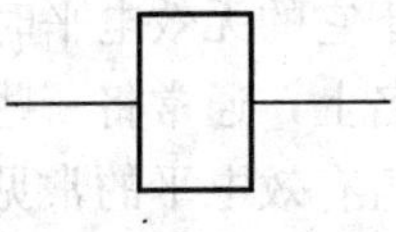	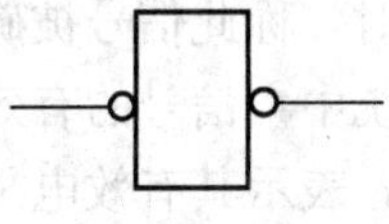
非门	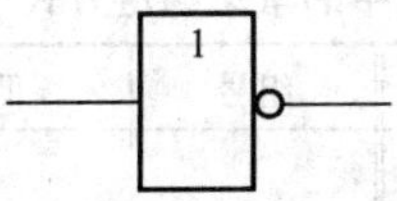	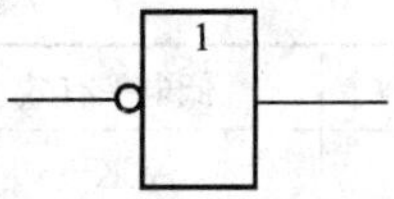
与门	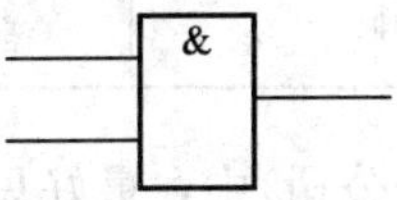	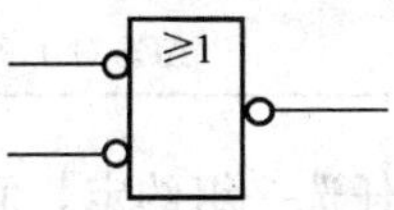
或门	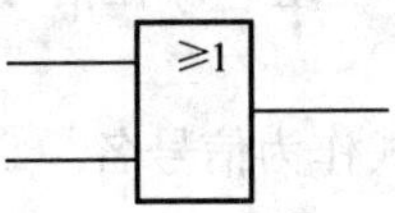	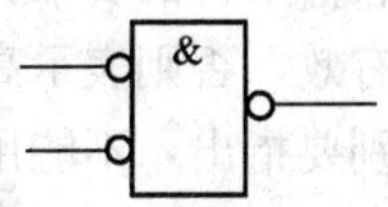
与非门	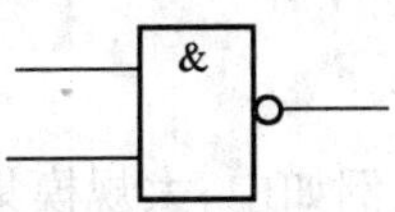	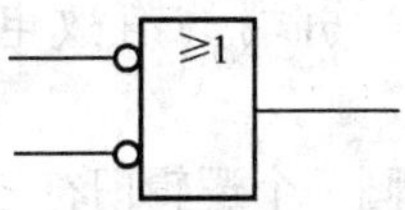
或非门	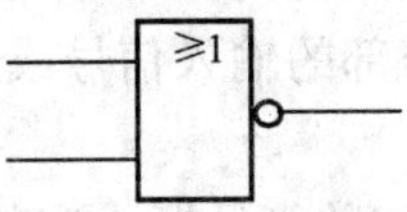	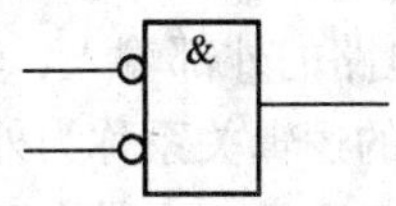

4.1.3 信号名及有效电平

逻辑电路的每一个输入、输出信号都应按照其功能和用途来命名。信号名可以是一个英文字母或一个字符串，在 Verilog HDL 中则应符合标志符的定义规则。信号名应尽量有较为明确的含义，例如数据信号用 D_0、D_1、D_2、…，地址信号用 A_0、A_1、A_2、…，控制信号中的片选信号用 CS，使能信号用 EN，检测条件信号用 READY、ERROR、…。一般情况下，无特殊含义时，输入信号常用 A、B、C、D、…，X_0、X_1、X_2、…，I_0、I_1、I_2、…，等等；输出信号常用 F_0、F_1、F_2、…，Y_0、Y_1、Y_2、…，Z_0、Z_1、Z_2、…，等等。不但电路的输入、输出信号应予命名，在复杂逻辑电路中的内部信号也应命名，这会给电路的分析带来方便，也便于交流。大多数计算机辅助系统为所有没有命名的信号自动赋予信号名，显然设计者的命名将比其更有意义。

一个逻辑电路，只有在一定的信号逻辑状态下，才能正确地表现出给定的逻辑功能。即：它的控制条件、测试信号都有一个与之对应的有效电平，只有信号处在有效电平时，逻辑电路才能正确地执行其功能。例如，某个译码器只有在使能信号为高电平时，才能表现出译码的功能。再例如，某个片选信号低有效的存储器芯片，只有在片选信号为低电平时，才能正确实现其读、写操作。信号的有效电平仅分为高有效或低有效，高有效是指信号为高电平或逻辑“1”时有效；低有效指信号为低电平或逻辑“0”时有效。当一个信号处于它的有效电平时，称此信号被确认；当一个信号处于它的无效电平时，称此信号未被确认。在一个电路系统中，信号的有效电平应反映在信号名上，通常将一些约定的符号作为信号名的前缀或后缀，表示其有效电平。表 4.3 给出了几组有效电平的常见约定方式。

表 4.3 有效电平的常见约定方式

组号	低电平有效	高电平有效	组号	低电平有效	高电平有效
1	ACK−	ACK+	4	CS*	CS
2	ERROR. L	ERROR. H	5	/ EN	EN
3	ACS (L)	ACS (H)	6	n_ RESET	RESET

可任选一组约定。但在一个系统(或一个公司)中，最好只选择一组，且能适应计算机辅助设计软件平台的要求。本书中，选择第 5、6 组。即在信号名前面加“/”或“n_”表示低电平有效，否则表示高电平有效。

特别要指出，不能用反变量或逻辑表达式作为信号名。

4.1.4 引端的有效电平

当画一个逻辑门符号或较复杂逻辑电路(例如中、大规模集成电路器件)的符号框时，认为符号框内实现了给定的逻辑功能，称为内部逻辑状态。符号框外的引端(pin，也称引脚、管脚)是电路的外部输入、输出线，用来引入外部的输入信号或送出电路的输出信号，这种外部表现的逻辑关系称为外部逻辑状态。

图 4.3 是一个带有两个使能端的逻辑电路的符号框，输入、输出的有效是指其对应的内

部逻辑状态为“1”；使能输入(或其他控制输入、条件输入)有效是指只有在其有效时，电路才能正常工作；输出有效是指在给定的输入有效时，才能给出该电路规定的逻辑状态。

在图 4.3 中，a、b、c、d、e 等为外部逻辑状态；而 EN、CS、DO、RDY、SID 等为对应的内部逻辑状态。为使电路正常工作，a 应为逻辑“1”；b 应为逻辑“0”；而电路输出的有效状态(c、d、e)均为逻辑“1”。

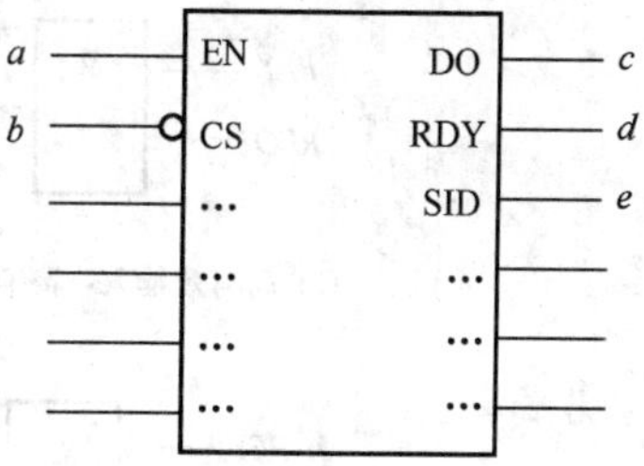

图 4.3 逻辑符号框

引端的有效电平是指输入、输出上的外部逻辑状态与其内部逻辑状态的对应关系，国际上通用的是逻辑非符号体制。在该体制中，图形符号上有带逻辑非符号(即小圆圈)和不带逻辑非符号的输入、输出。这种体制只表示输入、输出的内部逻辑状态和外部逻辑状态之间的关系，也称为单一逻辑规定，如图 4.4 所示。

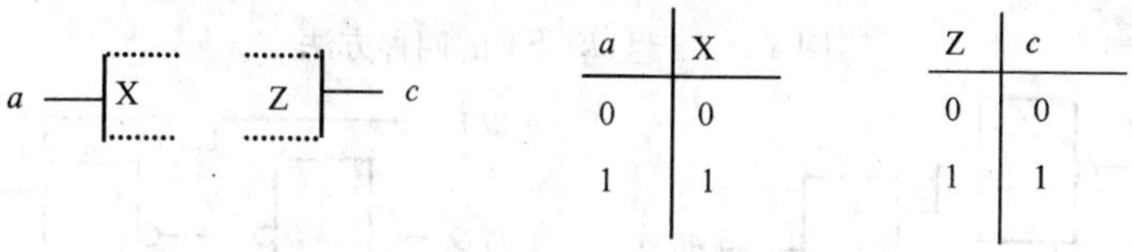

(a) 不带逻辑非符号的输入、输出（逻辑状态1有效）

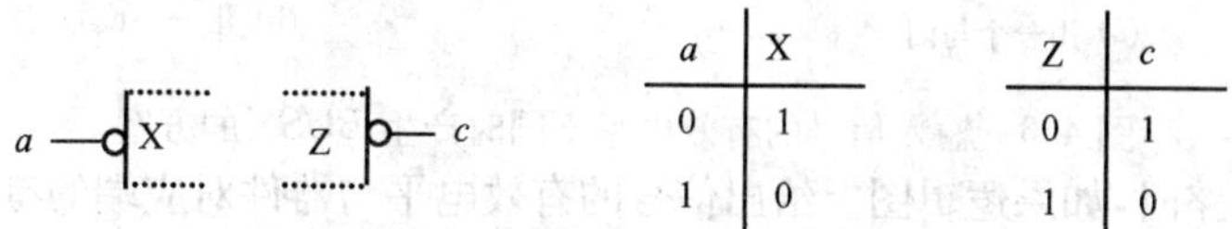

(b) 带逻辑非符号的输入、输出（逻辑状态0有效）

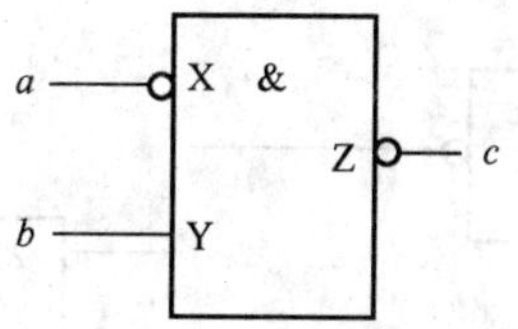

$$Z = X \cdot Y$$
$$c = \overline{\bar{a} \cdot b}$$

(c) 示例

图 4.4 逻辑非符号体制

4.1.5 引端有效电平的变换（混合逻辑变换）

当给出一个逻辑电路的设计(逻辑原理图、框图)时，除了满足逻辑功能要求外，还应考虑电路引端有效电平与给定信号有效电平的匹配问题，即需要进行适当的有效电平的变换，使整个逻辑电路的功能一目了然。

例如：设输入信号为 *REY*，当信号 *REQ* 到达，才产生输出信号 *BUSY*。要求输入均有效时，输出才有效。

显然，这是一个与功能的操作，表达式为 $BUSY = REY \cdot REQ$。但是，如果考虑输入、输出有效电平的要求，可用不同类型的逻辑门完成这个“与”功能，如图 4.5 所示。

当输入信号具有不同的有效电平，且与可用逻辑门的输入端有效电平不一致时，可采用非门改变输入信号的有效电平。例如，给定输入信号为 *n*_*REY*、*REQ*，输出信号为*BUSY*，可用图 4.6 的电路产生输出信号。其中图 4.6(b)的方案较好，因为带逻辑非符号的门(如或非门)比不带逻辑非符号的门(如与门)速度更快。

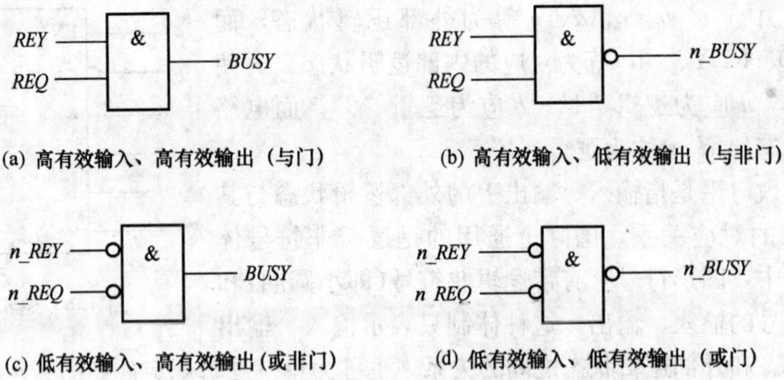

(a) 高有效输入、高有效输出（与门）　(b) 高有效输入、低有效输出（与非门）

(c) 低有效输入、高有效输出（或非门）　(d) 低有效输入、低有效输出（或门）

图 4.5　产生 *BUSY* 的四种方法

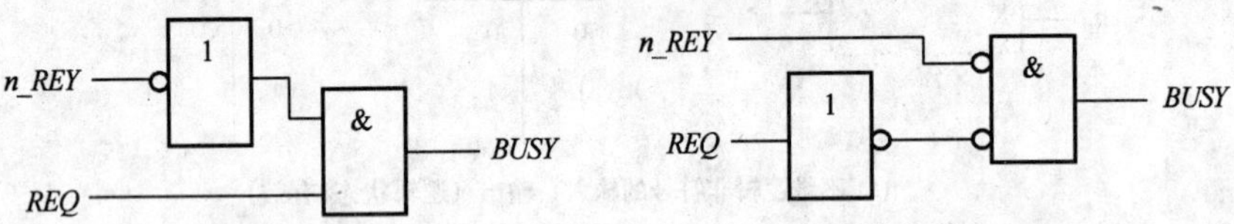

(a) 用一个与门　(b) 用一个或非门

图 4.6　输入信号的有效电平不同时产生 *BUSY* 的方案

当分析一个电路时，如果逻辑图上给出信号的有效电平与器件对应端的有效电平不一致，常使某一部分电路的逻辑功能含糊不清，且难以判断逻辑图中某点的信号极性，给读图及测试带来困难。例如，图 4.7(a)中，输出信号 *DATA* 意味着高有效，但对应的器件输出又带有逻辑非符

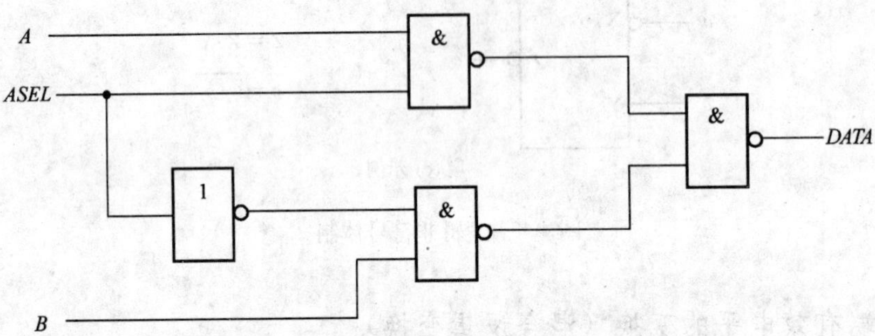

(a)

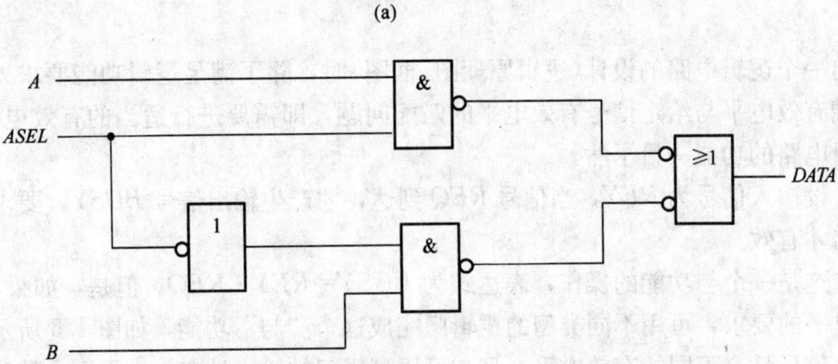

(b)

图 4.7　通过引端有效电平的变换分析电路

号;输入信号 *SEL* 的作用也不能立即判断。如果用等效逻辑门进行变换并调整信号标注,如图 4.7(b)所示,则逻辑功能就比较清晰,即当 *ASEL* 有效,则*DATA* =*A*;否则,*DATA* =*B*。

在保证输入与输出的逻辑功能不变的条件下，对逻辑图进行有效变换（混合逻辑变换）的规则如下：

规则 1 任何输入、输出端加上或删去逻辑非符号（小圆圈），且其对应的信号有效级变反，则逻辑图的功能不变，如图 4.8 所示。

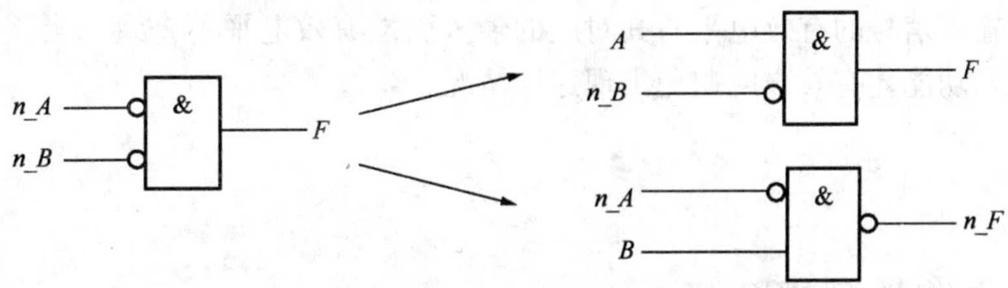

图 4.8 规则 1 的图解

规则 2 逻辑图内部连线的两端，同时加上或删去逻辑非符号，则逻辑图的功能不变，如图 4.9 所示。

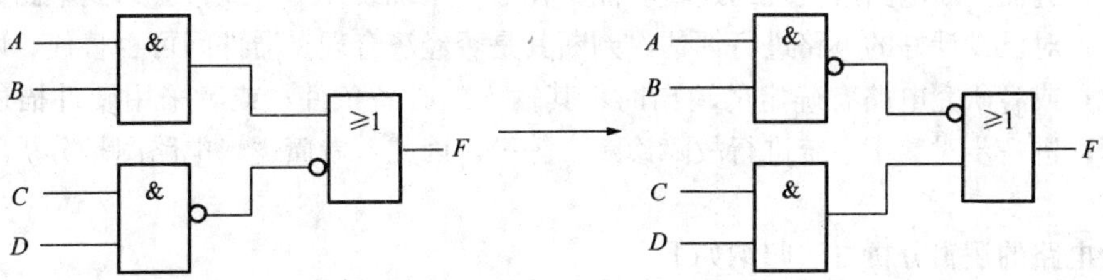

图 4.9 规则 2 的图解

规则 3 单个逻辑非符号在内部连线两端移动时，逻辑图的功能不变，如图 4.10 所示。

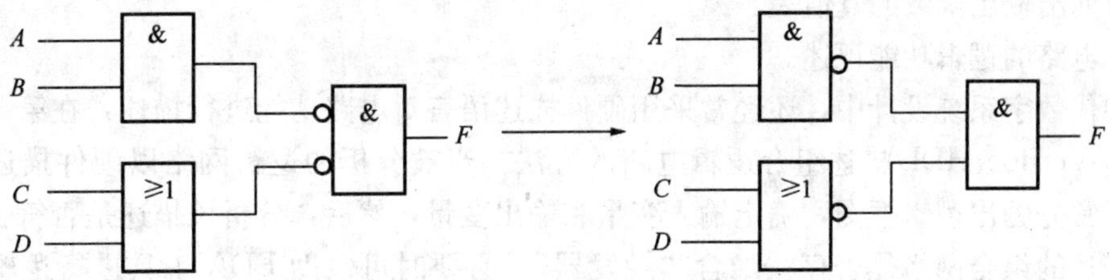

图 4.10 规则 3 的图解

规则 4 若一个门的所有输入、输出端同时加上或删去逻辑非符号，或所有输入、输出信号有效电平同时取反，且门的符号“与”、“或”互变后，得到的新的逻辑图的功能不变，如图 4.11 所示。

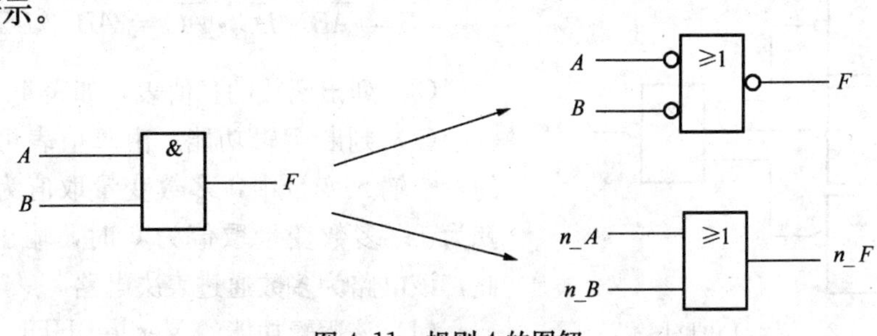

图 4.11 规则 4 的图解

综上所述，在进行引端有效电平的变换时，应满足下列规定：

(1) 逻辑电路的输出信号有效电平应与对应输出引端的有效电平一致。即如果输出引端有逻辑非符号，则应为低有效，否则为高有效。

(2) 如果输入信号的有效电平与其对应的输入引端有效电平一致，当该信号有效时，则电路内部逻辑功能有效。当输入引端有逻辑非符号时，应表示输入信号低有效，否则应表示输入信号高有效。应尽量做到这一点。

(3) 如果输入信号的有效电平与其对应的输入引端有效电平不一致，当该信号无效时，则电路内部逻辑功能才有效。应避免出现这种情况。

4.2 组合电路的逻辑分析

组合电路的逻辑分析，就是用逻辑函数来描述给定的逻辑电路，找出输入、输出之间的逻辑关系，进而判断电路所实现的逻辑功能。在数字系统设计中，经常会遇到电路分析的问题。例如，对已设计好的电路进行评估，判断其是否经济合理、器件间可否替代、两种电路是否等效；或者研究电路有确定的输出时，其输入的必备条件；或者采用硬件描述语言建模；还可以进一步对数字系统进行故障诊断；等等。因此，看懂逻辑电路图是分析问题的首要条件。

组合电路的逻辑分析方法归纳如下：

(1) 根据给定的逻辑图写出输出函数的逻辑表达式。

(2) 化简输出函数的逻辑表达式。

(3) 列出输出函数的真值表。

(4) 电路的逻辑功能评述。

在现代数字系统设计中，还经常采用硬件描述语言对电路功能进行描述，在第 3 章已介绍了基于 Verilog HDL 描述组合逻辑电路的方法。当被分析的逻辑网络以硬件描述语言给出时，通常先画出逻辑框图，确定输入变量和输出变量，然后，分析该描述是否符合语法规则，所描述的组合网络是否存在隐含“触发器”，必要时可借助 EDA 工具进行逻辑功能的仿真验证。

【例 4.1】 试分析图 4.12 所示逻辑电路的功能，并采用 Verilog HDL 进行描述。

解 (1) 写出该电路输出逻辑函数的逻辑表达式

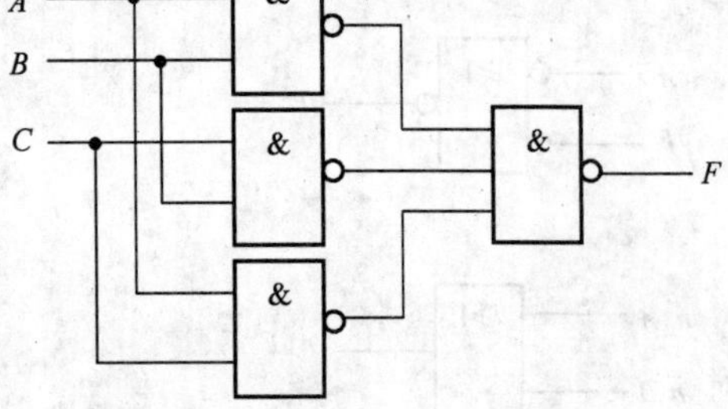

图 4.12 例 4.1 电路图

$$F = \overline{\overline{AB} \cdot \overline{BC} \cdot \overline{AC}} = AB + BC + AC$$

(2) 列出函数的真值表，如表 4.4 所示。

(3) 判断逻辑功能。由真值表可见，当电路的三个输入变量中，多数变量取值为 1 时，输出就为 1；多数变量取值为 0 时，输出就为 0。因此，该电路为多数通过表决电路。

(4) 该逻辑功能的 Verilog HDL 门级描述。

```
module more(A,B,C,F);        //模块声明
        input A,B,C;         //输入端口声明
        output F;            //输出端口声明
        wire w1,w2,w3;       //定义内部连线
            nand U1(w1,A,B);     //内置门级元件调用
            nand U2(w2,B,C);
            nand U3(w3,A,C);
            nand U4(F,w1,w2,w3);
endmodule
```

表 4.4 图 4.12 电路真值表

A	B	C	F
0	0	0	0
0	0	1	0
0	1	0	0
0	1	1	1
1	0	0	0
1	0	1	1
1	1	0	1
1	1	1	1

(5) 该逻辑功能的 Verilog HDL 数据流描述。

```
module more1(A,B,C,F);
        input A,B,C;
        output F;
            assign F =(A & B)|(B & C )|(A & C );   //持续赋值语句
endmodule
```

(6) 该逻辑功能的 Verilog HDL 行为描述。

```
module more2(A,B,C,F);
      input A,B,C;
      output F;
      reg F;               //always 中被赋值变量必须定义为 reg 型
          always @(A or B or C)    //描述组合逻辑，列出所有信号
              begin
                  case ({A,B,C})      //用 case 语句描述
                      3'B000: F=0;
                      3'B001: F=0;
                      3'B010: F=0;
                      3'B011: F=1;
                      3'B100: F=0;
                      3'B101: F=1;
                      3'B110: F=1;
                      3'B111: F=1;
                  endcase          //已列出全部组合，无须写出 default 情况
              end
endmodule
```

【例 4.2】 试分析图 4.13 所示逻辑电路的功能。

解 写出该电路的逻辑表达式

$$F=\overline{\overline{A+B}+AB}=(A+B)\,\overline{AB}=(A+B)(\overline{A}+\overline{B})=\overline{A}B+A\overline{B}=A\oplus B$$

功能描述：由化简后的输出函数逻辑表达式可看出，原电路实现 A、B 的异或功能，可仅用一个异或门就能实现，如图 4.14 所示。

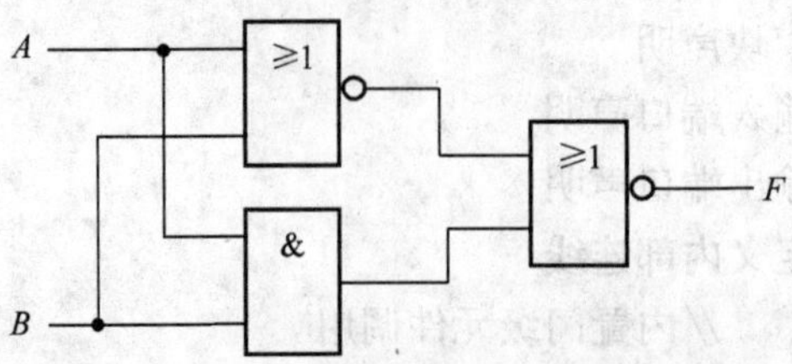

图 4.13　例 4.2 电路图

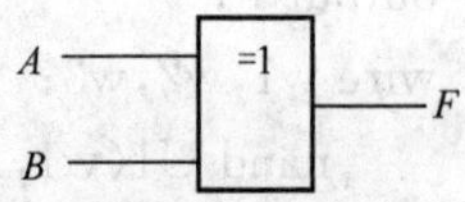

图 4.14　实现例 4.2 功能的简化电路

【例 4.3】　分析 8421 码转换成余 3 码的 Verilog HDL 描述中的错误。

```
//8421 码 →余 3 码
module code8421 (x8,x4,x2,x1,y3,y2,y1,y0,error);
    input x8,x4,x2,x1;          //输入为 8421 码
    output y3,y2,y1,y0;         //输出余 3 码
      always @ (x8 or x4)
        begin
          case ({x8,x4,x2,x1})
            4'b0000: {error,y3,y2,y1,y0}=5'b00011;
            4'b0001: {error,y3,y2,y1,y0}=5'b00100;
            4'b0010: {error,y3,y2,y1,y0}=5'b00101;
            4'b0011: {error,y3,y2,y1,y0}=5'b00110;
            4'b0100: {error,y3,y2,y1,y0}=5'b00111;
            4'b0101: {error,y3,y2,y1,y0}=5'b01000;
            4'b0110: {error,y3,y2,y1,y0}=5'b01001;
            4'b0111: {error,y3,y2,y1,y0}=5'b01010;
            4'b1000: {error,y3,y2,y1,y0}=5'b01011;
            4'b1001: {error,y3,y2,y1,y0}=5'b01100;
          endcase
        end
endmodule
```

解　(1) 模块中采用行为描述方式进行功能描述，从其敏感事件列表看出，描述的是组合逻辑，但未列出所有影响输出的信号。

(2) 对模块端口列表中的 error 没有进行端口类型说明，从功能描述可知 error 是一个输出标志信号，当其为 0 时，余 3 码输出有效，但未描述该标志何时为 1（即输出无效）。

(3) 没有把在 always 中的被赋值变量定义成 reg 型。

(4) case 语句的分支项，4 个信号，16 种组合，只列出了 10 种，对 6 个无关组合未用 default进行描述。

修改后的描述如下：

```
//8421 码 →余 3 码
module code8421(x8,x4,x2,x1,y3,y2,y1,y0,error);
      input x8,x4,x2,x1;
```

```
output y3,y2,y1,y0;
output error;                        //(2)
reg y3,y2,y1,y0, error;              //(3)
  always @ (x8 or x4 or x2 or x1)       //(1)
    begin
      case ({x8,x4,x2,x1})
        4'b0000:{error,y3,y2,y1,y0}=5'b00011;
        4'b0001:{error,y3,y2,y1,y0}=5'b00100;
        4'b0010:{error,y3,y2,y1,y0}=5'b00101;
        4'b0011:{error,y3,y2,y1,y0}=5'b00110;
        4'b0100:{error,y3,y2,y1,y0}=5'b00111;
        4'b0101:{error,y3,y2,y1,y0}=5'b01000;
        4'b0110:{error,y3,y2,y1,y0}=5'b01001;
        4'b0111:{error,y3,y2,y1,y0}=5'b01010;
        4'b1000:{error,y3,y2,y1,y0}=5'b01011;
        4'b1001:{error,y3,y2,y1,y0}=5'b01100;
        default:{error,y3,y2,y1,y0}=5'b10000;      // (2)、(4)
      endcase
    end
endmodule
```

【例 4.4】 试对图 4.15 所示电路的 P、Q 点进行故障诊断（故障不是同时发生的）。试问：

（1）给定哪些输入信号组合后，可从输出 F 判定 P 点出现了故障？是何种性质的故障？

（2）给定哪些输入信号组合后，可从输出 F 判定 Q 点出现了故障？是何种性质的故障？

（3）哪些输入信号组合不能用于测试？

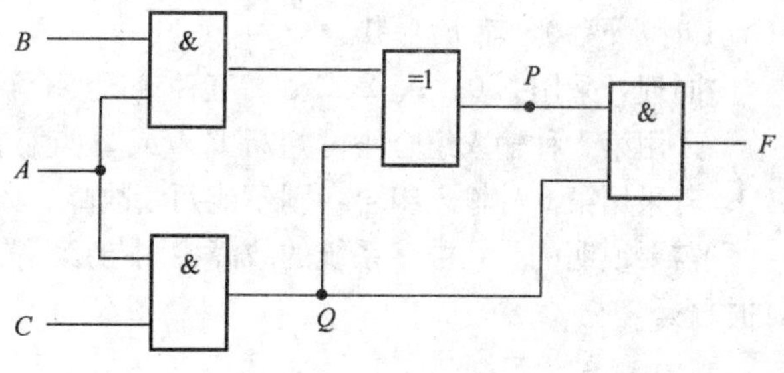

图 4.15　例 4.4 电路图

解　假设故障有两类：一类称为“0”故障，即不管输入信号如何变化，故障点始终处于逻辑 0 状态；另一类称为“1”故障，即不管输入信号如何变化，故障点始终处于逻辑 1 状态。

分析方法：写出无故障时和发生各种故障时，电路的输出逻辑表达式，列出真值表。

判别方法：使各输出函数值不相等的那些输入变量组合可用于测试对应的故障。

（1）列出各种情况下，函数的表达式。

无故障时，电路的输出函数 F 为

$$F=(AB\oplus AC)\cdot AC=A\overline{B}C$$

P 点出现 1 故障时

$$F_{P1} = 1 \cdot AC = AC$$

P 点出现 0 故障时

$$F_{P0} = 0 \cdot AC = 0$$

Q 点出现 1 故障时

$$F_{Q1} = (AB \oplus 1) \cdot 1 = \overline{AB}$$

Q 点出现 0 故障时

$$F_{Q0} = (AB \oplus 0) \cdot 0 = 0$$

(2) 列出各函数的真值表，如表 4.5 所示。

表 4.5　故障分析所用真值表

组号	A	B	C	F	F_{P1}	F_{P0}	F_{Q1}	F_{Q0}
0	0	0	0	0	0	0	1	0
1	0	0	1	0	0	0	1	0
2	0	1	0	0	0	0	1	0
3	0	1	1	0	0	0	1	0
4	1	0	0	0	0	0	1	0
5	1	0	1	1	1	0	1	0
6	1	1	0	0	0	0	0	0
7	1	1	1	0	1	0	0	0

(3) 逻辑分析。采用第 7 种输入组合，可判定 P 点是否出现 1 故障。因为只有 $A=B=C=1$ 时，$F=0$，而 $F_{P1}=1$。

同理，采用第 0、1、2、3、4 五种输入组合，可判断 Q 点是否存在 1 故障。

采用第 5 种输入组合，可判断 P 点或 Q 点是否存在 0 故障，但不能确定故障点。

若采用第 6 种输入组合，则不能判断故障。此时，有、无故障的各函数值都相同。

需要说明的是，数字系统的故障检测与诊断是一门独立的课程，例 4.4 只涉及一些初浅的概念。

4.3　组合电路的设计

组合电路的设计就是根据逻辑命题提出的逻辑功能要求，采用基本逻辑门电路或具有特定功能的组合逻辑器件，设计出实现该逻辑功能的逻辑电路图。逻辑电路的设计比较灵活，不拘泥于固定的模式，往往取决于设计者的经验和应用逻辑器件的能力。对于初学者来说，可按下列设计步骤进行。

(1) 分析给定逻辑命题的因果关系，进行逻辑抽象。设定输入变量和输出函数，并进行逻辑赋值，列出真值表。

这一步是组合逻辑电路设计中最关键的一步，设计者必须对文字描述的逻辑命题有一个全面的理解，对每一种可能的情况都能做出正确的判断。并以事件发生的条件作为电路的输入变量，事件发生的结果作为电路的输出变量（输出函数），根据命题的因果关系列出真值表。

(2) 根据真值表对逻辑函数进行化简（逻辑代数法或卡诺图法）。

当采用基本逻辑门进行组合逻辑的设计时，最优化设计就是用最简逻辑表达式实现的逻辑图。因此，必须进行逻辑函数的化简。应根据真值表或卡诺图中所含“0”和“1”的不同情况，决定圈“1”写最简与或式，进而得到最简与非式；还是圈“0”写最简或与式，进而得到最简或非式；还是圈“0”求反函数的最简与或式，进而得到最简与或非式。

当采用具有特定功能的组合逻辑器件时，最优化设计是要合理选用器件，而不是寻求最简逻辑表达式。这一点将在后续的“组合逻辑器件及其应用”中详细介绍。

(3) 根据最简逻辑表达式或特定的组合逻辑器件，画出对应的逻辑电路图。

基于上述三个步骤的组合逻辑电路的设计方法称为传统的或经典的设计方法。目前，随着大规模可编程逻辑器件（PLD）和 EDA 平台在数字系统设计领域的应用，数字电路的设计方法也发生了深刻的变化。硬件描述语言的出现，使设计者从基于逻辑门或逻辑器件的束缚中解放出来，用硬件描述语言描述自己的设计，借助 EDA 平台进行设计的综合、优化、布局布线以及目标 PLD 的适配、下载。

【例 4.5】 半加器的设计。

半加器是能实现两个 1 位二进制数相加，求得和数及向高位进位的逻辑电路。

解 设作为电路输入的两个加数为 A、B；作为电路输出的和数为 S；作为电路输出的向上进位为 C。建立反映逻辑关系的真值表如表 4.6 所示。

根据真值表写出输出函数逻辑表达式

$$S=\overline{A}B+A\overline{B}=A\oplus B$$
$$C=AB$$

该表达式已为最简，对应的逻辑图如图 4.16 所示。

表 4.6 半加器真值表

输入		输出	
加数 A	加数 B	和位 S	进位 C
0	0	0	0
0	1	1	0
1	0	1	0
1	1	0	1

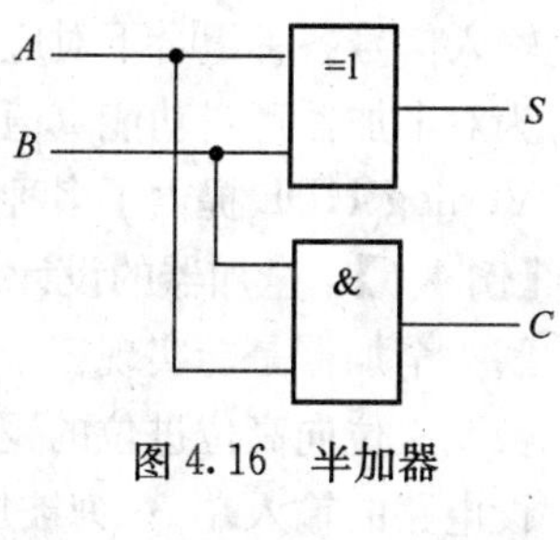

图 4.16 半加器

若采用与非门实现半加器功能，其输出表达式可变形为（用替代尾因子法寻求共享与非门）

$$S=\overline{A}B+A\overline{B}=\overline{\overline{\overline{A}B+A\overline{B}}}=\overline{\overline{\overline{A}B}\cdot\overline{A\overline{B}}}=\overline{\overline{\overline{AB}B}\cdot\overline{A\overline{AB}}}$$

$$C=\overline{\overline{AB}}$$

图 4.17 为相应的逻辑电路图。图 4.18 是半加器的逻辑符号。

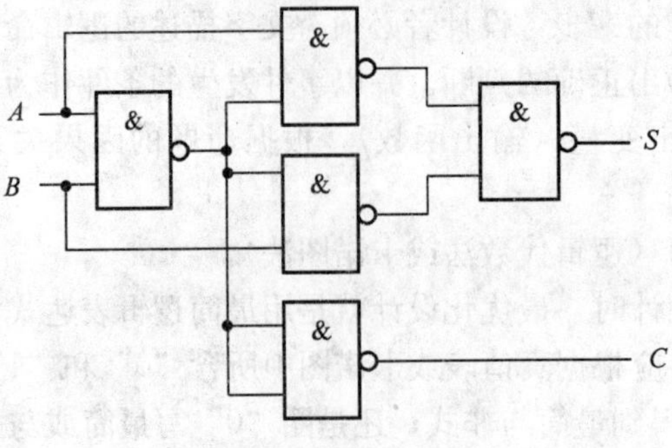

图 4.17　用与非门构成半加器

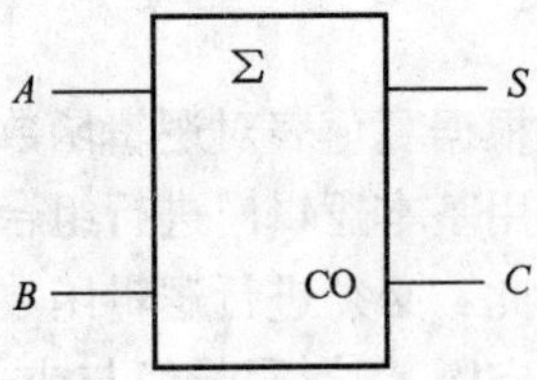

图 4.18　半加器逻辑符号

采用硬件描述语言 Verilog HDL 对半加器的行为描述如下：

```
module halfadder (A, B, S, C);
    input A, B;
    output S, C;
    reg S, C;
      always @ (A or B)
        begin
          case ({A, B})
              2'B00: {S, C}=2'B00;
              2'B01: {S, C}=2'B10;
              2'B10: {S, C}=2'B10;
              2'B11: {S, C}=2'B01;
          endcase
        end
endmodule
```

观察上述 Verilog HDL 对半加器的行为描述，它是在 always 过程块中，用 case 分支语句描述输入信号各种组合下对应的输出，即电路的行为，已看不出任何的电路结构。实际上可以理解为对半加器逻辑功能真值表的一种形式化描述。

Verilog HDL 提供了多种逻辑电路的描述方式，在此不逐一列举。

【例 4.6】 全加器的设计。

解　全加器是能实现三个 1 位二进制数相加(两个本位加数，一个低位向本位的进位)，求得和数及本位向高位进位的逻辑电路。

设电路的输入端 A_i 为被加数；B_i 为加数；C_{i-1} 为低位向本位的进位；电路的输出端 S_i 为本位和；C_i 为本位向高位的进位。建立反映逻辑关系的真值表如表 4.7 所示。

根据真值表，画出卡诺图，如图 4.19 所示，求得输出逻辑函数的最简与或式。

$$S_i=\overline{A}_i\overline{B}_iC_{i-1}+\overline{A}_iB_i\overline{C}_{i-1}+A_i\overline{B}_i\overline{C}_{i-1}+A_iB_iC_{i-1}=$$
$$A_i\oplus B_i\oplus C_{i-1}$$
$$C_i=A_iB_i+A_iC_{i-1}+B_iC_{i-1}$$

表 4.7　全加器真值表

输入			输出	
A_i	B_i	C_{i-1}	S_i	C_i
0	0	0	0	0
0	0	1	1	0
0	1	0	1	0
0	1	1	0	1
1	0	0	1	0
1	0	1	0	1
1	1	0	0	1
1	1	1	1	1

C_{i-1} \ A_iB_i	00	01	11	10
0	0	1	0	1
1	1	0	1	0

S_i

C_{i-1} \ A_iB_i	00	01	11	10
0	0	0	1	0
1	0	1	1	1

C_i

图 4.19　全加器卡诺图

相应的逻辑电路图如图 4.20 所示。全加器的逻辑符号如图 4.21 所示。

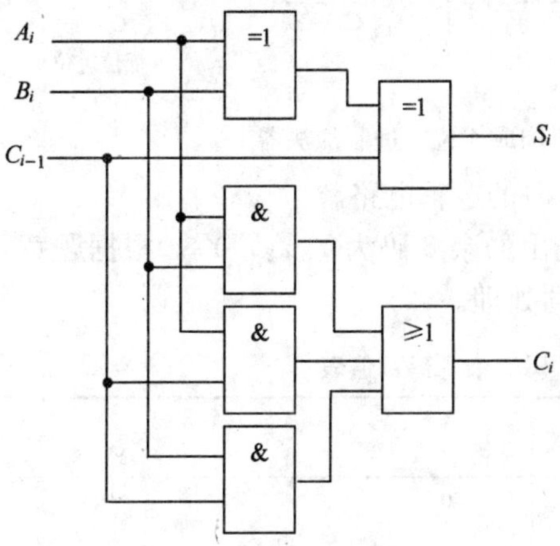

图 4.20　全加器电路图

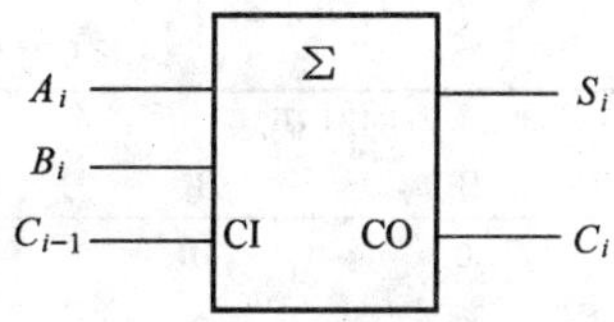

图 4.21　全加器逻辑符号

也可以用两个半加器来构成全加器，如图 4.22 所示。

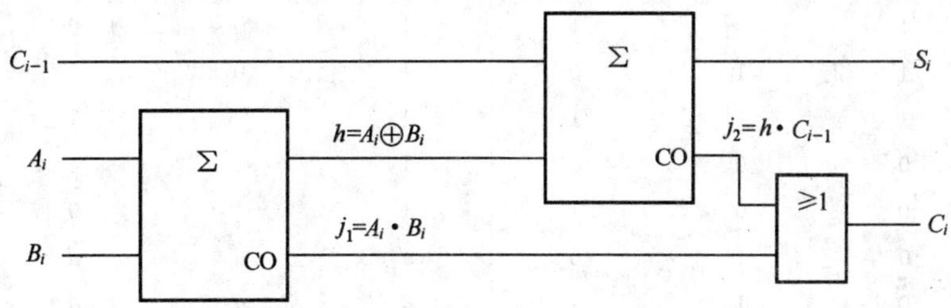

图 4.22　用半加器构成全加器

根据图 4.22 写出逻辑表达式：

$$S_i = h \oplus C_{i-1} = A_i \oplus B_i \oplus C_{i-1}$$

$$C_i = j_1 + j_2 = A_iB_i + (A_i \oplus B_i)C_{i-1} =$$

$$A_iB_i + A_i\overline{B}_iC_{i-1} + \overline{A}_iB_iC_{i-1} = A_iB_i + A_iC_{i-1} + B_iC_{i-1}$$

全加器用 Verilog HDL 描述如下：

```
module fulladder(a,b,cin, cout,s);
```

```
    input a,b,cin;
    output s,cout;
      assign{cout,s}=a+b+cin;   // 这里的"+"是 Verilog HDL 的算术运算符
endmodule
```

全加器是构成加法器的基本单元，图 4.23 是由全加器构成的 4 位二进制加法器。

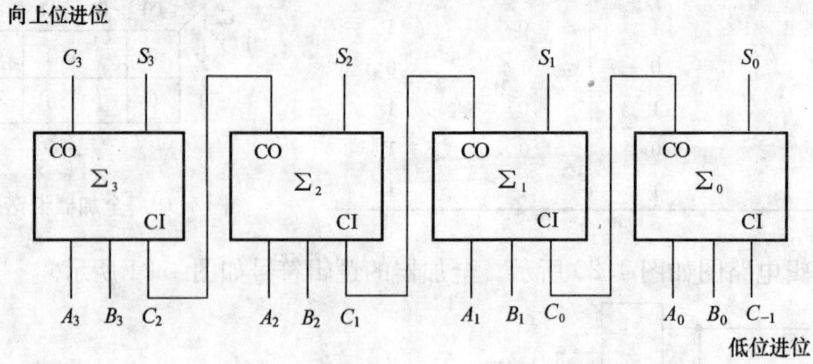

图 4.23 用全加器构成 4 位二进制加法器

【例 4.7】 试设计 8421 码转换成余 3 码的逻辑电路。

解 设输入的 8421 码为 $B_3B_2B_1B_0$，输出的余 3 码为 $Y_3Y_2Y_1Y_0$。根据题意，列真值表如表 4.8 所示，其中 1010～1111 作为无关项处理。

表 4.8 8421 码转余 3 码真值表

8421 码				余 3 码			
B_3	B_2	B_1	B_0	Y_3	Y_2	Y_1	Y_0
0	0	0	0	0	0	1	1
0	0	0	1	0	1	0	0
0	0	1	0	0	1	0	1
0	0	1	1	0	1	1	0
0	1	0	0	0	1	1	1
0	1	0	1	1	0	0	0
0	1	1	0	1	0	0	1
0	1	1	1	1	0	1	0
1	0	0	0	1	0	1	1
1	0	0	1	1	1	0	0
1	0	1	0	d	d	d	d
1	0	1	1	d	d	d	d
1	1	0	0	d	d	d	d
1	1	0	1	d	d	d	d
1	1	1	0	d	d	d	d
1	1	1	1	d	d	d	d

根据真值表画出各输出的卡诺图，如图 4.24 所示，并求得函数的最简表达式。

最后画出逻辑电路图。若用与非门实现，则应将各表达式变换成与非—与非式，其对应的逻辑图如图 4.25 所示。

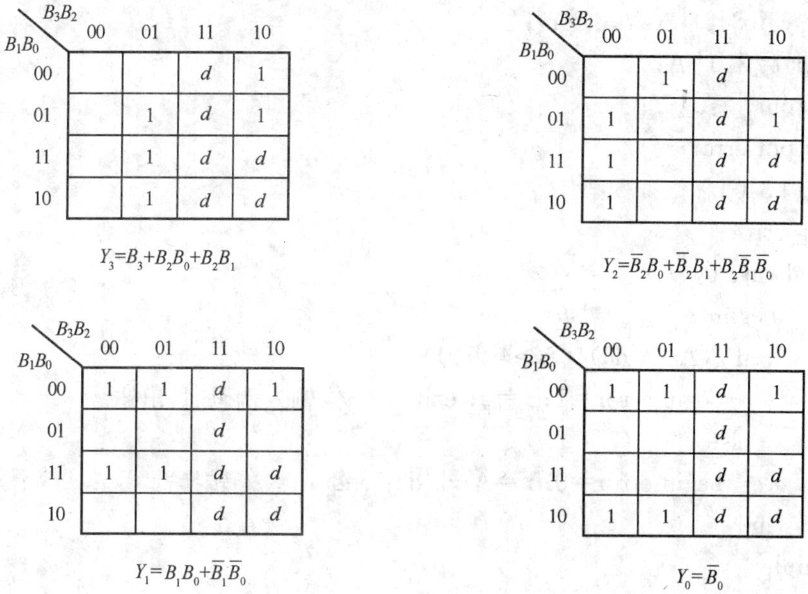

图 4.24　8421 码转余 3 码的卡诺图和逻辑表达式

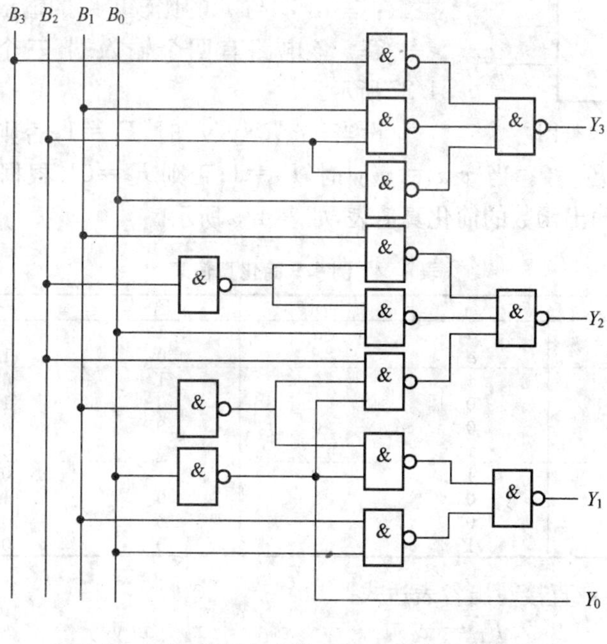

图 4.25　用与非门实现的 8421 码转余 3 码电路图

【例 4.8】　余 3 码转换成 8421 码的 Verilog HDL 描述。

解　余 3 码是在 8421 码基础上加 $(0011)_2$ 得到的，因此，只要将输入的余 3 码减 $(3)_{10}$ 输出，就可得到对应的 8421 码。建立一个输出代码有效标志 *error*，当其为 0 时，输出有效；当其为 1 时，表示输入出现伪码，输出无效。该转换电路的逻辑框图如图 4.26 所示，其 Verilog HDL 描述如下：

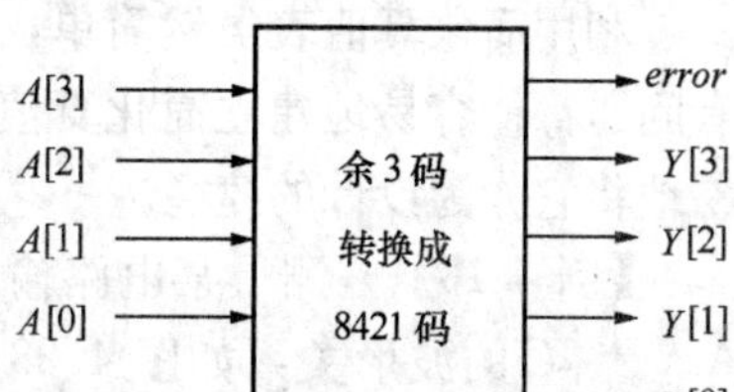

图 4.26　例 4.8 框图

```
module y3to8421(A,Y,error);
    input [3:0] A;
    output [3:0] Y;
    output error;
    reg [3:0] Y;
    reg error;
      always @(A)
        begin
          if ((A<4'd3)|(A>4'd12))
            begin error=1;Y=0; end         // 输入伪码时,出错。
          else
            begin error=0;Y=A-4'd3; end      // 转换
        end
endmodule
```

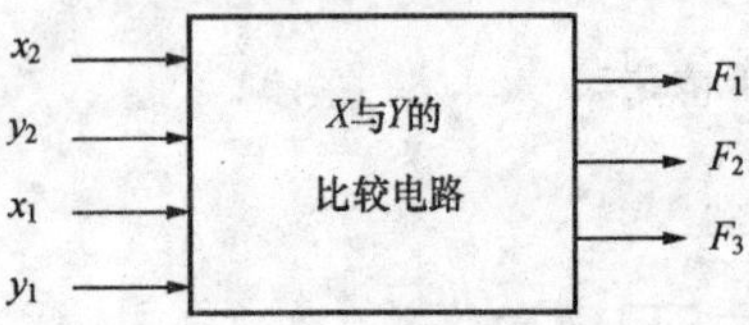

图 4.27　例 4.9 框图

【例 4.9】　已知 $X=x_2x_1$ 和 $Y=y_2y_1$ 是两个二进制整数，写出 X 与 Y 的比较电路的输出表达式。

解　该电路有四个输入端,三个输出端。框图如图 4.27 所示。

设当 $x_2x_1>y_2y_1$ 时,$F_1=1$;否则 $F_1=0$。当 $x_2x_1<y_2y_1$时,$F_2=1$;否则 $F_2=0$。当 $x_2x_1=y_2y_1$时,$F_3=1$;否则 $F_3=0$。根据先比较高位,再比较低位的原则,可列出输出函数的简化真值表,如表 4.9 所示。

表 4.9　例 4.9 简化真值表

x_2	y_2	x_1	y_1	F_1	F_2	F_3
1	0	d	d	1	0	0
0	1	d	d	0	1	0
0	0	1	0	1	0	0
		0	1	0	1	0
		0	0	0	0	1
		1	1	0	0	1
1	1	1	0	1	0	0
		0	1	0	1	0
		0	0	0	0	1
		1	1	0	0	1

根据简化真值表，直接写出各表达式：

$$F_1=x_2\bar{y}_2+\bar{x}_2\bar{y}_2x_1\bar{y}_1+x_2y_2x_1\bar{y}_1$$

$$F_2=\bar{x}_2y_2+\bar{x}_2\bar{y}_2\bar{x}_1y_1+x_2y_2\bar{x}_1y_1$$

$$F_3=\bar{x}_2\bar{y}_2\bar{x}_1\bar{y}_1+\bar{x}_2\bar{y}_2x_1y_1+x_2y_2\bar{x}_1\bar{y}_1+\bar{x}_2y_2x_1y_1$$

利用简化真值表虽然简单，但并不是所有问题都能容易地建立简化真值表，不能轻易地将它作为设计的捷径。

【例 4.10】　测得某电路输出 F 与输入 A、B、C 的波形关系如图 4.28 所示，试写出逻辑表达式并画出与非门实现的逻辑图。

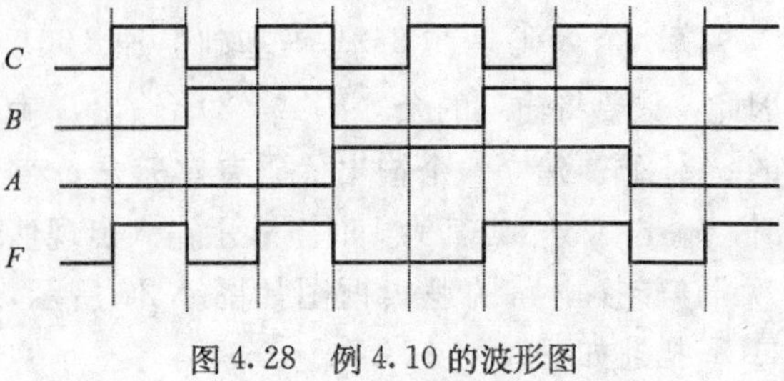

图 4.28　例 4.10 的波形图

解 分析给定波形图，完整给出了输入 A、B、C 各种组合下的输出，可直接写出输出函数的最小项表达式，化简之，并按题意转换成与非式，实现此逻辑功能的逻辑电路图如图 4.29 所示。

$$F(A,B,C)=m_1+m_3+m_6+m_7=\overline{A}\,\overline{B}C+\overline{A}BC+AB\overline{C}+ABC=\overline{A}C+AB=\overline{\overline{\overline{A}C}\cdot\overline{AB}}$$

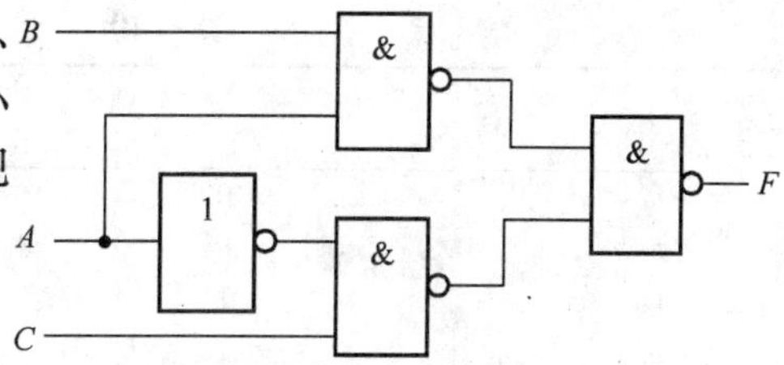

图 4.29 例 4.10 与非门逻辑图

以上列举了多个不同类型的组合逻辑电路设计实例，包括基于 Verilog HDL 的设计描述，目的在于进一步巩固前三章的基础知识，提高综合应用能力。下面介绍常用的具有特定功能的组合逻辑电路的设计方法、Verilog HDL 模型以及应用分析。

4.4 编码器

在日常生活中经常会用到编码的概念，例如：邮政编码、学生的学号、参加运动会的运动员号码等。

将某一个有效输入信号通过组合逻辑电路转换为一个具有特定含义的代码输出，这个过程称为编码。在数字系统中，常采用机器状态对文字、符号、运算符、数字或状态信号进行编码，形成与其对应的二进制代码。具有编码功能的逻辑电路称为编码器。

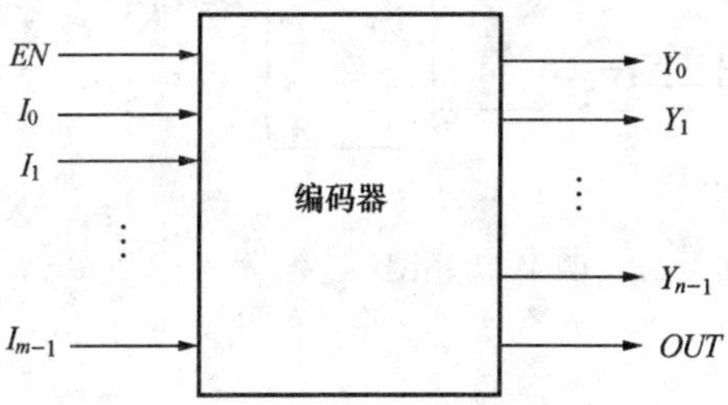

图 4.30 编码器设计模型

编码器的设计模型如图 4.30 所示。其中，EN 为编码器电路的使能信号；I_0，…，I_{m-1} 为需要编码的 m 个信号；Y_0，…，Y_{n-1} 为 n 位编码输出信号（$m\leqslant 2^n$）；OUT 为提供给后续电路的编码是否有效的标志信号。

编码器的逻辑功能描述：当使能信号有效时，用 n 位二进制状态对 m 个输入信号中的当前有效信号进行编码输出，标志信号置为有效；若 m 个输入信号均无效（都不要求编码）或当使能信号无效时，标志信号置为无效，编码输出可为任意值（一般为 0）。

4.4.1 普通编码器

用 n 位二进制代码可对 m（$m=2^n$）个输入信号进行编码。以 3 位二进制编码器为例，其输入是 8 个需要进行编码的信号：$I_0\sim I_7$，输出是 3 位二进制代码 $Y_2Y_1Y_0$。在任意时刻，编码器只能对一个有效的输入信号进行编码，即不允许多个输入信号同时有效，所以 $I_0\sim I_7$ 是互相排斥的变量，可列如表 4.10 所示的简化真值表。

可求得输出表达式，并画出图 4.31 所示的 3 位二进制编码器的原理图。

表 4.10　3 位二进制编码器简化真值表

输　入	输出 Y_2	输出 Y_1	输出 Y_0	输　入	输出 Y_2	输出 Y_1	输出 Y_0
I_0	0	0	0	I_4	1	0	0
I_1	0	0	1	I_5	1	0	1
I_2	0	1	0	I_6	1	1	0
I_3	0	1	1	I_7	1	1	1

$$Y_2 = I_4 + I_5 + I_6 + I_7$$
$$Y_1 = I_2 + I_3 + I_6 + I_7$$
$$Y_0 = I_1 + I_3 + I_5 + I_7$$

不难看出，当输出编码按照 $Y_2Y_1Y_0$ 顺序时，其二进制值与输入 I_i 下标的对应关系。

上面讨论的只是原理性二进制编码器的组成及输入、输出关系。需要在此基础上增加使能输入端和编码有效输出标志才能符合实际应用的要求。

【例 4.11】　对图 4.32 所示 10 个按键信号进行 8421 码编码，建立 Verilog HDL 模型，要求具有使能信号和编码输出有效标志。

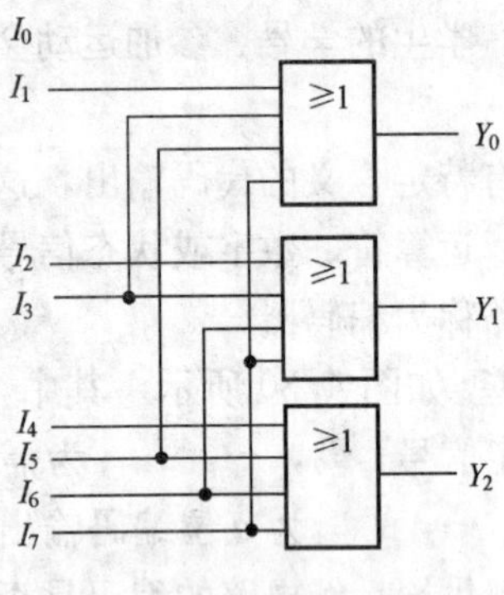

图 4.31　3 位二进制编码器的原理图

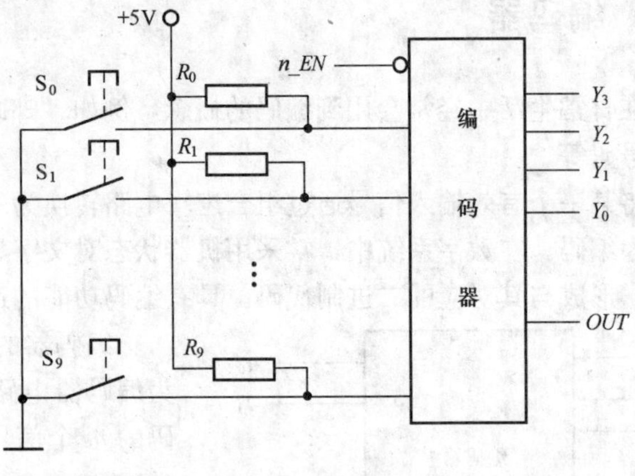

图 4.32　例 4.11 题图

解　分析题图可知，编码器的使能信号 n_EN 低有效；编码输出有效标志 OUT 为“1”时，$Y_3Y_2Y_1Y_0$ 为有效编码；没有按键按下时，输入均为逻辑“1”，当某个按键按下时，S_i 为逻辑“0”，即按键的输入信号为低有效。该编码器的 Verilog HDL 模型如下：

```
module Key_8421(S,n_EN,Y,OUT);
    input [9:0] S;
    input n_EN;
    output [3:0] Y;
    output OUT;
    reg [3:0] Y;
    reg OUT;
        always @(n_EN or S)
            if(! n_EN)
```

```
        case(S)// 使能有效,开始编码
          10'b1111111110:{OUT,Y}=5'b10000; // 对 S0 编码,OUT=1
          10'b1111111101:{OUT,Y}=5'b10001; // 对 S1 编码,OUT=1
          10'b1111111011:{OUT,Y}=5'b10010; // 对 S2 编码,OUT=1
          10'b1111110111:{OUT,Y}=5'b10011; // 对 S3 编码,OUT=1
          10'b1111101111:{OUT,Y}=5'b10100; // 对 S4 编码,OUT=1
          10'b1111011111:{OUT,Y}=5'b10101; // 对 S5 编码,OUT=1
          10'b1110111111:{OUT,Y}=5'b10110; // 对 S6 编码,OUT=1
          10'b1101111111:{OUT,Y}=5'b10111; // 对 S7 编码,OUT=1
          10'b1011111111:{OUT,Y}=5'b11000; // 对 S8 编码,OUT=1
          10'b0111111111:{OUT,Y}=5'b11001; // 对 S9 编码,OUT=1
          default:{OUT,Y}=5'b0_0000;        // 使能有效,但无按键按下
                                            // 或多键同时按下,OUT=0
        endcase
      else{OUT,Y}=5'b0_0000;          // 使能无效,OUT=0
    endmodule
```

可将这个 Verilog HDL 模型输入到 EDA 平台，进行编译、综合及仿真验证。图 4.33 为 Altera Quartus II 平台下的功能仿真波形。

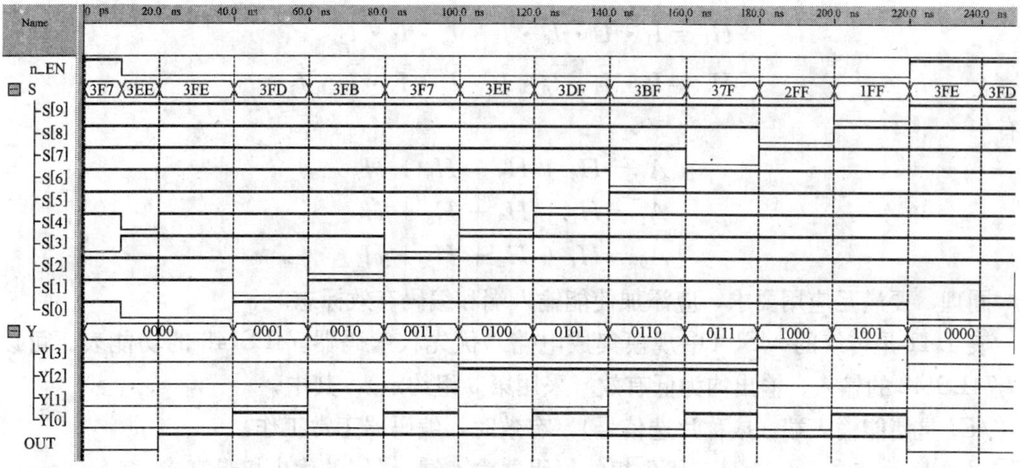

图 4.33 例 4.11 编码器的仿真波形

4.4.2 优先权编码器

如果对编码器的输入端进行优先权分配，当多个输入信号同时有效时，编码器仅响应优先权最高的输入请求，产生相应的编码输出。这种具有指定输入端优先权顺序的编码器，称为优先权编码器。

优先权编码器可以通过改造普通编码器来实现，即对输入端进行优先权分配后，在普通编码器的输入部分增加一个优先权处理逻辑，一旦多个输入有效，其中优先权最高的信号将

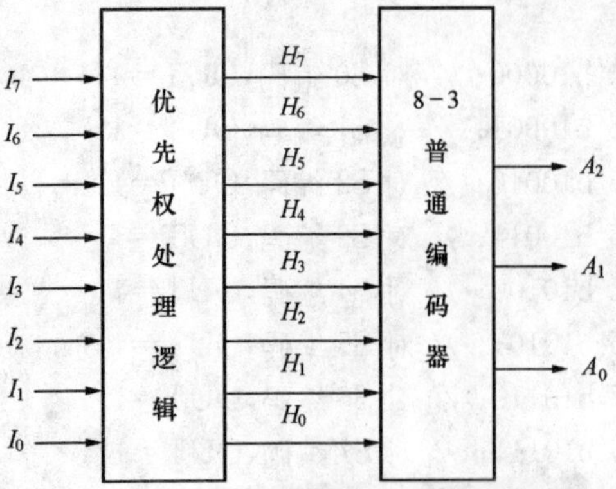

图 4.34　8-3 优先权编码器框图

封锁所有优先权比它低的输入信号，从而保证最多只有一个有效输入（优先权最高者）送到普通编码器，实现只对当前有效输入中优先权最高的进行编码输出。

图 4.34 是一个 8-3 优先权编码器的结构框图。

设输入端优先权从高至低为 I_7，I_6，I_5，I_4，I_3，I_2，I_1，I_0，逻辑“1”有效。经过优先权处理逻辑后，产生中间信号 H_7，H_6，H_5，H_4，H_3，H_2，H_1，H_0，H_i 与 I_i 的关系是：当 I_i 为最高优先权且为“1”时，H_i 才为“1”。即有

$$
\begin{aligned}
H_7 &= I_7 \\
H_6 &= I_6 \cdot \overline{I_7} \\
H_5 &= I_5 \cdot \overline{I_7} \cdot \overline{I_6} \\
H_4 &= I_4 \cdot \overline{I_7} \cdot \overline{I_6} \cdot \overline{I_5} \\
H_3 &= I_3 \cdot \overline{I_7} \cdot \overline{I_6} \cdot \overline{I_5} \cdot \overline{I_4} \\
H_2 &= I_2 \cdot \overline{I_7} \cdot \overline{I_6} \cdot \overline{I_5} \cdot \overline{I_4} \cdot \overline{I_3} \\
H_1 &= I_1 \cdot \overline{I_7} \cdot \overline{I_6} \cdot \overline{I_5} \cdot \overline{I_4} \cdot \overline{I_3} \cdot \overline{I_2} \\
H_0 &= I_0 \cdot \overline{I_7} \cdot \overline{I_6} \cdot \overline{I_5} \cdot \overline{I_4} \cdot \overline{I_3} \cdot \overline{I_2} \cdot \overline{I_1}
\end{aligned}
$$

且有

$$
\begin{aligned}
A_2 &= H_4 + H_5 + H_6 + H_7 \\
A_1 &= H_2 + H_3 + H_6 + H_7 \\
A_0 &= H_1 + H_3 + H_5 + H_7
\end{aligned}
$$

同理，要满足应用要求，应添加使能输入端和编码有效标志。

表 4.11 是传统的 MSI（中规模集成电路）优先权编码器 74LS148 的功能表。可以看出，74LS148 的输入、输出均为低有效（采用第 5 组约定），其中

/*EI* 是使能输入端（或称片选信号），有效时，编码器正常工作。

$/I_7$，$/I_6$，…，$/I_0$ 为具有优先权的编码器输入端，$/I_7$ 的优先权最高。

$/A_2$，$/A_1$，$/A_0$ 低有效是指按此顺序编码输出的二进制值与输入 $/I_i$ 的下标值为互反关系。

/*CS* 指出编码输出是否有效，即当 /*EI* 有效且至少有一个 $/I_i$ 有效，/*CS* 才有效。

/*EO* 是一个使能输出端，便于器件级联构成输入端更多的优先权编码器。它的功能是：当 /*EI* 有效且无一个 $/I_i$ 有效时，/*EO* 才有效。

有兴趣的读者可查阅相关资料，了解如何根据逻辑表达式和逻辑门构造电路。

在这里，重点讨论如何根据表 4.11 建立一个实现 74LS148 功能的 Verilog HDL 模型。

在 Verilog HDL 的 always 过程块中采用 if…else、case、for 等高级程序语句可以很方便地构造电路的行为模型。其中的 if…else 语句具有优先级特性，即 if 分支的操作优先于

else 分支的操作。因此，实现 74LS148 功能的 Verilog HDL 描述可以写为：

表 4.11　74LS148 功能表

输入									输出				
/EI	$/I_7$	$/I_6$	$/I_5$	$/I_4$	$/I_3$	$/I_2$	$/I_1$	$/I_0$	$/A_2$	$/A_1$	$/A_0$	/CS	/EO
1	*d*	*d*	*d*	*d*	*d*	*d*	*d*	*d*	1	1	1	1	1
0	0	*d*	*d*	*d*	*d*	*d*	*d*	*d*	0	0	0	0	1
0	1	0	*d*	*d*	*d*	*d*	*d*	*d*	0	0	1	0	1
0	1	1	0	*d*	*d*	*d*	*d*	*d*	0	1	0	0	1
0	1	1	1	0	*d*	*d*	*d*	*d*	0	1	1	0	1
0	1	1	1	1	0	*d*	*d*	*d*	1	0	0	0	1
0	1	1	1	1	1	0	*d*	*d*	1	0	1	0	1
0	1	1	1	1	1	1	0	*d*	1	1	0	0	1
0	1	1	1	1	1	1	1	0	1	1	1	0	1
0	1	1	1	1	1	1	1	1	1	1	1	1	0

```
module youxian_148(n_EI,n_I,n_Y,n_CS,n_EO);
    input n_EI;
    input [7:0] n_I;
    output [2:0] n_Y;
    output n_CS,n_EO;
    reg [2:0] n_Y;
    reg n_CS,n_EO;
        always @(n_EI or n_I)
            if(n_EI==0)
                if (n_I[7]==0) {n_CS,n_EO,n_Y}=5'b01000;
                else if (n_I[6]==0) {n_CS,n_EO,n_Y}=5'b01001;
                else if (n_I[5]==0) {n_CS,n_EO,n_Y}=5'b01010;
                else if (n_I[4]==0) {n_CS,n_EO,n_Y}=5'b01011;
                else if (n_I[3]==0) {n_CS,n_EO,n_Y}=5'b01100;
                else if (n_I[2]==0) {n_CS,n_EO,n_Y}=5'b01101;
                else if (n_I[1]==0) {n_CS,n_EO,n_Y}=5'b01110;
                else if (n_I[0]==0) {n_CS,n_EO,n_Y}=5'b01111;
                else {n_CS,n_EO,n_Y}=5'b10111;
            else {n_CS,n_EO,n_Y}=5'b11111;
endmodule
```

分析这个描述的结构，可看出它侧重电路的行为描述，即输入与输出的因果关系，实际上就是功能表的逐行描述。为简化程序结构，采用了对拼接向量赋值的方式。其功能仿真波形如图 4.35 所示。

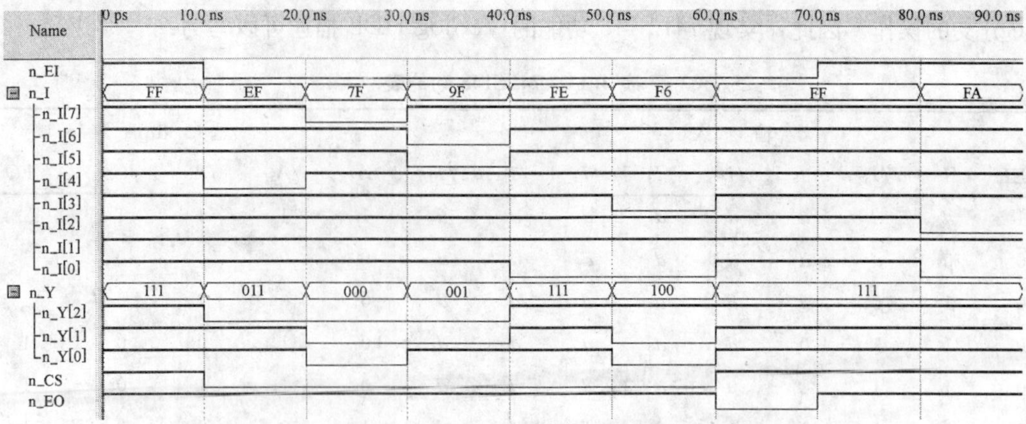

图 4.35　youxian_148 的功能仿真波形

4.5　译码器

在数字系统中用二进制代码表示某一种信息称为编码，反之将二进制代码“翻译”成对应的输出状态称为译码。所以，译码器是对具有一定含义的输入进行翻译，将输入代码转换成相应输出信号的一种组合电路。图 4.36 是译码器的设计模型框图。其中，EN 是使能信号，当其有效时，译码器才能正常工作。当输入端为 n 位二进制代码时，可产生满足 $m \leqslant 2^n$ 的与输入组合对应的 m 个输出，且 m 个输出的有效状态均有互斥性。

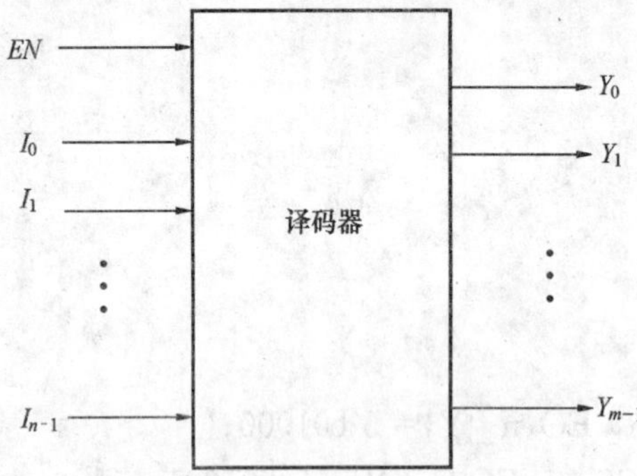

图 4.36　译码器设计模型框图

译码器的逻辑功能描述：在使能信号有效期间，一旦输入变量的取值确定后，仅有对应的输出端为有效电平，其他输出端均为无效电平；当使能信号无效时，所有输出端均为无效电平。如果有效电平是高电平，则无效电平就是低电平，反之亦然。

译码器是一种应用广泛的逻辑器件。在数字系统中，通常用于指令译码、存储器地址译码、外设地址译码等。常用译码器有三类：二进制译码器、BCD 译码器和 BCD-七段数字显示译码器。

4.5.1　二进制译码器

二进制译码器就是将具有指定顺序输入端的二进制代码的所有组合都进行“翻译”的译码器，若有 n 个输入，就应有 2^n 个输出与之对应，每个输出端对应一个输入的最小项。因此，二进制译码器也称为完全译码器。

图 4.37 是一个 2-4 译码器的逻辑原理图。

图中，/EN 是一个低有效的使能输入，当/$EN = 0$ 时，译码器的输出表达式为

$$Y_0 = \overline{A_1}\,\overline{A_0} \quad Y_1 = \overline{A_1}A_0 \quad Y_2 = A_1\,\overline{A_0} \quad Y_3 = A_1\,A_0$$

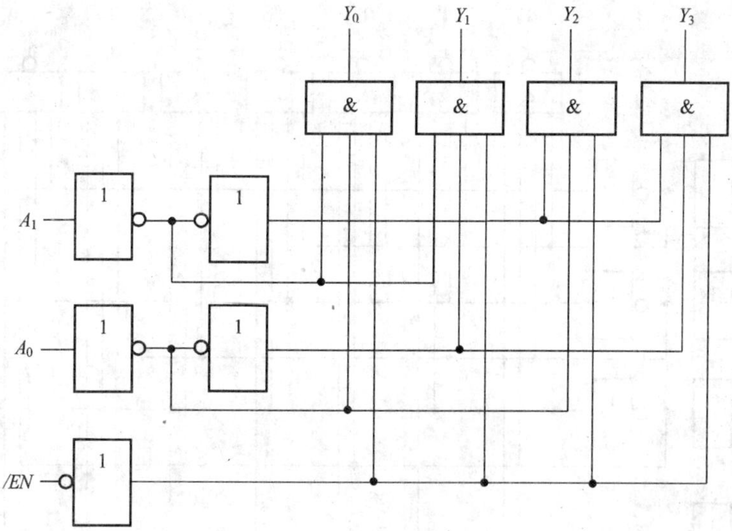

图 4.37　2－4 译码器的逻辑原理图

表 4.12 是其对应的真值表。由真值表可知，对于每一组输入变量的取值只有一个输出端的输出为“1”，其他均为“0”，也就是每一个输出函数正好对应一个输入变量取值构成的最小项，即 $Y_i = m_i$。

表 4.12　2－4 译码器真值表

A_1	A_0	Y_0	Y_1	Y_2	Y_3
0	0	1	0	0	0
0	1	0	1	0	0
1	0	0	0	1	0
1	1	0	0	0	1

传统 MSI 器件中的 74LS138 是一个典型的二进制译码器。其逻辑符号、逻辑原理图、逻辑功能表分别如图 4.38、图 4.39 和表 4.13 所示。

74LS138 有三个使能端，G_1 高有效，$/G_{2A}$ 和 $/G_{2B}$ 低有效；三个变量顺序为 C、B、A 的输入端；八个输出端 $/Y_0$，…，$/Y_7$ 均为低有效，其下标与 CBA 的取值组合形成对应。只有使能端均有效时，即满足 $EN = G_1 \cdot /\overline{G}_{2A} \cdot /\overline{G}_{2B}$，74LS138 才处于工作状态。当输入变量 CBA 为“000”时，只有输出端 $/Y_0 = 0$（有效），其他输出端都是“1”（无效）；当输入变量 CBA 为“001”时，只有输出端 $/Y_1 = 0$（有效），其他输出端都是“1”（无效）。从逻辑代数的角度，74LS138 的每一个输出变量 $/Y_i$ 对应一个关于 CBA 的最小项。即有 $/Y_i = \overline{m_i}$。

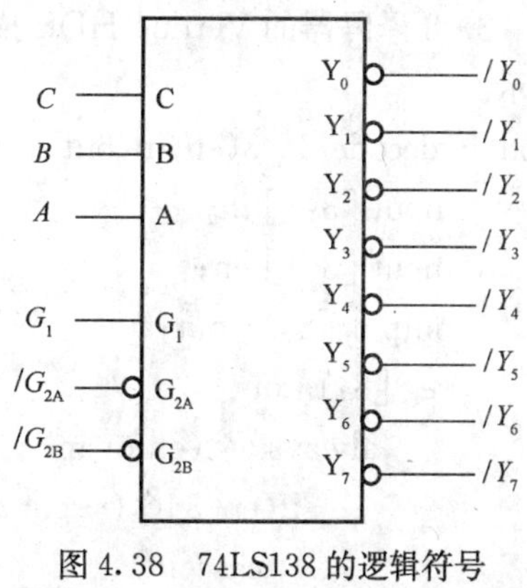

图 4.38　74LS138 的逻辑符号

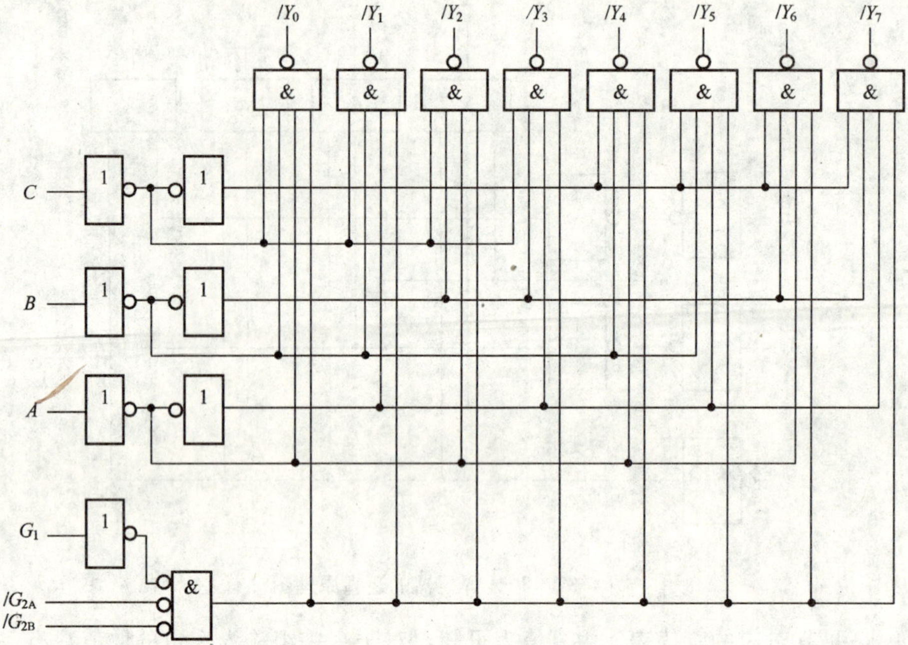

图 4.39 74LS138 译码器的逻辑原理图

表 4.13 74LS138 功能表

输入						输出							
G_1	$/G_{2A}$	$/G_{2B}$	C	B	A	$/Y_7$	$/Y_6$	$/Y_5$	$/Y_4$	$/Y_3$	$/Y_2$	$/Y_1$	$/Y_0$
0	*d*	*d*	*d*	*d*	*d*	1	1	1	1	1	1	1	1
d	1	*d*	*d*	*d*	*d*	1	1	1	1	1	1	1	1
d	*d*	1	*d*	*d*	*d*	1	1	1	1	1	1	1	1
1	0	0	0	0	0	1	1	1	1	1	1	1	0
1	0	0	0	0	1	1	1	1	1	1	1	0	1
1	0	0	0	1	0	1	1	1	1	1	0	1	1
1	0	0	0	1	1	1	1	1	1	0	1	1	1
1	0	0	1	0	0	1	1	1	0	1	1	1	1
1	0	0	1	0	1	1	1	0	1	1	1	1	1
1	0	0	1	1	0	1	0	1	1	1	1	1	1
1	0	0	1	1	1	0	1	1	1	1	1	1	1

3-8 译码器的 Verilog HDL 描述如下（可有其他多种描述），其时序仿真波形如图 4.40 所示。

```
module decoder3_8(en,in,out);
    input [3:1] in;
    input [3:1] en;
    output [8:1] out;
    reg [8:1] out;
        always @ (en or in)
            if(en[3]&(~en[2])&(~en[1]))
              case(in)
```

```
            3'b000:out=8'b11111110;
            3'b001:out=8'b11111101;
            3'b010:out=8'b11111011;
            3'b011:out=8'b11110111;
            3'b100:out=8'b11101111;
            3'b101:out=8'b11011111;
            3'b110:out=8'b10111111;
            3'b111:out=8'b01111111;
            default:out=8'b11111111;
        endcase
    else out=8'b11111111;
endmodule
```

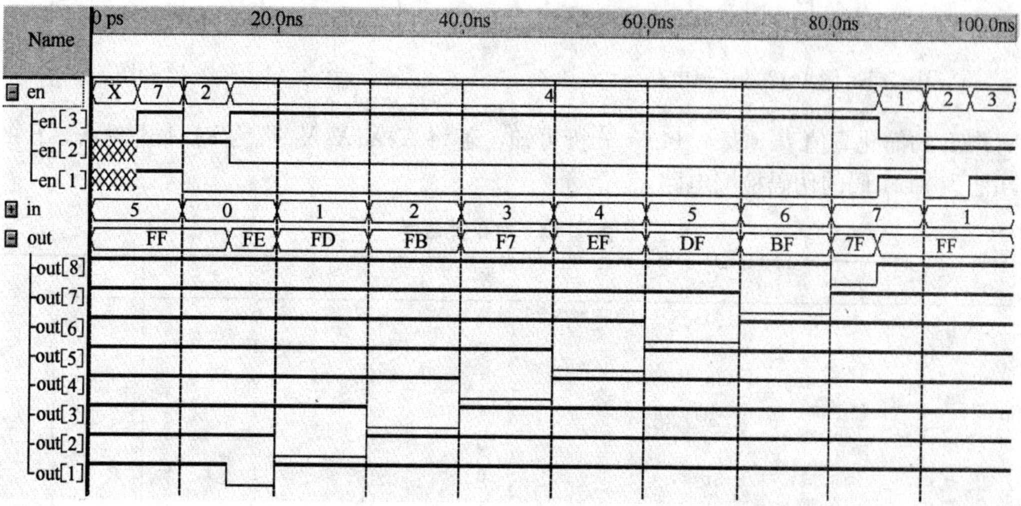

图 4.40　3－8 译码器的功能仿真波形

由于 74LS138 的输出端$/Y_i$与输入端C、B、A的最小项存在对应关系，除应用于指令译码、地址译码等功能外，也可以用来实现逻辑函数。即只要得到逻辑函数的最小项表达式，就可采用译码器和适当逻辑门实现之。

【例 4.12】　使用 74LS138 实现全加器功能。

解　(1) 先写出全加器本位和S_i以及进位C_i的表达式。

$$S_i(A_i, B_i, C_{i-1}) = m_1 + m_2 + m_4 + m_7$$

$$C_i(A_i, B_i, C_{i-1}) = m_3 + m_5 + m_6 + m_7$$

(2) 将函数变量A_i，B_i，C_{i-1}与 74LS138 的输入端C、B、A顺序对应，根据$/Y_i = \overline{m_i}$，可得到

$$S_i = \overline{\overline{m_1} \cdot \overline{m_2} \cdot \overline{m_4} \cdot \overline{m_7}} = \overline{/Y_1 \cdot /Y_2 \cdot /Y_4 \cdot /Y_7}$$

$$C_i = \overline{\overline{m_3} \cdot \overline{m_5} \cdot \overline{m_6} \cdot \overline{m_7}} = \overline{/Y_3 \cdot /Y_5 \cdot /Y_6 \cdot /Y_7}$$

(3) 画出如图 4.41 所示逻辑电路图。注意：使能端均应置为有效状态。

【例 4.13】 分析图 4.42 逻辑函数 F 实现的逻辑功能。

解 函数变量 X_8 连接到高有效使能端，函数变量 $X_4X_2X_1$ 与 CBA 对应，因此当 $X_8=1$ 时，可得 F 的表达式：

$$F(X_8,X_4,X_2,X_1) = X_8 \cdot G(X_4,X_2,X_1) = X_8 \cdot \sum m^3(2,3,4,5,6,7)$$

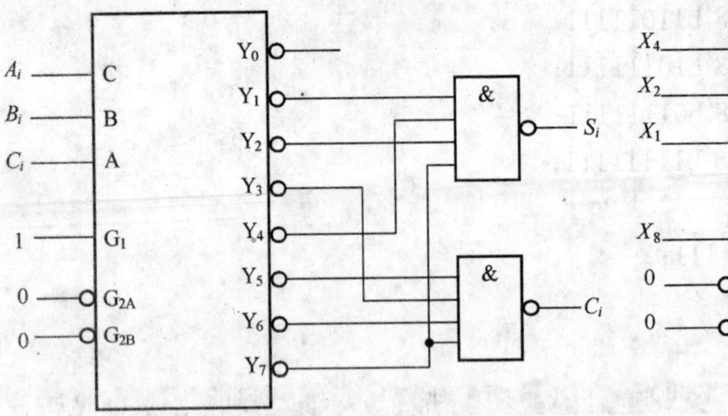

图 4.41 例 4.12 的逻辑电路图

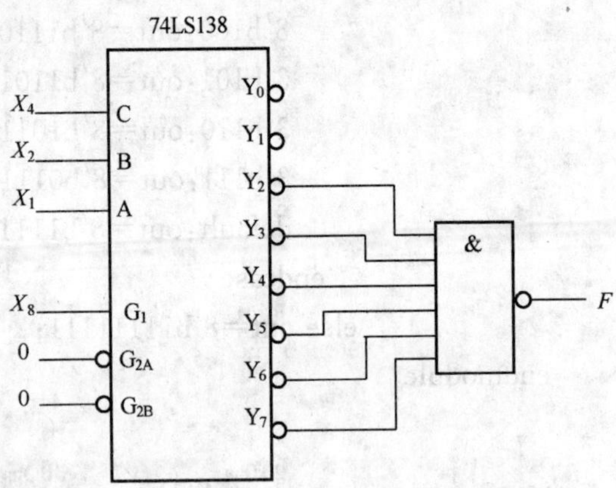

图 4.42 例 4.13 题图

作 F 的简化真值表（表 4.14），分析可知，若将 $X_8X_4X_2X_1$ 视为 8421 码输入，F 的逻辑功能为 8421 码的伪码检测电路。

表 4.14 简化真值表

X_8	X_4	X_2	X_1	F
1	0	0	0	0
1	0	0	1	0
1	0	1	0	1
1	0	1	1	1
1	1	0	0	1
1	1	0	1	1
1	1	1	0	1
1	1	1	1	1

【例 4.14】 分析如图 4.43 所示电路，写出 $/CS_0$ 和 $/CS_1$ 有效所需的条件，并用 Verilog HDL 描述。

解 （1）根据题意，若 $/CS_0$、$/CS_1$ 低有效，$/RD$ 与 $/WR$ 应低有效；

若使译码器工作，需满足 $A_7A_6A_5A_4=$ “1111”、$A_3=$ “0” 且 $/IORQ=$ “0”；

此时 $A_2A_1A_0=$ “000” 且 $/RD=$ “0” 时，$/CS_0=$ “0”，$/CS_1=$ “1”；

$A_2A_1A_0=$ “100” 且 $/WR=$ “0” 时，$/CS_0=$ “1”，$/CS_1=$ “0”。

其功能也可用表格形式描述：

$/IORQ$	$/RD$	$/WR$	A_7	A_6	A_5	A_4	A_3	A_2	A_1	A_0	$/CS_0$	$/CS_1$
0	0	d	1	1	1	1	0	0	0	0	0	1
0	d	0	1	1	1	1	0	1	0	0	1	0
其他情况											1	1

（2）例 4.14 的 Verilog HDL 描述：

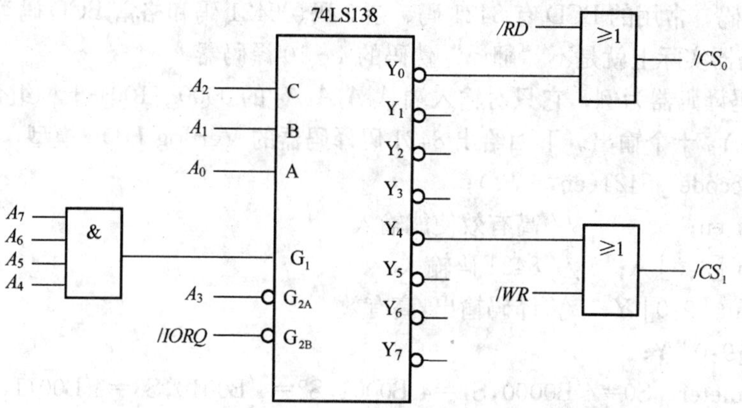

图 4.43　例 4.14 题图

```
module CS0 _ 1(n _ IORQ,n _ RD,n _ WR, A,n _ CS0,n _ CS1);
    input n _ IORQ,n _ RD,n _ WR;
    input [7:0] A;
    output n _ CS0,n _ CS1;
        assign n _ CS0=(! n _ IORQ & ! n _ RD & A==8'HF0)? 0:1;
        assign n _ CS1=(! n _ IORQ & ! n _ WR & A==8'HF4)? 0:1;
endmodule
```

【例 4.15】　用两片 74LS138 构成 4－16 译码器。

解　设 4－16 译码器的输入端为 $A_3A_2A_1A_0$，16 个输出端为 $/Y_0$，$/Y_1$，…，$/Y_{15}$。将 $A_2A_1A_0$ 对应连接到两片 74LS138 的变量输入端 CBA，利用 A_3 和 74LS138 的使能端进行扩展，如图 4.44 所示。

引出未使用的使能端作为 4－16 译码器的低有效使能端$/G$。在$/G=0$ 时，4－16 译码器工作，当输入 $A_3=0$ 时，片①工作，片②禁止，$/Y_0$，…，$/Y_7$ 译出 $A_3A_2A_1A_0$ 的 0000，…，0111 八种组合；当输入 $A_3=1$ 时，片②工作，片①禁止，$/Y_8$，…，$/Y_{15}$ 译出 $A_3A_2A_1A_0$ 的 1000，…，1111 八种组合。

事实上，在前面 74LS138 的 Verilog HDL 模型基础上也很容易扩展成 4－16 译码器的描述。

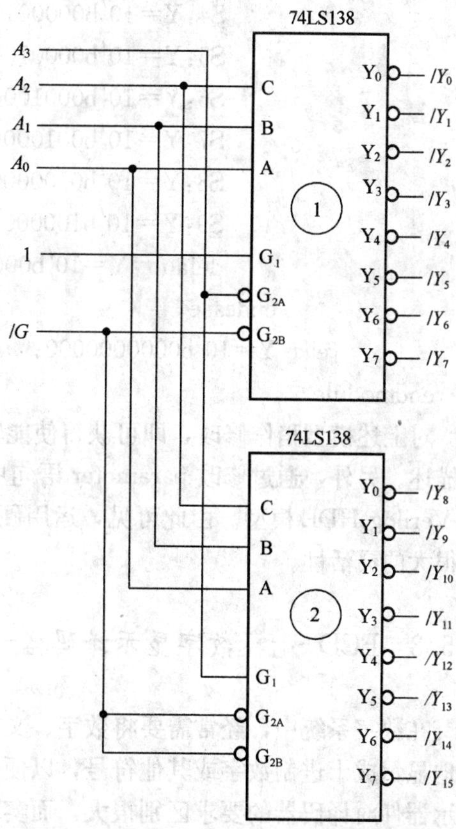

图 4.44　用 74LS138 扩展为 4－16 译码器

4.5.2　BCD译码器

BCD是用 4 位二进制代码表示 10 个十进制

数字符号的编码，常用的BCD有8421码、余3码、2421码和格雷BCD码等。

BCD译码器实际上就是不“翻译”伪码的4-10译码器。

以8421码译码器为例，它只对输入端$A_3A_2A_1A_0$的0000～1001十种组合进行翻译，产生对应的Y_0～Y_9十个输出。下面给出8421码译码器的Verilog HDL模型：

```
module decode_8421(en,A,Y);
    input en;          // 高有效使能输入
    input [3:0] A;     // 8421码输入
    output [9:0] Y;    // 译码输出,高有效
    reg [9:0] Y;
    parameter   S0=4'B0000,S1=4'B0001,S2=4'B0010,S3=4'B0011,S4=4'B0100,
                S5=4'B0101,S6=4'B0110,S7=4'B0111,S8=4'B1000,S9=4'B1001;
    always @ (en or A)
        if (en)
            case (A)
                S0:Y=10'b0000000001;
                S1:Y=10'b0000000010;
                S2:Y=10'b0000000100;
                S3:Y=10'b0000001000;
                S4:Y=10'b0000010000;
                S5:Y=10'b0000100000;
                S6:Y=10'b0001000000;
                S7:Y=10'b0010000000;
                S8:Y=10'b0100000000;
                S9:Y=10'b1000000000;
                default:Y=10'b0000000000;
            endcase
        else Y=10'b0000000000;
endmodule
```

对上述模型稍作修改，即可获得使能输入低有效或者译码输出低有效的8421码译码器的描述。另外，通过修改parameter语句中标志符常量的定义，即可得到各种BCD译码器的Verilog HDL模型。由此可见，运用硬件描述语言建模摆脱了传统逻辑器件的束缚，具有很大的灵活性。

4.5.3 BCD-七段数字显示译码器

在数字系统中，经常需要将数字、文字、符号的二进制代码翻译成人们习惯的形式并直观地显示成十进制数字或其他符号，以便读取或监视系统的工作情况。由于各种工作方式的显示器件对译码器的要求区别很大，而实际工作中又希望显示器和译码器配合使用，甚至直接利用译码器驱动显示器。因此，将这种类型的译码器称为显示译码器。下面介绍最简单、

常用的七段数字显示器和相应的BCD-七段数字显示译码驱动电路。

如图4.45所示，七段数字显示器采用发光二极管排列成a、b、c、d、e、f、g七个笔画段，点亮不同笔画段即可显示出相应的字形。图4.46给出的是发光二极管在七段数字显示器内部的两种接法——共阳极和共阴极接法。

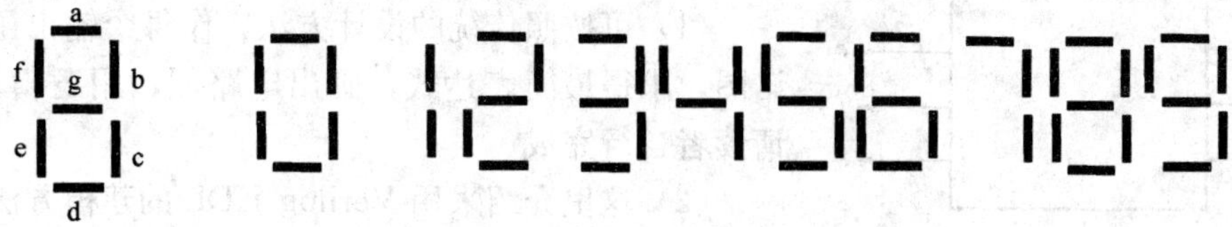

图4.45 七段数字显示器

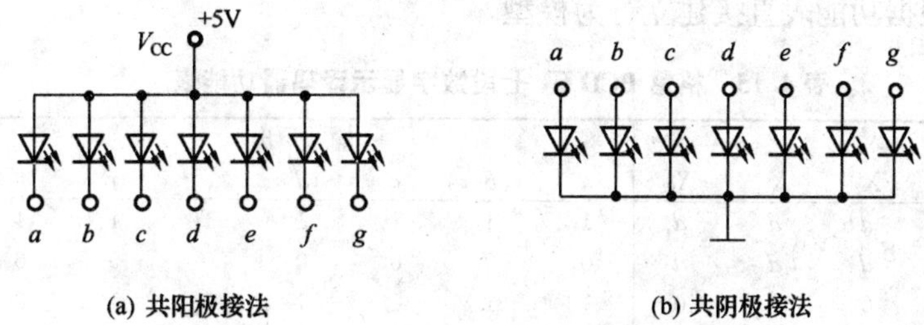

图4.46 七段数字显示器的两种接法

可以看出，若驱动共阳极接法的七段数字显示器，应在a、b、c、d、e、f、g端加载低电平（逻辑0），以点亮相应笔画段；若驱动共阴极接法的七段数字显示器，应在a、b、c、d、e、f、g端加载高电平（逻辑1），以点亮相应笔画段。

BCD-七段数字显示译码器实际上是BCD译码器与七段字形编码器的集成，图4.47是它的逻辑框图。

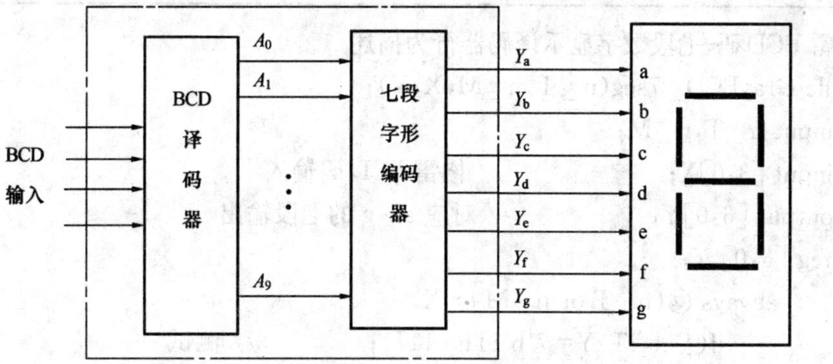

图4.47 BCD-七段数字显示译码器逻辑框图

【例4.16】 设计一个格雷BCD码-七段数字显示译码器，要求电路具有测试端和熄灭控制端，驱动共阴极接法的七段数字显示器。

解 根据题意画出图4.48所示功能框图，$/T$为低有效测试端，当$/T=0$时，点亮所有笔画段，用于测试七段数字显示器是否正常工作；$/M$为低有效的熄灭控制端，当$/M=0$

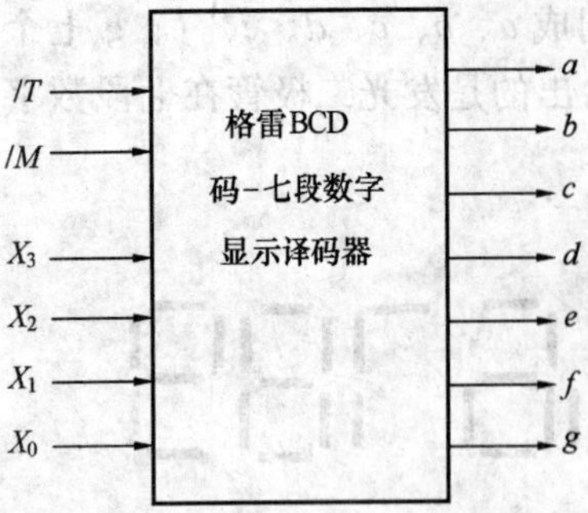

图 4.48　例 4.16 功能框图

时，七段数字显示器处于熄灭状态；只有当$/T=1$且$/M=1$时，才根据当前格雷 BCD 码输入（$X_3X_2X_1X_0$）产生相应的高有效的 $a \sim g$ 信号，来驱动共阴极七段数字显示器显示出相应的数字（0～9）。功能表如表 4.15 所示。

(1) 可按照传统的设计方法，作每个输出函数的卡诺图，求得最简表达式，画出电路图，用逻辑门实现。请读者自行完成。

(2) 这里介绍采用 Verilog HDL 的建模方法。

可利用由（1）得到的最简表达式，采用 assign 语句进行数据流描述；也可利用由（1）得到的电路图进行门级建模；或根据功能表直接建立行为模型。

表 4.15　格雷 BCD 码-七段数字显示译码器功能表

输入						输出							说明
/T	/M	X_3	X_2	X_1	X_0	a	b	c	d	e	f	g	
0	d	d	d	d	d	1	1	1	1	1	1	1	全亮,用于测试
1	0	d	d	d	d	0	0	0	0	0	0	0	熄灭
1	1	0	0	0	0	1	1	1	1	1	1	0	0
1	1	0	0	0	1	0	1	1	0	0	0	0	1
1	1	0	0	1	1	1	1	0	1	1	0	1	2
1	1	0	0	1	0	1	1	1	1	0	0	1	3
1	1	0	1	1	0	0	1	1	0	0	1	1	4
1	1	0	1	1	1	1	0	1	1	0	1	1	5
1	1	0	1	0	1	1	0	1	1	1	1	1	6
1	1	0	1	0	0	1	1	1	0	0	0	0	7
1	1	1	1	0	0	1	1	1	1	1	1	1	8
1	1	1	0	0	0	1	1	1	1	0	1	1	9

```
//格雷 BCD 码-七段数字显示译码器行为描述
module GrayBCD_7seg(n_T,n_M,X,Y);
    input n_T,n_M;
    input [3:0]X;              // 格雷 BCD 码输入
    output [6:0]Y;             // 对应 a~g 的七段输出
    reg [6:0] Y;
        always @(n_T or n_M or X)
            if(! n_T)Y=7'b 111_1111;          // 测试
              else if(! n_M)Y=7'b0000000;     // 熄灭
              else case(X)
                    4'b0000:Y=7'b1111110;
                    4'b0001:Y=7'b0110000;
                    4'b0011:Y=7'b1101101;
                    4'b0010:Y=7'b1111001;
```

```
            4'b0110: Y=7'b0110011;
            4'b0111: Y=7'b1011011;
            4'b0101: Y=7'b1011111;
            4'b0100: Y=7'b1110000;
            4'b1100: Y=7'b1111111;
            4'b1000: Y=7'b1111011;
            default: Y=7'b0000000; // 其他输入时,不显示
        endcase
endmodule
```

若将 case 语句中 Y 的输出按位取反，即可得到驱动共阳极数字显示器的模型。适当修改，即可获得其他 BCD-七段数字显示译码器的 Verilog HDL 描述。

图 4.49 是格雷 BCD 码-七段数字显示译码器的功能仿真波形。

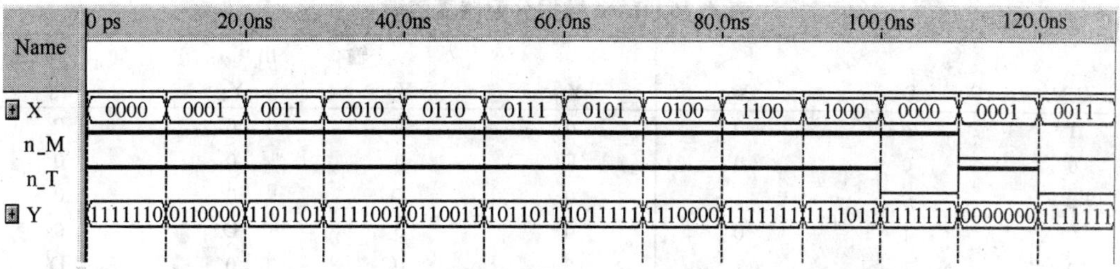

图 4.49 格雷 BCD 码-七段数字显示译码器功能仿真波形

在传统 MSI 中，有多种七段数字显示译码器集成电路，例如 74LS47、74LS48、74LS49 等，有兴趣的读者可查阅有关书籍与资料。

4.6 数据分配器

能够将输入数据，根据需要传送到 k 个输出端中任意一个输出端的电路，称为数据分配器，又称为多路分配器（Demultiplexer）。它是一种单路输入、多路输出的组合电路。常记为 $1-n$ 数据分配器 。图 4.50 是其功能框图。

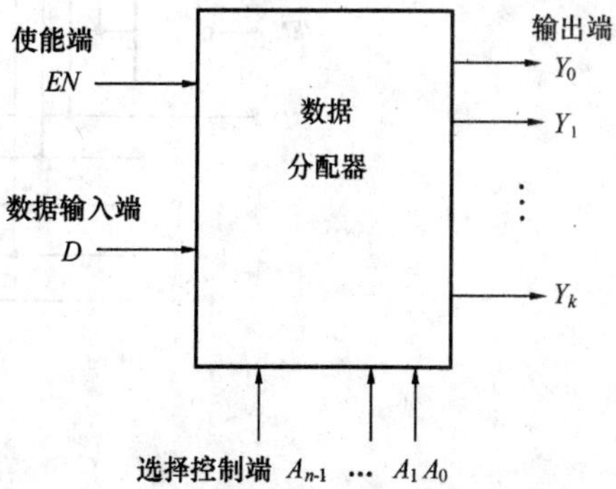

图 4.50 数据分配器功能框图

输出端的个数与选择控制端应满足 $k \leqslant 2^n$。

数据分配器的逻辑功能描述：在使能控制端有效时，将输入数据的逻辑值分配到选择控制变量指向的输出端上去。即

当 EN 有效时

$$Y_0 = m_0 \cdot D$$

$$Y_1 = m_1 \cdot D$$

$$\vdots$$

$$Y_k = m_k \cdot D$$

其中 m_k 是选择控制变量 $A_{n-1} \cdots A_1 A_0$ 的最小项。

【例 4.17】 设计一个使能控制低有效时，将一路输入分配给四路输出的数据分配器。

解 (1) 逻辑抽象

①输入信号。使能端用 $/EN$ 表示，低有效；一路输入数据用 D 表示；两个选择控制信号用 X_1X_0 表示。

②输出信号。四个输出端，用 $Y_0Y_1Y_2Y_3$ 表示。

设定，当 $X_1X_0=00$ 时，选中输出端 Y_0，即 $Y_0=D$；

当 $X_1X_0=01$ 时，选中输出端 Y_1，即 $Y_1=D$；

当 $X_1X_0=10$ 时，选中输出端 Y_2，即 $Y_2=D$；

当 $X_1X_0=11$ 时，选中输出端 Y_3，即 $Y_3=D$。

(2) 列真值表如表 4.16 所示。

表 4.16 1-4 数据分配器真值表

输入			输出			
$/EN$	X_1	X_0	Y_0	Y_1	Y_2	Y_3
1	d	d	0	0	0	0
0	0	0	D	0	0	0
0	0	1	0	D	0	0
0	1	0	0	0	D	0
0	1	1	0	0	0	D

(3) 写出逻辑表达式。

$$Y_0 = \overline{/EN} \cdot \overline{X}_1\,\overline{X}_0 \cdot D$$
$$Y_1 = \overline{/EN} \cdot \overline{X}_1\,X_0 \cdot D$$
$$Y_2 = \overline{/EN} \cdot X_1\,\overline{X}_0 \cdot D$$
$$Y_3 = \overline{/EN} \cdot X_1X_0 \cdot D$$

(4) 画逻辑图。根据逻辑表达式，画出如图 4.51 所示的逻辑图。

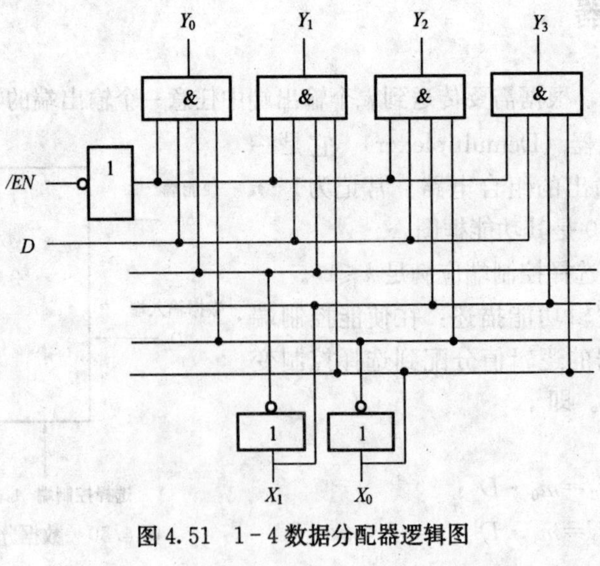

图 4.51 1-4 数据分配器逻辑图

由图 4.51 可见，数据分配器与译码器有着相同的电路结构，若将输入端 D 看做这个电路的另一个使能端，则该电路就是一个具有两个使能端（$/EN$ 和 D）的 2-4 译码器。事实上，数据分配器就是具有使能输入端的二进制译码器。或者说，只要将二进制译码器的使能输入端用作数据输入，其变量输入端用作选择控制输入，就可构成数据分配器。例如，74LS138 就可用作 1-8 数据分配器。

(5) 1-4 数据分配器的 Verilog HDL 门级结构描述。

```
module my1_4(n_EN,D,X,Y);
     input n_EN,D;
     input [1:0] X;
     output [3:0] Y;
     wire w1,w0,en;  // 定义三个非门的输出
          not u1(w1,X[1]);
          not u2(w0,X[0]);
          not u3(en,n_EN);
          and u4(Y[0],w0,w1,D,en);
          and u5(Y[1],w1,X[0],D,en);
          and u6(Y[2],X[1],w0,D,en);
          and u7(Y[3],X[1],X[0],D,en);
endmodule
```

(6)1-4 数据分配器的 Verilog HDL 行为描述。

```
module demux1_4(n_EN,D,X,Y);
     input n_EN,D;
     input [1:0] X;
     output [3:0] Y;
     reg [3:0] Y;
          always @(n_EN or D or X)
               if(~n_EN)
                  case(X)
                     2'b00:Y[0]=D;
                     2'b01:Y[1]=D;
                     2'b10:Y[2]=D;
                     2'b11:Y[3]=D;
                  endcase
               else Y=4'b0000;
               endif
endmodule
```

(7) 1-4 数据分配器 Verilog HDL 模型的仿真波形如图 4.52 所示。

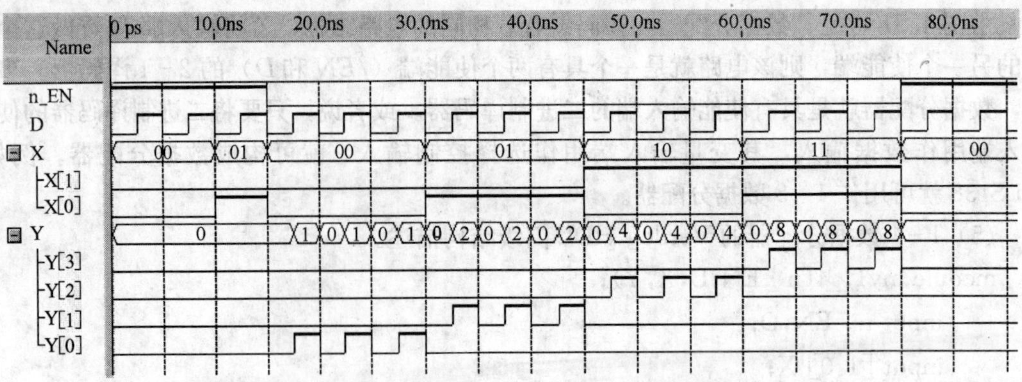

图 4.52　1-4 数据分配器 Verilog HDL 模型的仿真波形

4.7　数据选择器

在多路数据传送过程中，能够根据需要将其中任意一路挑选出来的电路，称为数据选择器，又称多路选择器（Multiplexers）或多路开关，它是一种多路输入、单路输出的组合电路。常记为 $n/1$ 或 $n-1$ 数据选择器。图 4.53 是数据选择器的功能框图。

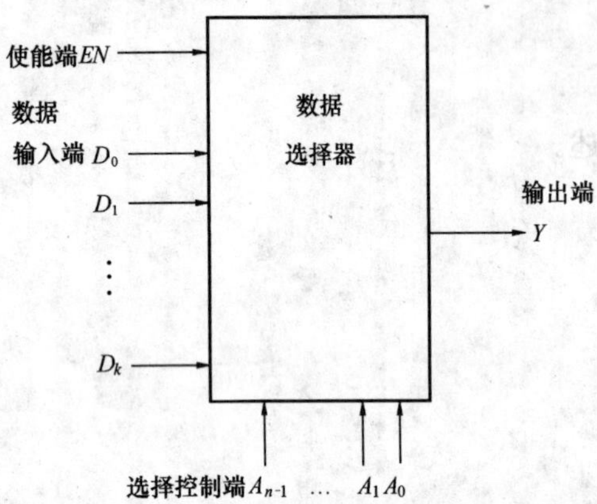

图 4.53　数据选择器功能框图

数据输入端的个数与选择控制端应满足$k \leqslant 2^n$。

数据选择器的逻辑功能：当使能端有效时，将选择控制变量指向的多路输入数据中的一路送到输出端。

即当 EN 有效时，$Y = m_0D_0 + m_1D_1 + \cdots + m_kD_k$（$m_k$ 是关于选择控制变量 $A_{n-1} \cdots A_1 A_0$ 的最小项）。也可记为

$$Y = \sum_{k=0}^{2^n-1} m_k \cdot D_k$$

【例 4.18】　设计一个使能端控制低有效的 4-1 数据选择器。

解　(1) 逻辑抽象：

①输入信号。使能端 $/EN$，低有效；四路数据，用 $D_0D_1D_2D_3$ 表示；两个选择控制变量，用 S_1S_0 表示。

②输出信号。用 Y 表示。

设定：当 $S_1S_0=00$ 时，$Y=D_0$；

当 $S_1S_0=01$ 时，$Y=D_1$；

当 $S_1S_0=10$ 时，$Y=D_2$；

当 $S_1S_0=11$ 时，$Y=D_3$。

(2) 根据以上分析，列出如表 4.17 所示的真值表。

表 4.17　4－1 数据选择器真值表

输　入			输　出
/EN	S_1	S_0	Y
1	d	d	0
0	0	0	D_0
0	0	1	D_1
0	1	0	D_2
0	1	1	D_3

(3) 由真值表可得输出表达式

$$Y=\overline{/EN}\cdot(\overline{S}_1\,\overline{S}_0\cdot D_0+\overline{S}_1\,S_0\cdot D_1+S_1\,\overline{S}_0\cdot D_2+S_1S_0\cdot D_3)$$

(4) 画出电路图，如图 4.54 所示。

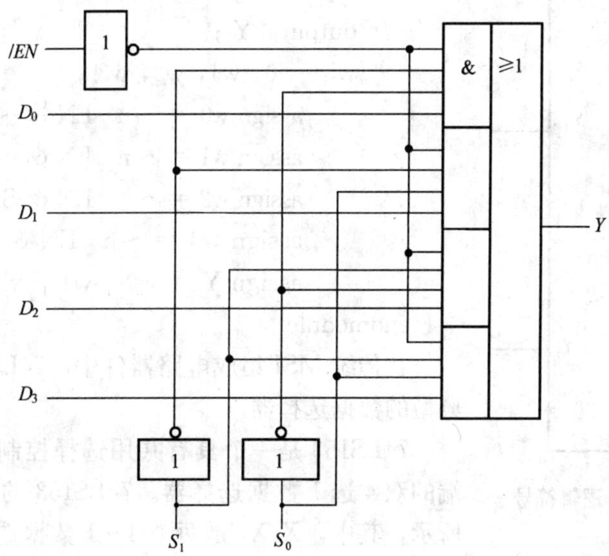

图 4.54　4－1 数据选择器逻辑图

可以看出，数据选择器具有以"与或"电路为核心的结构特点。当使能端/$EN=0$ 时，各"与门"打开，电路正常工作，可在 S_1S_0 的控制下，将输入端 D_0、D_1、D_2、D_3 送到输出端 Y；当使能端/$EN=1$ 时，"与门"被封锁，输出 $Y=0$。

(5) 4－1 数据选择器的 Verilog HDL 行为描述。

```
module sel_4_1 ( n_EN, sel, D, Y ) ;
    input n_EN ;                // 使能,低有效
    input [1:0] sel ;           // 选择控制变量
    input [3:0] D ;             // 4 路输入数据
    output  Y ;
    reg     Y ;
        always @ ( n_EN or sel or D )
```

```
    if (! n_EN )
      case ( sel )
        2'b00 : Y=D[0] ;
        2'b01 : Y=D[1] ;
        2'b10 : Y=D[2] ;
        2'b11 : Y=D[3] ;
      endcase
    else Y=0 ;
endmodule
```

(6)4－1 数据选择器的 Verilog HDL 数据流描述。

```
module  sel_4_1 (n_EN, S1, S0, D0, D1, D2, D3, Y) ;
    input  n_EN, S1, S0, D0, D1, D2, D3 ;
    output  Y ;
    wire w0, w1, w2, w3 ;
        assign w0 = ~n_EN & ~S1 & ~S0 & D0 ;
        assign w1 = ~n_EN & ~S1 & S0 & D1 ;
        assign w2 = ~n_EN & S1 & ~S0 & D2 ;
        assign w3 = ~n_EN & S1 & S0 & D3 ;
        assign Y = w0 | w1 | w2 | w3 ;
endmodule
```

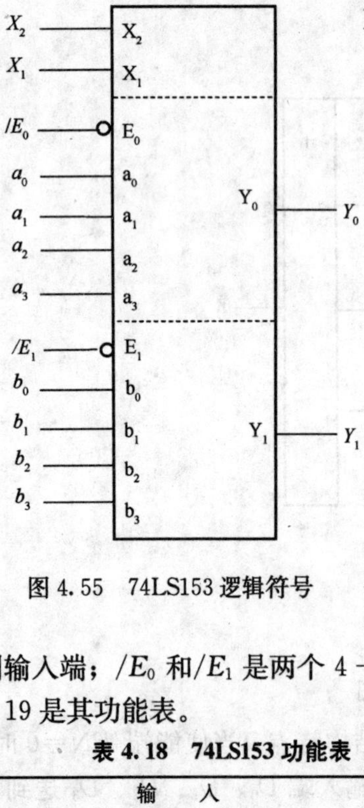

图 4.55　74LS153 逻辑符号

在传统 MSI 集成电路器件中，74LS153 和 74LS151 是典型的数据选择器。

74LS153 是一个具有共用选择控制输入端、独立使能端的双 4 选 1 数据选择器。74LS153 的逻辑符号如图 4.55 所示，其中，X_2X_1 是两个 4－1 数据选择器共用的选择控制输入端；$/E_0$ 和$/E_1$ 是两个 4－1 数据选择器的独立使能端，均为低有效。表 4.18 和表 4.19 是其功能表。

表 4.18　74LS153 功能表 (1)

输入			输出
$/E_0$	X_2	X_1	Y_0
1	d	d	0
0	0	0	a_0
0	0	1	a_1
0	1	0	a_2
0	1	1	a_3

表 4.19　74LS153 功能表 (2)

输入			输出
$/E_1$	X_2	X_1	Y_1
1	d	d	0
0	0	0	b_0
0	0	1	b_1
0	1	0	b_2
0	1	1	b_3

由 74LS153 的功能表可得到输出端 Y_0 和 Y_1 的逻辑表达式

$$Y_0 = \overline{/E_0} \cdot (\overline{X}_2\overline{X}_1 \cdot a_0 + \overline{X}_2X_1 \cdot a_1 + X_2\overline{X}_1 \cdot a_2 + X_2X_1 \cdot a_3)$$

$$Y_1 = \overline{/E_1} \cdot (\overline{X}_2\overline{X}_1 \cdot b_0 + \overline{X}_2X_1 \cdot b_1 + X_2\overline{X}_1 \cdot b_2 + X_2X_1 \cdot b_3)$$

74LS151 是一个具有低有效使能端、互补输出端的 8－1 数据选择器。图 4.56 是它的逻辑符号。其中，$/EN$ 为低有效的使能端；$X_2X_1X_0$ 是 8-1 数据选择器的选择控制输入端。表 4.20是其功能表。显然，可以写出使能端有效（$/EN=0$）时的输出表达式，并画出如图 4.57所示的卡诺图。

$$Y=\overline{X}_2\overline{X}_1\overline{X}_0\cdot D_0+\overline{X}_2\overline{X}_1X_0\cdot D_1+\overline{X}_2X_1\overline{X}_0\cdot D_2+\overline{X}_2X_1X_0\cdot D_3+X_2\overline{X}_1\overline{X}_0\cdot D_4+X_2\overline{X}_1X_0\cdot D_5+X_2X_1\overline{X}_0\cdot D_6+X_2X_1X_0\cdot D_7=\sum_{i=0}^{7}m_i\cdot D_i$$

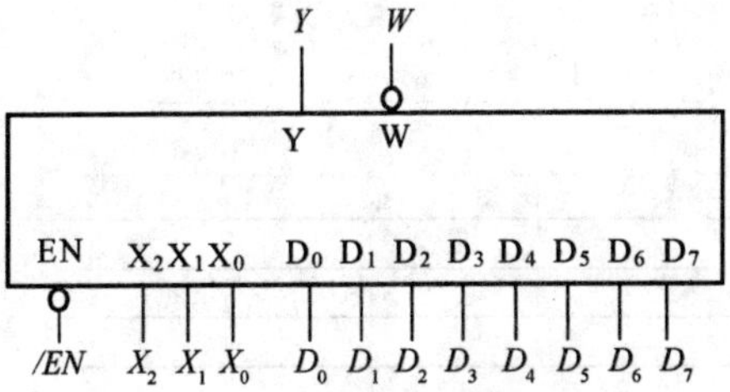

图 4.56　74LS151 逻辑符号

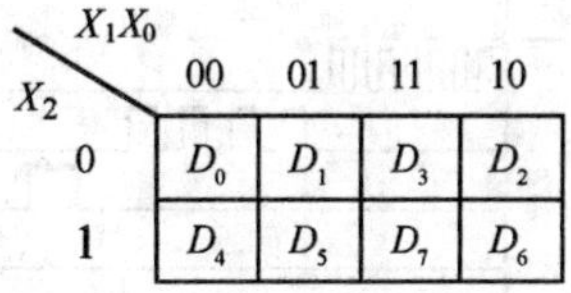

图 4.57　74LS151 输出 Y 的卡诺图

这里的 m_i 是关于选择控制输入端 $X_2X_1X_0$ 顺序的最小项。

表 4.20　74LS151 功能表

输入				输出	
$/EN$	X_2	X_1	X_0	Y	W
1	d	d	d	0	1
0	0	0	0	D_0	$\overline{D}_0$
0	0	0	1	D_1	$\overline{D}_1$
0	0	1	0	D_2	$\overline{D}_2$
0	0	1	1	D_3	$\overline{D}_3$
0	1	0	0	D_4	$\overline{D}_4$
0	1	0	1	D_5	$\overline{D}_5$
0	1	1	0	D_6	$\overline{D}_6$
0	1	1	1	D_7	$\overline{D}_7$

下面是 8-1 数据选择器的 Verilog HDL 描述，其仿真波形如图 4.58 所示。

```
module my8_1wave (n_EN, sel, din, out) ;
    input n_EN ;               // 对应逻辑符号中的 EN
    input [2:0] sel ;          // 对应逻辑符号中的 X2X1X0
    input [7:0] din ;          // 对应逻辑符号中的 D0～D7
    output out ;               // 对应逻辑符号中的 Y
    reg out ;
        always @ (n_EN or sel or din )
            if ( ! n_EN )
                case ( sel )
                    3'b000 : out=din[0] ;
                    3'b001 : out=din[1] ;
                    3'b010 : out=din[2] ;
                    3'b011 : out=din[3] ;
```

```
                3'b100 : out=din[4] ;
                3'b101 : out=din[5] ;
                3'b110 : out=din[6] ;
                3'b111 : out=din[7] ;
                default : out=1'b0 ;
            endcase
        else out=1'b0 ;
endmodule
```

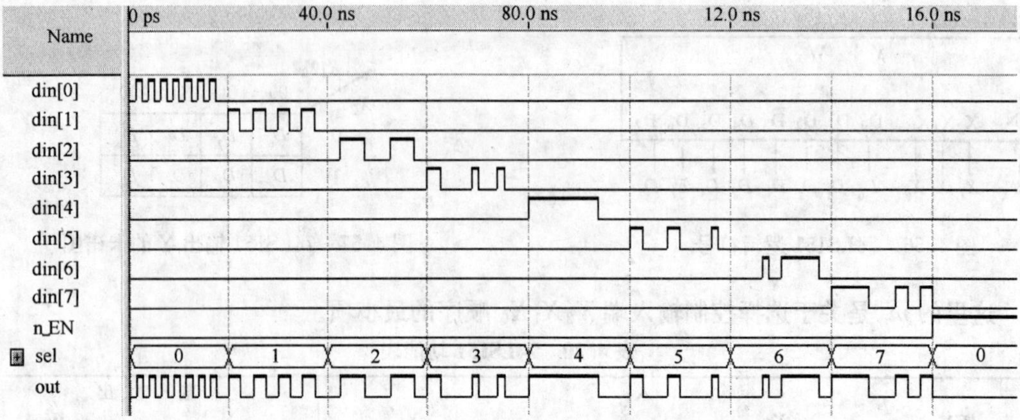

图 4.58　8-1 数据选择器的仿真波形

由仿真波形可看出，虽然八个数据输入端 din［0］～din［7］都加载了信号，但只有选择控制信号 sel 选中时的那一路才送到输出端 out。例如，当 sel＝3′b000 期间，选择 din［0］送出；当 sel＝3′b001 期间，选择 din［1］送出；依此类推。

图 4.59 是由两个 74LS151 级联扩展构成的 16-1 数据选择器，当 $A_3=0$ 时，片①工

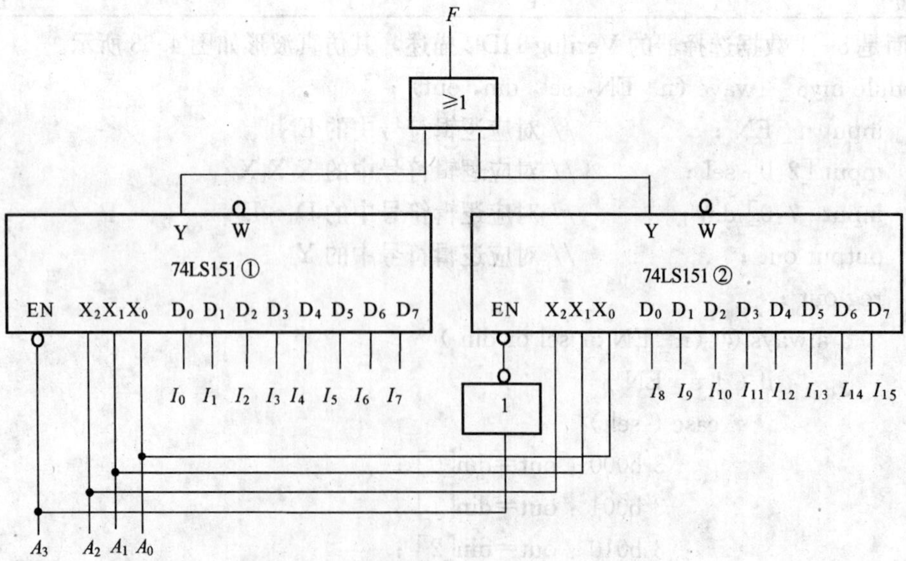

图 4.59　两个 74LS151 扩展成 16-1 数据选择器

作，片②禁止，在 $A_2A_1A_0$ 的控制下，将 I_0，…，I_7 中的一路选中送到输出端 F；当 $A_3=1$ 时，片②工作，片①禁止，在 $A_2A_1A_0$ 的控制下，将 I_8，…，I_{15} 中的一路选中送到输出端 F。进而实现在 $A_3A_2A_1A_0$ 控制下的十六选一的功能。

数据选择器的应用很广泛，除上面介绍的数据选择传送外，还可用作并行—串行数据转换器以及逻辑函数发生器。

如果在数据选择器的数据输入端 D_i 加载数据后，让选择控制信号按自然二进制递增（或递减）规律变化，那么，在输出端就可以得到相应的多位串行数据。从而实现把输入的并行数据转换为串行数据输出的功能。

在通信网络和计算机网络中，为节省信道，需要发送端将多位并行数据转换为串行数据后再送到信道上；而在接收端又要将信道上传来的多位串行数据转换为并行数据后再送到用户线上。这就是信息的传递与分配。

将数据选择器与数据分配器结合起来，就可以实现信息的传递与分配。例如，将 8－1 数据选择器 74LS151 和 3－8 译码器 74LS138（译码器用作分配器）按图 4.60 连接起来，在保证收发两端的地址信号（选择控制信号）严格同步的情况下，它就是一个八路信息的传递与分配电路。

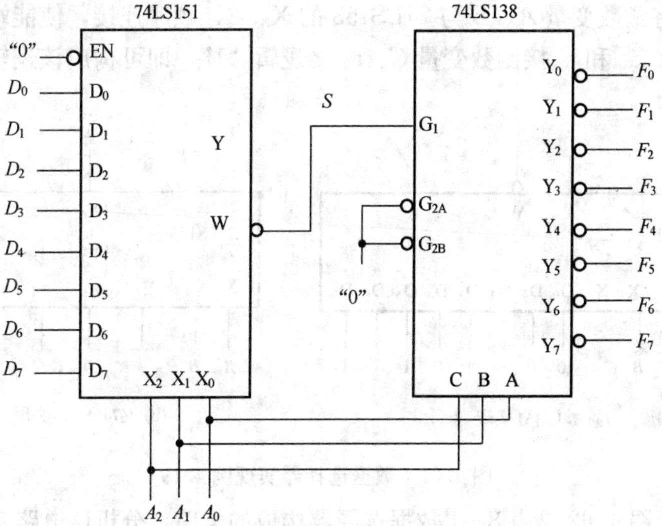

图 4.60　八路信息的传递与分配电路

由于收发两端地址信号 $A_2A_1A_0$ 是同步产生的，因此，当 $A_2A_1A_0=000$ 时，D_0 被选中，则 $S=\overline{D}_0$，$F_0=\overline{S}=D_0$。同理，当 $A_2A_1A_0=001\sim111$ 时，$F_1\sim F_7=D_1\sim D_7$，达到传送的预期目的。

数据选择器还经常用来作为逻辑函数发生器，实现逻辑函数的功能。根据数据选择器在使能有效时的输出表达式 $Y=m_0D_0+m_1D_1+\cdots+m_7D_7+\cdots+m_{2^n-1}D_{2^n-1}$（$m_i$ 是关于选择控制变量的最小项）可知，它具有标准与或表达式的形式，而任何逻辑函数都可以转换成标准与或表达式的形式。所以，若将逻辑函数的输入变量作为数据选择器的选择控制和数据输入时，数据选择器的输出 Y 就是所要实现的逻辑函数。

当逻辑函数的变量个数与数据选择器的选择控制端个数相同时，数据选择器的数据输入

端 D_i 不是接“1”就是接“0”；当逻辑函数的变量个数多于数据选择器的选择控制端个数时，先确定哪些函数变量用作选择控制变量，此时，数据选择器的数据输入端 D_i 或接“1”、或接“0”、或是“没有用作选择控制变量的其余变量”的逻辑组合。

【例 4.19】 请用数据选择器实现逻辑函数 $F(A,B,C)=AB+BC+AC$。

解 （1）用具有三个控制选择输入端的 8－1 数据选择器 74LS151 实现。

首先将逻辑函数转换成标准与或式，即

$$F(A,B,C)=AB+BC+AC=\overline{A}BC+A\overline{B}C+AB\overline{C}+ABC=\sum m^3(3,5,6,7)$$

根据上式，将函数变量 A、B、C 与 74LS151 的控制选择端 X_2、X_1、X_0 顺序连接，使能端置为有效，数据输入端 D_3、D_5、D_6、D_7 接逻辑“1”，其余接“0”，即可构成该逻辑函数发生器，如图 4.61（a）所示。

（2）用 4－1 数据选择器（½74LS153）实现。

4－1 数据选择器的输出表达式为

$$Y_0=\overline{X}_1\overline{X}_0\cdot a_0+\overline{X}_1X_0\cdot a_1+X_1\overline{X}_0\cdot a_2+X_1X_0\cdot a_3$$

将函数变量 A、B 作为 4－1 数据选择器的选择控制输入，函数表达式可变形为

$$F=\overline{A}\,\overline{B}\cdot 0+\overline{A}B\cdot C+A\overline{B}\cdot C+AB\cdot 1$$

比较两式，将函数变量 A、B 与 74LS153 的 X_1、X_0 顺序连接，使能端置为有效，数据输入端 a_0 接“0”、a_1 和 a_2 接函数变量 C、a_3 接逻辑“1”，即可构成该逻辑函数发生器，如图 4.61（b）所示。

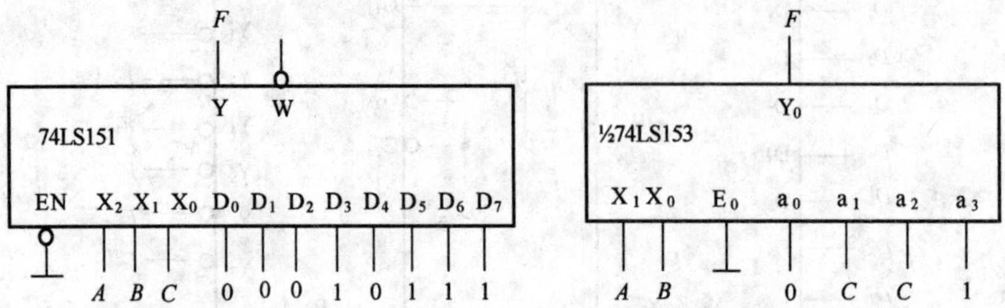

(a) 74LS151实现　　(b) ½74LS153 实现

图 4.61 数据选择器实现例 4.19

【例 4.20】 图 4.62 是由 8－1 数据选择器构成的电路，分析该电路实现的逻辑功能。

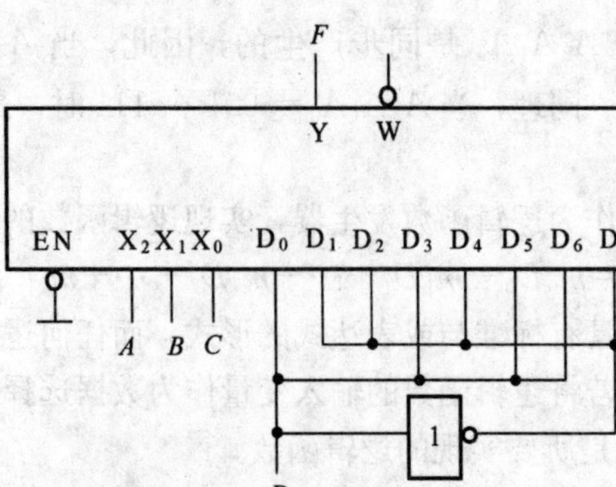

图 4.62 例 4.20 的逻辑图

解 根据 8－1 数据选择器输出表达式的特点，可直接写出 F 的表达式。

$$F(A,B,C,D)=m_0D+m_1\overline{D}+m_2\overline{D}+m_3D+m_4\overline{D}+m_5D+m_6D+m_7\overline{D}$$

其中，m_i 为 A、B、C 的最小项。列真值表如表 4.21 所示。

表 4.21 例 4.20 的真值表

输入				输出	输入				输出
A	B	C	D	F	A	B	C	D	F
0	0	0	0	0	1	0	0	0	1
0	0	0	1	1	1	0	0	1	0
0	0	1	0	1	1	0	1	0	0
0	0	1	1	0	1	0	1	1	1
0	1	0	0	1	1	1	0	0	0
0	1	0	1	0	1	1	0	1	1
0	1	1	0	0	1	1	1	0	1
0	1	1	1	1	1	1	1	1	0

由真值表可分析出，当有奇数个取值为“1”的输入变量时，输出为“1”；当有偶数个取值为“1”的输入变量时，输出为“0”。因此，图 4.62 所示电路是一个 4 位奇校验代码的检测电路，奇校验代码正确时输出为“1”，否则输出为“0”。

上面介绍的数据选择器都是选择 1 位数据送到输出端，即每个数据输入端只有一根数据线。在数字系统中，经常选择多位数据（例如，按每字节 8 位）进行传送，即需要如图 4.63所示的 m 位 n－1 数据选择器，可利用传统 MSI 数据选择器拼接实现，但采用 Verilog HDL 建模更为方便。

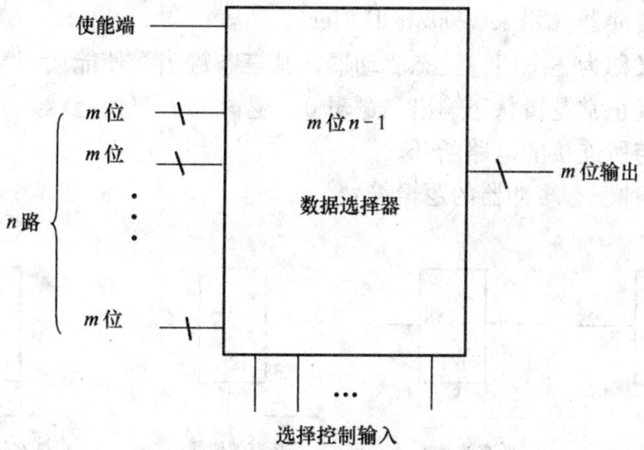

图 4.63 m 位 n－1 数据选择器功能框图

【例 4.21】 建立一个 8 位 4－1 数据选择器的 Verilog HDL 模型。

解 可在例 4.18 中的 4－1 数据选择器 Verilog HDL 行为模型的基础上，稍作修改，获得 8 位 4－1 数据选择器的 Verilog HDL 模型。

```
module sel_8bit_4_1 ( n_EN,sel,D0,D1,D2,D3,Y ) ;
    input n_EN ;              // 使能,低有效
    input [1:0] sel ;         // 选择控制变量
    input [7:0] D0,D1,D2,D3 ;          // 8 位 4 路输入数据
    output [7:0] Y ;                   // 8 位输出
```

```
reg [7:0] Y ;
    always @ ( n_EN or sel or D0 or D1 or D2 or D3 )
        if (! n_EN )
            case ( sel )
                2'b00 : Y=D0 ;
                2'b01 : Y=D1 ;
                2'b10 : Y=D2 ;
                2'b11 : Y=D3 ;
            endcase
        else Y=0 ;
endmodule
```

可以看出，只要修改输入数据和输出的位宽，就可得到任意位的 4 - 1 数据选择器模型。

4.8 三态缓冲器

当采用共用数据线或总线（bus）传输数据时，任一时刻，只能有一个设备占用总线传送数据，其他挂在总线上的设备的输出端必须处于高阻状态。因此，挂接总线的设备的输出结构中应采用三态缓冲器（Three - state Buffer）。

三态缓冲器，又称为三态门、三态驱动器，其三态输出受使能输入端的控制，当使能输入有效时，器件实现正常逻辑状态输出（逻辑 0、逻辑 1）；当使能输入无效时，输出处于高阻状态，即等效于与所连接的电路断开。

图 4.64 给出几种三态缓冲器的逻辑符号。

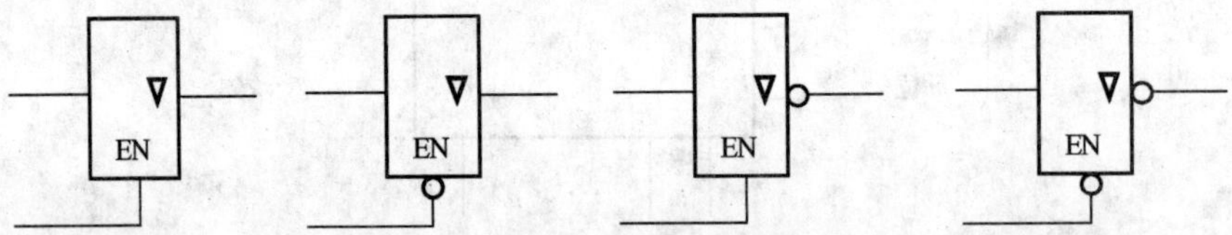

图 4.64 三态缓冲器的逻辑符号

以下是三态缓冲器的 Verilog HDL 描述，其仿真波形如图 4.65 所示。

```
module three_t ( in, en, out ) ;
    input in ;
    input en ;
    output out ;
    assign out = ( en ==1 ) ? in : 1'bz ; // 使能有效,out=in,否则,out 为高阻
endmodule
```

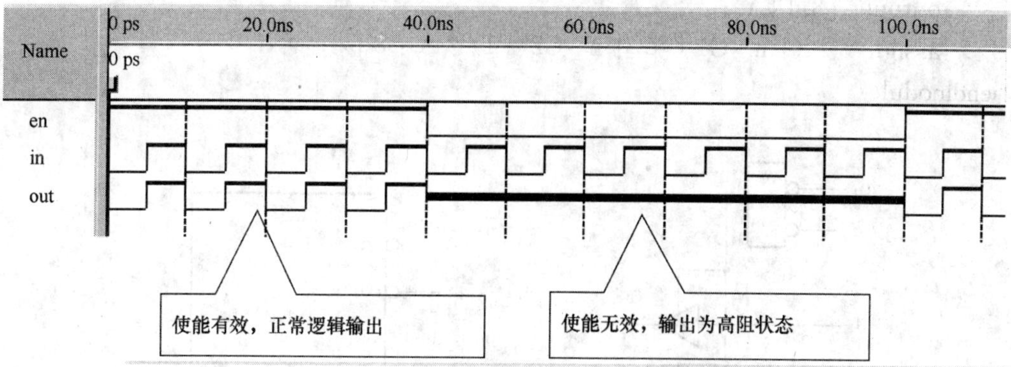

图 4.65 三态缓冲器仿真波形

图 4.66 是三态缓冲器的一个应用示例，当译码器的所有使能端有效时，$SS_0 \sim SS_2$ 的组合使$/SEL_P \sim /SEL_W$ 在同一时刻只有一个有效，打开对应的三态门，此时其他三态门的输出均为高阻态，从而保证八个数据源 $P \sim W$ 中只有一个驱动 $SDATA$；当译码器使能端无效时，$/SEL_P \sim /SEL_W$ 均为高电平，八个三态门的输出均为高阻态。

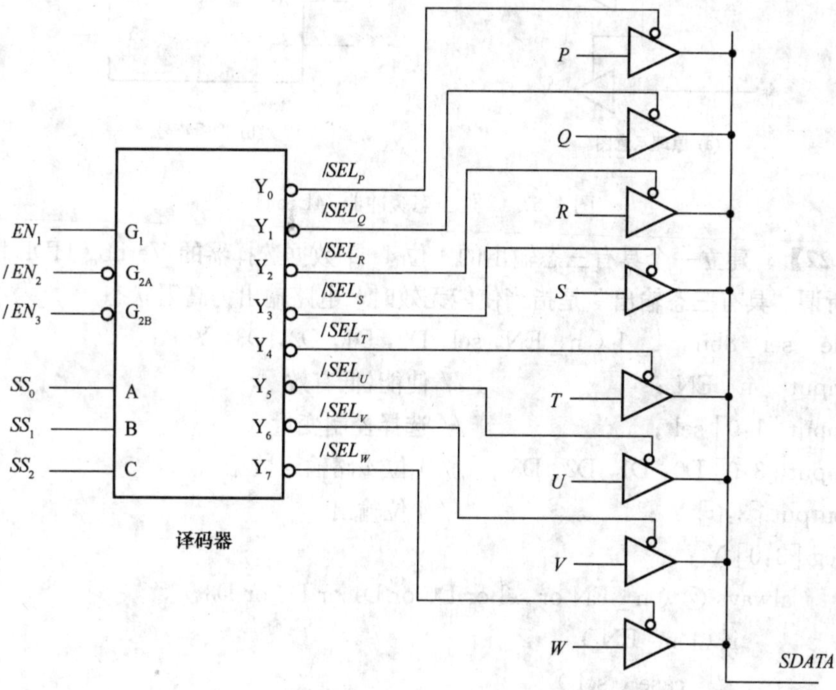

图 4.66 三态缓冲器用于多个数据源共享一根（组）共用数据线

传统 MSI 中的 74LS541 是一个 8 位三态缓冲器，它将八个独立三态门的使能端连在一起，共用两个使能输入，局部示意逻辑图及逻辑符号如图 4.67 所示。它的 Verilog HDL 模型如下：

```
module  D_74LS541 ( n_G1, n_G2, A, Y ) ;
    input  n_G1, n_G2 ;
    input  [8:1] A ;
```

```
    output  [8:1] Y ;
    assign Y= (! n_G1 && ! n_G2==1) ? A : 8'bz ;
endmodule
```

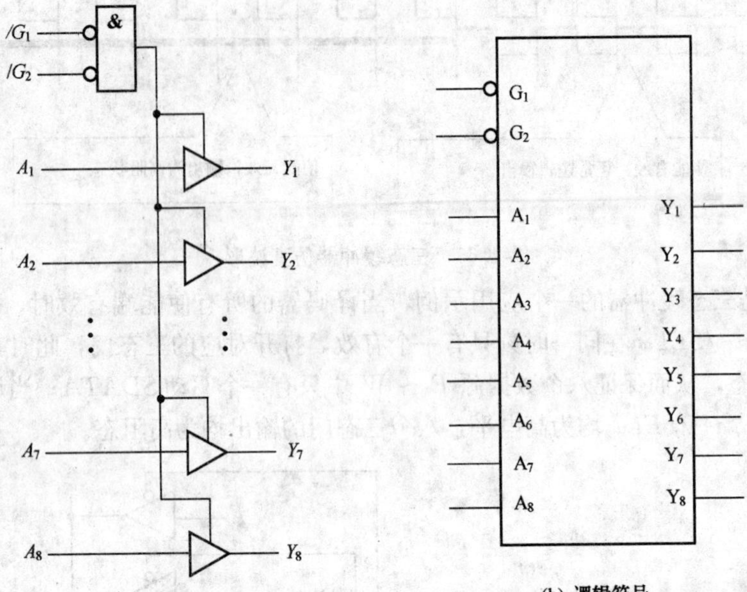

(a) 原理示意图　　(b) 逻辑符号

图 4.67　8 位三态缓冲器 74LS541

【例 4.22】　建立一个具有三态输出的 4 位 4－1 数据选择器的 Verilog HDL 模型。

解　所谓“具有三态输出”是指当使能无效时，电路输出为高阻状态。

```
module  sel_8bit_4_1 ( n_EN, sel, D0, D1, D2, D3, Y ) ;
    input   n_EN ;                    // 使能,低有效
    input [1:0] sel ;                 // 选择控制变量
    input [3:0] D0, D1, D2, D3 ;      // 4 位 4 路输入数据
    output [3:0] Y ;                  // 4 位输出
    reg [3:0] Y ;
        always @ ( n_EN or sel or D0 or D1 or D2 or D3 )
            if (! n_EN )
                case ( sel )
                    2'b00 : Y=D0 ;
                    2'b01 : Y=D1 ;
                    2'b10 : Y=D2 ;
                    2'b11 : Y=D3 ;
                endcase
            else     Y=4'bzzzz ;   // 使能无效,输出高阻
endmodule
```

4.9 数值比较电路

对两个位数相同的二进制整数进行数值比较，并判断其大小关系的逻辑电路称为比较器。两数的大小关系分为：大于（>）、等于（=）和小于（<）。应从两数的高位开始比较，当高位已经比较出大小，则直接输出比较结果，此时不需要进行低位的比较，只有在高位相等情况下，才进行低位的比较。

对于这类电路的设计，通常采用便于级联扩展的迭代设计（模块化设计、重复电路）方法。满足迭代设计要求的基本电路模型如图 4.68 所示。

运用基本迭代电路可以构造更大规模的逻辑电路，如图 4.69 所示。

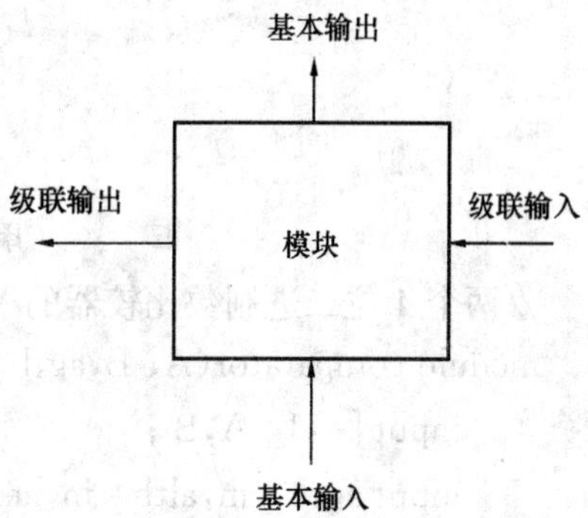

图 4.68　基本迭代电路模型

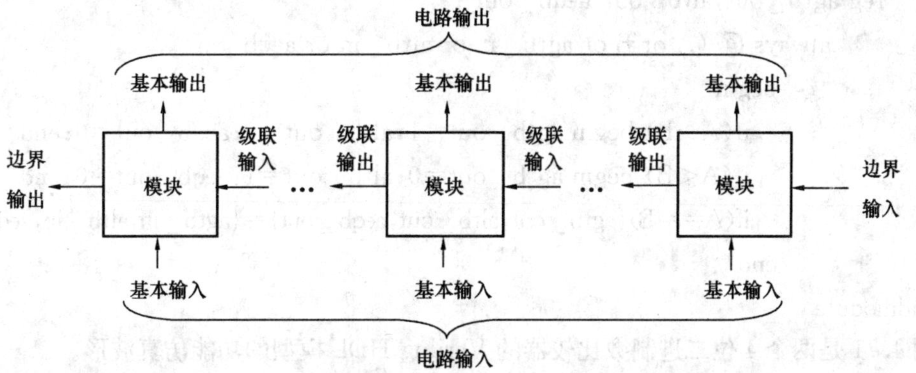

图 4.69　迭代电路设计模型

【例 4.23】　建立满足迭代设计要求的两个 4 位二进制数比较器的 Verilog HDL 模型。

解　电路模型如图 4.70 所示。设两个 4 位二进制数为 A［4：1］和 B［4：1］，当 A>B 或 A<B 时，直接产生比较结果 agtb _ out 或 altb _ out ；当 A=B 时，比较结果取决于级联输入端（低端比较结果）的状态。其功能如表 4.22 所示。

表 4.22　两个 4 位二进制数比较器功能表

A[4：1]与B[4：1]的比较结果	级联输入（低位比较结果）			级联输出（比较结果）		
	agtb _ in	aeqb _ in	altb _ in	agtb _ out	aeqb _ out	altb _ out
A>B	×	×	×	1	0	0
A<B	×	×	×	0	0	1
A=B	1	0	0	1	0	0
	0	1	0	0	1	0
	0	0	1	0	0	1

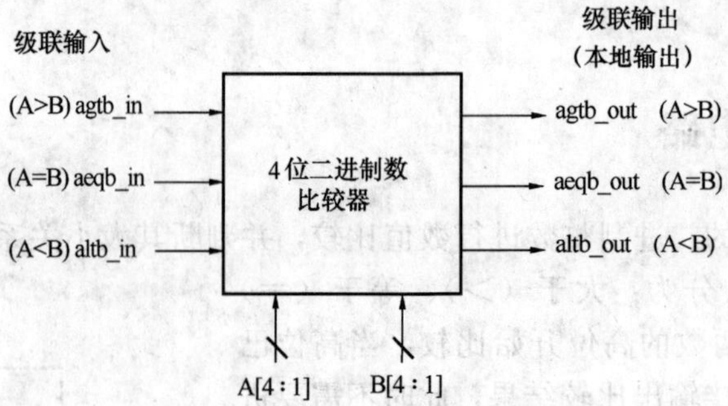

图 4.70　例 4.23 电路模型

```
//两个 4 位二进制数比较器的 Verilog HDL 模型
module comparator(A, B,agtb_in,altb_in,aeqb_in,agtb_out,altb_out,aeqb_out);
    input [4:1] A,B ;
    input agtb_in,altb_in,aeqb_in ;
    output agtb_out,altb_out,aeqb_out ;
    reg agtb_out,altb_out,aeqb_out ;
        always @ (A or B or agtb_in or altb_in or aeqb_in)
            begin
                if(A>B) begin agtb_out=1;altb_out=0;aeqb_out=0;end
                if(A<B) begin agtb_out=0;altb_out=1;aeqb_out=0;end
                if(A==B){agtb_out,altb_out,aeqb_out}={agtb_in,altb_in,aeqb_in};
            end
endmodule
```

图 4.71 是两个 4 位二进制数比较器的 Verilog HDL 模型的功能仿真波形。

上述两个 4 位二进制数比较器的 Verilog HDL 模型对应的逻辑符号如图 4.72 所示。

显然，按照迭代设计思想可构造如图 4.73 所示的 8 位二进制数比较器。其中，低端比

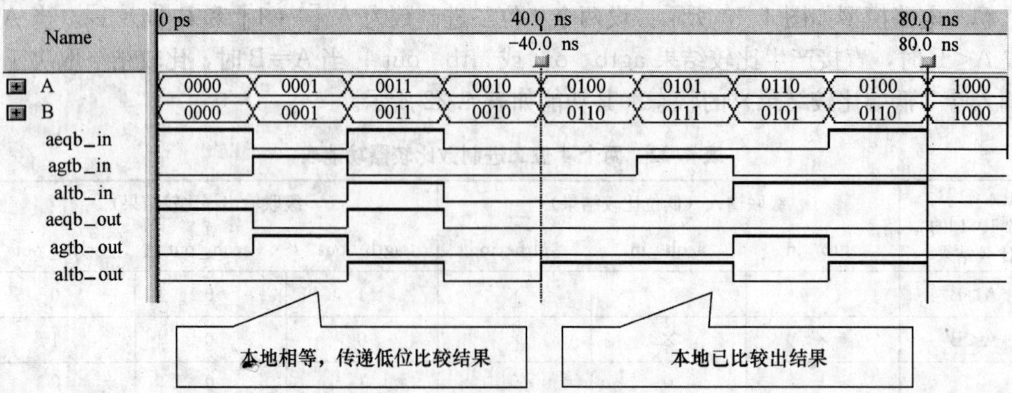

图 4.71　例 4.23 的仿真波形

较的级联输入 agtb _ in、aeqb _ in、altb _ in 应置成 0、1、0，以保证 X [7：0] ＝Y [7：0] 时产生正确的比较输出。

需要指出的是，当迭代构造的电路规模较大时，会引发电路响应时间问题。例如，图 4.73 所示电路中，比较结果输出的 aeqb _ out（A＝B 时）的建立取决于最低端的比较结果，电路的规模（二进制数的位数）越大，该信号建立的时间越长（响应越慢）。

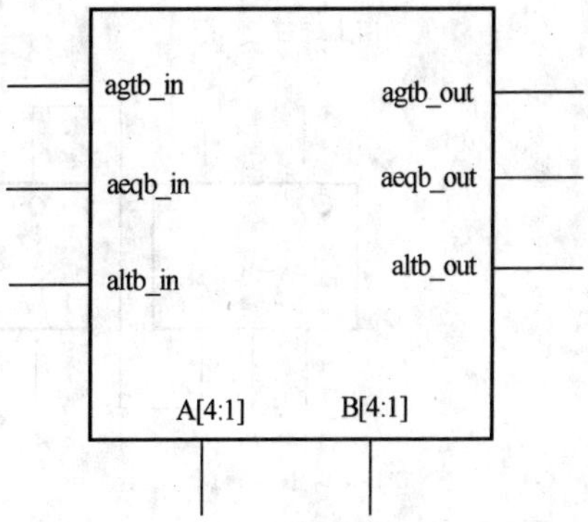

图 4.72　4 位二进制数比较器逻辑符号

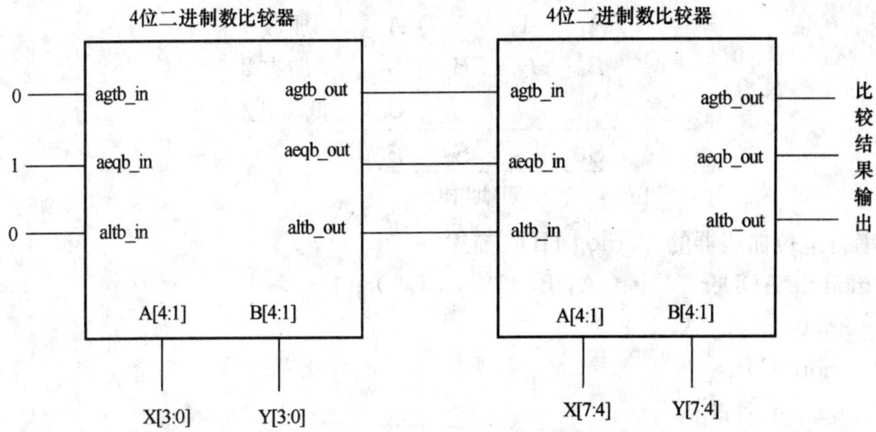

图 4.73　迭代构造 8 位比较器

4.10　加法器

能够实现两个多位二进制数相加的电路称为加法器。加法器有两种结构：串行进位加法器和超前进位加法器。现以 4 位二进制加法器的设计为例进行说明。

4.10.1　串行进位加法器

串行进位加法器是由多个全加器级联而成的，低位全加器的进位输出连接到相邻高位全加器的进位输入，而最低位全加器的进位输入构成串行进位加法器的进位输入，最高位全加器的进位输出构成串行进位加法器的进位输出。

图 4.74 所示电路就是由 4 个全加器级联构成的 4 位串行进位加法器。

这种加法器的特点是：虽然各位相加是并行完成的，但其进位信号是由低位向高位逐级传递的，只有当低位产生进位信号后，高位才能完成全加。因此，运算速度较慢。

图 4.74 所示 4 位串行进位加法器的逻辑功能可作如下描述：

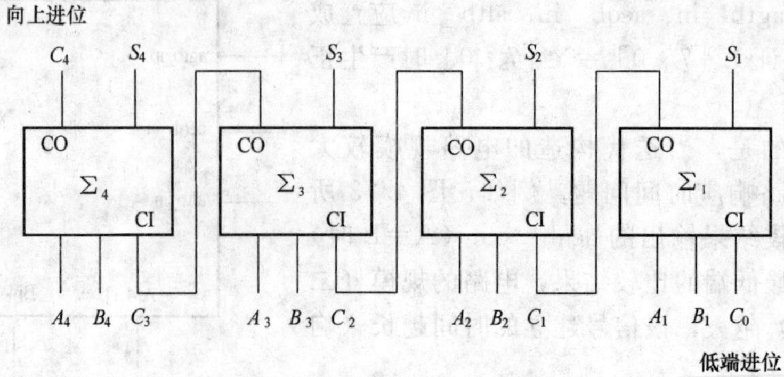

图 4.74 用全加器构成 4 位串行进位加法器

$$
\begin{array}{rrrrrl}
 & A_4 & A_3 & A_2 & A_1 & \text{加数 1} \\
 & B_4 & B_3 & B_2 & B_1 & \text{加数 2} \\
+ & & & & C_0 & \text{低端进位} \\
\hline
C_4 & S_4 & S_3 & S_2 & S_1 &
\end{array}
$$

向上进位　　本地和（$S_4\ S_3\ S_2\ S_1$）

4 位串行进位加法器的 Verilog HDL 描述

```
module ADDer _ 4bit ( A, B, C0, S, C4 ) ;
  input [4:1] A, B ;
  input C0 ;
  output [4:1] S ;
  output C4 ;
    assign { C4, S } = A + B + C0 ;
endmodule
```

4.10.2 超前进位加法器

为了提高加法运算的速度，在逻辑设计上采用所谓超前进位（也称先行进位）的设计方法，即每一位的进位根据各位的输入同时预先形成，而不需要等到低位的进位送来后才形成。

分析进位表达式

$$C_i = A_iB_i + (A_i \oplus B_i)C_{i-1}$$

可知，进位由两部分组成，$A_i B_i$ 表示当 $A_i=1$ 且 $B_i=1$ 时，进位 $C_i=1$，它只与本位的输入 A_i、B_i 有关，与低位来的进位 C_{i-1} 无关；$(A_i \oplus B_i)\ C_{i-1}$ 表示当 A_i、B_i 中有一个为 1 时，且低位产生进位信号，则 $C_i=1$。令

$$G_i = A_iB_i$$

$$P_i = A_i \oplus B_i$$

则

$$C_i = G_i + P_iC_{i-1} \tag{4.2}$$

称 G_i 为第 i 位的进位生成项；称 P_i 为进位传递条件。

同时将 $S_i = A_i \oplus B_i \oplus C_{i-1}$ 写成

$$S_i = P_i \oplus C_{i-1} \tag{4.3}$$

式（4.2）和式（4.3）是超前进位加法器的两个基本公式。由这两个公式，可以写出超前进位加法器中各位全加器的表达式。

【例 4.24】 设计一个 4 位二进制数超前进位加法器的 Verilog HDL 数据流描述模型。

解 设两个加数为 $A_4A_3A_2A_1$ 和 $B_4B_3B_2B_1$，本地和为 $S_4S_3S_2S_1$，低端进位为 C_0，向上进位为 C_4。根据超前进位设计原理，可得到各位的进位生成项和进位传递条件

$$G_1 = A_1B_1 \quad G_2 = A_2B_2 \quad G_3 = A_3B_3 \quad G_4 = A_4B_4$$

$$P_1 = A_1 \oplus B_1 \quad P_2 = A_2 \oplus B_2 \quad P_3 = A_3 \oplus B_3 \quad P_4 = A_4 \oplus B_4$$

进而得到

$$\begin{cases} S_1 = P_1 \oplus C_0 \\ C_1 = G_1 + P_1C_0 \end{cases}$$

$$\begin{cases} S_2 = P_2 \oplus C_1 \\ C_2 = G_2 + P_2C_1 = G_2 + P_2G_1 + P_2P_1C_0 \end{cases}$$

$$\begin{cases} S_3 = P_3 \oplus C_2 \\ C_3 = G_3 + P_3C_2 = G_3 + P_3G_2 + P_3P_2G_1 + P_3P_2P_1C_0 \end{cases}$$

$$\begin{cases} S_4 = P_4 \oplus C_3 \\ C_4 = G_4 + P_4C_3 = G_4 + P_4G_3 + P_4P_3G_2 + P_4P_3P_2G_1 + P_4P_3P_2P_1C_0 \end{cases}$$

```
//4 位二进制数超前进位加法器的 Verilog HDL 数据流描述模型
module  adder_4bit(A4,A3,A2,A1,B4,B3,B2,B1,S4,S3,S2,S1,C0,C4);
    input  A4,A3,A2,A1,B4,B3,B2,B1,C0;
    output S4,S3,S2,S1,C4;
    wire   G1,G2,G3,G4;
    wire   P1,P2,P3,P4;
        assign  G1=A1&B1;
        assign  G2=A2&B2;
        assign  G3=A3&B3;
        assign  G4=A4&B4;
        assign  P1=A1^B1;
        assign  P2=A2^B2;
        assign  P3=A3^B3;
        assign  P4=A4^B4;
        assign  S1=P1^C0;
        assign  C1=G1|P1&C0;
        assign  S2=P2^C1;
        assign  C2=G2|P2&G1|P2&P1&C0;
        assign  S3=P3^C2;
        assign  C3=G3|P3&G2|P3&P2&G1|P3&P2&P1&C0;
        assign  S4=P4^C3;
```

```
assign  C4=G4|P4&G3|P4&P3&G2|P4&P3&P2&G1|
                P4&P3&P2&P1&C0 ;
endmodule
```

在传统的 MSI 中，74LS283 是一个典型的超前进位设计的 4 位并行加法器，其逻辑符号如图 4.75 所示。

并行加法器除了用来实现两个二进制数相加外，还可用来设计代码转换电路、二进制加法器以及十进制加法器等。

【例 4.25】 分析图 4.76 所示电路中 $X_3X_2X_1X_0$ 为 8421 码时，实现的逻辑功能。

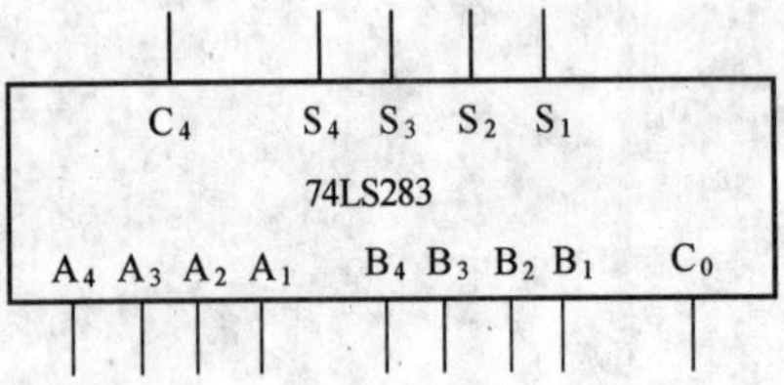

图 4.75 74LS283 逻辑符号

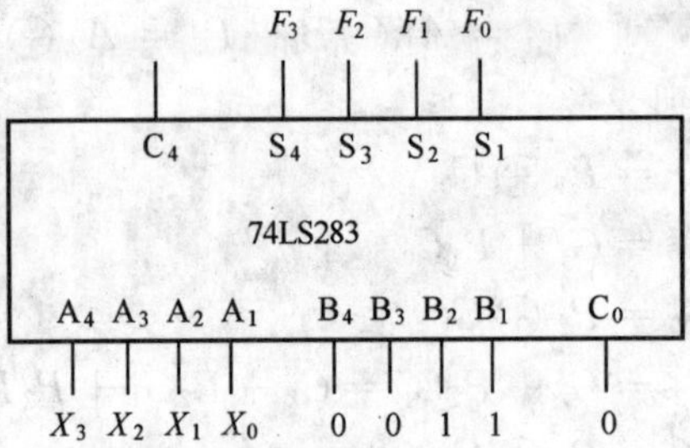

图 4.76 例 4.25 题图

解 根据 4 位加法器的逻辑功能，可得

$$F_3F_2F_1F_0 = X_3X_2X_1X_0 + (0011)_2$$

又根据余 3 码 = 8421 码 + $(0011)_2$，可知当 $X_3X_2X_1X_0$ 为 8421 码时，输出 $F_3F_2F_1F_0$ 是对应的余 3 码。所以该电路实现的逻辑功能为：将输入的 8421 码转换成余 3 码输出。

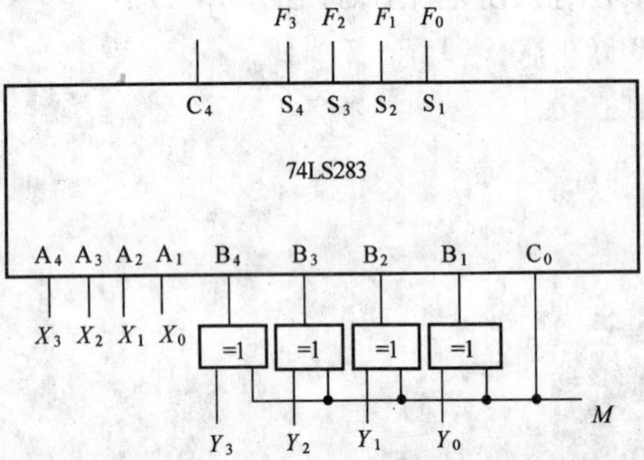

图 4.77 例 4.26 题图

【例 4.26】 分析图 4.77 所示电路在 M 的控制下实现的逻辑功能。

解 在给定的电路中，M 连接到四个异或门的输入端和加法器的低端进位输入端。

根据 $A\oplus 0=A$ 可知，当 $M=0$ 时，加法器的输入端 $B_4B_3B_2B_1$ 接收到 $Y_3Y_2Y_1Y_0$ 的原码且 $C_0=0$，此时，加法器输出 $F_3F_2F_1F_0= X_3X_2X_1X_0+ Y_3Y_2Y_1Y_0$。

又根据 $A\oplus 1=\overline{A}$ 可知，当 $M=1$ 时，加法器的输入端 $B_4B_3B_2B_1$ 接收到 $Y_3Y_2Y_1Y_0$ 的反码且 $C_0=1$，此时，加法器输出 $F_3F_2F_1F_0=X_3X_2X_1X_0+\overline{Y}_3\ \overline{Y}_2\ \overline{Y}_1\ \overline{Y}_0+1$，而 $\overline{Y}_3\ \overline{Y}_2\ \overline{Y}_1\ \overline{Y}_0+1$ 即为 $[-Y_3Y_2Y_1Y_0]_补$ 的数值部分，由 $F_3F_2F_1F_0=X_3X_2X_1X_0+\overline{Y}_3\ \overline{Y}_2\ \overline{Y}_1\ \overline{Y}_0+1$ 可得到 $X-Y=X+[-Y]_补$ 的正确补数数值。

结论：当 $M=0$ 时，电路做加法运算，$F_3F_2F_1F_0= X_3X_2X_1X_0+ Y_3Y_2Y_1Y_0$；当 $M=1$ 时，电路做减法运算，$F_3F_2F_1F_0=X_3X_2X_1X_0+\overline{Y}_3\ \overline{Y}_2\ \overline{Y}_1\ \overline{Y}_0+1$。

【例 4.27】 设计一个十进制（8421 码）1 位加法器。

在某些数字系统中，希望直接以十进制数进行算术运算，其输入是十进制数的 BCD（例如 8421 码）形式，输出也是十进制数的 BCD 形式，这样可以省去二进制与十进制之间的转换。

题意要求设计 1 位十进制（8421 码）加法器，至少需要九个输入和五个输出。因为用 8421 码表示十进制数字符号要用 4 位二进制代码，两个加数和一个低端进位输入，共需要九个输入；同理，输出也是 4 位代码，再加上向高位的进位，共需五个输出。图 4.78 是该加法器的逻辑框图。

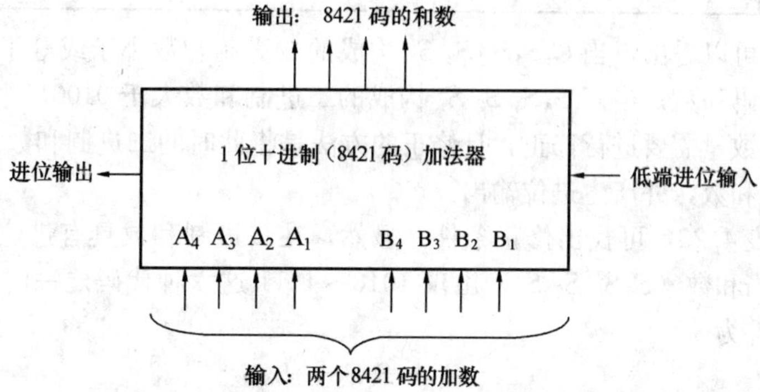

图 4.78　1 位十进制（8421 码）加法器逻辑框图

如何用 4 位加法器来构造 1 位十进制（8421 码）加法器？

两个 1 位十进制数相加，其和不会超过 18，考虑低端来的进位，其和最大值是 19。设想利用一个 4 位加法器将两个表示十进制数的 8421 码相加，那么加法器的输出（$C_4S_4S_3\ S_2\ S_1$）将是一个 0～19 的二进制和数。将这些二进制和数列于表 4.23。显然，它们不是所要求的 8421 码输出形式。将题目要求的 8421 码输出也列于表 4.23，进行对比分析。

表 4.23　8421 码加法运算

和的十进制数	加法器输出的二进制和数					题意要求的 8421 码和数				
	C_4	S_4	S_3	S_2	S_1	C	S'_4	S'_3	S'_2	S'_1
0	0	0	0	0	0	0	0	0	0	0
1	0	0	0	0	1	0	0	0	0	1
2	0	0	0	1	0	0	0	0	1	0
3	0	0	0	1	1	0	0	0	1	1
4	0	0	1	0	0	0	0	1	0	0
5	0	0	1	0	1	0	0	1	0	1
6	0	0	1	1	0	0	0	1	1	0
7	0	0	1	1	1	0	0	1	1	1
8	0	1	0	0	0	0	1	0	0	0
9	0	1	0	0	1	0	1	0	0	1
10	0	1	0	1	0	1	0	0	0	0
11	0	1	0	1	1	1	0	0	0	1
12	0	1	1	0	0	1	0	0	1	0
13	0	1	1	0	1	1	0	0	1	1
14	0	1	1	1	0	1	0	1	0	0

续表

和的十进制数	加法器输出的二进制和数					题意要求的 8421 码和数				
	C_4	S_4	S_3	S_2	S_1	C	S'_4	S'_3	S'_2	S'_1
15	0	1	1	1	1	1	0	1	0	1
16	1	0	0	0	0	1	0	1	1	0
17	1	0	0	0	1	1	0	1	1	1
18	1	0	0	1	0	1	1	0	0	0
19	1	0	0	1	1	1	1	0	0	1

分析表 4.23 可以看出，当 $C_4S_4S_3\ S_2\ S_1$ 构成的二进制和数小于或等于 01001 时，二进制和数等于 8421 码和数；当 $C_4S_4S_3\ S_2\ S_1$ 构成的二进制和数大于 01001 时，二进制和数就不等于 8421 码和数，需要进行修正，且修正的方法是将此时的二进制和数加上 0110，以得到正确的 8421 码和数，并产生进位输出。

进一步分析表 4.23，可找出修正条件，显然，在二进制和数具有进位输出，即 $C_4=1$ 时，需要修正；当和数（$S_4S_3\ S_2\ S_1$）出现 1010～1111 这六种代码之一时，也需要进行修正。所以修正条件为

$$C=C_4+S_4S_3+S_4S_2$$

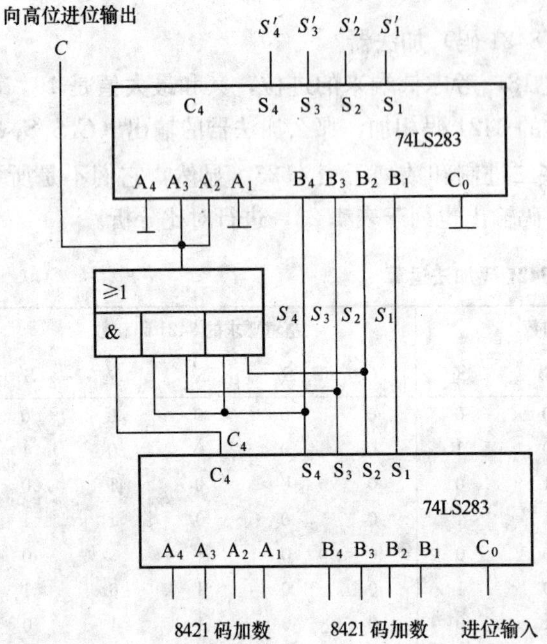

图 4.79　1 位十进制（8421 码）加法器逻辑图

当 $C=0$ 时，意味着和数在 0～9 之间，不必修正；当 $C=1$ 时，意味着和数在 10～19 之间，需要修正。同时，C 也正是这个十进制加法器的向上进位输出。

构造 1 位十进制（8421 码）加法器，需要两个 4 位加法器和必要的修正电路。第一个加法器直接将两个表示十进制数的 8421 码相加，产生二进制和数输出；第二个加法器完成修正运算，即 $S'_4S'_3S'_2S'_1=S_4S_3S_2S_1+0CC0$，当 $C=0$ 时，加上 0000，不修正；当 $C=1$ 时，加上 0110，进行加 6 修正。第二个加法器的输出就是和的正确的 8421 码表示。

用 4 位加法器构造的 1 位十进制（8421 码）加法器逻辑图如图 4.79 所示。用 n 个这样的加法器可级联构成 n 位并行十进制加法电路。

在基于 EDA 平台进行数字系统设计时，完全可以摆脱传统 MSI 的束缚，用硬件描述语言构建电路的行为模型，进而设计出自己的逻辑器件。1 位十进制（8421 码）加法器的 Verilog HDL 描述如下：

```
module two8421add(in1,in2,cin,cout,sout,err);
    input [4:1] in1,in2;          // 8421 码输入
```

```
    input cin;
    output [4:1] sout;              // 和数输出
    output cout,err;                // 向上进位、伪码标志
    reg err;
    reg [5:1] temp;                 // 定义中间变量
        assign {cout,sout}=temp;      // 结果分别送出
        always @(in1 or in2)
        if(in1>4'b1001|in2>4'b1001)
            begin err=1;temp=0;end                // 输入伪码时,出错
        else begin
               err=0;temp=in1+in2+cin;            // 8421 码相加
               if(temp>9)temp=temp+4'b0110;       // 需修正时,加 6
            end
endmodule
```

图 4.80 是 1 位十进制（8421 码）加法器的 Verilog HDL 描述的仿真验证波形。

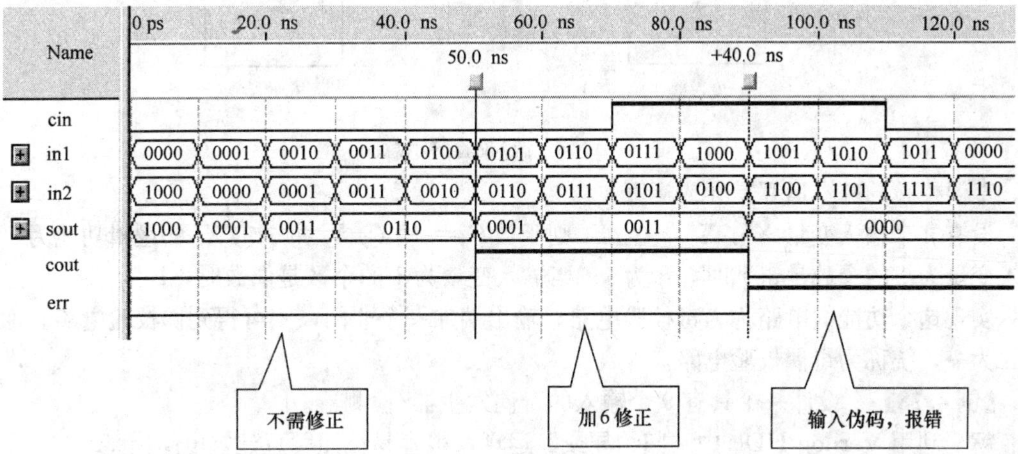

图 4.80　1 位十进制（8421 码）加法器的 Verilog HDL 描述的仿真验证波形

4.11　奇偶校验电路

在数字系统中，采用奇偶校验可以检测所传送的奇(偶)校验代码信息是否出现“单错”(指 1 位信息出错)。检测的方法是：在发送数据端发送奇校验代码（或偶校验代码）；在接收端，对接收到的代码进行检验，检查其奇偶性是否发生变化。若接收的代码和发送端送出代码的奇偶性一致，则认为信息在传送过程中没有发生单错，否则便是发生了错误。

奇(偶)校验代码由 n 位数据信息和1位奇(偶)校验位两部分组成。奇(偶)校验位的取值原则：当采用奇校验约定时，使 $n+1$ 位奇校验代码中“1”的个数为奇数；当采用偶校验约

定时，使 $n+1$ 位偶校验代码中“1”的个数为偶数。

奇(偶)校验的示意图如图 4.81 所示。在数据发送端用来产生奇(偶)校验位的电路称为奇(偶)发生器；而在接收端，对接收代码奇偶性进行检验的电路称为奇(偶)检测器。实际上，发生器和检测器并无区别，只是同一电路的不同应用，它们都是根据输入信息中含奇数个 1 或偶数个 1 来决定输出值的。

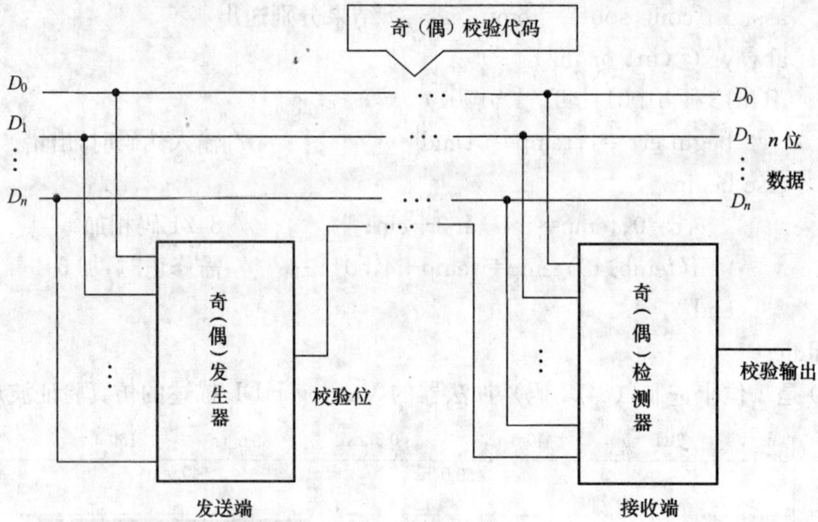

图 4.81　奇(偶)校验的示意图

奇偶校验的基本运算是异或运算。

设有 n 个输入变量 X_1, X_2, …, X_n 则函数 $F = X_1 \oplus X_2 \oplus \cdots \oplus X_n$ 的逻辑功能为：当输入变量为 1 的个数是奇数时，F 为 1；当输入变量为 1 的个数是偶数时，F 为 0。

实现这个功能的电路称为奇校验电路；输出端加一个非门，则可得到偶校验电路。通常合二为一，统称为奇偶校验电路。

【例 4.28】　设计一个具有 9 个输入的奇偶发生器/检测器。

解　利用 Verilog HDL 中“归约异或”运算，很容易按照题意建立电路模型。

```
module odd_even (data, odd, even) ;
    input [9:1] data ;
    output odd, even ;
        assign odd = ∧data ;
        assign even = ~odd ;
endmodule
```

该奇偶发生器/检测器的逻辑符号如图 4.82 所示。

由图 4.82 可知，该奇偶校验电路有奇、偶校验两个输出标志，可用作发送端的奇（偶）校验位发生器；也可用作接收端的奇（偶）检验器，产生奇偶校验和。

一般情况下，若收、发双方约定为奇校验，采用偶校验输出产生发送端的校验位，而用奇校验电路在接收端检验数据的正确性；若收、发双方约定为偶校验，采用奇校验输出产生发送端的校验位，而用偶校验电路在接收端检验数据的正确性。

将例 4.28 设计的“奇偶发生器/检测器”用作 8 位数据发送端奇校验位发生器时的一种

连接方式如图 4.83 所示。由于 data［9］被置为“1”，所以，当 D［7：0］中有奇数个“1”时，odd 输出“0”；当 D［7：0］中有偶数个“1”时，odd 输出“1”。此时，应把 odd 用作奇校验位，保证所传送的奇校验代码中含有奇数个“1”。

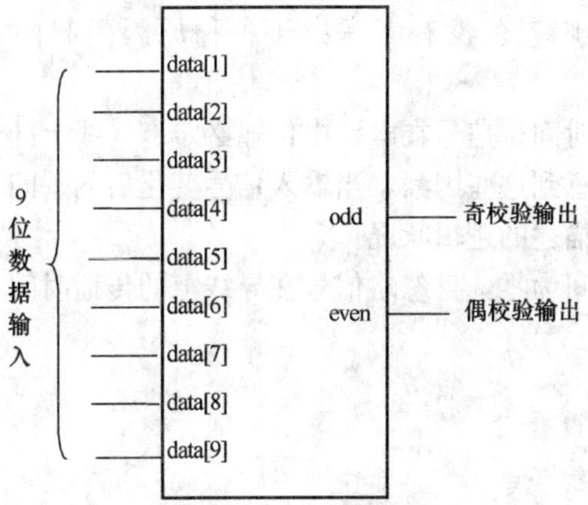

图 4.82　奇偶发生器/检测器的逻辑符号

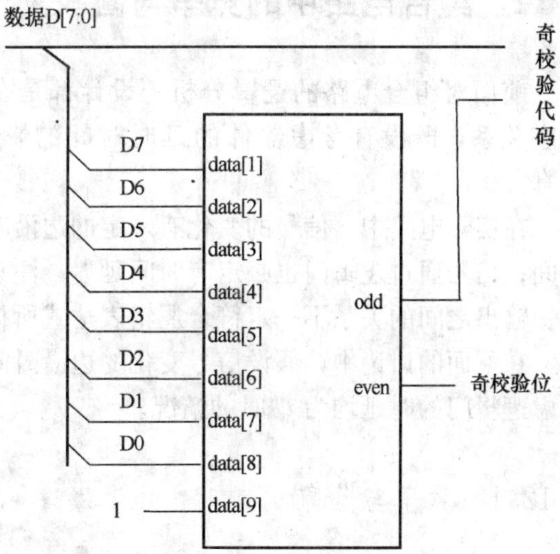

图 4.83　奇偶发生器/检测器用作奇校验位发生器

将例 4.82 设计的“奇偶发生器/检测器”用作 8 位数据接收端奇校验检测器时的连接方式如图 4.84 所示。它是对由数据 D［7：0］和校验位一起构成的奇校验代码进行检测，用 odd 作为检测结果的输出，当 odd＝1 时，表示符合奇校验的约定，传输正确；当 odd＝0 时，说明传输过程中有错。

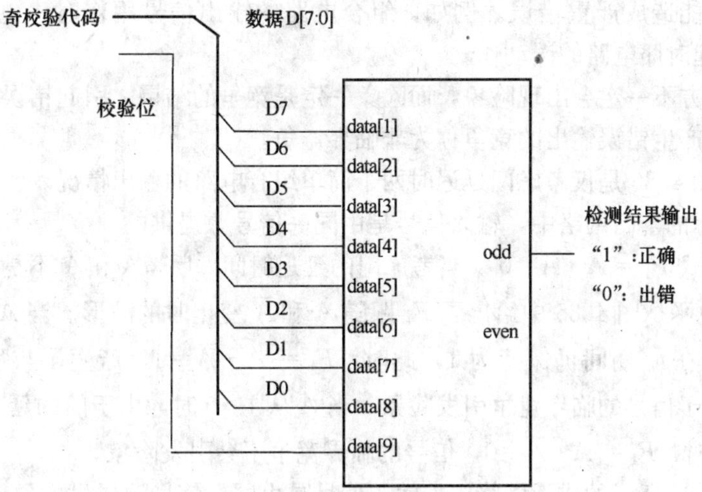

图 4.84　在接收端用作奇校验检测器

显然，该电路只能检测到 1 位出错或奇数个位出错，而不能检测到偶数个位出错，且无法对错误进行定位，也就不具有自动校正错误能力。但由于电路简单，仍被广泛用于误码率不高的信息传输和存储器存取检错等场合。

4.12 组合电路中的竞争与险象

前面对组合电路的逻辑分析与设计都是在理想条件下，研究电路输出与输入之间的稳态关系，既没有考虑器件的延时时间的影响，也没有考虑由于种种原因引起的信号失真。

在实际电路中，信号的变化有一定的边沿时间；信号在电路中传输必定有导线上的传播时间；信号通过逻辑门也必定有时间延迟。注意到这些因素，当输入信号变化后的瞬间，输入、输出之间的关系不一定符合逻辑表达式所描述的逻辑状况。

在下面的讨论中，假设信号变化的边沿时间为零，且忽略信号在导线上的传播时间，仅考虑逻辑门的时延均为 t_d 时的情况。

4.12.1 竞争与险象

在组合电路中，由于器件（逻辑门）存在延迟时间，同一信号或同时变化的某些信号，经过不同路径到达某一汇合点的时间有先有后，这种现象称为竞争。竞争是逻辑电路正常工作时也会出现的现象，有的竞争不会带来不良影响，而有的竞争却会导致逻辑错误。

由于竞争的存在，当输入信号变化时，在输出跟随输入的过程中，引起电路输出发生瞬间错误的现象称为险象（冒险）。其表现为在输出端出现了原设计中没有的窄脉冲，常称为“毛刺”。在组合电路中，“毛刺”不一定造成严重后果。但当组合逻辑与时序逻辑结合在一起时，险象就可能造成严重错误。例如，组合电路的输出信号用作时序电路的控制信号，“毛刺”就会引起时序电路的误动作。

有竞争的地方不一定会出现险象，而险象一定是竞争的结果。引起错误输出的竞争称为临界竞争；不会产生错误输出的竞争称为非临界竞争。

图 4.85 和图 4.86 是仅考虑门延迟时两个简单组合电路的输出情况。

图 4.85 所示的与门网络中，输入信号是由同一信号源提供的原变量 A 和反变量 $\overline{A}$，电路稳态输出表达式 $F_1 = A \cdot \overline{A} = 0$ 。当考虑门的延迟时间 t_d 后，A 和 $\overline{A}$ 不是同时变化，所以 F_1 不是恒为低电平。图 4.85 中给出了 F_1 跟随 A 和 $\overline{A}$ 变化时的波形。当 A 从 0→1 时，由于门的延时，$\overline{A}$ 在 t_d 期间仍保持为 1，此时，$F_1 = A \cdot \overline{A} = 1$，产生了与稳态输出不符的“1”信号，即由于信号的临界竞争引发险象；当 A 从 1→0 时，由于门的延时，$\overline{A}$ 在 t_d 期间仍保持为 0，此时，$F_1 = A \cdot \overline{A} = 0$，信号的临界竞争不会引发险象。

同理，图 4.86 所示的或门网络中，输入信号是由同一信号源提供的原变量 A 和反变量 $\overline{A}$，电路稳态输出表达式 $F_2 = A + \overline{A} = 1$。当考虑门的延迟时间 t_d 后，A 和 $\overline{A}$ 不是同时变化，所以 F_2 不是恒为高电平。图 4.86 中给出了 F_2 跟随 A 和 $\overline{A}$ 变化时的波形。当 A 从 0→1 时，由于门的延时，$\overline{A}$ 在 t_d 期间仍保持为 1，此时，$F_1 = A + \overline{A} = 1$，信号的临界竞争不会引发险象；当 A 从 1→0 时，由于门的延时，$\overline{A}$ 在 t_d 期间仍保持为 0，此时，$F_1 = A + \overline{A} =$

0，产生了与稳态输出不符的“0”信号，即由于信号的临界竞争引发险象。

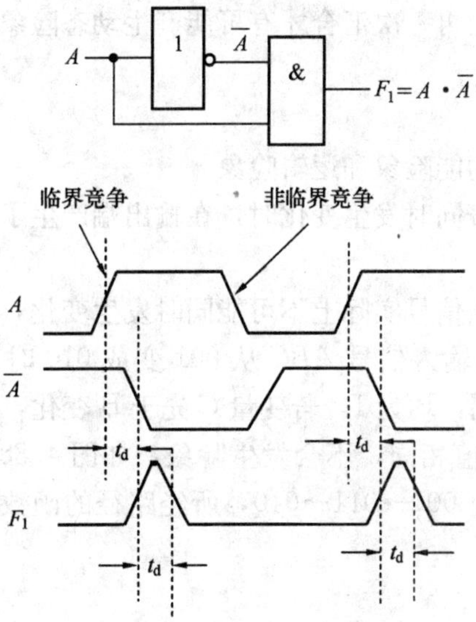

图 4.85　与门网络产生险象

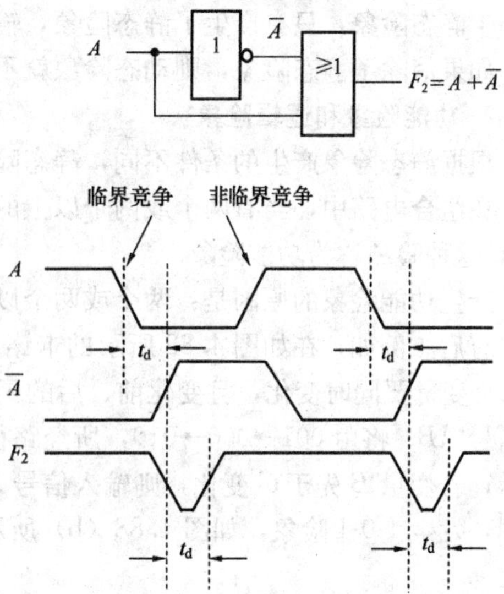

图 4.86　或门网络产生险象

4.12.2　险象的分类

从图 4.85 和图 4.86 中的波形图可看出，由于临界竞争的存在，在输出端得到稳定输出之前，有一个短暂的错误输出（干扰），形成险象。

1. 静态险象和动态险象

险象按产生的形式不同分为静态险象和动态险象。

在组合电路中，若输入信号变化前、后的稳态输出值相同，但在输出端产生一个“1”或“0”的窄脉冲，这种险象称之为静态险象。

根据稳态输出是“0”还是“1”，又分为静 0 险象和静 1 险象。例如，图 4.85 中 F_1 的稳态输出为 0，由于临界竞争引起输出端产生 0→1→0 的“毛刺”，是静 0 险象；而图 4.86 中 F_2 的稳态输出为 1，由于临界竞争引起输出端产生 1→0→1 的“毛刺”，所以是静 1 险象。

在组合电路中，若输入信号变化前、后的稳态输出值不同，且在输出稳定之前，输出端产生暂时的 01 或 10 状态（即输出端出现 0→1→0→1 或 1→0→1→0），这种险象称之为动态险象，如图 4.87 所示。

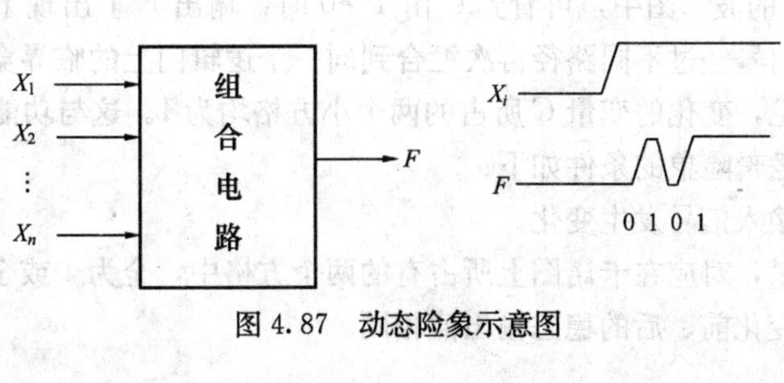

图 4.87　动态险象示意图

动态险象是由静态险象引起的，也是竞争的结果。换言之，输入变化的第一次汇合只可能产生静态险象，只有产生了静态险象，输入变化的再一次汇合才有可能产生动态险象。

如果消除了静态险象，则动态险象就不会出现。

2. 功能险象和逻辑险象

根据静态险象产生的条件不同，静态险象分为功能险象和逻辑险象。

在组合电路中，当有两个或两个以上的输入信号同时发生变化时，在输出端产生了“毛刺”，这种险象称为功能险象。

产生功能险象的原因是：两个或两个以上的输入信号实际上不可能同时发生变化，总会有先有后。例如，在如图 4.88 所示的卡诺图中，当输入信号 ABC 从 001 变成 010 时，B、C 两个变量要同时变化，且变化前、后的函数值相同，均为 1。若变量 C 先于 B 变化，则输入信号 ABC 将由 001→000→010，所经路径的函数值相同，不会发生险象，如图 4.88（a）所示；若变量 B 先于 C 变化，则输入信号 ABC 将由 001→011→010，所经路径的函数值不相同，发生 1-0-1 险象，如图 4.88（b）所示。

图 4.88　输入变量变化路径引出的函数功能险象

由于电路输入信号变化组合是随机的，因此功能险象是逻辑函数的功能所固有的，无法通过改变设计来消除，只能通过控制输入信号的变化顺序来避免。

通过上面的分析，可得出组合电路中发生功能险象的条件如下：

（1）k 个输入信号同时发生变化（$k>1$）。

（2）变化的 k 个变量组合，对应在卡诺图上所占有的 2^k 个小方格中，必定既有 1，又有 0。

（3）输入信号变化前、后的稳态输出值相同。

在组合电路中，当只有一个输入信号发生变化时，在输出端产生了“毛刺”，这种险象称为逻辑险象。

以图 4.89（a）所示逻辑电路为例，逻辑表达式 $F=A\overline{C}+BC$，卡诺图如图 4.89（b）所示，设 $A=B=1$，此时，不论 C 取何值，电路的稳态输出均为 1。但是，当考虑门延迟时，从图 4.89（c）的波形图中，可看到 C 由 1→0 时，输出 F 上出现了险象。显然，这个险象是由于同一个信号经过不同路径再次汇合到同一个逻辑门上的临界竞争造成的。从卡诺图上的阴影部分可见，变化的变量 C 所占的两个小方格均为 1。这与功能险象不同。

组合电路发生逻辑险象的条件如下：

（1）仅有一个输入信号发生变化。

（2）变化的变量，对应在卡诺图上所占有的两个方格中，全为 1 或全为 0。

（3）输入信号变化前、后的稳态输出值相同。

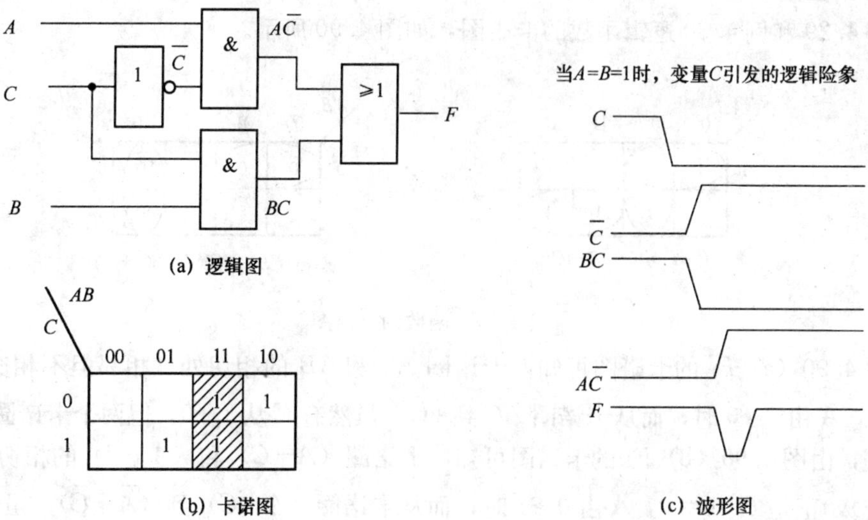

图 4.89 逻辑险象示例

4.12.3 逻辑险象的判断

由于组合电路中的险象（“毛刺”）对后续电路形成干扰，甚至可能引起误动作。因此，在逻辑设计中如何发现并消除险象，显得尤为重要。

判断电路是否可能产生逻辑险象的方法有两种：逻辑代数法和卡诺图法。

1. 逻辑代数法

如果电路存在发生逻辑险象的可能，其逻辑表达式有如下特点：

(1) 当某一个变量同时以原变量和反变量的形式出现在逻辑表达式中，则该变量就具备了竞争的条件。

(2) 保留被研究变量，用某些定值消去其他变量。

(3) 若得到的表达式为下列形式之一，则有险象存在。

$F=A\cdot\overline{A}$——存在静 0 逻辑险象（如 A 从 $0\rightarrow1$）

$F=A+\overline{A}$——存在静 1 逻辑险象（如 A 从 $1\rightarrow0$）

【例 4.29】 判断函数 $F_1=AC+\overline{A}B+\overline{A}\,\overline{C}$ 是否存在逻辑险象？

解 由函数逻辑表达式可知，变量 A、C 具有竞争条件。

研究 A，令 $B=C=1$，则 $F_1=A+\overline{A}$，在 A 从 $1\rightarrow0$ 时，存在静 1 险象。

研究 C，令 $A=1$，B 任意，则 $F_1=C$；令 $A=0$，$B=0$，则 $F_1=\overline{C}$。可见，变量 C 的竞争是非临界竞争，不会引起险象的发生。

【例 4.30】 判断函数 $F_2=(A+C)(\overline{A}+B)(\overline{A}+\overline{C})$ 是否存在逻辑险象？

解 这是一个或与表达式，变量 A、C 具有竞争条件。

研究 A，令 $B=C=0$，则 $F_2=A\cdot\overline{A}$，在 A 从 $0\rightarrow1$ 时，存在静 0 险象。

研究 C，令 $A=0$，B 任意，则 $F_2=C$；令 $A=1$，$B=1$，则 $F_2=\overline{C}$。可见，变量 C 的竞争是非临界竞争，不会引起险象的发生。

2. 卡诺图法

作例 4.29 和例 4.30 逻辑函数的卡诺图，如图 4.90 所示。

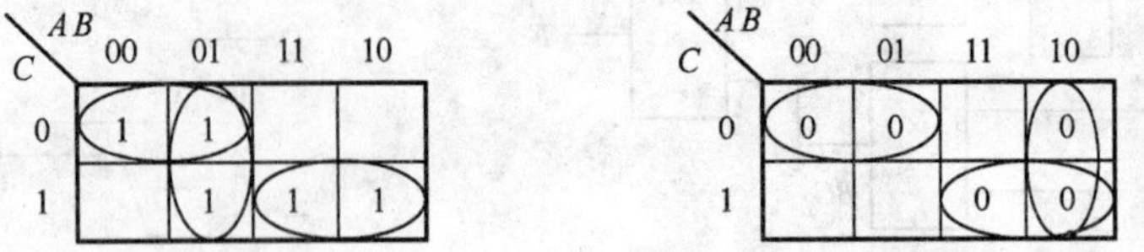

(a) $F_1=AC+\overline{A}B+\overline{A}\overline{C}$　　(b) $F_2=(A+C)(\overline{A}+B)(\overline{A}+\overline{C})$

图 4.90　函数的卡诺图

由图 4.90（a）F_1 的卡诺图可知，卡诺圈 AC 和 $\overline{A}B$ 的相切处（相邻但不相交），正是 $B=C=1$，A 由 1→0 时；而从卡诺圈 AC 到 $\overline{A}\overline{C}$，虽然有 C 从 1→0，但两个卡诺圈不相切。

同理，由图 4.90（b）F_2 的卡诺图可知，卡诺圈（$A+C$）和（$\overline{A}+B$）的相切处（相邻但不相交），正是 $B=C=0$，A 由 0→1 时；而从卡诺圈（$A+C$）到（$\overline{A}+\overline{C}$），虽然有 C 从 0→1，但两个卡诺圈不相切。

所以，在卡诺图上，如果存在卡诺圈的相切，就会存在险象。相切之处是哪个变量的交替面，就是该变量的变化引发险象。显然，如果能使构成逻辑函数的卡诺圈之间不存在相切，则对应的逻辑电路就不存在险象。

4.12.4　逻辑险象的消除

消除逻辑险象的基本方法是修改设计，添加冗余项，从而消除险象。

仍以例 4.29 和例 4.30 的逻辑函数为例，在逻辑函数的卡诺图中，在卡诺圈相切处，添加一个卡诺圈，将两个相邻但不相交的卡诺圈连接起来，即图 4.91 中的虚线卡诺圈。

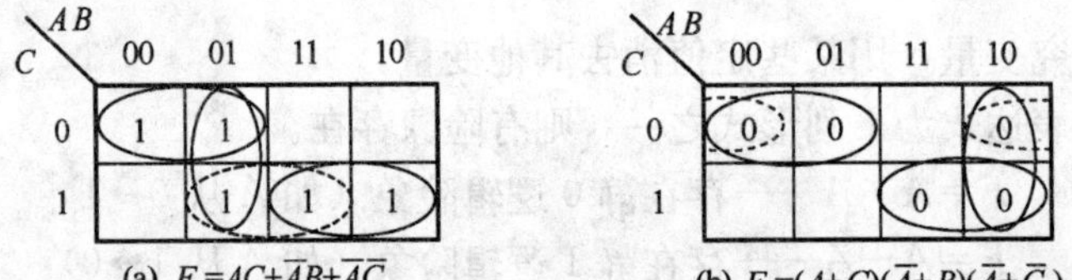

(a) $F_1=AC+\overline{A}B+\overline{A}\overline{C}$　　(b) $F_2=(A+C)(\overline{A}+B)(\overline{A}+\overline{C})$

图 4.91　加冗余项，消除险象

此时，逻辑函数为 $F_1=AC+\overline{A}B+\overline{A}\overline{C}+BC$。使当 $B=C=1$ 时，$F_1=A+\overline{A}+1=1$，消除了 A 从 1→0 变化时的险象。

同理，$F_2=(A+C)(\overline{A}+B)(\overline{A}+\overline{C})(B+C)$。使当 $B=C=0$ 时，$F_2=A\cdot\overline{A}\cdot 0=0$，消除了 A 从 0→1 变化时的险象。

显然，通过添加冗余项来消除险象是以增加电路规模为代价的。

这里似乎存在一个矛盾：为了节省器件，要对逻辑函数进行化简，去掉多余项；而为了消除险象，又需要添加冗余项。如何处理呢？首先，不考虑险象，将逻辑函数化简（这是必要的)；然后，再检查是否存在险象，若存在，添加适当的冗余项来消除它。

【例 4.31】 已知逻辑函数 $F=\sum m^4(2, 3, 5, 7, 8, 9, 12, 13)$，试求无险象的“与或”表达式和“或与”表达式。

解 先用卡诺图进行函数的化简，如图 4.92 中实线圈所示。

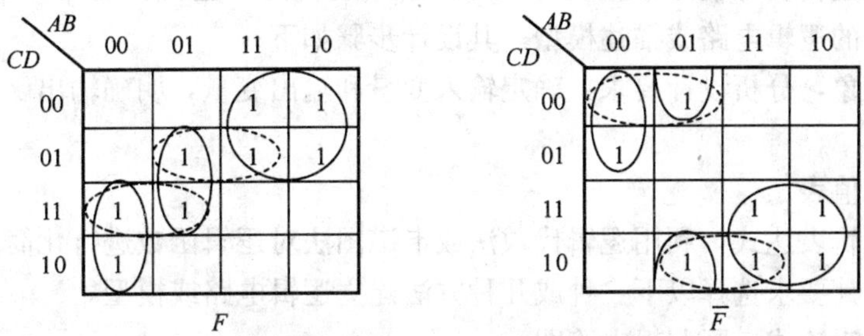

图 4.92 求无险象函数的卡诺图

求得最简表达式

$$F=A\overline{C}+\overline{A}BD+\overline{A}\,\overline{B}C$$

$$\overline{F}=AC+\overline{A}B\overline{D}+\overline{A}\,\overline{B}\,\overline{C}$$

为了消除险象，增加冗余项后，如图 4.92 中虚线圈所示，得到无险象的函数表达式

$$F=A\overline{C}+\overline{A}BD+\overline{A}\,\overline{B}C+\overline{A}CD+B\overline{C}D$$

$$\overline{F}=AC+\overline{A}B\overline{D}+\overline{A}\,\overline{B}\,\overline{C}+\overline{A}\,\overline{C}\,\overline{D}+BC\overline{D}$$

所以，无险象的“与或”表达式为

$$F=A\overline{C}+\overline{A}BD+\overline{A}\overline{B}C+\overline{A}CD+B\overline{C}D$$

无险象的“或与”表达式

$$F=\overline{\overline{F}}=(\overline{A}+\overline{C})(A+\overline{B}+D)(A+B+C)(A+C+D)(\overline{B}+\overline{C}+D)$$

除在逻辑设计中采用增加冗余项的方法来消除险象外，还可以在组合网络中加“取样”脉冲避开险象，或者在组合网络输出端连接阻容惯性环节等方法来消除。感兴趣的读者可查阅相关资料。

本章小结

1. 组合电路一般由若干个基本逻辑单元组合而成，其特点是任意时刻电路的输出仅仅取决于该时刻的输入信号，而与电路原来所处的状态无关。它的基础是逻辑代数和逻辑门，在以 EDA 平台进行数字系统开发的时候，硬件描述语言具有更大的优势，采用硬件描述语言建模，可以摆脱传统逻辑器件的限制与束缚，从而设计自己的逻辑器件。

2. 本章的重点内容是组合电路的逻辑分析、设计以及 Verilog HDL 建模方法。

组合电路的逻辑分析就是根据逻辑图，分析得到组合电路的逻辑功能。其分析步骤如下：

(1) 在逻辑图上用符号标注各级门的输出端。

(2) 逐级列出各级输出表达式，最后得到电路输出表达式。

(3) 利用逻辑代数法或卡诺图法对逻辑函数进行化简。

(4) 列真值表。

(5) 分析组合电路的逻辑功能或建 Verilog HDL 模型。

组合电路的逻辑设计就是根据设计要求，采用逻辑门、逻辑功能器件或 Verilog HDL，设计出符合要求的逻辑电路或描述模型。其设计步骤如下：

(1) 逻辑抽象，分析设计要求，确定输入变量和输出变量，明确输出函数与输入变量之间的逻辑关系。

(2) 列出真值表。

(3) 写出逻辑表达式，利用逻辑代数法或卡诺图法对逻辑函数进行化简。

(4) 根据设计要求选择以下一种或几种方法建立逻辑电路或模型。

①根据最简表达式，画逻辑电路图。

②根据最简表达式，建 Verilog HDL 数据流模型（assign 语句）。

③根据最简表达式，建 Verilog HDL 行为模型（在 always 过程块中采用阻塞语句）。

④根据真值表，建 Verilog HDL 行为模型（在 always 过程块中采用 case 语句）。

⑤根据输出函数与输入变量之间的逻辑关系，直接建立 Verilog HDL 行为模型（在 always 过程块中采用 case 语句、if…else 语句、for 语句、阻塞语句）。

3. 具有特定功能的组合电路种类繁多，主要有：编码器、译码器、数据选择器、数据分配器、比较器、奇偶校验器和加法器等。本章分别介绍了它们的逻辑功能、设计方法，特别是 Verilog HDL 建模方法。并侧重基于传统 MSI 器件所构成电路的分析及转换成 Verilog HDL 模型，简化了基于传统 MSI 器件的电路设计。

4. 本章最后简单介绍了组合电路中的竞争与险象、险象的分类、险象的判别以及消除险象的基本方法。

思 考 题

1. 组合电路的特征是什么？

2. 对基于译码器（例如 74LS138）和逻辑门构成的组合电路，如何进行分析？

3. 对基于数据选择器（例如 74LS153 或 74LS151）和逻辑门构成的组合电路，如何进行分析？

4. 对基于加法器（例如 74LS283）和逻辑门构成的组合电路，如何进行分析？

5. 普通编码器和优先权编码器的区别是什么？

6. 为什么采用译码器或数据选择器能实现逻辑函数的功能？

7. 根据 74LS138 的逻辑符号，你能想到什么？

8. 根据 74LS151 的逻辑符号，你能想到什么？

9. 根据给定的逻辑表达式，如何用逻辑代数的方法或卡诺图的方法判断是否存在险象？

10. 给定一个逻辑表达式，如何用卡诺图的方法求得无险象的与或式、或与式？

11. 由逻辑表达式 $F=AB+BC+AC$，如何采用 Verilog HDL 建立对应的门级描述模型、数据流描述模型、行为描述模型？

12. 采用 Verilog HDL 建立组合电路的行为描述模型，应注意哪些问题？

13. 采用 Verilog HDL 建立组合电路的行为描述模型，为什么一定采用阻塞赋值？

习　　题

4.1　分析图习 4.1 所示电路的逻辑功能。

4.2　写出图习 4.2 所示电路的输出表达式，说明其功能。

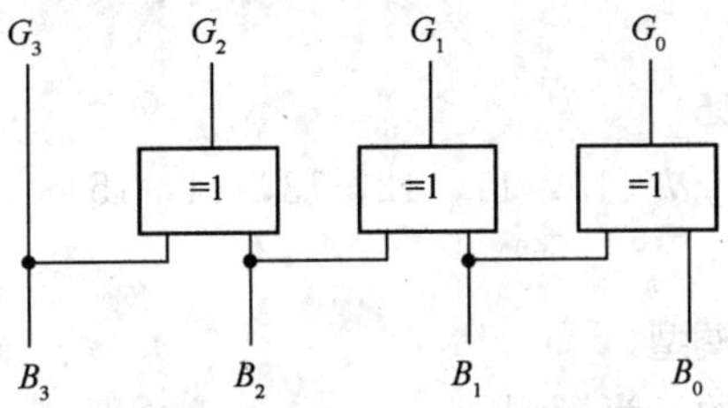

图习 4.1

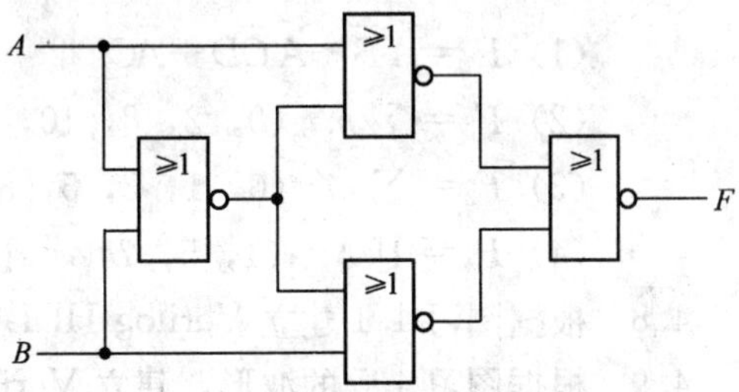

图习 4.2

4.3　写出图习 4.3 所示电路的输出表达式 Y_1、Y_2，列真值表并说明其功能。

4.4　写出图习 4.4 所示组合电路的输出表达式，并判断能否化简，若能，则化简之，且画出用最少与非门实现的逻辑图。

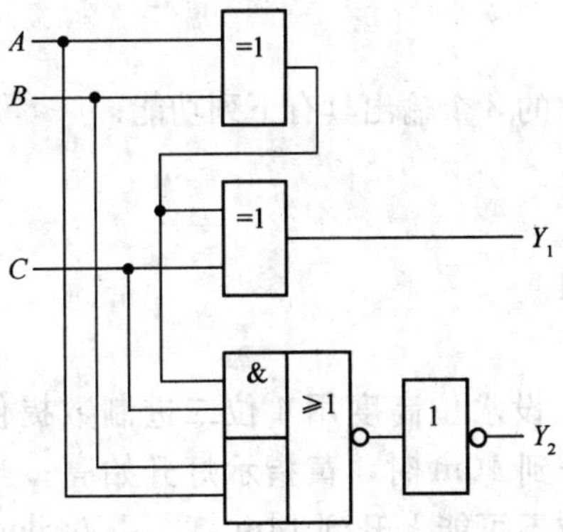

图习 4.3

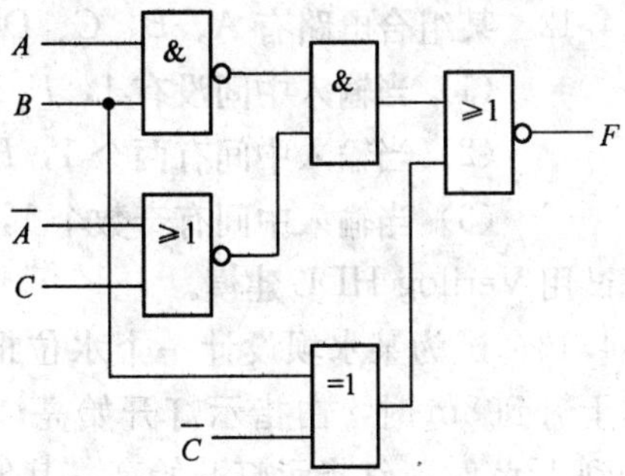

图习 4.4

4.5　测得某组合电路输入 A、B、C 及输出 F 之间对应的波形图如图习 4.5 所示。试写出 F 的表达式，并分析 F 所实现的逻辑功能。

4.6　分析图习 4.6 所示多功能逻辑运算电路输出信号 F 与变量 A、B 的逻辑关系。如将图中 S_3、S_2、S_1、S_0 作为输入控制信号，随着它们的取值变化，可得 F 关于 A、B 的不同的函数关系，请用列真值表的方法进行说明。

4.7　化简下列函数，画出用最少的与非门实现的逻辑图。

图习 4.5

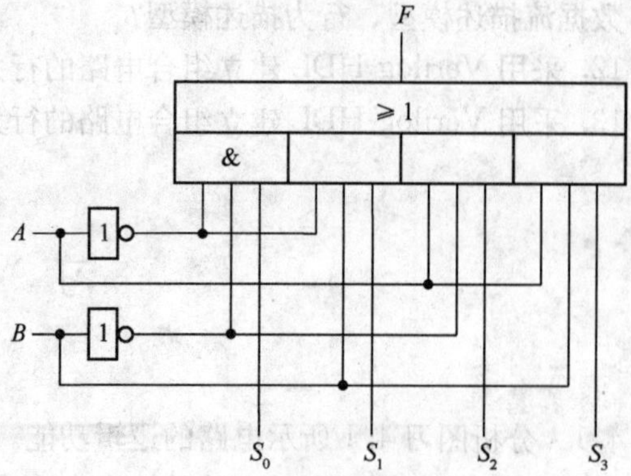

图习 4.6

(1) $F_1=A\overline{B}+A\overline{C}D+\overline{A}C$

(2) $F_2=\sum m^4$ (0, 2, 8, 10, 12, 14, 15)

(3) $F_3=\sum m^4$ (0, 1, 2, 5, 8, 9) $+\sum d$ (10, 11, 12, 13, 14, 15)

(4) $F_4=\prod M^3$ (1, 5, 7) $\cdot \prod d$ (2)

4.8 根据图习 4.1 建立 Verilog HDL 门级结构模型。

4.9 根据图习 4.5 的波形，建立 Verilog HDL 的行为模型。

4.10 建立与图习 4.6 对应的 Verilog HDL 数据流描述模型。

4.11 采用 Verilog HDL 分别描述如下逻辑功能：

(1) 四变量的非一致电路；

(2) 五变量中有奇数个 1；

(3) 七人多数表决电路；

(4) 三变量一致电路。

4.12 某组合电路有 A、B、C、D4 个输入，它的 3 个输出具有下列功能：

(1) 当输入中间没有 1，F_1 输出为 1；

(2) 当输入中间有两个 1，F_2 输出为 1；

(3) 当输入中间有奇数个 1，F_3 输出为 1。

试用 Verilog HDL 建模。

4.13 试为某水坝设计一个水位报警控制器，设水位高度用 4 位二进制数提供。当水位上升到 8m 时，白指示灯开始亮；当水位上升到 10m 时，黄指示灯开始亮；当水位上升到 12m 时，红指示灯开始亮，其他灯灭；水位不可能上升到 14m。采用 Verilog HDL 建模。

4.14 举重比赛有 3 个裁判，一个是主裁判 A，两个是副裁判 B 和 C。杠铃完全举起的裁决由每个裁判按一下自己面前的按钮来决定。只有两个以上裁判（其中必须有主裁判）判明成功时，表示成功的灯才亮。试用 Verilog HDL 建模。

4.15 由 74LS138 译码器及逻辑门构成的组合电路如图习 4.7 所示，其中输入信号 $A_7\sim A_0$ 为地址变量。试写出译码器各位输出有效时所对应的十六进制地址编码。

4.16 分析图习 4.8 所示由 74LS138 译码器及逻辑门构成的组合电路的逻辑功能。

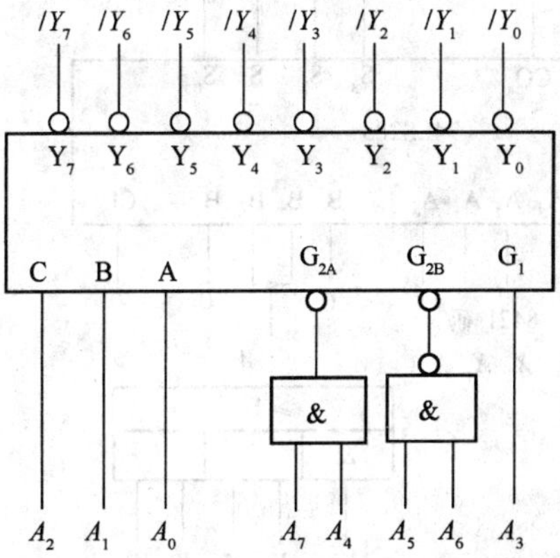

图习 4.7

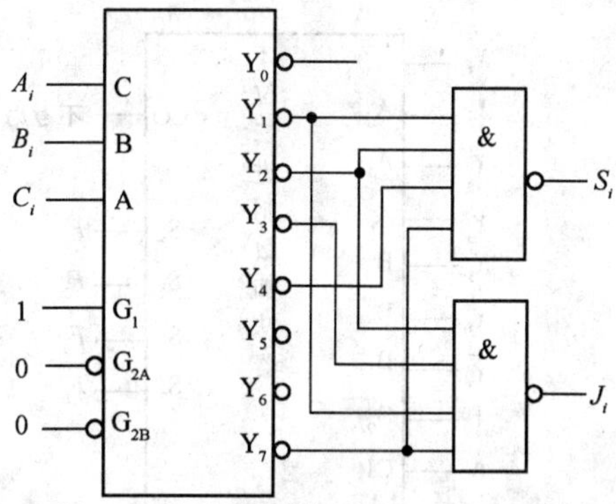

图习 4.8

4.17　写出图习 4.9 所示电路输出 F 的逻辑表达式，并求其最简与或式、或与式。

4.18　写出图习 4.10 所示电路的输出 $F(A, B, C)$ 的逻辑表达式，并分析其实现的逻辑功能。

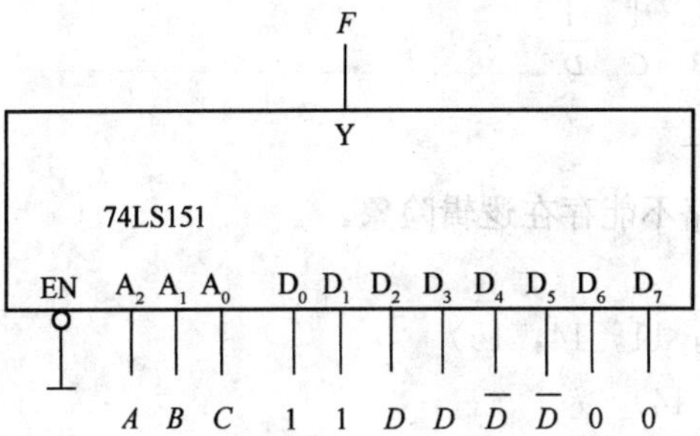

图习 4.9

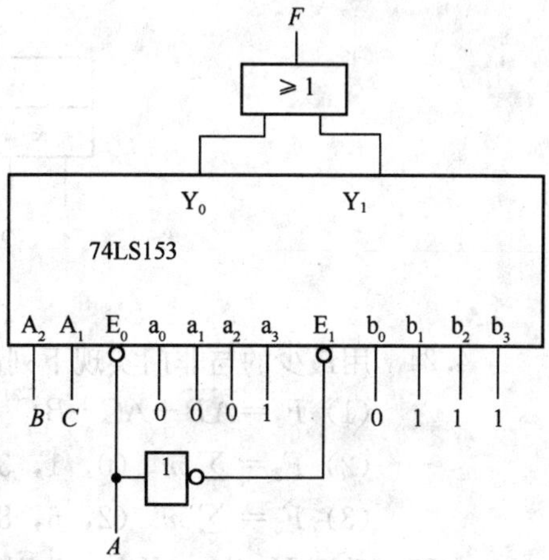

图习 4.10

4.19　某组合电路如图习 4.11 所示，当输入 $X_3X_2X_1X_0$ 为 2421 码时，分析电路实现的逻辑功能。

4.20　分析图习 4.12 所示电路实现的代码转换功能。

4.21　设 b_1、b_2、b_3、b_4 构成 4 位二进制码，若发送时，电路采用奇校验约定，则校验位的逻辑表达式为__________。

(a) $b_1+b_2+b_3+b_4+1$　　(b) $b_1\oplus b_2\oplus b_3\oplus b_4\oplus 1$

(c) $b_1\cdot b_2\cdot b_3\cdot b_4\cdot 1$　　(d) $b_1\oplus b_2\oplus b_3\oplus b_4\oplus 0$

4.22　分别用 74LS138、74LS153、74LS151 实现下列逻辑函数：

(1) $Y_1=\sum m^3(1, 3, 4, 7)$

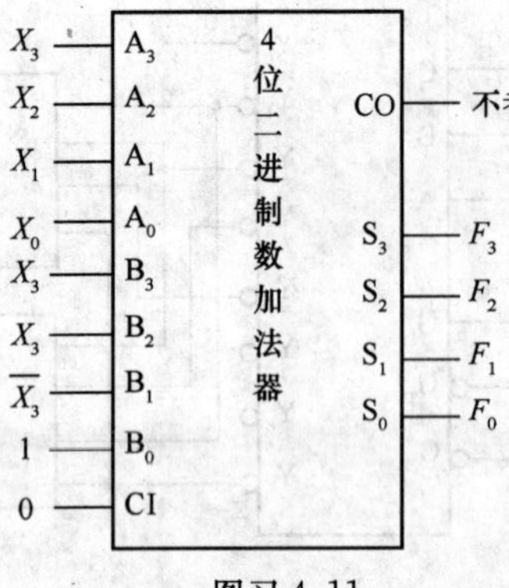

图习 4.11

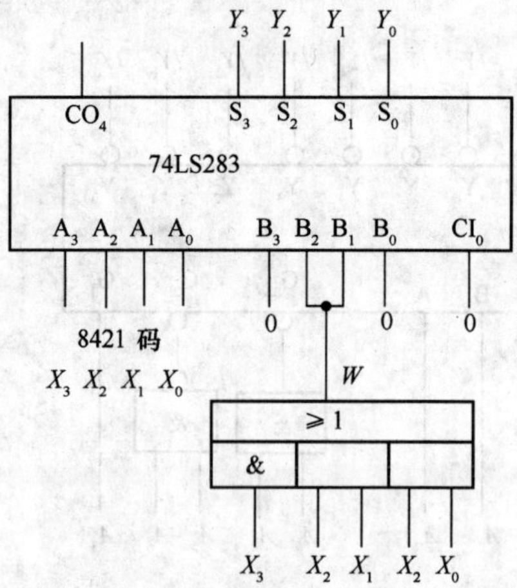

图习 4.12

(2) $Y_2=\prod M^3$ (0, 1, 2, 4)

4.23 用逻辑代数法判断图习 4.13 所示电路是否存在逻辑险象。

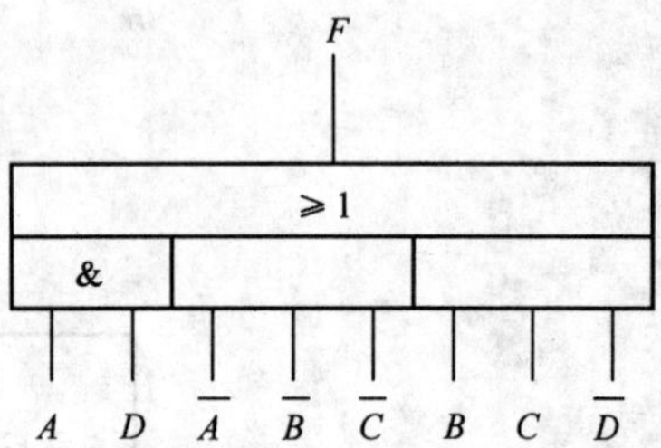

图习 4.13

4.24 用最少的与非门实现下列函数，要求电路不能存在逻辑险象。

(1) $F_1=\overline{A}\,\overline{B}+AC+B\overline{C}$

(2) $F_2=\sum m^4$ (0, 1, 3, 6, 7, 8, 9, 11, 14, 15)

(3) $F_3=\sum m^4$ (2, 6, 8, 9, 11, 12, 14)

4.25 采用 Verilog HDL，分别完成下列逻辑功能的描述：

(1) 低有效使能的 4 位四选一；

(2) 低有效使能且具有编码有效输出的 4-2 优先权编码器；

(3) 高有效使能且输出高有效的 3-8 译码器。

4.26 采用 Verilog HDL，分别建立下列代码转换电路的模型：

(1) 8421 码转换成余 3 码；

(2) 余 3 码转换成 8421 码；

(3) 2421 码转换成余 3 码；

(4) 余 3 码转换成 2421 码；

(5) 8421 码转换成 2421 码；

(6) 2421 码转换成 8421 码；

(7) 8421 码转换成格雷 BCD 码；

（8）3位自然二进制码转换成3位格雷码。

4.27 用 Verilog HDL 建模，实现表习4.1所示的逻辑功能。

表习 4.1

S_1	S_2	F
0	0	$A+B$
0	1	AB
1	0	$\overline{A}B$
1	1	$A\overline{B}$

4.28 设 X、Y 均为4位二进制数，它们分别是一个组合电路的输入与输出，当 $0 \leqslant X \leqslant 4$ 时，$Y = X + 1$；当 $5 \leqslant X \leqslant 9$ 时，$Y = X - 1$；当 $X > 9$ 时，报错。试用 Verilog HDL 建立模型。

第 5 章　锁存器与触发器

【本章内容】　介绍数字系统中能够存储 1 位二值信号的双稳态元件——锁存器与触发器，重点讨论 RS 锁存器、D 锁存器、JK 锁存器、主从 JK 触发器、边沿 JK 触发器、边沿 D 触发器的外部逻辑功能、触发方式以及 Verilog HDL 模型，而对内部电路结构仅作简单介绍。从而为后续时序电路的分析与设计打下基础。

5.1　概述

第 4 章介绍的逻辑电路均属于组合电路，其特点是：电路某一时刻的输出只与该时刻的输入有关，与以前的输入无关。即电路的输入立刻影响输出，或电路的输出随时跟随输入。

数字系统中另一类电路称为时序电路，它与组合电路有着本质的区别。电路某一时刻的输出不仅与该时刻的输入有关，还和电路的原来状态（以前的输入）有关。能够保存电路原来状态的基本电路称为双稳态元件。

双稳态元件是构成存储电路的基本模块，具有记忆功能，通常指锁存器和触发器。为了实现记忆 1 位二值信号的功能，双稳态元件必须具备如下特点：

(1) 有两个互补的输出端 Q 和 $\overline{Q}$。

(2) 有两个稳定状态。$Q=1$ 称为“1”状态；$Q=0$ 称为“0”状态。当输入信号不发生变化时，输出状态保持不变。

(3) 在一定输入信号作用下，可从一个稳定状态转移到另一个稳定状态。输入信号作用前的状态称为现态，记作 Q_t（或简记为 Q），输入信号作用后的状态称为次态，记作 Q_{t+1}。

锁存器和触发器的区别在于：锁存器是利用电平控制数据的输入，它包括不带使能控制的锁存器（输入信号直接影响输出）和带使能控制的锁存器（仅当使能端有效时，输入信号才直接影响输出）；触发器是利用脉冲或有效沿控制数据的输入，它包括主从结构的脉冲触发器和维持阻塞结构的边沿触发器。

双稳态元件按数据输入端的名称及其逻辑功能不同，分为 RS 型、JK 型、D 型和 T 型。

了解、掌握锁存器和触发器的外部特性和逻辑功能有助于时序电路的分析与设计。

5.2 基本 RS 锁存器

基本 RS 锁存器是构成其他锁存器或触发器的最基本单元。

图 5.1 是由两个非门组成的一个交叉反馈回路，显然，电路具有两个稳态：当 $Q=0$ 时，$\overline{Q}=1$；当 $Q=1$ 时，$\overline{Q}=0$。它能满足双稳态元件的特点（1）和（2），但此电路的两个稳态不能由外部控制，即不能在一定输入信号作用下，从一个稳定状态转移到另一个稳定状态。若在这种双稳态电路的基础上，增加两个输入端：S（置位）和 R（复位），则可得到图 5.2（a）所示的由与非门构成的基本 RS 锁存器和图 5.2（b）所示的由或非门构成的基本 RS 锁存器。通常将 Q 端的状态定义为锁存器的状态，即 $Q=1$ 时，称锁存器处于"1"状态；$Q=0$ 时，称锁存器处于"0"状态。

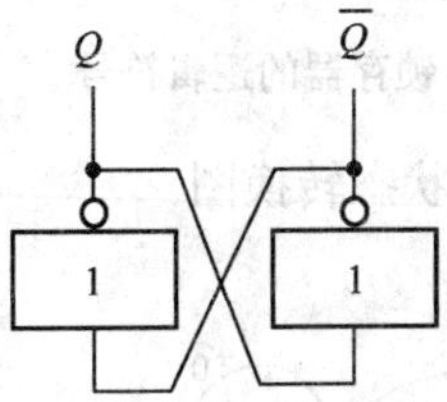

图 5.1　非门构成的双稳态电路

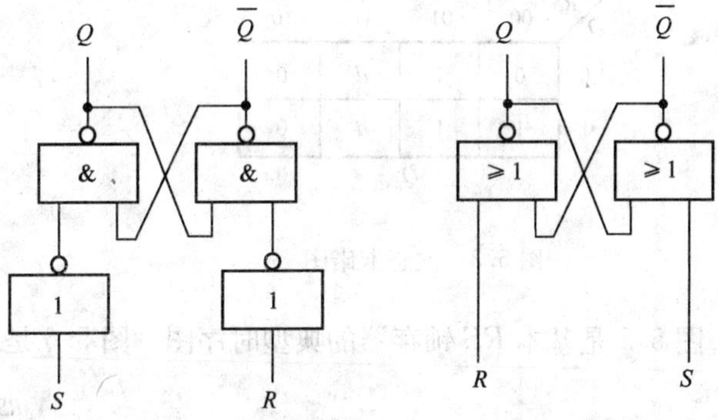

(a) 与非门构成的基本 RS 锁存器　　(b) 或非门构成的 RS 锁存器

图 5.2　基本 RS 锁存器

根据组合电路的分析方法，可得到基本 RS 锁存器的功能表如表 5.1 所示。由功能表知，当 $RS=00$ 时，锁存器的下一个状态（次态 Q_{t+1}）仍保持原来的状态（现态 Q_t）不变；当 $RS=01$ 时，不管原来的状态如何，锁存器的下一个状态将变为"1"状态；当 $RS=10$ 时，不管原来的状态如何，锁存器的下一个状态将变为"0"状态；当 $RS=11$ 时，与非门构成的锁存器的两个输出端都为"1"，或非门构成的锁存器的两个输出端都为"0"，不符合双稳态元件的输出必须具备互补性的要求，所以，正常使用 RS 锁存器时，不允许 $RS=11$。另外，当 RS 从 11 变为 00 时，由于竞争的存在，锁存器的最终状态不定（有可能为 1，也有可能为 0）。总之，锁存器状态的改变（次态）不仅与当前的输入有关，还与锁存器原来的状态（现态）有关。采用次态真值表（又称特性表）可以准确地描述次态与现态及输入之间的关系。表 5.2 是基本 RS 锁存器的次态真值表，也可简化成表 5.3。由次态真值表可得到图 5.3 所示的次态卡诺图，进而求得基本 RS 锁存器的次态方程为

$$\begin{cases} Q_{t+1}=S+\overline{R}Q_t \\ R\cdot S=0 \end{cases}$$

其中，$R \cdot S=0$ 为约束条件，即不允许 R、S 同时为“1”。基本 RS 锁存器的逻辑符号如图 5.4 所示。

表 5.1 基本 *RS* 锁存器的功能表

R	S	Q	$\overline{Q}$
0	0	保持不变	
0	1	1	0
1	0	0	1
1	1	(a) 1	1
		(b) 0	0

表 5.2 次态真值表

R	S	Q_t	Q_{t+1}
0	0	0	0
0	0	1	1
0	1	0	1
0	1	1	1
1	0	0	0
1	0	1	0
1	1	0	d
1	1	1	d

表 5.3 简化的次态真值表

R	S	Q_{t+1}
0	0	Q_t
0	1	1
1	0	0
1	1	d

Q_t \ RS	00	01	11	10
0	0	1	d	0
1	1	1	d	0

Q_{t+1}

图 5.3 次态卡诺图

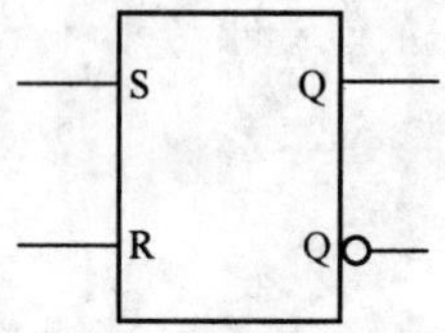

图 5.4 基本 RS 锁存器的逻辑符号

图 5.5 是基本 RS 锁存器的典型时序图，图 5.6 是基本 RS 锁存器状态转换图。

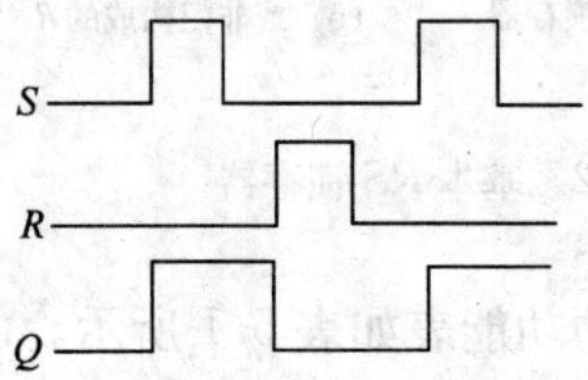

图 5.5 基本 RS 锁存器的典型时序图

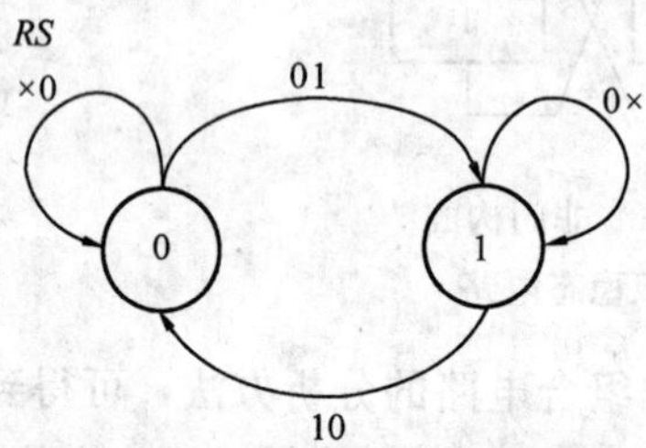

图 5.6 基本 RS 锁存器状态转换图

5.3 带使能端的 *RS* 锁存器

基本 RS 锁存器的主要特点是结构简单，具有置 0、置 1 和保持功能。但它存在输入直接影响输出的问题，并且输入端 S、R 之间有约束，抗干扰能力低，给应用带来不便。

在实际工作中，常常要求锁存器按照一定的时间节拍工作，这就需要用一个使能输入端（EN）进行控制，即只有当使能输入信号有效期间，才允许输入影响输出。带使能端的 RS 锁存器电路结构及特性如图 5.7 所示。当 $EN=0$ 时，门 G_1、G_2 的输出为“1”，输入信号

R、S 不会影响输出，故锁存器保持原状态不变；当 $EN=1$ 时，锁存器的状态跟随输入信号 R、S 的变化而改变，此时的次态真值表及次态方程与基本 RS 锁存器相同。

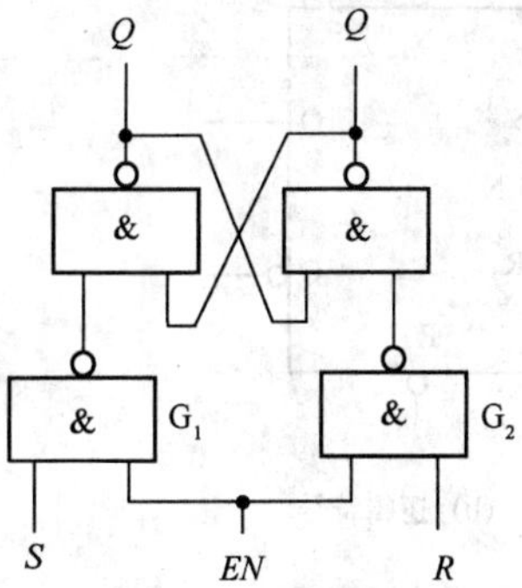

(a) 电路结构

EN	R	S	Q_{t+1}
0	d	d	Q_t
1	0	0	Q_t
1	0	1	1
1	1	0	0
1	1	1	d

(b) 次态真值表

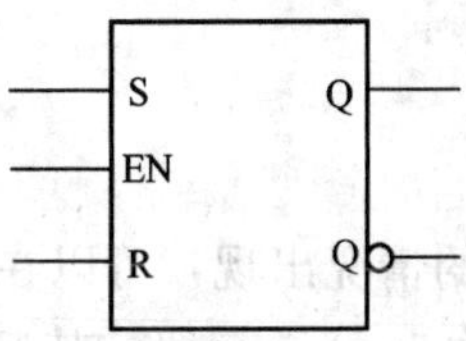

(c) 逻辑符号

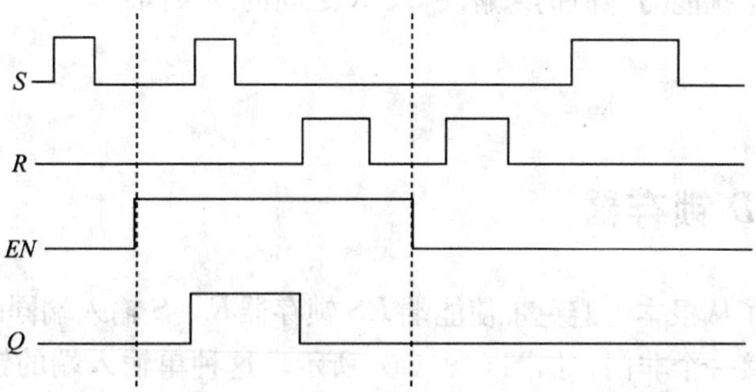

(d) 典型时序

图 5.7 带使能端的 RS 锁存器电路结构及特性

值得注意的是，若 $EN=1$ 且 $RS=11$ 时，锁存器的输出 $Q=\overline{Q}=1$，而当 EN 由 1 变 0 后，锁存器可能处于 1 态，也可能处于 0 态，即状态不定。所以，输入信号同样需要满足 $RS=0$ 的约束条件。

在使用带使能端 RS 锁存器的过程中，有时需要在 EN 信号有效之前将锁存器预先置成指定的状态。所以，在实用的带使能端 RS 锁存器电路上往往还设置有专门的异步置位输入端和异步复位输入端，如图 5.8 所示。

只要在 $/S_D$ 或 $/R_D$ 加入低电平，即可立即将锁存器置 1 或置 0，而不受使能信号和输入信号控制。因此，将 $/S_D$ 称为异步置位（置 1）端，将 $/R_D$ 称为异步复位（置 0）端。显然，这种异步操作应在 $EN=0$ 时进行，否则，预置的状态不一定能保存下来。当锁存器在使能信号控制下正常工作时，应使 $/S_D$ 和 $/R_D$ 处于高电平。

综上所述，当 $EN=0$ 时，锁存器的状态保持不变；当 $EN=1$ 期间，输入端 R、S 的变化都将引起锁存器状态的改变，这就是带使能端 RS 锁存器的动作特点。由此不难想象，如

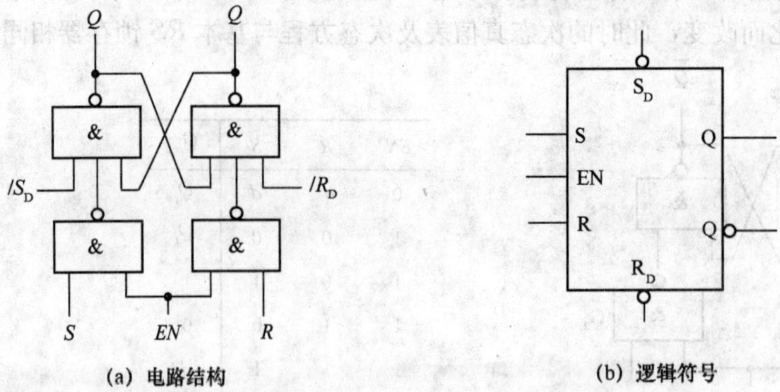

图 5.8　具有异步置位、复位功能的带使能端 RS 锁存器

果 $EN=1$ 期间输入信号多次发生变化，则锁存器的状态也会发生多次翻转，这就降低了电路的抗干扰能力，但仍未解决 S、R 之间的约束问题。

5.4　D 锁存器

为了从根本上避免带使能端 RS 锁存器 R、S 输入端同时为 1 的情况出现，可以在 S 和 R 之间接一个非门，如图 5.9（a）所示。这种单输入端的锁存器称为 D 锁存器，其逻辑符号如图 5.9（b）所示。

分析图 5.9（a）可知，当 $EN=0$ 时，门 G_1、G_2 被封锁，其输出均为 1，与输入信号 D 无关，锁存器保持原来的状态不变；当 $EN=1$ 时，锁存器接收 D 的信息，如果 $D=1$，则

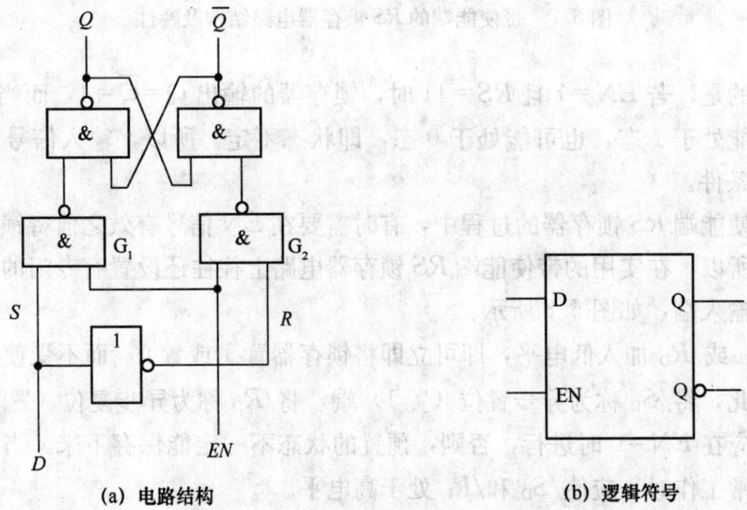

图 5.9　D 锁存器

$Q_{t+1}=1$；若 $D=0$，则 $Q_{t+1}=0$。表 5.4 是 D 锁存器的次态真值表，表 5.5 是 EN 有效时 D 锁存器的简化次态真值表，据此可直接求得 EN 有效时 D 锁存器的次态方程为

$$Q_{t+1}=D$$

表 5.4　次态真值表

EN D Q_t	Q_{t+1}
0 d 0	0
0 d 1	1
1 0 0	0
1 0 1	0
1 1 0	1
1 1 1	1

表 5.5　简化次态真值表

D	Q_{t+1}
0	0
1	1

所以，D 锁存器的逻辑功能可归纳为：在 EN 有效时，将输入数据 D 存入锁存器，EN 无效时，保存该数据不变，只有当 EN 再次有效时，才将新的数据存入锁存器而改变原来存储的数据。显然，D 锁存器正常工作时，应保证 EN 有效期间 D 端数据保持不变。

图 5.10 给出了 D 锁存器的典型时序，图 5.11 是 D 锁存器的状态转换图。

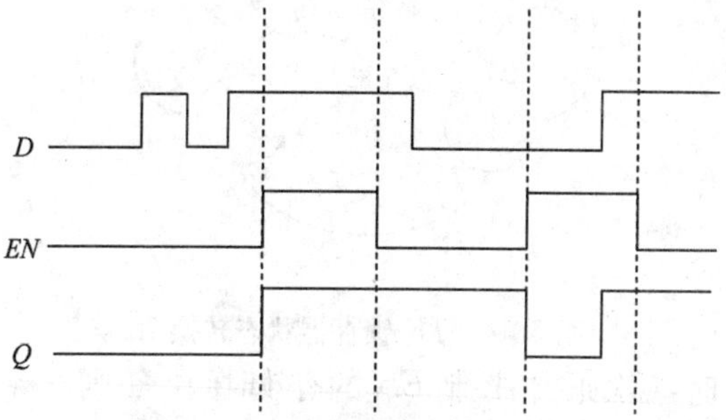

图 5.10　D 锁存器典型时序图

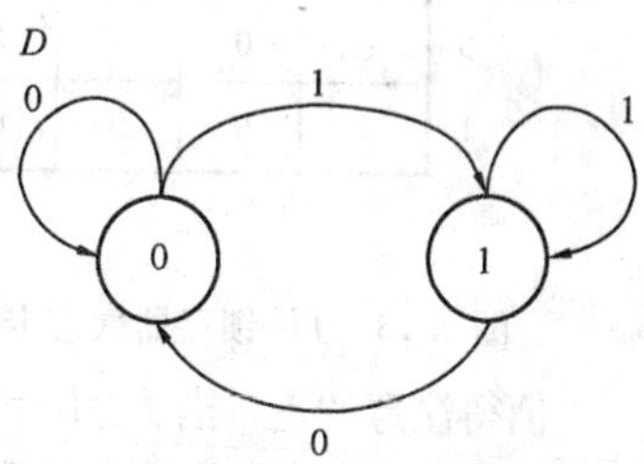

图 5.11　D 锁存器状态转换图

5.5　*JK* 锁存器

带使能端的 RS 锁存器的输入端 $R=S=1$ 时，锁存器的次态不确定，这一因素限制了其应用。为了解决这个问题，根据双稳态元件两个输出端互补的特点，用 Q 和 $\overline{Q}$ 反馈控制输入信号，并用 J 代替 S，用 K 代替 R，构成如图 5.12 所示的 JK 锁存器。由图 5.12 可知，在 $EN=1$ 期间，当 $Q=0$ 时，封住门 G_2，无须利用 K（R）进行置 0 操作，此时 $\overline{Q}=1$，打开门 G_1，允许利用 J（S）的置 1 操作；而当 $Q=1$ 时，$\overline{Q}=0$，封住门 G_1，无须利用 J（S）进行置 1 操作，此时门 G_2 打开，允许利用 K（R）的置 0 操作。这样，就保证了 $J=K=1$ 时，门 G_1、G_2 的输出不同时为 0，并可在 EN 的控制下，使 Q 从 0 翻转为 1 或从 1 翻转为 0。

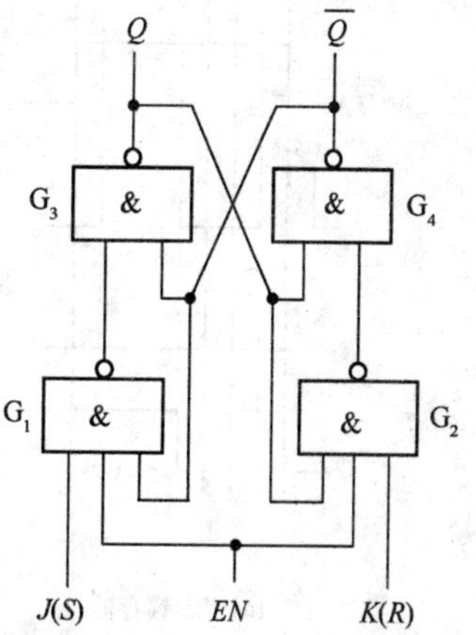

图 5.12　JK 锁存器

表 5.6 是 JK 锁存器的次态真值表，表 5.7 是 JK 锁存器

在 $EN=1$ 时的简化次态真值表，由图 5.13 所示的次态卡诺图可求得 JK 锁存器的次态方程为

$$Q_{t+1}=J\overline{Q}_t+\overline{K}Q_t$$

图 5.14 是 JK 锁存器的状态转换图。

表 5.6　次态真值表

EN	J	K	Q_t	Q_{t+1}
0	d	d	0	0
0	d	d	1	1
1	0	0	0	0
1	0	0	1	1
1	0	1	0	0
1	0	1	1	0
1	1	0	0	1
1	1	0	1	1
1	1	1	0	1
1	1	1	1	0

表 5.7　简化次态真值表

J K	Q_{t+1}	说明
0　0	Q_t	保持
0　1	0	置 0
1　0	1	置 1
1　1	$\overline{Q}_t$	翻转

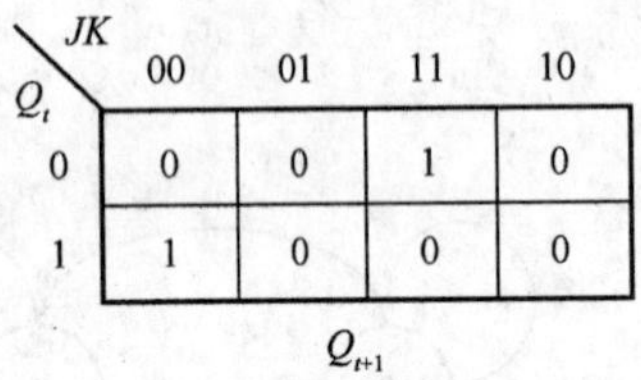

图 5.13　JK 锁存器次态卡诺图

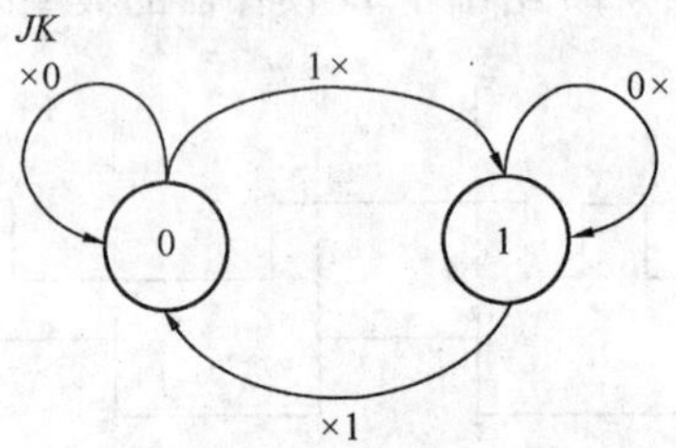

图 5.14　JK 锁存器状态转换图

值得注意的是，当 $J=K=1$ 时，$Q_{t+1}=\overline{Q}_t$，此时，必须严格控制 EN 的有效时间，否则，将引起锁存器的多次翻转，甚至引起振荡。显然，这种要求对于它的应用来讲过于苛刻。

综上所述，带使能输入端的 RS 锁存器、D 锁存器、JK 锁存器均在 EN 有效期间受输入的控制，如果输入信号发生多次变化，锁存器也会发生相应的多次翻转，如图 5.15 所示。这种在使能信号有效期间，因输入信号的变化而引起锁存器状态变化多于一次的现象，称为锁存器的空翻。控制不好，JK 锁存器还存在振荡问题。

为了克服空翻，又产生了利用脉冲和边沿进行控制的新的双稳态元件结构，称之为触发器。

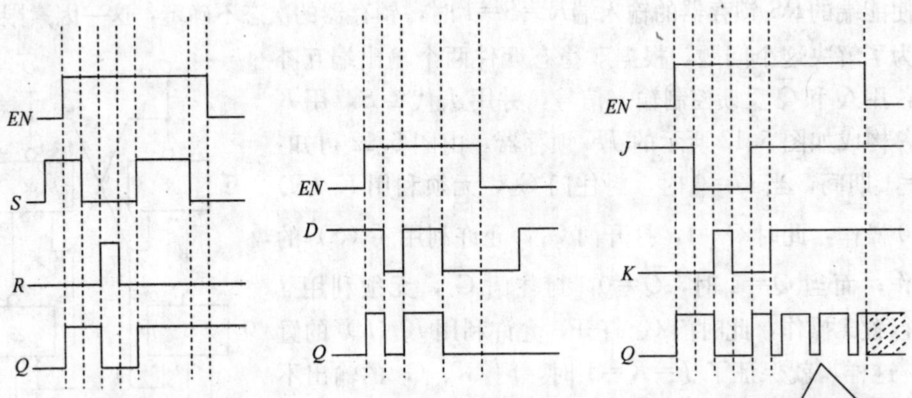

(a) RS 锁存器　　(b) D 锁存器　　(c) JK 锁存器

图 5.15　带使能端锁存器的空翻现象举例

5.6 主从 JK 触发器

主从 JK 触发器的电路结构和逻辑符号如图 5.16 所示。它由一个主锁存器和一个从锁存器构成，但其时钟信号的相位相反，并且用触发器的输出（从锁存器的输出）反馈到触发器的输入（主锁存器的输入）来封堵 J、K 信号。

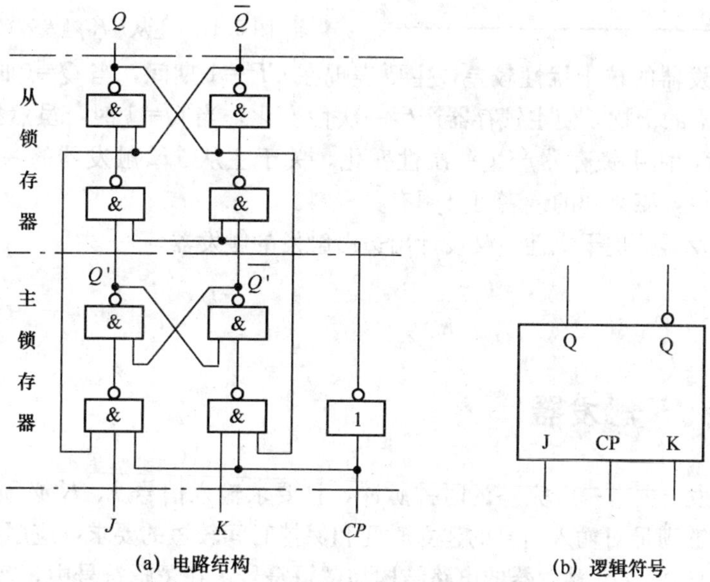

图 5.16　主从结构的 JK 触发器

主从 JK 触发器是利用一个完整的时钟脉冲实现状态的改变。当 $CP=0$ 和 CP 从 0 到 1 时（可用↑表示），封住主锁存器，不受 J、K 影响，从锁存器被打开，主锁存器的状态与从锁存器的状态相同，触发器状态保持不变；当 $CP=1$ 期间，封住从锁存器，使触发器仍保持原状态不变，此时，主锁存器被打开，其状态由输入信号 J、K 控制，形成新的状态（次态）；当 CP 从 1 到 0（可用↓表示）和 $CP=0$ 时，从锁存器被打开，主锁存器中的新状态送到从锁存器，形成触发器的次态，同时封住主锁存器，完成触发器状态的变化并保持，直到下一个时钟脉冲出现。这个过程可用表 5.8 来描述。

主从 JK 触发器的次态真值表（特性表）与 JK 锁存器的相同，只要用 CP 代替 EN 即可，此时，应将 $CP=0$ 理解为没有时钟脉冲，将 $CP=1$ 理解为一个完整的时钟脉冲。显然，在一个完整的时钟脉冲作用下，主从 JK 触发器的次态方程仍为

$$Q_{t+1}=J\overline{Q}_t+\overline{K}Q_t$$

应当注意，使用主从 JK 触发器时，要求输入信号 J、K 在时钟脉冲作用期间保持稳定，以确保时钟脉冲下降沿后触发器的状态就是时钟上升沿时主锁存器所接收的状态。图 5.17为主从 JK 触发器的典型时序图。

表 5.8 主从 *JK* 触发器功能表

J	K	CP	Q $\overline{Q}$
d	d	0	保持不变
d	d	↑	保持不变
d	d	1	保持不变
0	0		保持不变
0	1	⎍↓	0 1
1	0		1 0
1	1		变反 变反

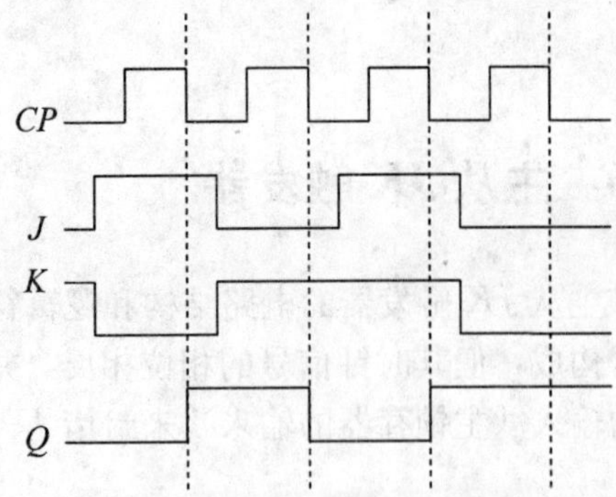

图 5.17 主从 JK 触发器的典型时序图

主从 JK 触发器的抗干扰性较差，主要表现在 $CP=1$ 期间，当 $Q=0$ 时，虽然封锁了 K，但易受来自 J 的干扰，使主锁存器产生一次性变化；当 $Q=1$ 时，虽然封锁了 J，但易受来自 K 的干扰，使主锁存器产生一次性变化。关于主从 JK 触发器的一次性变化现象，在此不作详细讨论，感兴趣的读者可查阅有关资料。

为了提高触发器的抗干扰性，又设计出边沿触发的触发器。

5.7 负边沿 *JK* 触发器

主从 JK 触发器要求一个完整的时钟脉冲，且要求输入信号 J、K 必须稳定较长时间。而边沿触发器能够满足对输入信号的建立时间和保持时间较短的要求，应用更加广泛。

图 5.18 为负边沿 JK 触发器的电路结构和逻辑符号，在逻辑符号中，“∧”表示边沿触发，“小圆圈”表示负边沿（下降沿）。负边沿 JK 触发器的逻辑功能、次态真值表（特性表）、次态方程与主从 JK 触发器相同。其主要原理是利用状态翻转的“雪崩效应”和信号

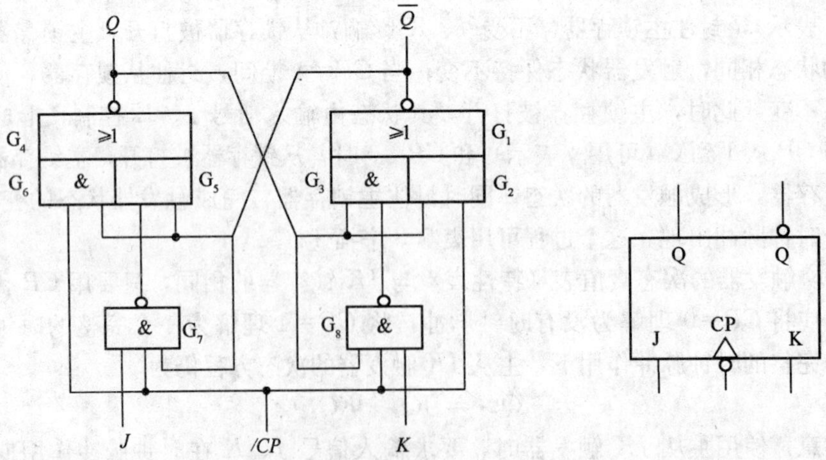

(a) 电路结构　　(b) 逻辑符号

图 5.18 负边沿 JK 触发器

传输时的时间差异（竞争）引导触发。

由图 5.18（a）可见，两个与或非门构成 RS 锁存器，G_7、G_8 是引导门。时钟信号除直接作用于 G_2、G_6 外，还经 G_7、G_8 延时后影响 G_3、G_5，显然，这一影响具有滞后性。

设当前 $J=K=1$，$Q=0$，CP 作用后，触发器应由 0 变成 1。下面分析这一变化过程。

当 CP 为 0 时，G_7、G_8 均被封住，不受 $J=K=1$ 的影响，其输出为 1。这时用与或非门组成的锁存器处于稳态，即触发器保持原态不变，$Q=0$，$\overline{Q}=1$。

当 CP 为由 0 向 1 变化的上升沿时，$CP=1$ 首先作用于 G_6，此时在 $\overline{Q}=1$ 的共同作用下，G_6 输出 1，或非门 G_4 输出 0，保证 $Q=0$ 不变。此时的 $CP=1$ 也作用于 G_7、G_8，但 $Q=0$ 封住了 K 的影响，使 G_8 输出仍为 1，虽然 $\overline{Q}=1$ 和 $J=1$ 使 G_7 输出 0，但这个延时的输出通过 G_5 对或非门 G_4 的影响落后于 G_6，即此时 $J=1$ 的影响失效，$Q=0$ 不变。所以，当 CP 为由 0 向 1 变化的上升沿时，触发器状态不受 J、K 的影响而保持不变。

当 $CP=1$ 期间，因 $Q=0$ 封锁了 K 的影响，而 $\overline{Q}=1$ 使 $G_6=1$，$G_5=0$，保证了 $Q=0$ 不变。所以，$CP=1$ 期间 J、K 的变化不影响触发器的状态。

当 CP 为由 1 向 0 变化的负边沿（下降沿）时，K 仍因 $Q=0$ 而被封锁，CP 的变化率先使 G_6 输出变为 0，于是 Q 的输出取决于 G_5，而此时的 G_5 已因 $CP=1$ 期间 $J=1$ 和 $\overline{Q}=1$ 输出 0，所以 G_4 立刻输出 1，即触发器的状态由 0 变 1，$\overline{Q}$ 也因“雪崩效应”变为 0，并封锁 G_5、G_6，使 Q 保持 1。虽然 CP 由 1 到 0 也会使 G_7 输出 1 影响 G_5，但这一延时的输出已被此时的 $\overline{Q}=0$ 封锁而失效。所以，决定 Q 值的是 G_5 原来的输出，即 CP 下降沿之前的 J 值确定的值。

所以，当 $J=K=1$ 时，在 CP 的下降沿，可将触发器由 0 翻转成 1。同理，可分析出当 $J=K=1$ 时，在 CP 的下降沿，也可将触发器由 1 翻转成 0。

关于触发器在 $JK=00$、01、10 时的情况，可用同样的方法进行分析。

综上所述，负边沿 JK 触发器具有保持、置 0、置 1 和翻转功能，并且触发器的次态仅取决于时钟下降沿前一时刻 J、K 的值，时钟的其他时间 J、K 的值都可以变化，所以抗干扰能力强。

图 5.19 是具有异步置位、异步复位功能的负边沿 JK 触发器的逻辑符号和典型时序图。

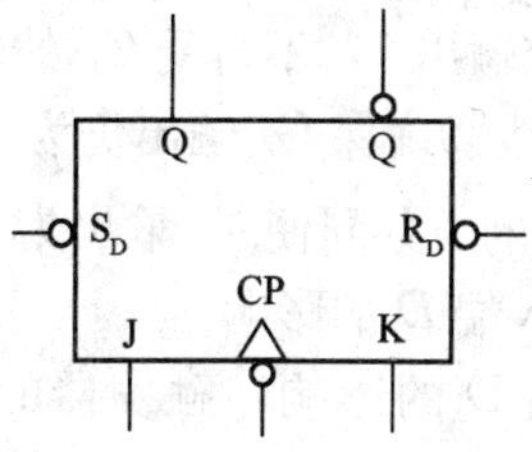

(a) 逻辑符号

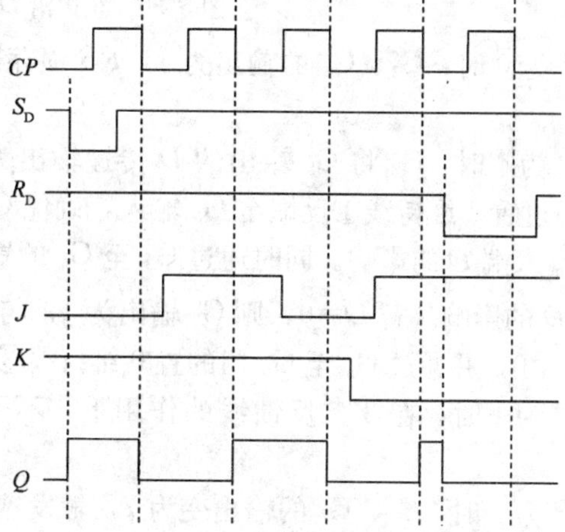

(b) 典型时序图

图 5.19　具有异步置位、异步复位功能的负边沿 JK 触发器

5.8 正边沿 *D* 触发器

D 锁存器要求 *EN* 有效期间数据输入端 *D* 保持稳定，这给实际应用带来不便，一则 *D* 端变化可能锁存错误数据，二则影响系统速度。而边沿 *D* 触发器的状态变化仅仅取决于有效沿前一时刻 *D* 端的值，不仅抗干扰性能好，且利于提高系统速度。

图 5.20 是正边沿 *D* 触发器的电路结构图与逻辑符号。它包括一个带使能端的 *RS* 锁存器（由 G_1、G_2、G_3、G_4 构成）和两个信号接收门（由 G5、G6 构成，用于生成 D、$\overline{D}$）以及三条反馈线。反馈线①称为置 1 维持线，反馈线②称为置 0 阻塞线，反馈线③称为置 0 维持线。下面分析正边沿 *D* 触发器的工作过程：

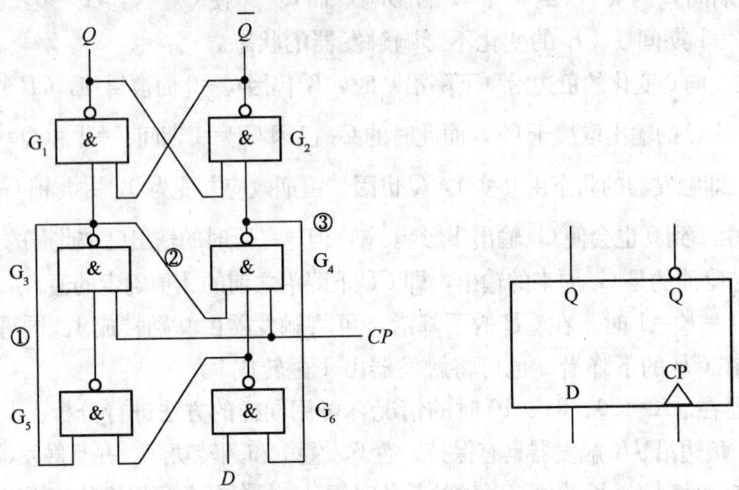

(a) 电路结构图　　(b) 逻辑符号

图 5.20　正边沿 *D* 触发器

当 *CP* 为 0 时，G_3、G_4 的输出为 1，*RS* 锁存器保持状态不变。G_6 输出为 $\overline{D}$，G_5 输出为 *D*。

当 *CP* 为↑时，G_3 将 G_5 输出的 *D* 传递输出为$\overline{D}$。若 $D=1$，则 G_3 输出为 0，使 $Q=D=1$，并通过置 1 维持线①反馈至 G_5 输入，确保 G_5 门稳定输出 1，不再受 G_6 的输出影响，即不再受输入端 *D* 的影响。同时通过 G_3 至 G_4 的置 0 阻塞线②确保 G_4 输出仍为 1，也不再受输入端 *D* 的影响。若 $D=0$，则 G_3 输出为 1，与 G_6 输出的 1 共同使 G_4 输出为 0，有 $\overline{Q}=1$ 且 $Q=D=0$，并通过 G_4 至 G_6 门的置 0 维持线③封锁输入端 *D* 的影响。

当 *CP* 为 1 时，在 3 条反馈线的作用下，不受输入端 *D* 的影响，触发器的状态保持不变。

当 *CP* 为↓时，G_3、G_4 的输出变为 1，触发器的状态保持不变。

通过以上分析可知，正边沿 *D* 触发器的次态仅取决于时钟上升沿前一时刻 *D* 的值，时钟的其他时间 *D* 的值都可以变化，所以抗干扰能力强，得到广泛应用。

图 5.21 是具有异步置位、异步复位功能的正边沿 D 触发器的逻辑符号和典型时序图。

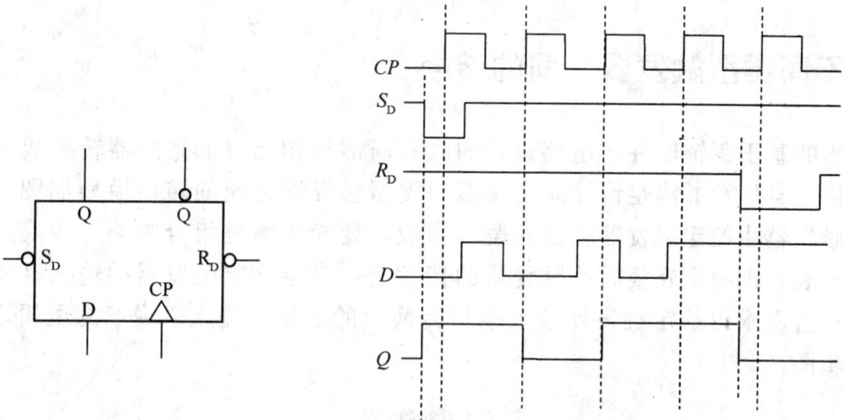

(a) 逻辑符号　　(b) 典型时序图

图 5.21　具有异步置位、异步复位功能的正边沿 D 触发器

5.9　T 触发器和 T' 触发器

如果将 JK 触发器的两个输入端 J、K 连接在一起并命名为 T，就构成了 T 触发器，如图 5.22 所示。T 触发器又称计数触发器，当 $T=1$ 时，每来一个时钟脉冲，触发器就翻转一次，计一次数；当 $T=0$ 时，尽管有时钟脉冲来到，触发器也不翻转（保持），即停止计数。

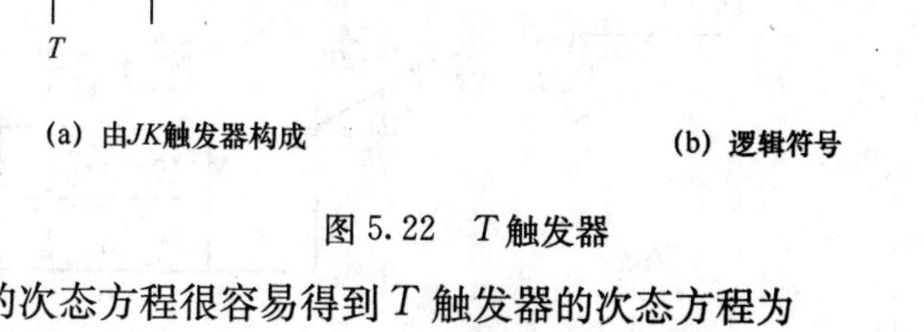

(a) 由 JK 触发器构成　　(b) 逻辑符号

图 5.22　T 触发器

由 JK 触发器的次态方程很容易得到 T 触发器的次态方程为

$$Q_{t+1} = T\overline{Q}_t + \overline{T}Q_t = T\oplus Q_t$$

如果将 T 触发器的输入端 T 恒接逻辑“1”，则构成 T' 触发器。T' 触发器是 $T=1$ 时的特例。

5.10 不同类型触发器之间的转换

在传统的基于逻辑器件的电路设计时，有时需要用已有的触发器转换成其他类型的触发器，以消耗库存并满足设计需要。不同类型触发器之间的转换模型如图 5.23 所示。转换后的触发器由给定触发器和变换逻辑组成。变换逻辑是组合电路。变换过程是先建立变换逻辑表，即根据转换后的触发器的特性表，确定给定触发器的输入（变换逻辑的输出）值；进而求得给定触发器输入端与转换后的触发器输入、现态的逻辑表达式；最后画出逻辑图。

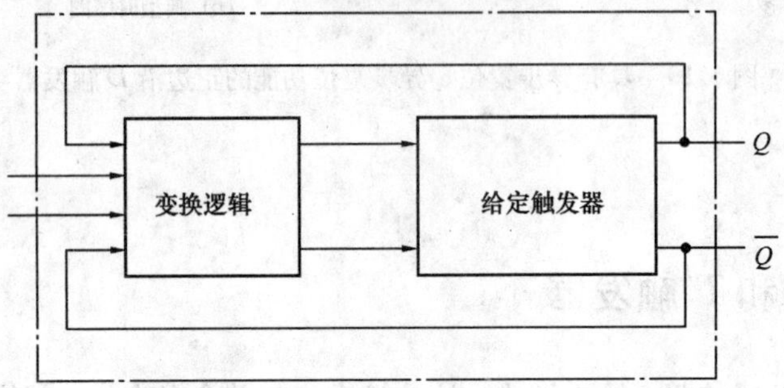

图 5.23 不同类型触发器之间的转换模型

【例 5.1】 将 D 触发器转换成 JK 触发器。

解 (1) 列出 JK 触发器特性表并确定满足特性的 D 值，如表 5.9 所示。

(2) 由表 5.9 可得如图 5.24 所示的变换逻辑输出 D 的卡诺图，从而求得 D 触发器输入端与 J、K、Q_t的逻辑表达式为

$$D = J\overline{Q}_t + \overline{K}Q_t$$

（此例也可通过对比 JK 触发器次态方程和 D 触发器次态方程直接求出）

表 5.9 变换逻辑表

转换后 JK 触发器				给定触发器输入
J	K	Q_t	Q_{t+1}	D
0	0	0	0	0
0	0	1	1	1
0	1	0	0	0
0	1	1	0	0
1	0	0	1	1
1	0	1	1	1
1	1	0	1	1
1	1	1	0	0

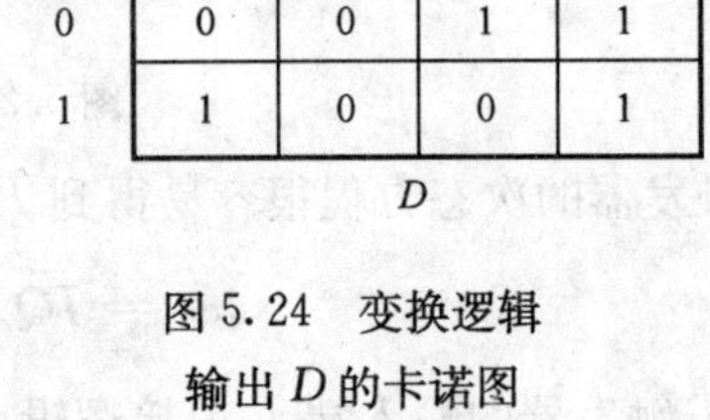

图 5.24 变换逻辑输出 D 的卡诺图

(3) 画出逻辑图，如图 5.25 所示。

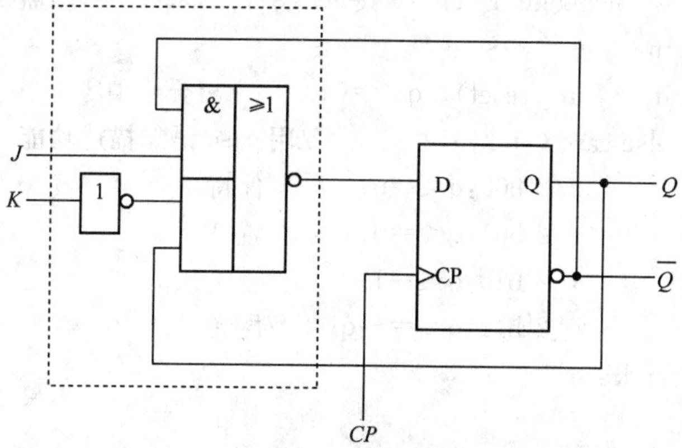

图 5.25　由 D 触发器构成的 JK 触发器

5.11　触发器的 Verilog HDL 模型

边沿型触发器的可靠性高，对输入信号的要求较低，有利于提高系统速度。现代数字系统设计时，普遍利用 EDA 平台进行系统开发，然后下载到大规模可编程逻辑器件（PLD）中物理实现，而 PLD 均采用单输入端的 D 触发器构造时序电路。

有了 EDA 平台和 HDL，可不受传统触发器器件的限制，设计出（描述）满足系统要求的各种类型的触发器。

【例 5.2】 上升沿触发 D 触发器的 Verilog HDL 描述。

解

```
module  Dff_p(clk,d,q);
    input clk,d;
    output q;
    reg q;
    always @ (posedge clk)     //监视 clk 上升沿
        q<=d;   //非阻塞赋值描述功能
endmodule
```

从该描述中可见，只有当 clk 上升沿到来时，才采集并计算 d 值，然后赋值给 q；其他时刻 d 不影响输出，q 为寄存器型，具有保持特性，直到下一个上升沿到来。

【例 5.3】 下降沿触发、低有效异步清零 JK 触发器的 Verilog HDL 描述。

解

```
module  JKff_n(n_clk,n_reset,j,k,q);
    input n_clk,j,k,n_reset;
    output q;
```

```
reg q;
    always @ (negedge n_clk or negedge n_reset)      //监视 clk、reset 下降沿
        begin
            if (! n_reset)  q<=0;           //异步清零
            else case ({j,k})          //用 case 语句描述功能
                  2'b00:q<=q;      //保持
                  2'b01:q<=0;      //置 0
                  2'b10:q<=1;      //置 1
                  2'b11:q<=~q;     //翻转
            endcase
        end
endmodule
```

注意 always 敏感事件列表中除了 negedge n_clk 外还有 negedge n_reset，这是低有效异步清零操作所必需的，它与 if…else 配合，只要 n_reset 为低电平，触发器就被清零。只有当 n_reset 为高时，才在 n_clk 下降沿按照此时 J、K 的状态完成触发器的操作（case 语句）。

【例 5.4】 下降沿触发、高有效同步清零 T 触发器的 Verilog HDL 描述。

解

```
module  Tff_n(n_clk,reset,T,q);
    input n_clk,reset,T;
    output q;
    reg q;
        always @ (negedge n_clk)                      //监视 n_clk 下降沿
            begin
                if  (reset)   q<=0;                   //同步清零
                else if  (T==1)   q<=~q;              //翻转
                    else  q<=q;                       //保持
            end
endmodule
```

从该模型中知，由 reset 控制的清零操作是在 n_clk 的作用下完成的（敏感表中没有 posedge reset），所以称为同步清零；同步清零操作优先于触发器的正常操作（利用 if…else 语句实现）。

通过上述三个触发器的 Verilog HDL 描述，可以总结出用硬件描述语言描述时序器件的基本方法：

(1) 一般采用 always 过程，其敏感表中只能用 posedge、negedge 监视时钟或异步信号的有效沿。

(2) 异步（同步）清零、置位操作优先于器件的正常操作，通常用 if…else 描述，并注意异步时的信号有效级匹配。

(3) 应使用非阻塞赋值（<=）语句进行赋值操作，以符合先采样计算最后一起赋值的

时序描述规范。

(4) 由于 case 语句的语法格式和简化次态真值表存在某种对应关系，因此合理使用 case 语句能够清晰地描述器件在时钟作用下的正常操作。

本 章 小 结

本章按照提出问题、分析问题、解决问题的思路，介绍了时序电路中存储、记忆二值信号的双稳态元件。

基本 RS 锁存器是构成其他锁存器和触发器的基本单元；带使能端 RS 锁存器解决了受控问题，但仍存在使能有效期间输入影响输出和 R、S 间的约束问题；D 锁存器没有约束问题，可用于数据锁存，但要求使能有效期间输入保持不变，否则会锁存错误数据；JK 锁存器提出了反馈封锁输入的解决方案，但使能有效期间，$J=K=1$ 时的翻转甚至振荡问题使其不能实用；主从结构的 JK 触发器利用一个完整的脉冲工作，在整个脉冲期间，对 J、K 的稳定要求较高，并存在一次性变化问题，使其可靠性较差；边沿型 JK 触发器、边沿型 D 触发器是应用广泛、可靠性较高的双稳态元件，它们的次态仅仅取决于时钟有效沿前一时刻的输入值，其他时间输入的变化不影响输出；边沿型 T 触发器和边沿型 T' 触发器实际上是边沿型 JK 触发器的特例。另外，边沿型 D 触发器是现代数字系统设计中 PLD 的基本时序元件。

本章还讨论了各种类型触发器之间的转换原理以及触发器的 Verilog HDL 建模方法。

描述双稳态元件的基本工具有：次态真值表（特性表）、次态卡诺图、简化次态真值表、次态方程（特性方程）、状态转换图、时序图和硬件描述语言。

思 考 题

1. 由下面 3 个触发器的逻辑符号，你能想到什么？

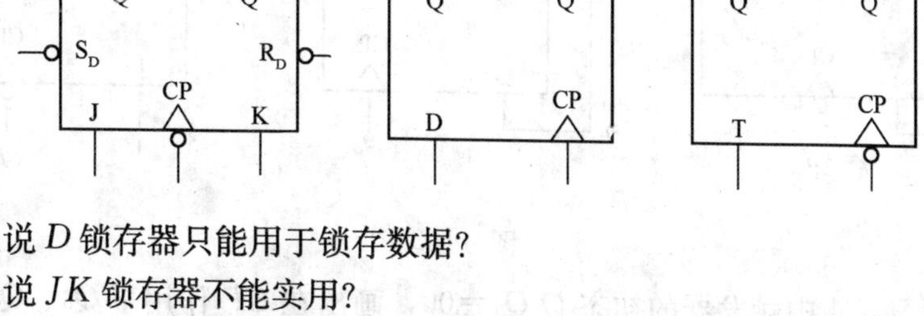

2. 为什么说 D 锁存器只能用于锁存数据？
3. 为什么说 JK 锁存器不能实用？
4. 主从结构 JK 触发器的抗干扰性差，主要体现在哪里？

5. 边沿型触发器可靠性好，主要体现在哪里？

6. 边沿型 D 触发器是现代数字系统设计中 PLD 的基本时序元件，为什么？

7. 用 Verilog HDL 建立触发器模型的基本方法是什么？

8. 如何体会 Verilog HDL 中 case 语句的语法格式和简化次态真值表存在的对应关系？

习　题

5.1　分别写出 JK 触发器、D 触发器和 T 触发器的简化次态真值表及次态方程。

5.2　根据图习 5.1 给定的波形，画出高有效使能 D 锁存器和上升沿 D 触发器初始状态均为 0 时的输出波形。

5.3　根据图习 5.2 给定的波形，画出下降沿 JK 触发器初始状态为 0 时的输出波形。

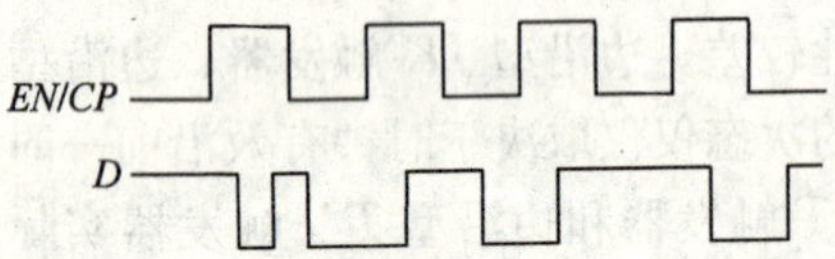

图习 5.1

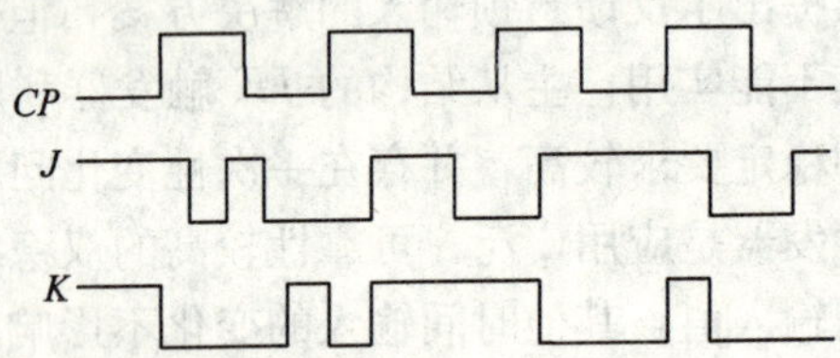

图习 5.2

5.4　画出 T 触发器的状态转移图。

5.5　将 JK 触发器转换成 D 触发器。

5.6　将 T 触发器分别转换成 JK 触发器和 D 触发器。

5.7　用 Verilog HDL 描述下列触发器：

(1) 具有低有效的异步置位、异步清零功能的下降沿 D 触发器；

(2) 具有高有效的同步置位、同步清零功能的上升沿 JK 触发器；

(3) 具有高有效异步清零功能的上升沿 T 触发器。

5.8　设图习 5.3 所示各触发器的初态均为 0，画出在 CP 作用下各触发器的输出波形。

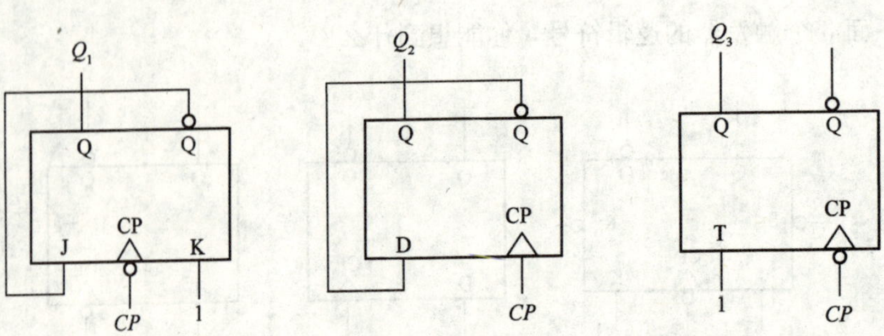

图习 5.3

9　设图习 5.4 中触发器的初态 $Q_1Q_0=00$，画出在 CP 作用下 Q_0、Q_1 的时序波形，经过 3 个时钟脉冲后 Q_1Q_0 将变成 00、01、10 还是 11 状态。

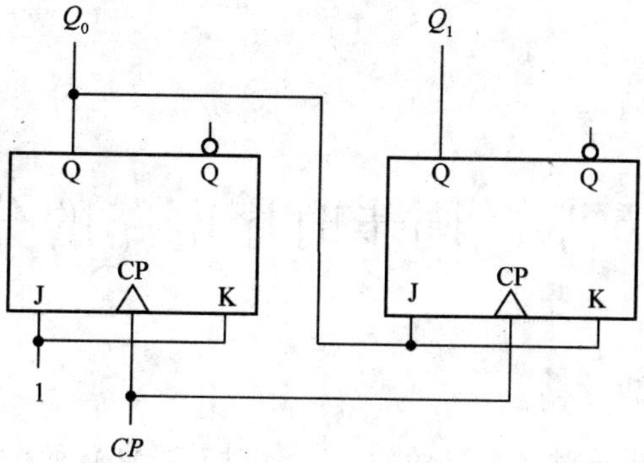

图习 5.4

第 6 章　同步时序电路的分析

【本章内容】　根据时序电路的特点，针对时序电路的结构模型，建立有关时序电路的概念；运用同步时序电路的分析方法，对基于触发器的同步时序电路进行实例分析；讨论如何建立与其对应的 Verilog HDL 模型；分析时序电路中的“挂起”现象及消除方法。

6.1　概述

逻辑电路分为两大类，一类是在第 4 章中已讨论过的组合电路，其特点是：电路在任一时刻的输出仅仅取决于该时刻的输入（或者说输入随时影响输出）。另一类是本章将要研究的时序电路，其特点是：电路在任一时刻的输出不仅取决于该时刻的输入，还取决于电路原来的状态（或者说还与以前的输入有关）。

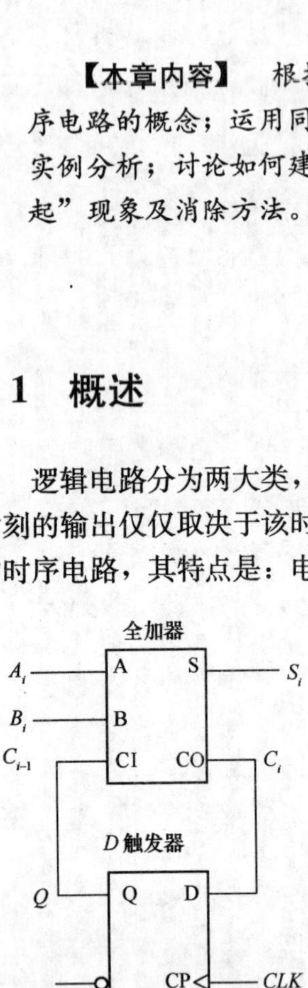

图 6.1　串行加法器电路

为了更好地研究时序电路的工作原理、分析方法，先分析一下图 6.1 所示的串行加法器电路，体会时序电路的特点。

所谓串行加法，是指在两个多位数相加时，采用由低位到高位逐位相加的方式来完成加法运算。显然每一位（例如第 i 位）相加的结果（S_i）不仅取决于本位的两个加数 A_i 和 B_i，还和低一位相加时的进位（C_{i-1}）有关，所以完整的串行加法电路除了具有将两个加数和来自低位的进位相加的能力，还应具有记住本位相加后的进位结果供高位相加时使用的功能。因此，图 6.1 所示的串行加法器电路用一个全加器执行 A_i、B_i 和 C_{i-1} 的相加运算；用一个 D 触发器负责记住每次相加后的进位结果。整个电路在时钟信号 CLK 的控制下完成串行加法运算。

由此可以看出时序电路在结构上的两个显著特点：(1) 时序电路通常由组合电路和存储电路两部分组成，而存储电路是必不可少的。(2) 存储电路的输出必须反馈到组合电路的输入端，与其他输入信号一起决定组合电路的输出；而组合电路的输出又反馈形成存储电路的输入，在时钟的作用下改变存储电路的输出。

6.1.1 时序电路的基本结构

时序电路的基本结构模型如图 6.2 所示。从不同的角度看，图中各信号的含义有所不同。

从组合电路的角度看，$X_1,\cdots,X_n$ 是外部输入，$Q_1,\cdots,Q_k$ 是内部输入；$Z_1,\cdots,Z_m$ 是外部输出，$Y_1,\cdots,Y_k$ 是内部输出。

从存储电路的角度看，$Y_1,\cdots,Y_k$ 是它的输入（来自组合电路内部输出），$Q_1,\cdots,Q_k$ 是它的输出（构成组合电路的内部输入）。

从状态的角度看，有外部状态 $Z_1,\cdots,Z_m$ 和内部状态 $Q_1,\cdots,Q_k$。

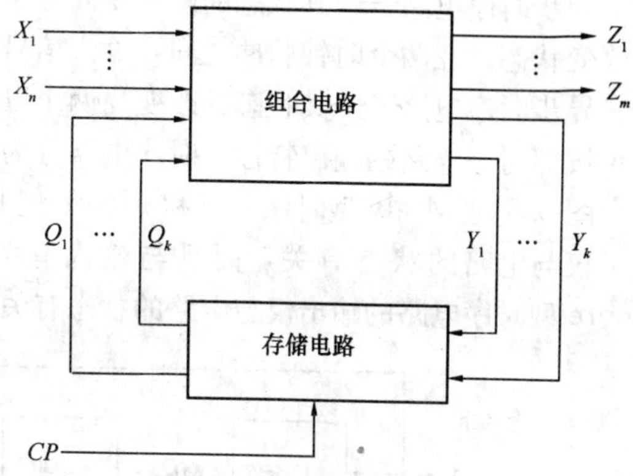

图 6.2　时序电路的结构模型

对于整个时序电路，将 $X_1,\cdots,X_n$ 称为输入，$Z_1,\cdots,Z_m$ 称为输出，$Y_1,\cdots,Y_k$ 称为激励（或驱动），$Q_1,\cdots,Q_k$ 称为状态。状态的改变是在时钟信号的作用下完成的，一般用现态和次态描述状态的改变。现态为变化前的状态（当前状态），次态为变化后的状态（下一次将要进入的状态）。相对时钟 CP 而言，有效沿前一时刻的状态是时序电路的现态 $Q_{1(t)},\cdots,Q_{k(t)}$，有效沿之后的状态是时序电路的次态 $Q_{1(t+1)},\cdots,Q_{k(t+1)}$。现态和次态是相对一次变化而言的。例如：

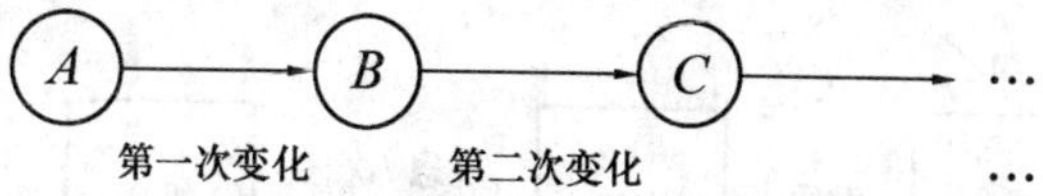

相对第一次变化，A 是现态，次态为 B；相对第二次变化，B 是现态，次态为 C；等等。

可用三个方程（组）描述时序电路中各信号之间的逻辑关系：

（1）输出方程。时序电路的输出是输入和现态的函数，可表示为

$$Z_i = f_i(\text{输入},\text{现态}) = f_i(X_1,\cdots,X_n,Q_{1(t)},\cdots,Q_{k(t)}) \quad (i=1,2,\cdots,m)$$

（2）激励方程（驱动方程）。激励既是组合部分的输出又是存储部分的输入，它也是输入和现态的函数，可表示为

$$Y_i = g_i(\text{输入},\text{现态}) = g_i(X_1,\cdots,X_n,Q_{1(t)},\cdots,Q_{k(t)}) \quad (i=1,2,\cdots,k)$$

（3）状态方程（次态方程）。时序电路状态的变化取决于 CP 作用前的激励条件，同样是输入和现态的函数，即

$$Q_{i(t+1)} = h_i(Y_i) = h_i(g_i(\text{输入},\text{现态})) = h_i(\text{输入},\text{现态}) = h_i(X_1,\cdots,X_n,Q_{1(t)},\cdots,Q_{k(t)}) \quad (i=1,2,\cdots,k)$$

对时序电路的研究，就是通过输入的变化规律，找出状态的变化规律，得到输出的变化规律。

6.1.2 时序电路的分类

按照引起状态发生变化的控制方式不同，时序电路分为：同步时序电路和异步时序电路。

同步时序电路——其状态的改变受同一个时钟脉冲控制，即电路在统一的时钟作用下同步改变状态。在两个时钟脉冲之间，输入信号的变化不会引起电路状态的改变。

异步时序电路——其状态的改变受两个以上时钟脉冲控制或不受时钟脉冲控制。

按照时序电路的输出特性，时序电路分为：Mealy 型和 Moore 型。

图 6.3 是 Mealy 型时序电路和 Moore 型时序电路的结构模型。Mealy 型时序电路的输出不仅与电路的状态有关，而且与输入有关，即 Mealy 型输出 $Z_i=f_i$（输入，现态）；Moore 型时序电路的输出仅与电路的状态有关，即 Moore 型输出 $Z_i=f_i$（现态）。

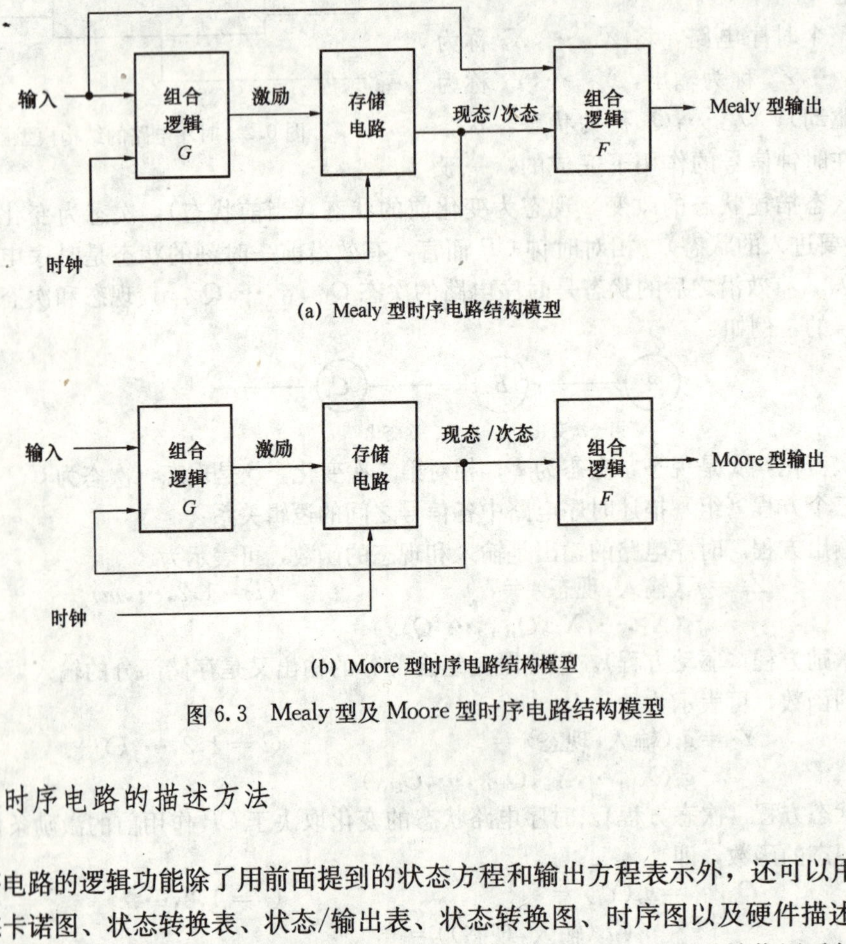

图 6.3 Mealy 型及 Moore 型时序电路结构模型

1.3 时序电路的描述方法

时序电路的逻辑功能除了用前面提到的状态方程和输出方程表示外，还可以用次态真值态卡诺图、状态转换表、状态/输出表、状态转换图、时序图以及硬件描述语言模型表示。时序电路次态都与时钟脉冲作用前的电路状态（上一个时钟作用后的状态）有能把在一系列时钟信号操作下电路状态转换的全过程都找出来，那么电路的逻辑功情况便一目了然了。状态转换表、状态/输出表、状态转换图、时序图等都是描述态转换的全过程的方法，它们之间可以相互转换。

1. 状态方程和输出方程

由存储电路的特性可确定次态和激励之间的关系，根据组合电路可以确定激励与现态及输入之间的关系，因此可以得到次态与现态及输入的关系为

$$次态=F（输入，现态）$$

即 $$Q_{i(t+1)}=F_i(X_1,\cdots,X_n,Q_{1(t)},\cdots,Q_{k(t)}) \qquad i=1,2,\cdots,k$$

同时，根据时序电路的输出类型可以列出 Mealy 型输出方程或 Moore 型输出方程。

2. 次态真值表和次态卡诺图

将输入和现态列在真值表的左边，并给出自然二进制的所有取值组合，代入状态方程计算出每种取值组合下的次态，填在真值表的右边，即可构成次态真值表。

由次态真值表可以得到次态卡诺图。

3. 状态转换表

有时，次态真值表不能清晰反映电路状态的变化规律，而状态转移表可以反映电路状态转换的全过程。首先将给定的（或设定的）电路初态作为现态，并与此时的输入取值一起分别代入状态方程、输出方程，即可计算出电路的次态和现态下的输出；以得到的次态作为新的现态，并与这时的输入取值一起再代入状态方程、输出方程进行计算，又得到一组新的次态和输出。如此继续下去，把全部的计算结果按顺序列成表 6.1 的形式，就得到了状态转换表（也称状态转移表）。特别应指出的是，状态转换表是利用硬件描述语言建立时序电路模型的基础。

表 6.1　状态转换表

输入　现态	次态	输出
初态 A	B	输出 1
现态 B	C	输出 2
现态 C	D	输出 3
⋮	⋮	⋮

4. 状态/输出表

由表 6.1 状态转换表的结构可以看出，它不能独立地表示出该时序电路是 Mealy 型还是 Moore 型。状态/输出表是状态转换表的另一种形式，也是用表格的形式反映次态、输出与输入、现态之间的关系。它以该电路的状态（以标志符表示或编码表示）作为行，以输入的取值组合作为列，在行、列相交的方格中填写电路对应于现态及输入的次态。由于 Mealy 型与 Moore 型电路的输出条件不同，因此在状态/输出表中标注输出的位置也不同。

表 6.2 是无外部输出时的状态表结构，表 6.3 是 Mealy 型输出时的状态/输出表结构，表 6.4 是 Moore 型输出时的状态/输出表结构。

表 6.2　无输出状态表

S_t \ X	0	1
A	B	D
B	C	A
C	D	B
D	A	C

S_{t+1}（次态）

表 6.3　Mealy 型输出状态表

S_t \ X	0	1
A	$B/0$	$D/1$
B	$C/0$	$A/0$
C	$D/0$	$B/0$
D	$A/1$	$C/0$

S_{t+1}/Z（次态/输出）

表 6.4　Moore 型输出状态表

S_t \ X	0	1	输出 Z
A	B	D	0
B	C	A	0
C	D	B	0
D	A	C	1

S_{t+1}（次态）

状态/输出表是一种矩阵形式的表格，不仅可以清楚地描述电路的状态转换情况，也清楚地表示出电路的输出类型。

5. 状态转换图

状态转换图是状态/输出表的图形表示方式，能更加形象、直观地显示出时序电路的逻辑功能。在状态转换图中，用圆圈表示状态，圆圈内填写状态名或状态值；用带箭头的连线表示状态之间的转换方向；连线的旁边标注状态转换的输入条件（表达式或取值）。当电路为 Mealy 型时，输出应和输入一起以“输入/输出”的形式标注在连线的旁边；当电路为 Moore 型时，输出应和状态名一起以“状态/输出”的形式标注在圆圈里。

图 6.4（a）是表 6.3 对应的状态转换图，图 6.4（b）是表 6.4 对应的状态转换图。

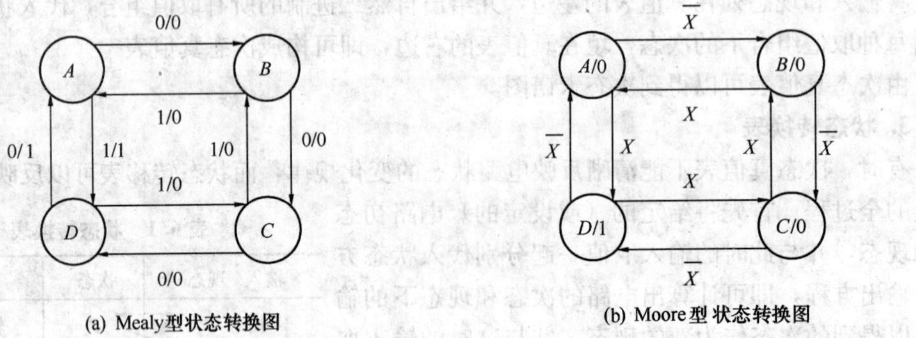

图 6.4　Mealy 和 Moore 型状态转换图

6. 时序图

为了便于实验观察和电路逻辑功能的检验，往往需要根据状态转换表、状态/输出表或状态转换图，画出电路在时序脉冲序列作用下，电路状态和输出随时间变化的时序波形图。

画时序图时，首先确认时钟信号的有效沿，并按照“有效沿时输入保持稳定”的要求画好输入信号的波形和电路的初态；然后，根据有效沿前一时刻的现态和输入查表（图），一步一步地画出次态转换的波形；最后，按照组合逻辑的特点，正确画出输出波形。具体画法可参考 6.3 节的实例分析。

7. 硬件描述语言模型

根据状态转换表、状态/输出表或状态转换图可以建立时序电路的硬件描述语言（例如 Verilog HDL）模型，利用 EDA 平台进行仿真调试，或下载到 PLD 进行物理测试。

6.2　同步时序电路的分析方法与步骤

时序电路由组合逻辑与存储电路两部分构成，而存储电路是由若干个触发器构成的，当时钟信号连接到所有触发器的时钟控制端，就构成了同步时序电路。即在时钟信号有效沿的作用下，所有触发器的状态（电路的状态）同步变化。

同步时序电路的分析就是针对“给定的逻辑图”，研究其在一系列输入和时钟信号的作用下，电路将产生怎样的新状态和输出，有什么规律，进而理解整个电路的功能。分析的关键是确定电路状态的变化规律，核心问题是借助触发器的次态方程得到电路的状态方程组并建立该电路的状态转换表、状态/输出表或状态转换图。

由于构成存储电路的触发器特性是已知的，所以，应从产生触发器输入端激励信号和时序电路输出信号的组合电路入手，进行同步时序电路的分析。

同步时序电路分析的一般步骤如下：

（1）从给定的逻辑图中，列出每个触发器输入端的激励函数（驱动方程、控制方程）。

$$\text{激励函数}=G\text{（输入、现态）}$$

（2）根据逻辑图写出电路的输出函数表达式。

$$\text{Mealy 型输出函数}=F\text{（输入、现态）}$$

$$\text{Moore 型输出函数}=F\text{（现态）}$$

（3）将激励函数代入相应触发器的特性方程，得到每个触发器的次态方程，进而得到由这些次态方程组成的整个时序电路的状态方程组。

（4）安排好状态变量的顺序（这对分析功能很重要），建立状态转换表或状态/输出表，即将电路外部输入与各触发器原状态的每种取值组合代入状态方程组求出对应的新状态及输出。

（5）根据状态转换表或状态/输出表，画状态转换图。

（6）根据要求，画时序图，或进行电路特性描述，或确定其逻辑功能，或建立对应的硬件描述语言模型。

（7）进行电路自启动性能的检查。

上述分析步骤，不一定在每个同步时序电路的分析时一一进行，可根据需要灵活进行。

6.3　同步时序电路分析举例

【例 6.1】 试分析图 6.5 所示时序电路，画出 $X=101101$ 的时序图，并建立对应的 Verilog HDL 模型。

解　由给定电路可知，它是一个 Mealy 型同步时序电路，存储部分由一个上升沿触发的 D 触发器构成，异或门产生激励函数，与非门产生输出。

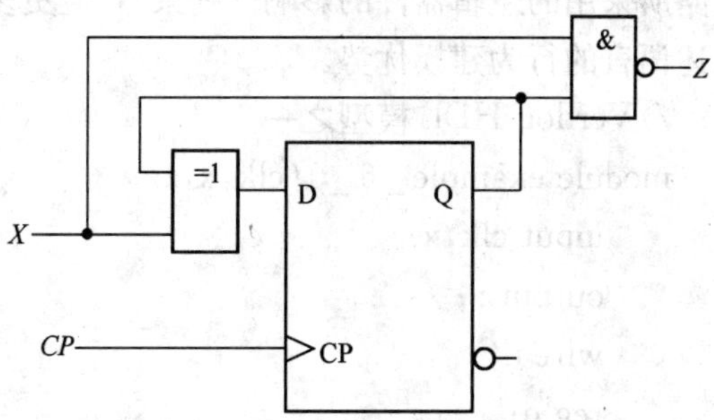

图 6.5　例 6.1 时序电路图

（1）写出激励函数表达式

$$D = X \oplus Q_t$$

（2）电路的输出表达式为

$$Z = \overline{X \cdot Q_t}$$

（3）根据 D 触发器的特性方程 $Q_{t+1}=D$ 可得电路的状态方程为

$$Q_{t+1} = X \oplus Q_t$$

（4）计算、建立如表 6.5 所示的状态/输出表。

（5）画状态转换图，如图 6.6 所示。

（6）设电路初态为 0，画出 $X=101101$ 的时序图，如图 6.7 所示。

标注时钟信号的有效沿后，画给定 X 序列的波形时，应在有效沿（本例为上升沿）时保持稳定。然后，根据有效沿前一时刻的状态（Q_t）和输入（X）的值，查状态/输出表得到次态，画出 Q_{t+1} 的波形并保持到下一个有效沿。重复这个过程，即可画出状态变化的波形 Q。最后，只有按组合逻辑特性才能正确画出输出 Z 的波形。

表 6.5 例 6.1 状态/输出表

Q_t \ X	0	1
0	0/1	1/1
1	1/1	0/0
	Q_{t+1}/Z	

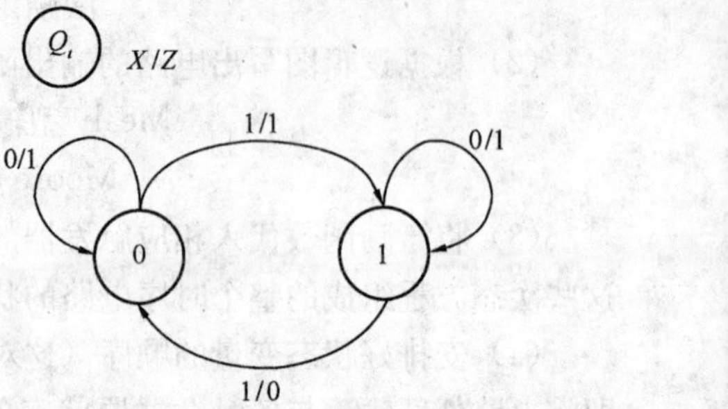

图 6.6 例 6.1 的状态转换图

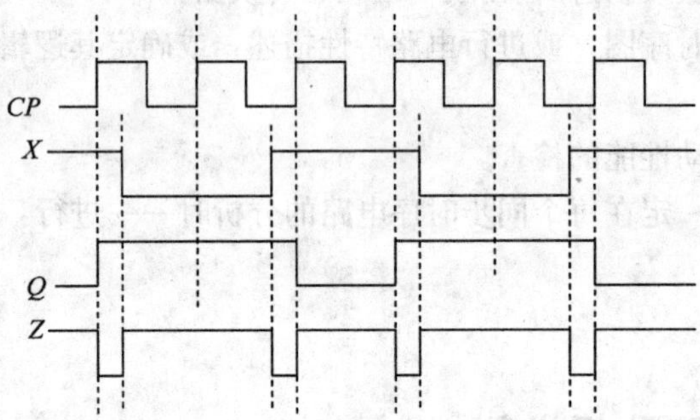

图 6.7 例 6.1 的时序图

(7) 建立对应的 Verilog HDL 模型。

可采用多种描述方式来建立给定时序电路的硬件描述语言模型，但应注意一点：不要受电路所采用的逻辑器件的影响（约束），应更多关注电路的特性和功能，这样才能发挥硬件描述语言的行为建模优势。

```
//Verilog HDL 模型之一
module example_6_1(clk,x,z);
    input clk,x;
    output z;
    wire d;
    reg q;                              //内部状态变量
        assign z=~(x&q);                //描述输出
        assign d=x∧q;                   //描述激励
        always @ (posedge clk)          //描述状态变化(D 触发器)
            q<=d;
endmodule
//Verilog HDL 模型之二:基于状态/输出表
```

```
module example _ 6 _ 1(clk,x,z);
    input clk,x;
    output  z;
    reg   q,z;
        always @ (posedge clk)      //描述状态变化
            case ({x,q})
                2'b00:q<=0;
                2'b01:q<=1;
                2'b10:q<=1;
                2'b11:q<=0;
            endcase
        always @ (x or q)       //描述电路输出
            if(x==1&q==1) z=0;
            else z=1;
endmodule
```

如果说第一种描述还具有电路结构的特点，那么，第二种描述就只有电路的行为特点了，即在当前状态和输入条件下产生相应的状态变化及输出。在第二种描述中，专门用一个 always 描述电路输出，这是因为该电路是一个 Mealy 型同步时序电路。

【例 6.2】 请分析图 6.8 所示同步时序电路的逻辑功能，并画出 $X=11110000$ 的时序图。

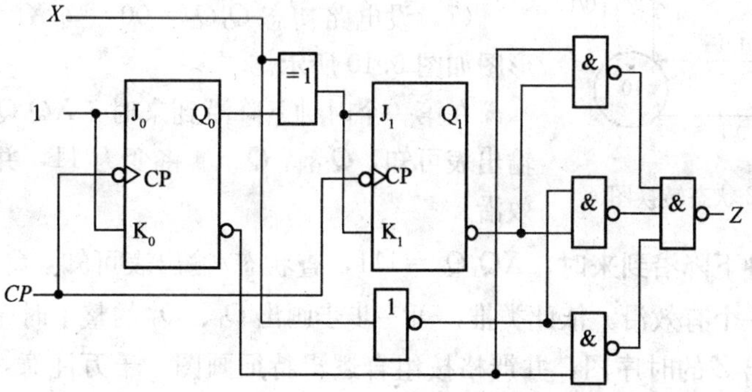

图 6.8 例 6.2 时序电路图

解 该同步时序电路的存储部分有两个下降沿 JK 触发器，按 Q_1Q_0 顺序作为整个电路的状态。电路类型为 Mealy 型。为了简洁，将现态 $Q_{i(t)}$ 简写为 Q_i。

(1) 两个 JK 触发器的激励函数表达式为

$$J_0=K_0=1 \qquad J_1=K_1=X\oplus Q_0$$

(2) 电路的输出表达式为

$$Z=\overline{\overline{\overline{Q_1}\,\overline{Q_0}}\cdot\overline{\overline{X}\,\overline{Q_1}}\cdot\overline{\overline{X}\,\overline{Q_0}}}=\overline{Q_1}\,\overline{Q_0}+\overline{X}\,\overline{Q_1}+\overline{X}\,\overline{Q_0}$$

(3) 将激励函数代入 JK 触发器的特性方程 $Q_{t+1}=J\overline{Q}+\overline{K}Q$ 可得电路的状态方程组为

$$\begin{cases} Q_{1(t+1)} = \overline{X}\,\overline{Q_1}Q_0 + X\overline{Q_1}\,\overline{Q_0} + \overline{X}Q_1\overline{Q_0} + XQ_1Q_0 \\ Q_{0(t+1)} = \overline{Q_0} \end{cases}$$

（4）当状态方程的形式较为复杂，不易计算时，可先建如表 6.6 所示的激励/状态转换表（次态真值表的扩充形式），即先求出激励，再根据 JK 触发器的特性表填写次态；然后建立状态/输出表，如表 6.7 所示。注意其形式为次态卡诺图的扩充。

表 6.6　激励/状态转换表

X	Q_1	Q_0	J_1	K_1	J_0	K_0	$Q_{1(t+1)}$	$Q_{0(t+1)}$
0	0	0	0	0	1	1	0	1
0	0	1	1	1	1	1	1	0
0	1	0	0	0	1	1	1	1
0	1	1	1	1	1	1	0	0
1	0	0	1	1	1	1	1	1
1	0	1	0	0	1	1	0	0
1	1	0	1	1	1	1	0	1
1	1	1	0	0	1	1	1	0

表 6.7　状态/输出表

Q_1Q_0 \ X	0	1
00	01/1	11/1
01	10/1	00/0
11	00/0	10/0
10	11/1	01/0

$Q_{1(t+1)}Q_{0(t+1)}/Z$

事实上，可根据状态方程和输出方程直接填写卡诺图形式的状态/输出表。

（5）电路的状态转换图如图 6.9 所示。

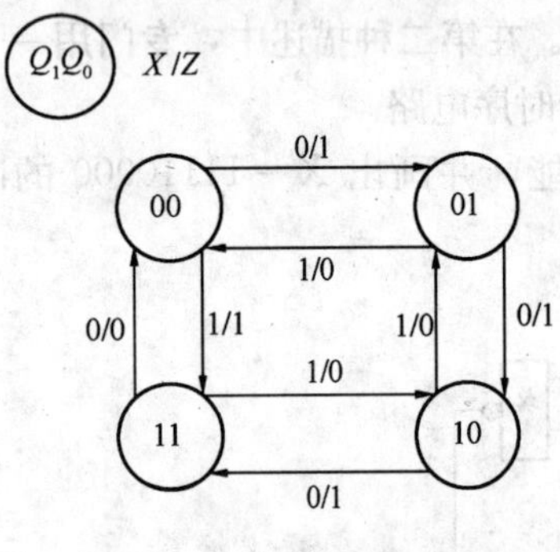

图 6.9　例 6.2 状态转换图

（6）由状态转换图可清晰地看出，当 $X=0$ 时，电路完成加 1 计数功能，并在计满 $Q_1Q_0=11$ 时，$Z=0$；当 $X=1$时，电路完成减 1 计数功能，并在减到 $Q_1Q_0=00$ 时，$Z=1$。所以，这是一个 2 位的二进制数可逆计数器电路。

（7）设电路初态 $Q_1Q_0=00$，当 $X=11110000$ 时的波形图如图 6.10 所示。

在第一个时钟下降沿到来时，$XQ_1Q_0=100$，查状态/输出表可知，$Q_{1(t+1)}Q_{0(t+1)}$ 将变为 11，并保持到下一个有效沿。

在第二个时钟下降沿到来时，$XQ_1Q_0=111$，查状态/输出表可知，$Q_{1(t+1)}Q_{0(t+1)}$ 将变为 10，并保持到下一个有效沿。依此类推，可一步步画出 Q_1、Q_0 的整个时序图。

应最后画输出 Z 的时序图，并严格按组合逻辑特征画图。千万注意，一般情况下，时序电路输出（本例为 Z）的时序图不能根据状态/输出表或状态转换图直接画出。否则会出错。

（8）根据表 6.6 所示激励/状态转换表，建立 Verilog HDL 模型。

```
module example _ 6 _ 2(x,clk,z);
  input   x,clk;
  output   z;
  reg   [1:0]now _ state,next _ state;      //电路状态变量
  reg   z;
    always @ (posedge clk)     //上升沿改变状态
          now _ state<=next _ state;
```

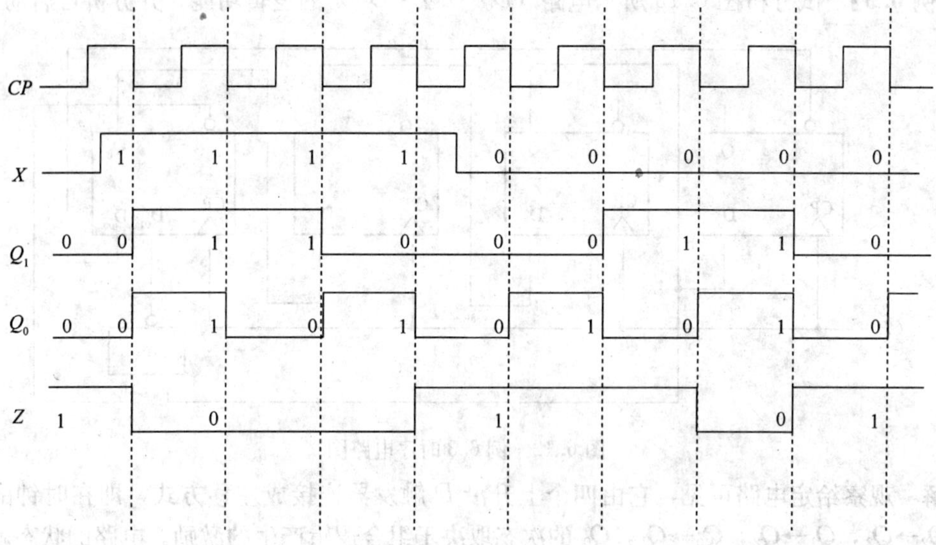

图 6.10　例 6.2 的时序图

```
    always @ (x or now _ state)        //描述激励和输出
    case ({x,now _ state})
        3'b000:begin next _ state<=2'b01;z<=1;end
        3'b001:begin next _ state<=2'b10;z<=1;end
        3'b010:begin next _ state<=2'b11;z<=1;end
        3'b011:begin next _ state<=2'b00;z<=0;end
        3'b100:begin next _ state<=2'b11;z<=1;end
        3'b101:begin next _ state<=2'b00;z<=0;end
        3'b110:begin next _ state<=2'b01;z<=0;end
        3'b111:begin next _ state<=2'b10;z<=0;end
    endcase
endmodule
```

图 6.11 为功能仿真波形。注意：上升沿有效。

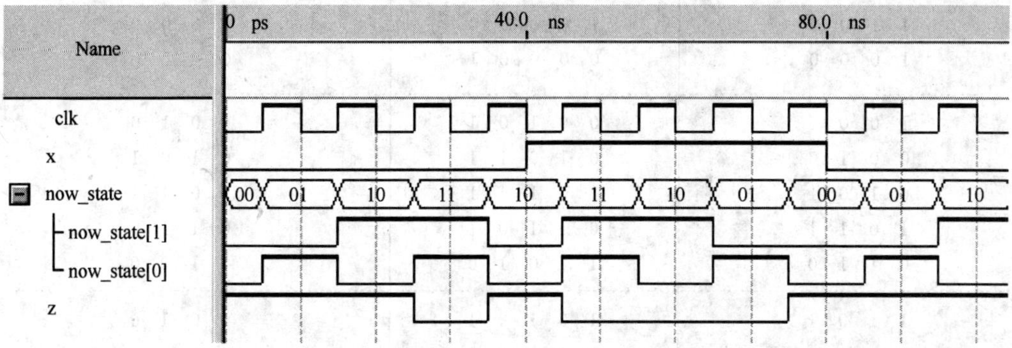

图 6.11　example _ 6 _ 2 的功能仿真波形

【例 6.3】 试分析图 6.12 所示电路（$D_0=D_{00}\cdot D_{01}$）的逻辑功能，并分析自启动特性。

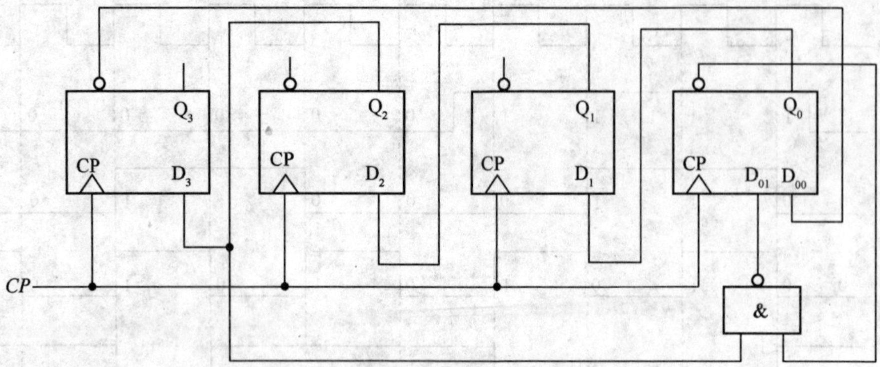

图 6.12 例 6.3 时序电路图

解 观察给定电路可见，它由四个上升沿 D 触发器连接成左移方式，即在时钟的作用下，$Q_2\to Q_3$，$Q_1\to Q_2$，$Q_0\to Q_1$，Q_0 的次态取决于组合逻辑产生的激励。电路的状态就是电路输出，是一个 Moore 型同步时序电路。

(1) 根据 D 触发器特性可直接写出电路的状态方程组

$$\begin{cases} Q_{3(t+1)}=Q_2 \\ Q_{2(t+1)}=Q_1 \\ Q_{1(t+1)}=Q_0 \\ Q_{0(t+1)}=D_{00}\cdot D_{01}=\overline{Q}_3\cdot\overline{Q_2\overline{Q}_0} \end{cases}$$

(2) 设电路初态为 0000，建如表 6.8 所示的激励/状态转换表。

表 6.8 例 6.3 激励/状态转换表

$Q_3Q_2Q_1Q_0$	$D_3D_2D_1D_{00}D_{01}$	$Q_{3(t+1)}Q_{2(t+1)}Q_{1(t+1)}Q_{0(t+1)}$
0 0 0 0	0 0 0 1 1	0 0 0 1
0 0 0 1	0 0 1 1 1	0 0 1 1
0 0 1 1	0 1 1 1 1	0 1 1 1
0 1 1 1	1 1 1 1 1	1 1 1 1
1 1 1 1	1 1 1 0 1	1 1 1 0
1 1 1 0	1 1 0 0 0	1 1 0 0
1 1 0 0	1 0 0 0 0	1 0 0 0
1 0 0 0	0 0 0 0 1	0 0 0 0
1 0 0 1	0 0 1 0 1	0 0 1 0
0 0 1 0	0 1 0 1 1	0 1 0 1
0 1 0 1	1 0 1 1 1	1 0 1 1
1 0 1 1	0 1 1 0 1	0 1 1 0
0 1 1 0	1 1 0 1 0	1 1 0 0
1 1 0 1	1 0 1 0 1	1 0 1 0
1 0 1 0	0 1 0 0 1	0 1 0 0
0 1 0 0	1 0 0 1 0	1 0 0 0

由激励/状态转换表可知，电路由初态 $Q_3Q_2Q_1Q_0=0000$，经过 0001、0011、0111、1111、1110、1100、1000 后，又转回 0000，构成了一个电路正常工作时的 8 个有效状态的循环。然而，4 个状态变量可有 16 种状态组合，另外 8 个状态不在有效循环之内，电路一旦进入这 8 个无效状态会如何动作？所以，应继续计算 8 个无效状态的次态，列于表的下方。可发现，当电路进入无效状态 $Q_3Q_2Q_1Q_0=1001$，经过 0010、0101、1011、0110 后，能够回到有效循环的 1100 状态；当电路进入无效状态 $Q_3Q_2Q_1Q_0=1101$，经过 1010、0100 后，也能够回到有效循环的 1000 状态。这种当电路进入无效状态，经过有限节拍后，能够自动回到有效循环的特性，称为时序电路的自启动性。

（3）画出该同步时序电路的状态转换图，如图 6.13 所示，可更加清楚地看出该电路具有自启动特性。

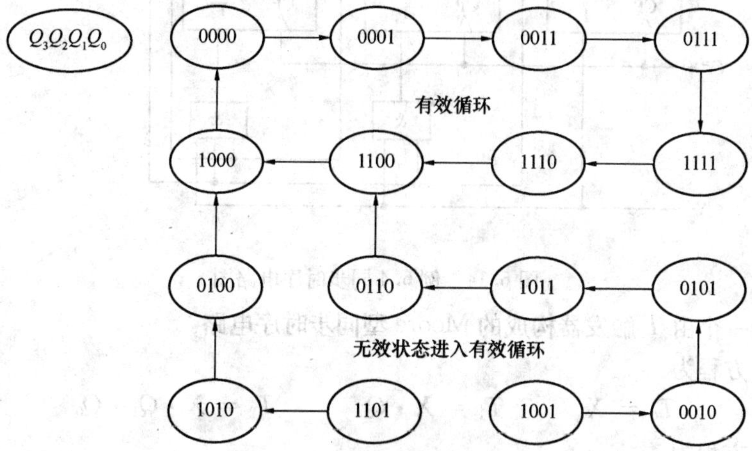

图 6.13　例 6.3 状态转换图

（4）进一步分析有效循环中的 8 个状态，可以看出，任意相邻状态之间只有 1 位不同，因此它是一种可靠性代码，属于格雷码的一种（称为步进码）。该电路具有按格雷码编码方式对时钟脉冲计数的功能，称为步进码计数器（也称为 Johnson 计数器）。

再看有效循环中的状态变化规律，在时钟脉冲的作用下，4 个触发器的状态不断向左移动，且 Q_3 反相后移入 Q_0。因此，该电路又称为“扭环型移位计数器”。

综合其特性，这是一个自启动的左移步进码八进制计数器。

下面给出它的 Verilog HDL 描述，从中可进一步体会为什么在描述时序电路时一定要采用非阻塞赋值。

```
module shift_left (reset, clk, q);
   input reset, clk;
   output [3:0] q;
   reg [3:0] q;
      always @ (posedge clk or posedge reset)
         if (reset) q<=4'b0000;      //高有效异步清零
         else begin
               q[3] <=q[2];
```

```
        q [2] <=q [1];
        q [1] <=q [0];
        q [0] <=~q [3] & (~q [2] | q [0]);
    end
endmodule
```

【例 6.4】试分析图 6.14 所示同步时序电路，建立状态/输出表和状态转换图，说明逻辑功能。

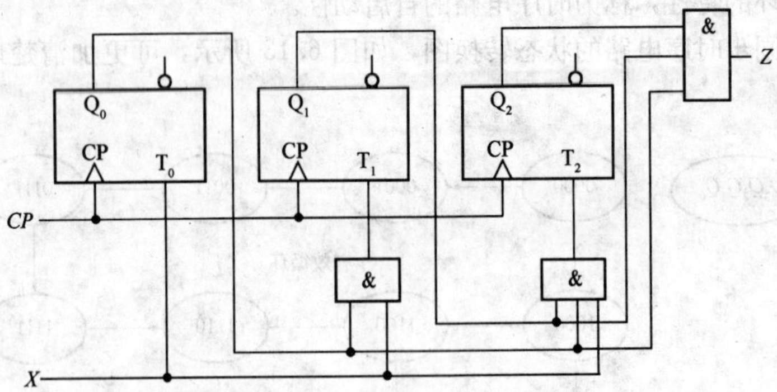

图 6.14 例 6.4 同步时序电路图

解 这是一个由 T 触发器构成的 Moore 型同步时序电路。

(1) 激励方程为

$$T_0 = X \qquad T_1 = X \cdot Q_0 \qquad T_2 = X \cdot Q_1 \cdot Q_0$$

(2) 输出方程为

$$Z = Q_2 \cdot Q_1 \cdot Q_0$$

(3) 建激励矩阵和状态/输出表，分别如表 6.9 和表 6.10 所示。

表 6.9 激励矩阵

$Q_2Q_1Q_0$ \ X	0	1
000	000	001
001	000	011
011	000	111
010	000	001
110	000	001
111	000	111
101	000	011
100	000	001

$T_2T_1T_0$

表 6.10 状态/输出表

$Q_2Q_1Q_0$ \ X	0	1	Z
000	000	001	0
001	001	010	0
011	011	100	0
010	010	011	0
110	110	111	0
111	111	000	1
101	101	110	0
100	100	101	0

$Q_{2(t+1)}Q_{1(t+1)}Q_{0(t+1)}$

(4) 分析状态/输出表可知，当 $X=0$ 时，电路状态保持不变。因此，画当 $X=1$ 时的状态转换图，如图 6.15 所示，然后进一步分析。

从状态转换图可看出，当 $X=1$ 时，电路具有加 1 计数功能，当加到 111 时，循环进位标志 $Z=1$，其他状态下 $Z=0$。

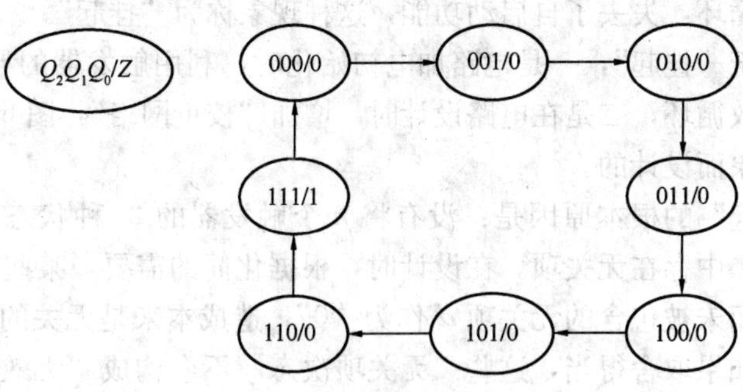

图 6.15　$X=1$ 时状态转换图

所以，该电路是一个带使能端的 3 位二进制计数器，使能信号 $X=1$ 时允许计数，计满 111 时产生循环进位输出信号 $Z=1$；使能信号 $X=0$ 时停止计数，保持原来计数值不变。

6.4　同步时序电路中的“挂起”现象

如果将图 6.12（例 6.3）中的与非门取消，即 $D_{01}=1$，电路的状态方程组变为

$$\begin{cases} Q_{3(t+1)}=Q_2 \\ Q_{2(t+1)}=Q_1 \\ Q_{1(t+1)}=Q_0 \\ Q_{0(t+1)}=D_{00}\cdot D_{01}=\overline{Q}_3 \end{cases}$$

这时，电路变成了单纯的扭环移位寄存器，其状态转换图如图 6.16 所示。

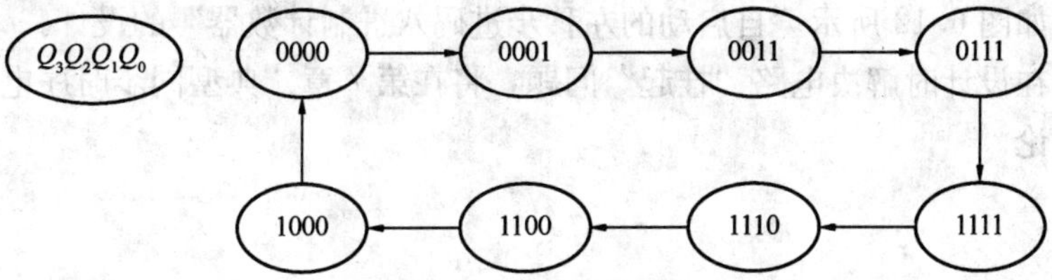

(a) 有效循环

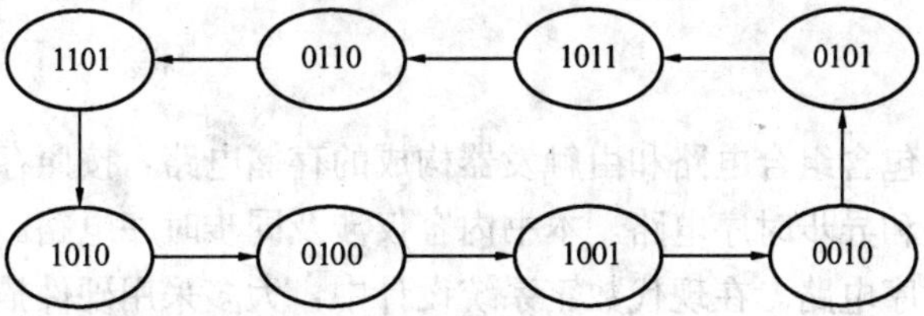

(b) 无效循环

图 6.16　单纯的扭环移位寄存器状态转换图

图 6.16（a）中的状态变化规律符合可靠性编码特性，故为有效循环序列。此时，无效状态也构成了一个循环。如果由于某种原因使电路进入无效状态，则电路将陷入无效循环，

不能自动返回有效循环，失去了自启动功能，这种现象称为“挂起”。

为防止电路处于“挂起”，一是电路加电初始化时，利用触发器的异步置 1 端和异步清零端，强制进入有效循环；二是在电路设计时，增加“校正网络”，图 6.12 中的与非门就是为克服“挂起”现象而设计的。

电路出现“挂起”的根本原因是：没有将 n 个触发器的 2^n 种状态全部用作有效状态，即真值表（卡诺图）中存在无关项。在设计时，根据化简的需要，某些无关项 d 作为“1”，包含在卡诺圈中，而未被包含的无关项 d 作为“0”，造成本来是无关的那些“无关项次态”就有了确定的值。如果取舍得当，这些“无关项次态”不会构成“无效循环”，电路就不会“挂起”；否则，就可能出现“挂起”现象。因此，在设计时合理使用无关项，是解决电路“挂起”问题的关键。

解决“挂起”的方法有以下三种：

(1) 无效序列的次态全部指向电路初态（一般为 0）。

这种方法的优点是效率高，速度快，只经一个时钟脉冲即可返回有效序列。但其缺点也很明显，没有利用无关项简化设计，可能导致每个触发器的输入端都要设计“校正网络”。在以逻辑器件最少、连线最少为目标的传统逻辑电路设计中，多数情况下不采用这种方法。但是，在现代数字系统设计中，通常以硬件描述语言为建模工具，以大规模可编程逻辑器件（PLD）为载体，逻辑门的数量已不是主要因素，这种方法常被采用。例如，在 Verilog HDL 的描述中，可以用 if…else 语句或 case 语句中的 default 分支将所有无效状态指向初态。

(2) 打断“无效序列循环链”，令其指向有效序列中的状态。

这种方法使设计的改动小，但若“指向有效序列中的状态”选择不当，仍可能涉及多个触发器输入端出现“校正网络”。

(3) 分析真值表（卡诺图），尽可能只改变电路中某一个触发器的输入网络，同时进行最简设计。例如图 6.12 所示“自启动的左移步进码八进制计数器”的设计。

关于如何在设计时解决电路“挂起”问题，将在第 7 章“典型同步时序电路的设计与应用”中进行讨论。

本 章 小 结

时序电路包含组合电路和由触发器构成的存储电路，按照存储电路的受控方式不同分为同步时序电路和异步时序电路。本书内容仅涉及同步时序电路。事实上，异步时序电路可以分化为同步时序电路。在现代数字系统设计中，大多采用硬件描述语言建模，将异步时序转换为模块化的同步描述。

同步时序电路的状态转换受一个共同的时钟信号控制，存储电路寄存了电路的当前状态（现态），该状态与外部输入信号一起又作为组合电路的输入，而组合电路的输出一方面产生整个电路的输出，另一方面产生存储电路输入端的激励，该激励在时钟有效沿到来时决定着存储电路的新状态（次态）。当同步时序电路的输出仅和当前状态有关时，称为 Moore 型，否则称为 Mealy 型。同步时序电路的特性可用三个方程表述：输出方程、激励方程和状态方程。由此可转化出多种描述方法——次态真值表、次态卡诺图、状态转换表、状态/输出表、状态转换图、时序图以及硬件描述语言模型。

同步时序电路的分析就是根据外部输入的变化，从电路的初态入手，利用激励的变化，研究电路在时钟作用下电路状态的变化规律和输出的变化规律，进而分析出电路的功能和特性。本章给出了同步时序电路分析的一般步骤，但在具体电路分析时会有一些形式上的变化。特别值得注意的是，当存在无效状态时，一定要研究它们的次态变化情况，即分析有无“挂起”现象。存在“挂起”的电路是不能实用的。

当需要将所分析的同步时序电路转换为 Verilog HDL 模型时，不要受给定电路结构的影响，可按照时序电路模型分别描述组合逻辑和时序逻辑；也可根据状态转换表采用 case 语句描述；还可根据逻辑功能进行行为描述。总之，对同一个电路，采用硬件描述语言建模的方法可以有多种。

思 考 题

1. 时序电路与组合电路的区别是什么?
2. 怎样理解同步时序电路中的现态和次态?
3. 次态真值表与状态转换表的区别是什么?
4. Moore 型状态/输出表和 Mealy 型状态/输出表在结构上有什么不同?
5. 画状态转换图时应注意哪些问题?
6. 如何画时序波形图? 画电路的输出波形时应注意什么?
7. 分析一个同步时序电路时，有时可以采用卡诺图形式的状态/输出表，为什么?
8. 什么样的同步时序电路具有自启动特性?
9. 怎样理解时序电路中的“挂起”现象?
10. 如何根据状态转换表，建立例 6.3 的 Verilog HDL 模型?
11. 例 6.2 的 Verilog HDL 描述中，有两个 always 过程，其作用是什么?
12. 如果例 6.3 的 Verilog HDL 描述中全部采用阻塞赋值，结果如何?

习 题

6.1 分析图习 6.1 所示电路。写出电路的状态方程和输出方程；作出状态/输出表和状态转换图；设触发器初态 $Q_1Q_0=00$，画 X 输入序列为 101101 的时序图。

6.2 画出图习 6.2 所示电路从初态 $Q_3Q_2Q_1=001$ 时的状态转换表，并用状态转换图说明该电路是否具有自启动特性。

6.3 列出图习 6.3 所示电路的次态真值表，说明电路功能。

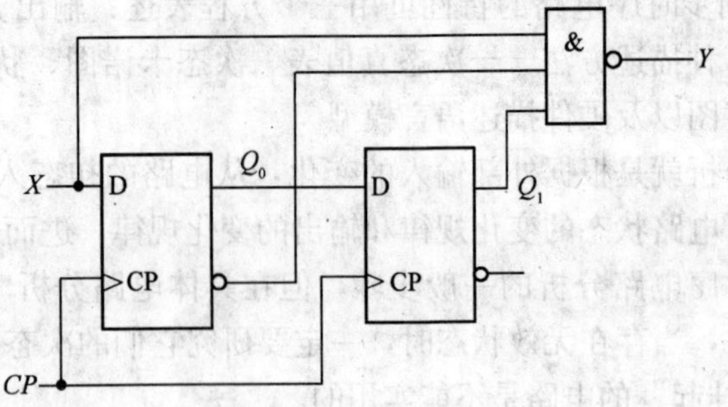

图习 6.1

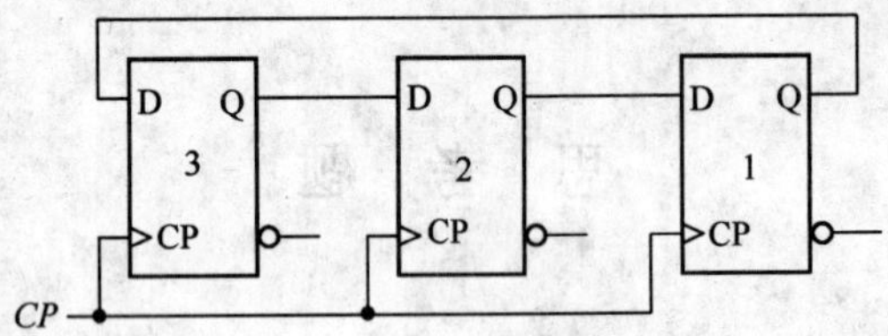

图习 6.2

6.4　根据图习 6.4 所示同步时序电路的状态转换图，分析该电路的逻辑功能。

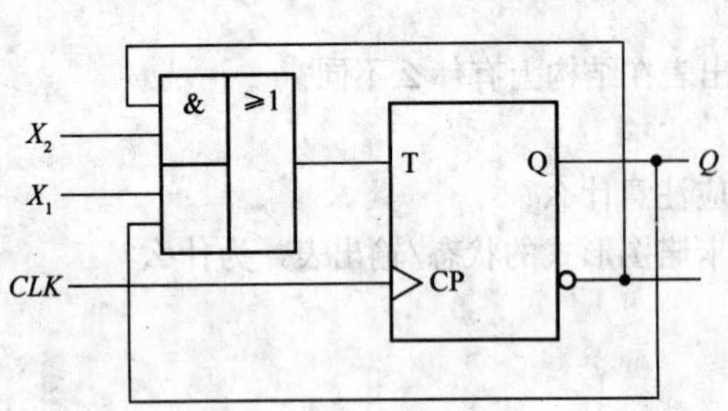

图习 6.3

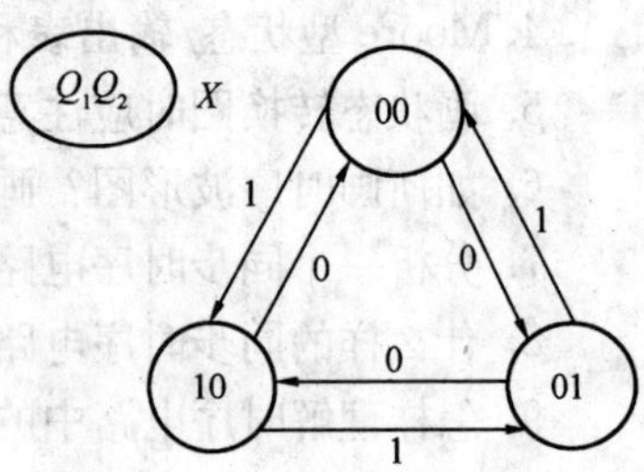

图习 6.4

6.5　试分析如图习 6.5 所示时序电路，写出激励方程和输出方程；作出激励/状态转换表；画出当电路初态 $Q_2Q_1=00$ 且输入 X 为 11110000 时，Q_2、Q_1、Z 的波形图；分析电路的逻辑功能。

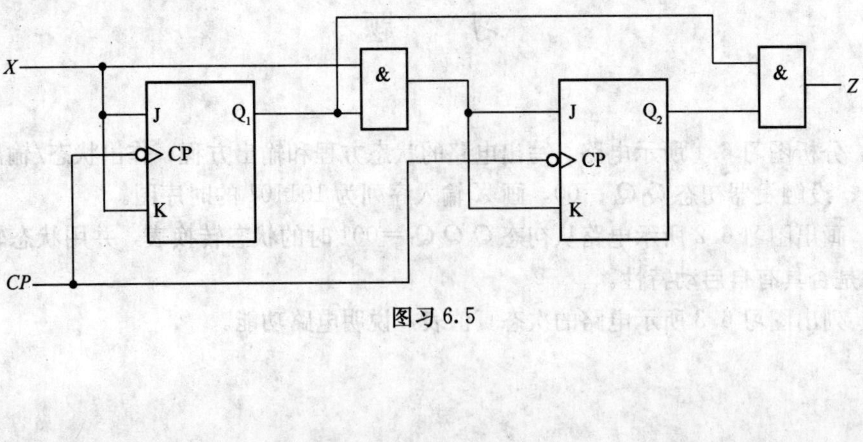

图习 6.5

6.6 分析图习 6.6 所示同步时序电路的逻辑功能。

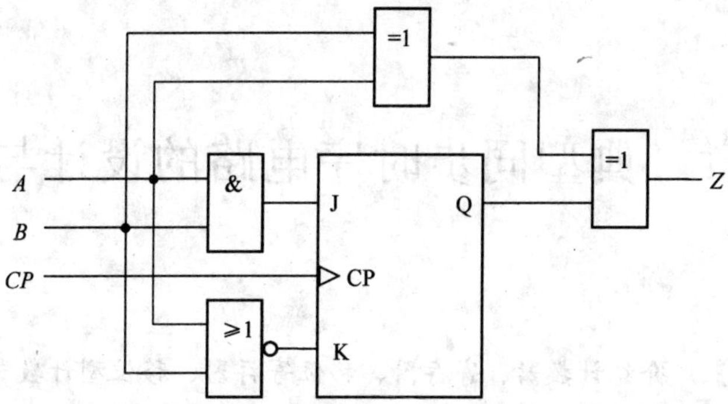

图习 6.6

6.7 分析图习 6.7 的同步时序电路，设初态为 0，画出 $X=01101010$ 的时序波形图。

6.8 已知某同步时序电路的状态/输出表如表习 6.1 所示，画出它的状态转换图。

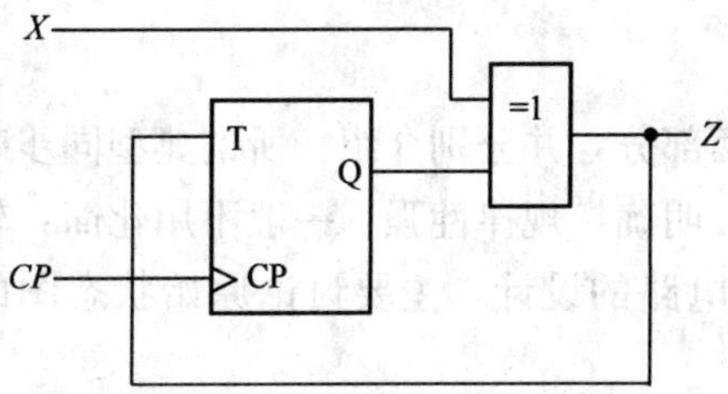

图习 6.7

表习 6.1 状态/输出表

现态 S \ 输入 X	0	1	输出 Z
A	C	B	0
B	C	D	0
C	D	B	0
D	B	A	1

6.9 分别建立能实现图习 6.2、图习 6.3、图习 6.4、图习 6.5 所示同步时序电路功能的 Verilog HDL 模型。

6.10 根据例 6.4 的分析结果，建立其 Verilog HDL 模型。

第 7 章　典型同步时序电路的设计与应用

【本章内容】 介绍计数器、寄存器、移位寄存器、移位型计数器、节拍分配器和序列信号发生器等典型同步时序电路的设计方法、Verilog HDL 模型及其应用。

7.1　概述

本书将同步时序电路的设计划分为典型与一般两部分，并分别介绍。所谓典型同步时序电路指电路的状态数量是已知的，其转换比较简单、明确，规律性强，一般不用化简，较容易进行状态分配。而在第 8 章将要介绍的一般时序电路的设计，主要讨论原始状态图的建立、状态的化简、状态的分配等问题。

下面以计数器、寄存器、移位寄存器、移位型计数器、节拍分配器和序列信号发生器等典型同步时序电路的设计为例，从基于触发器的设计方法入手，引出中规模时序器件的应用设计与应用分析，并讨论基于硬件描述语言的建模方法。

基于触发器的典型同步时序电路设计步骤如下：

(1) 根据已知的状态数画出状态图；

(2) 确定触发器数量，对状态进行编码；

(3) 画出编码后的卡诺图形式的状态表（状态矩阵）；

(4) 写出状态方程；

(5) 选择触发器类型，例如 D 触发器或 JK 触发器；

(6) 求出触发器的最简激励方程；

(7) 画出规范的电路图；

(8) 进行必要的讨论。

7.2　计数器

计数器是一种能对输入脉冲进行计数的逻辑电路，计数器的状态个数称为计数器的模。它的状态转换图构成一个环，如图 7.1 所示。若环中状态数为 m，则称为模 m 计数器。

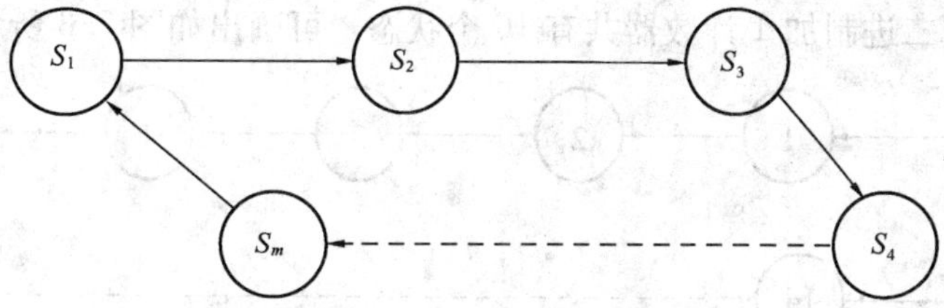

图 7.1 计数器状态转换模型

计数器的应用非常广泛，几乎每一个数字系统都会用到计数器。在计算机中常用来构成时序发生器、时间分配器、分频器、程序计数器、指令计数器等。

计数器的种类繁多，可以从不同的角度进行分类。

按照数制分类，可分为二进制计数器、十进制计数器、任意进制计数器。

从逻辑功能的角度，可分为加法计数器、减法计数器、可逆计数器等。加法计数器的状态变化与数的依次累加相对应；减法计数器的状态变化与数的依次递减相对应；可逆计数器则由控制信号决定，是作加法计数还是减法计数。

从码制的角度，可构造任意编码计数器，例如格雷码计数器。

根据进位方式分类，可分为同步计数器（并行计数）和异步计数器（串行计数）两类。同步计数器中的所有触发器共用一个时钟脉冲信号，该时钟脉冲就是被计数的输入脉冲。异步计数器中只有部分触发器的时钟信号是计数脉冲，而另一部分触发器的时钟信号来自其他触发器（或电路）的输出，所以，电路的状态更新不是同时完成的。

7.2.1 二进制同步计数器的设计与描述

同步计数器中，所有触发器的时钟输入端连接在一起接收计数脉冲，由于触发器状态的变化取决于当前激励输入端的状态，所以，根据计数器的状态变化规律设计出每个触发器激励输入端的激励网络，是设计同步计数器的关键。其设计模型如图 7.2 所示。

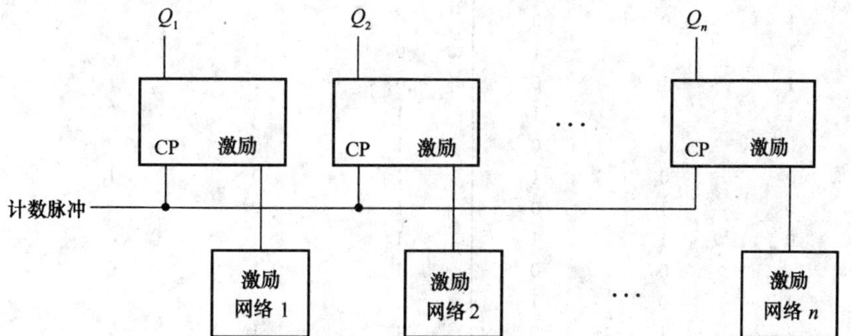

图 7.2 同步计数器设计模型

下面以 4 位二进制同步计数器和不同编码计数器的设计为例，介绍基于 D 触发器和 JK 触发器的设计过程以及 Verilog HDL 模型。

【例 7.1】 试用 D 触发器设计一个 4 位二进制同步加 1 计数器。

解 (1) 4 位二进制加 1 计数器共有 16 个状态，可画出如图 7.3 所示的状态转换图。

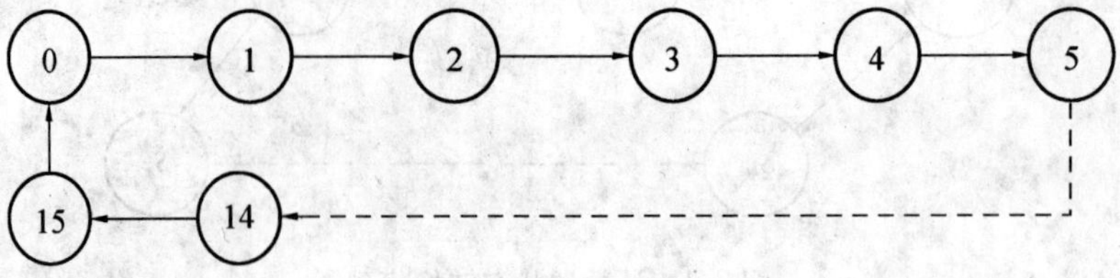

图 7.3 例 7.1 的状态转换图

(2) 设所需 4 个触发器为 $Q_4Q_3Q_2Q_1$ 顺序，按加 1 规律对状态进行编码，如图 7.4 所示。

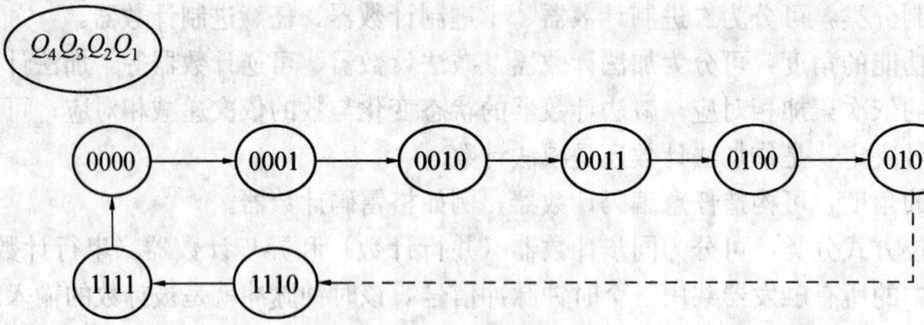

图 7.4 例 7.1 的编码状态图

(3) 根据状态图可建状态转移表（次态真值表）和卡诺图形式的状态表（状态矩阵）。分别如表 7.1 和表 7.2 所示。

表 7.1 例 7.1 状态转移表

Q_4	Q_3	Q_2	Q_1	$Q_{4(t+1)}$	$Q_{3(t+1)}$	$Q_{2(t+1)}$	$Q_{1(t+1)}$
0	0	0	0	0	0	0	1
0	0	0	1	0	0	1	0
0	0	1	0	0	0	1	1
0	0	1	1	0	1	0	0
0	1	0	0	0	1	0	1
0	1	0	1	0	1	1	0
0	1	1	0	0	1	1	1
0	1	1	1	1	0	0	0
1	0	0	0	1	0	0	1
1	0	0	1	1	0	1	0
1	0	1	0	1	0	1	1
1	0	1	1	1	1	0	0
1	1	0	0	1	1	0	1
1	1	0	1	1	1	1	0
1	1	1	0	1	1	1	1
1	1	1	1	0	0	0	0

(4) 可分别求得 4 个触发器的次态方程

$$Q_{4(t+1)} = \overline{Q}_4Q_3Q_2Q_1 + Q_4\overline{Q}_3 + Q_4\overline{Q}_2 + Q_4\overline{Q}_1$$

$$Q_{3(t+1)} = \overline{Q}_3Q_2Q_1 + Q_3\overline{Q}_2 + Q_3\overline{Q}_1$$

$$Q_{2(t+1)} = \overline{Q}_2 Q_1 + Q_2 \overline{Q}_1$$

$$Q_{1(t+1)} = \overline{Q}_1$$

表 7.2　例 7.1 的状态矩阵

Q_4Q_3 \ Q_2Q_1	00	01	11	10
00	0 0 0 1	0 0 1 0	0 1 0 0	0 0 1 1
01	0 1 0 1	0 1 1 0	1 0 0 0	0 1 1 1
11	1 1 0 1	1 1 1 0	0 0 0 0	1 1 1 1
10	1 0 0 1	1 0 1 0	1 1 0 0	1 0 1 1

$Q_{4(t+1)}Q_{3(t+1)}Q_{2(t+1)}Q_{1(t+1)}$

（5）根据 D 触发器的特性方程 $Q_{t+1}=D$，可得到四个激励方程

$$D_4 = \overline{Q}_4 Q_3 Q_2 Q_1 + Q_4 \overline{Q}_3 + Q_4 \overline{Q}_2 + Q_4 \overline{Q}_1$$

$$D_3 = \overline{Q}_3 Q_2 Q_1 + Q_3 \overline{Q}_2 + Q_3 \overline{Q}_1$$

$$D_2 = \overline{Q}_2 Q_1 + Q_2 \overline{Q}_1$$

$$D_1 = \overline{Q}_1$$

整理可得

$$D_4 = (Q_3 Q_2 Q_1) \oplus Q_4$$
$$D_3 = (Q_2 Q_1) \oplus Q_3$$
$$D_2 = Q_1 \oplus Q_2$$
$$D_1 = \overline{Q}_1$$

（6）画出采用上升沿 D 触发器的逻辑电路图，如图 7.5 所示。

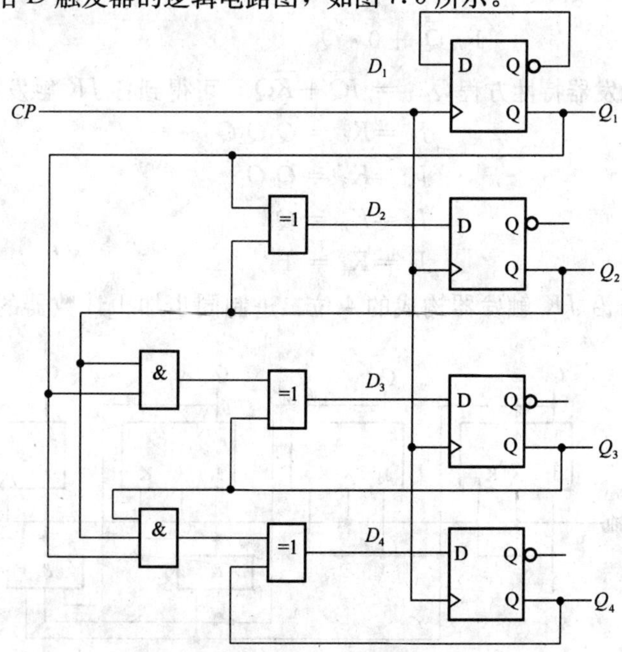

图 7.5　例 7.1 逻辑电路图

(7) 进一步分析 4 个激励方程可知，当采用 D 触发器构造二进制同步加 1 计数器时，随着位数的增加，触发器输入端 D 的表达式结构是有规律的。即任意位二进制同步加 1 计数器，采用 D 触发器设计时，满足

$$D_i = (Q_{i-1} \cdot Q_{i-2} \cdot \cdots \cdot Q_1) \oplus Q_i \qquad i \neq 1$$

$$D_1 = \overline{Q}_1$$

上式说明，当 Q_{i-1}，Q_{i-2}，…，Q_1 均为 1 时，再来一个计数脉冲，则产生第 i 位的进位信号，Q_i 变反；否则，Q_i 保持不变。

由此可推断，在二进制同步减 1 计数器中，当 $\overline{Q}_{i-1}$，$\overline{Q}_{i-2}$，…，$\overline{Q}_1$ 均为 1 时，再来一个计数脉冲，则产生第 i 位的借位信号，Q_i 变反；否则，Q_i 保持不变。即任意位二进制同步减 1 计数器，采用 D 触发器设计时，满足

$$D_i = (\overline{Q}_{i-1} \cdot \overline{Q}_{i-2} \cdot \cdots \cdot \overline{Q}_1) \oplus Q_i \qquad i \neq 1$$

$$D_1 = \overline{Q}_1$$

【例 7.2】 试用 JK 触发器设计一个 4 位二进制同步加 1 计数器。

解 (1) 将例 7.1 的状态方程整理成 JK 触发器特性方程的形式

$$Q_{4(t+1)} = \overline{Q}_4 Q_3 Q_2 Q_1 + Q_4 \overline{Q}_3 + Q_4 \overline{Q}_2 + Q_4 \overline{Q}_1 =$$

$$Q_3 Q_2 Q_1 \cdot \overline{Q}_4 + \overline{Q_3 Q_2 Q_1} \cdot Q_4$$

$$Q_{3(t+1)} = \overline{Q}_3 Q_2 Q_1 + Q_3 \overline{Q}_2 + Q_3 \overline{Q}_1 =$$

$$Q_2 Q_1 \cdot \overline{Q}_3 + \overline{Q_2 Q_1} \cdot Q_3$$

$$Q_{2(t+1)} = Q_1 \cdot \overline{Q}_2 + \overline{Q}_1 \cdot Q_2$$

$$Q_{1(t+1)} = \overline{Q}_1 =$$

$$1 \cdot \overline{Q}_1 + 0 \cdot Q_1$$

(2) 对照 JK 触发器特性方程 $Q_{t+1} = J\overline{Q} + \overline{K}Q$，可得到各 JK 触发器的激励方程

$$J_4 = K_4 = Q_3 Q_2 Q_1$$

$$J_3 = K_3 = Q_2 Q_1$$

$$J_2 = K_2 = Q_1$$

$$J_1 = K_1 = 1$$

(3) 画出由上升沿 JK 触发器构成的 4 位二进制同步加 1 计数器的逻辑图，如图 7.6 所示。

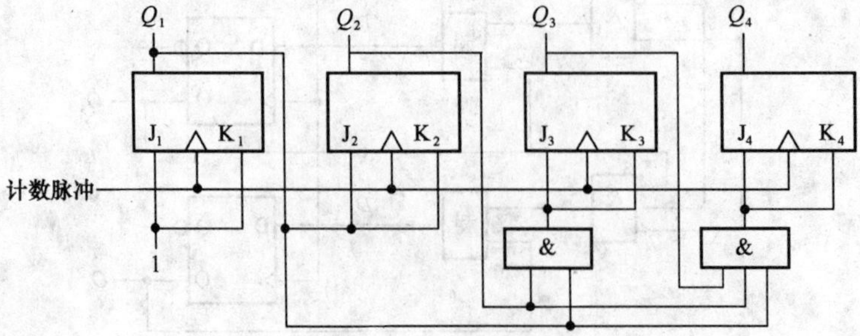

图 7.6 例 7.2 逻辑图

(4) 同理，当采用 JK 触发器构造二进制同步加 1 计数器时，随着位数的增加，触发器输入端 J、K 的表达式结构也是有规律的。即任意位二进制加 1 计数器，采用 JK 触发器设计时，满足

$$K_i = J_i = Q_{i-1} \cdot Q_{i-2} \cdot \cdots \cdot Q_1 \qquad i \neq 1$$

$$J_1 = K_1 = 1$$

不难推断出，任意位二进制同步减 1 计数器，采用 JK 触发器设计时，应满足

$$K_i = J_i = \overline{Q}_{i-1} \cdot \overline{Q}_{i-2} \cdot \cdots \cdot \overline{Q}_1 \qquad i \neq 1$$

$$J_1 = K_1 = 1$$

例 7.1 和例 7.2 介绍的基于触发器设计时序电路的方法称为状态方程法。它是在利用卡诺图形式的状态矩阵求得电路状态方程的基础上，根据触发器类型及其特性方程，进行状态方程的变换，进而得到各触发器的激励方程。

当采用 JK 触发器时，还有激励表法、卡诺图分区法等设计方法，请读者查阅有关资料，在此不赘述。

【例 7.3】 建立 4 位二进制同步加 1 计数器的 Verilog HDL 模型。

解 应当说根据表 7.1，在 always 过程中采用 case 语句不难建立二进制同步加 1 计数器的 Verilog HDL 模型。但根据加 1 计数规律，可采用下列更简洁的描述方法。

```
module counter (cp, dataout);
  input cp;
  output [3 : 0] dataout ;
  reg [3 : 0] dataout ;
  always @ ( posedge cp )   //上升沿有效
    dataout <= dataout + 1;   //加 1 计数
  endmodule
```

图 7.7 给出了 4 位二进制同步加 1 计数器的功能仿真波形。

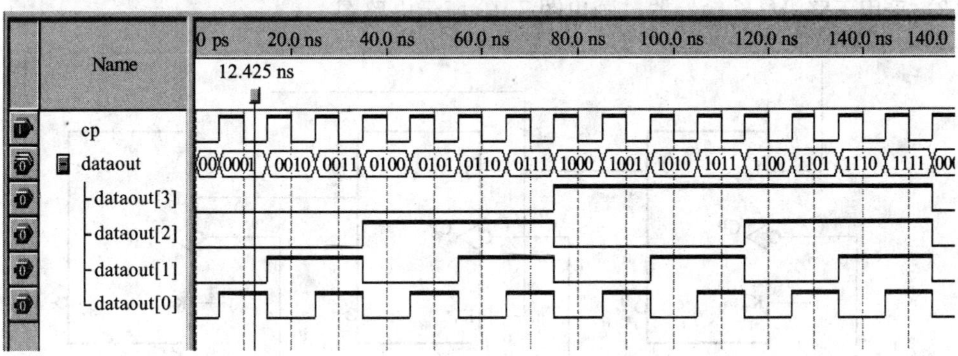

图 7.7　4 位二进制同步加 1 计数器的功能仿真波形

【例 7.4】 二进制模 5 计数器的状态图如图 7.8 所示，请用 JK 触发器设计实现。

解 完成该设计需要三个触发器，且有三个无关态：101、110、111。

(1) 根据给定状态转换图建立状态矩阵（图 7.9），利用无关项求最简的状态方程，进而得到三个 JK 触发器的激励方程。

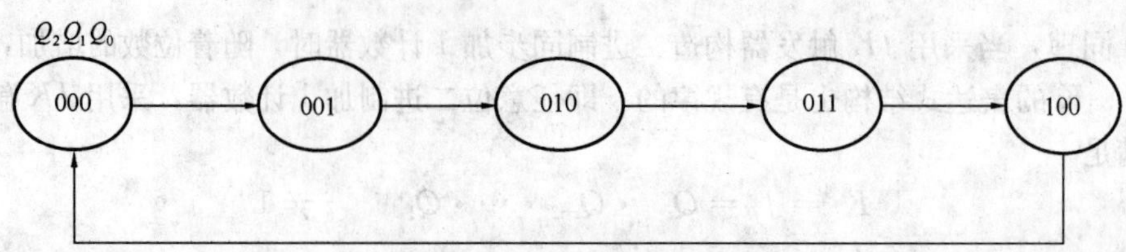

图 7.8　例 7.4 题图

Q_2 \ Q_1Q_0	00	01	11	10
0	001	010	100	011
1	000	×	×	×

$Q_{2(t+1)}Q_{1(t+1)}Q_{0(t+1)}$

图 7.9　例 7.4 的状态矩阵

$$Q_{2(t+1)} = Q_1Q_0\overline{Q_2} = Q_1Q_0\overline{Q_2} + \overline{1}\cdot Q_2$$

$$J_2 = Q_1Q_0 \qquad K_2 = 1$$

$$Q_{1(t+1)} = \overline{Q_1}Q_0 + Q_1\overline{Q_0}$$

$$J_1 = K_1 = Q_0$$

$$Q_{0(t+1)} = \overline{Q_2}\,\overline{Q_0} = \overline{Q_2}\,\overline{Q_0} + \overline{1}\cdot Q_0$$

$$J_0 = \overline{Q_2} \qquad K_0 = 1$$

(2) 因电路存在无关状态，且在求激励方程时，利用了无关项进行化简。所以，应利用激励/状态转换表，计算无关态的次态，检查自启动情况。

由表 7.3 可知，当电路进入无关状态后，均能在时钟的作用下返回到有效状态，因此，电路满足自启动要求。

表 7.3　无关态的次态检查

$Q_2Q_1Q_0$	J_2K_2	J_1K_1	J_0K_0	$(Q_2Q_1Q_0)_{(t+1)}$
101	01	11	01	010
110	01	00	01	010
111	11	11	01	000

(3) 采用下降沿 JK 触发器，画出图 7.10 所示电路图。

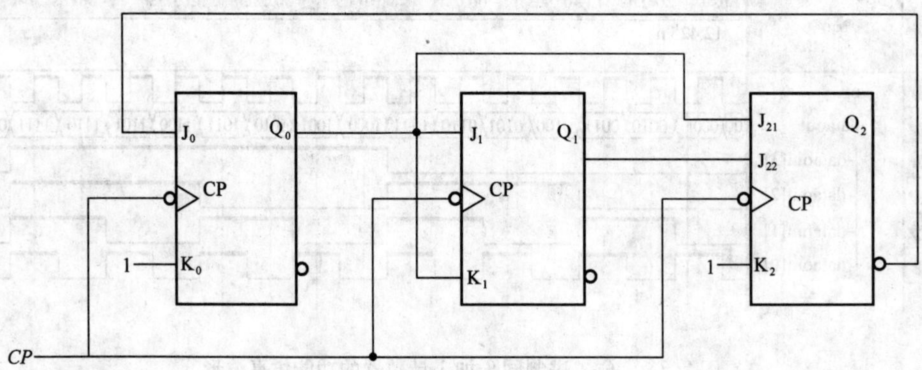

图 7.10　模 5 计数器电路图

(4) 图 7.11 是模 5 计数器的完全状态转换图，可以看出，它满足了自启动要求。

进一步分析，如果这个计数器的输出控制着后续电路的动作，那么当从无关态 101 或 110 返回到有效状态 010 时，会不会引起误动作呢？所以，最好让无关态返回到电路的初

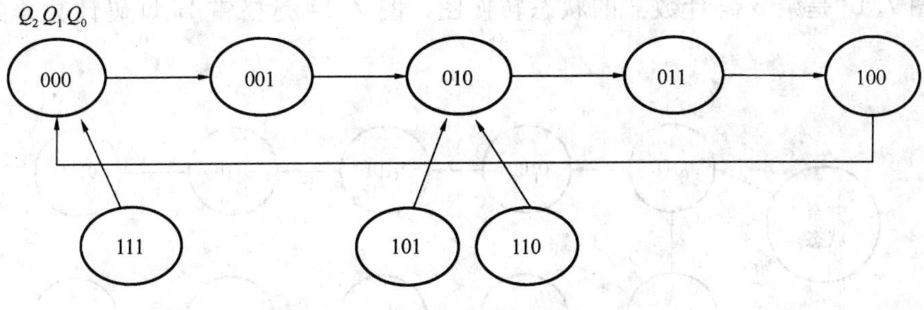

图 7.11　模 5 计数器完全状态转换图

态，使后续电路利用这个初态进行一系列的复位操作和安全操作。下面，假设电路初态为 000，采用 Verilog HDL 进行描述。

```
module M5_counter ( clk, q ) ;
  input clk ;
  output [2:0] q ;
  reg [2:0] q ;
  always @ ( negedge clk )
    case ( q ) // 基于状态转换表进行描述
      3'b000:q <= 3'b001 ;
      3'b001:q <= 3'b010 ;
      3'b010:q <= 3'b011 ;
      3'b011:q <= 3'b100 ;
      3'b100:q <= 3'b000 ;
      default:q <= 3'b000 ; // 无关态均返回 000
    endcase
endmodule
```

7.2.2　多种编码十进制计数器的 Verilog HDL 模型

十进制计数器的一般状态转换模型如图 7.12 所示。其中，S_0 是计数器的初态，经过一个计数脉冲进入 S_1，再经过一个计数脉冲进入 S_2，…，第 10 个计数脉冲后，由 S_9 回到 S_0。显然，用四个触发器实现时，有六个无关状态需要处理，最有效的方法是让它们均回到初态 S_0。

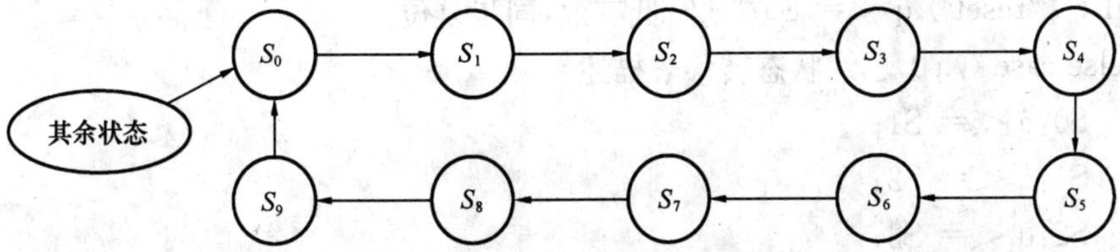

图 7.12　十进制计数器一般状态转换模型

如果按需要对 S_0，S_1，…，S_9 进行编码，则可得到任意编码十进制计数器的状态图。

例如，图 7.13 是余 3 码计数器的状态转换图，图 7.14 是格雷 BCD 码计数器的状态转换图。

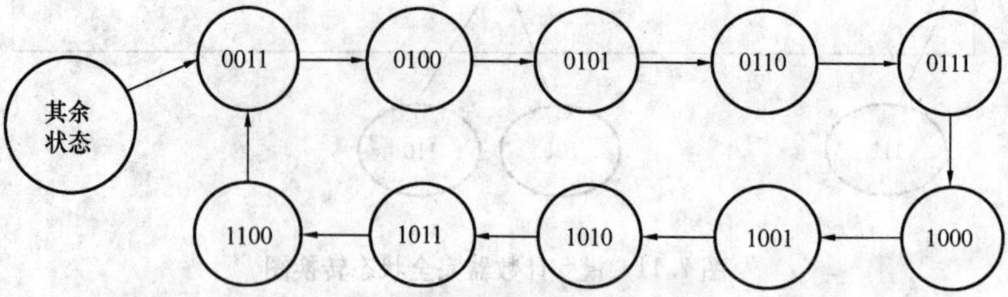

图 7.13　余 3 码计数器状态转换图

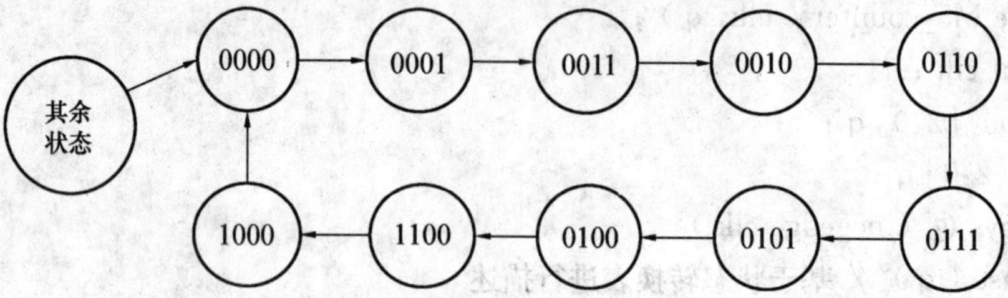

图 7.14　格雷 BCD 码计数器状态转换图

下面以格雷 BCD 码计数器为例，采用参数化设计方法，建立 Verilog HDL 模型，并增加了同步复位以及循环进位输出（rco）的描述。只要对 parameter 语句中的标志符常量：$S_0 \sim S_9$ 重新定义，即可得到任意编码十进制计数器的 Verilog HDL 模型。

```
module M10_counter ( clk, reset, q, rco ) ;
  parameter S0=4'B0000, S1=4'B0001, S2=4'B0011,S3=4'B0010,
            S4=4'B0110, S5=4'B0111, S6=4'B0101, S7=4'B0100,
            S8=4'B1100, S9=4'B1000;
  input clk, reset ;
  output [3:0] q ;
  output rco ;
  reg [3:0] q ;
  assign rco = (q == S9 ) ? 1 : 0;  // 循环进位输出描述
  always @ ( posedge clk )
    if ( ! reset ) q <= S0;  // 低有效,同步复位
    else case ( q )  // 状态转移表描述
      S0:q <= S1;
      S1:q <= S2;
      S2:q <= S3;
      S3:q<= S4;
      S4:q<= S5;
```

```
        S5:q<= S6;
        S6:q<= S7;
        S7:q<= S8;
        S8:q<= S9;
        S9:q<= S0;
        default:q <= S0;  // 其他状态处理
     endcase
endmodule
```

至此，可以总结归纳出基于 Verilog HDL 建立同步时序电路模型的一般设计模板：

```
module      模块名(端口名列表);
    parameter       //定义参数
    input           //定义输入
    output          //定义输出
    reg             //定义 always 中的被赋值变量
          //描述组合部分
          门元件例化   //门级描述组合部分
          assign       数据流描述
          always @ (组合输入信号列表)//行为描述
            begin
              阻塞赋值(=)
              if…else、case、for 行为语句
            end
          //时序部分描述
          always @ (边沿信号列表)
              begin
                非阻塞赋值(<=)
                if…else、case、for 行为语句
              end
endmodule
```

7.2.3 基于 MSI 计数器 74LS163 的电路分析与应用

1. 74LS163 的逻辑功能

例 7.3 的 4 位二进制同步加 1 计数器的 Verilog HDL 模型可以抽象成图 7.15 所示的逻辑框图（逻辑符号）。它只实现了计数器的基本计数功能，缺乏实用性。例如，计数器的初态如何确定？能否预置（改变、加载）计数器状态？能否暂时停止计数并重新恢复计数？显然，要想实现这些“辅助”功能，需要增加外部输入信号来进行控制。另外，还应增加一个循环进位输出，则此时的逻辑框图如图 7.16 所示。

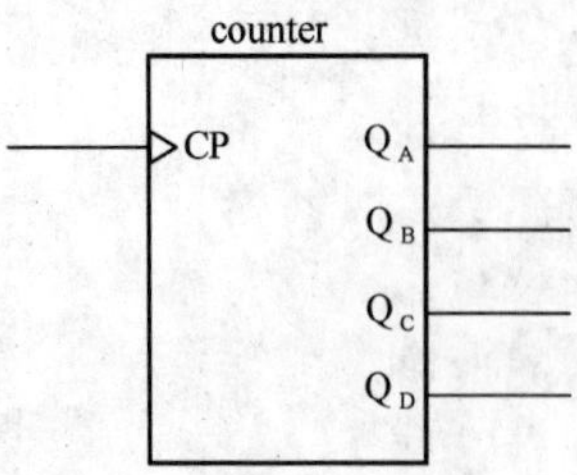

图 7.15　例 7.3 逻辑框图

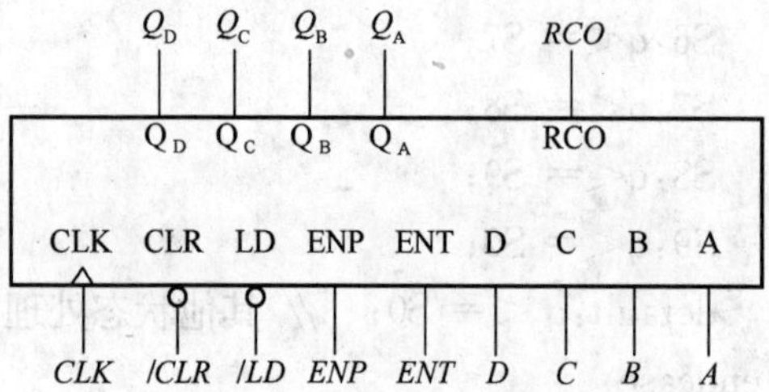

图 7.16　增加辅助功能的逻辑框图

对图 7.16 中各信号作如下定义：CLK 是上升沿有效的计数脉冲输入端；$Q_DQ_CQ_BQ_A$ 是计数器的输出，Q_D 为高位；$/CLR$ 为低有效的同步清零控制输入端，只要它为逻辑 0 时，在 CLK 的作用下，就使 $Q_DQ_CQ_BQ_A=0000$；$/LD$ 为低有效的数据加载控制输入端，当它为逻辑 0 时，在 CLK 的作用下，将输入端 $DCBA$ 的值传送到 $Q_DQ_CQ_BQ_A$（即 $Q_DQ_CQ_BQ_A=DCBA$）；ENP 和 ENT 是两个计数使能控制输入端，高有效，仅当 $ENP=ENT=1$ 时，才在 CLK 的作用下进行加 1 计数，即 $Q_{D(t+1)}Q_{C(t+1)}Q_{B(t+1)}Q_{A(t+1)}=Q_{D(t)}Q_{C(t)}Q_{B(t)}Q_{A(t)}+1$，否则，计数器的输出保持不变；$RCO$ 是计数器的循环进位（模溢出）输出信号，它的产生条件为 $Q_DQ_CQ_BQ_A=1111$ 且 $ENT=1$。这些逻辑功能可归纳为表 7.4。

表 7.4　4 位二进制加 1 计数器功能表

/CLR	/LD	ENP	ENT	CLK	$Q_DQ_CQ_BQ_A$	RCO	说明
0	×	×	×	↑	0 0 0 0	0	清零
1	0	×	×	↑	D C B A	*	并行预置
1	1	1	1	↑	计数	*	加 1 计数
1	1	0	×	×	$Q_DQ_CQ_BQ_A$	*	保持
1	1	×	0	×	$Q_DQ_CQ_BQ_A$	0	保持

“*”：当计数器计为 1111，且 $ENT=1$，则 $RCO=1$。

下面是该计数器的 Verilog HDL 描述，图 7.17 是其仿真波形。

```
modulev163 (clrn, clk, enp, ent, ldn, din, qout, rco) ;
inputclrn, clk, ent, enp, ldn ;
input[3:0] din ;        // 对应输入 DCBA
output[3:0] qout ;      // 对应输出 QDQCQBQA
output rco ;
reg  [3:0] qout ;
always @ ( posedge clk )
begin
  if ( ~ clrn ) qout <= 0 ;  // 同步清零
  else if ( ! ldn ) qout <= din ;  // 同步置数
  else if ( enp && ent = = 1 ) qout <= qout + 1 ;  // 使能有效,计数
    else qout <= qout ;  // 使能无效,保持
```

```
    end
    assign rco = ( qout = = 4'b1111 && ent ) ? 1 : 0 ; // 循环进位描述
endmodule
```

也可在例 7.1 和例 7.2 的基础上改进设计，实现附加功能；而在例 7.3 模型基础上进行修改、添加则更加便捷，从而体现出硬件描述语言的优势。

实际上，这个名为 v163 的 Verilog HDL 模型所描述的逻辑功能就是 MSI 计数器 74LS163 的功能；图 7.16 就是 74LS163 的逻辑符号；表 7.4 就是 74LS163 的功能表。

74LS163 是一个最常用的 4 位二进制同步加 1 计数器，它是一个全同步器件，即它的同步清零、同步置数、状态保持、加"1"计数等逻辑功能，均在 CLK 上升沿完成。

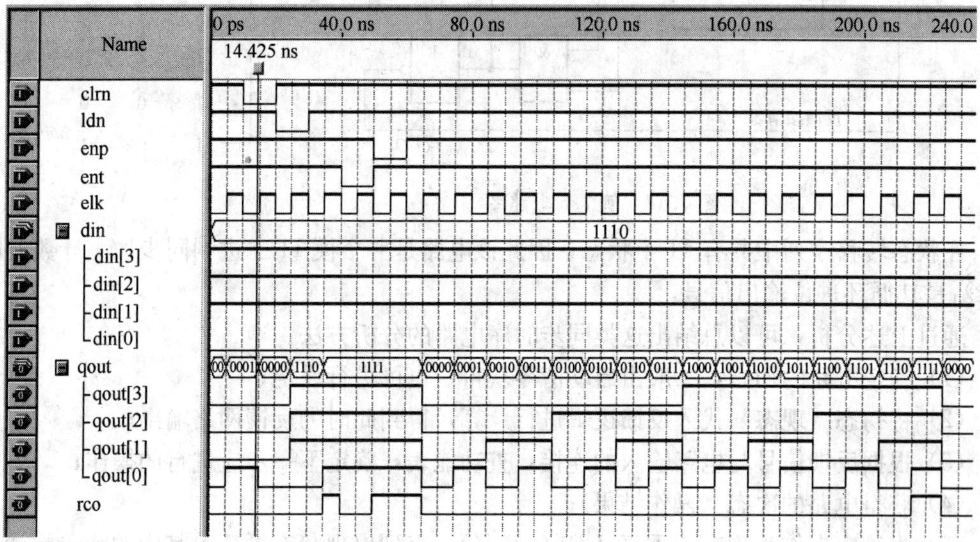

图 7.17 v163 的功能仿真波形

2. 基于 74LS163 的小模数（$m<16$）计数器设计

74LS163 计数器最大的模数为 16，即从 0000→0001→…→1110→1111→0000→…。如果通过增加输出到输入的反馈逻辑，有效利用它的同步清零、同步置数功能，则可用单片 74LS163 构造实现 $m<16$ 的计数器电路。

【例 7.5】 试分析图 7.18 所示电路，写出初态为 0000 时的状态转移序列，并说明它的逻辑功能。

解 由给定电路可看出，计数使能端始终有效（ENP＝ENT＝1）；置数控制端 LD＝1 说明该电路未使用置数功能；电路输出经与非网络将$/M_{1010}$反馈接到同步清零端，说明当计数器计到某一状态时，会使$/M_{1010}$为 0 加载到 CLR 端，在下一个 CP 脉冲到来时，将计数器的输出清为 0000。

当初态为 0000，$/M_{1010}=1$，电路加 1 计数到 0001，此时仍有$/M_{1010}=1$，电路继续加 1 计数到 0010，…，直到计数器输出 $Q_3Q_2Q_1Q_0=1010$ 时，$/M_{1010}=0$，即 CLR 端为 0，在下一个 CP 脉冲到来时，电路不再加 1 计数，而是返回到 0000，开始新的计数循环。因此，可得到如下状态转移序列：

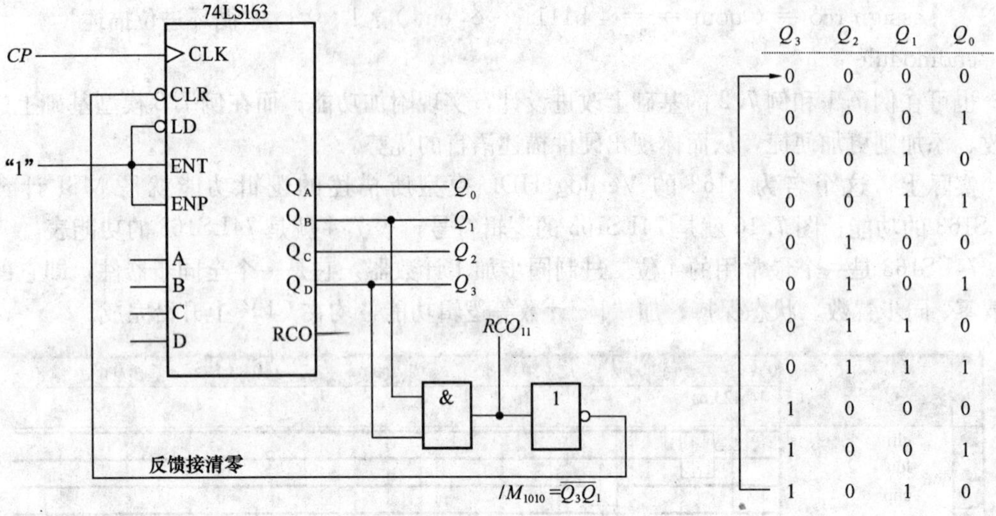

图 7.18　例 7.5 电路图

在状态转移序列中共有 11 个状态，因此该电路是一个模 11 二进制同步加 1 计数器，而 RCO_{11} 是其循环进位输出信号。

通过上述分析，可以总结出这类同步时序电路的分析方法：

(1) 确定电路的初态，一般由启动清零获得，也可进行设定；

(2) 将初态（现态）代入反馈逻辑进行计算，得到此时的反馈网络输出；

(3) 根据反馈信号与电路输入的连接，查功能表，确定下一步应进行的操作；

(4) 获得电路的次态（操作结果）；

(5) 将该次态作为现态，重复 (2)(3)(4)，直到出现状态循环，其中的状态数就是计数器的模。

通过上述分析，还可以体会出基于 74LS163 的小模数（$m<16$）计数器的设计思路，其是：通过反馈网络，打破 74LS163 模为 16 的计数循环，利用清零或置数功能，建立模为 m 的新计数循环。这里涉及跳越的概念、反馈逻辑的设计方法以及反馈信号的连接。

1) 跳越的概念

当利用模为 2^n 的计数器实现模 $m<2^n$ 的计数器时，需要从原来的 2^n 个循环状态中跳过 K（$K=2^n-m$）个状态，使计数器以 m 为周期循环，不再出现被跳过的 K 个状态。

如果设电路的起跳状态为 S_a，且需要跳过 K 个状态，则 S_a 的次态应为 S_{a+K+1}，而不是 S_{a+1}。例 7.5 给出的模 11 计数器（见图 7.18）就是以 1010 作为起跳状态，跳过 1011、1100、1101、1110 和 1111 等 5 个状态，将跳越的次态调整为 0000，而不是 1011，进而形成新的计数循环，如图 7.19 所示。

显然，跳过 K 个状态，就意味着电路中有 K 个多余状态或无关状态。当电路加电时，其初态可能是一个随机状态，若此时是无关态，经有限节拍后可能出现三种情况：(1) 自动进入有效循环；(2) 停留在某个无关状态，不再转变；(3) 在无关状态中循环。

第一种情况说明电路具有自启动特性，可不用处理。后两种情况不符合功能要求，应采取措施使之处于第一种情况。

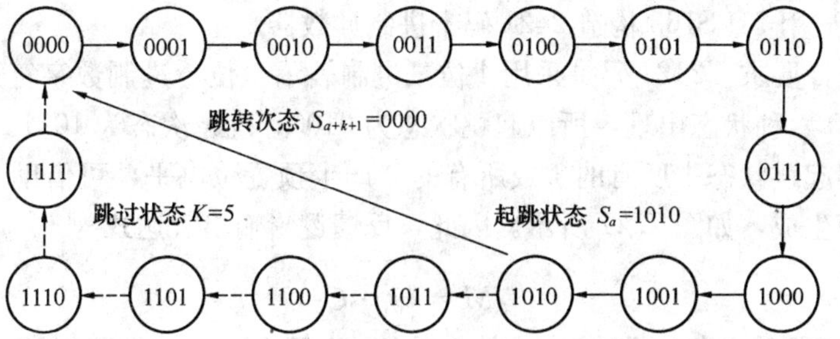

图 7.19　在模 16 基础上构造模 11 计数器的跳越

通常可采取的措施有两种：

(1) 通过手动置位/复位或初始化电路提供的初始化信号，使电路进入初态，开始工作。但它不能保证电路正常工作时，因受到干扰而进入无关态情况后，能否回到有效状态。

(2) 用检测电路监视电路状态，若处于无关态，则产生一个有效电平，强迫电路进入有效状态。

2) 反馈电路的设计

利用单片 74LS163 构造 $m<16$ 的任意模数的计数器，通常采用预置位法完成 K 个状态的“跳越”。所谓预置位法，就是当出现起跳状态 S_a 时，利用组合电路产生一个预置位有效电平，反馈接到控制输入端，在下一个时钟有效沿到来时，使电路进入 S_{a+K+1} 状态。高有效的预置位电平一般由 S_a 状态中所有的“1”相与产生；而低有效的预置位电平一般由 S_a 状态中所有的“1”与非产生。

根据 74LS163 的功能，可利用同步清零端或同步置数端，完成预置位操作，构造 $m<16$ 的任意模数的计数器。

(1) 当电路出现起跳状态 S_a 时，产生低有效预置位电平信号，反馈接到同步清零输入端（/CLR)，完成全零的预置，下一个 CLK 上升沿到来时，使 $S_{a+K+1}=0000$，实现跳越次态为“0”的计数器。此时，新的计数循环为 0000→0001→…→S_a→0000→…

(2) 当电路出现起跳状态 S_a 时，产生低有效预置位电平信号，反馈接到同步置数输入端（/LD)，完成 $S_{a+K+1}=DCBA$ 的预置，下一个 CLK 上升沿到来时，使 $S_{a+K+1}=DCBA$，实现跳越次态为任意值的计数器。此时，新的计数循环为 $S_{DCBA}\rightarrow S_{DCBA}+1\rightarrow\cdots\rightarrow S_a\rightarrow S_{DCBA}\rightarrow\cdots$

【例 7.6】 用 74LS163 设计一个计数循环为 6→7→…→15→6…的模 10 计数器。

解　分析给定计数循环，起跳状态为 $(15)_{10}=(1111)_2$，起跳的次态为 $(6)_{10}=(0110)_2$，可利用 RCO 输出经非门产生预置位信号，反馈接到/LD 输入端，同时，数据输入端 $DCBA$ 置为 0110。此时，应使 ENP = ENT=1，/CLR 接“1”或引入启动信号。74LS163 的已有特性保证了该电路能够满足自

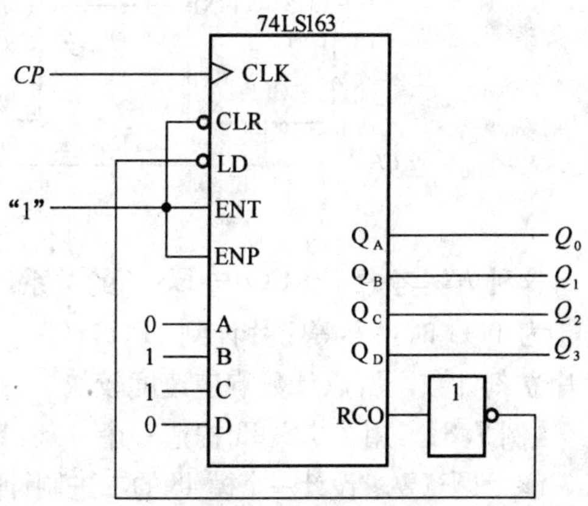

图 7.20　例 7.6 电路图

启动的要求。该模 10 计数器的电路图如图 7.20 所示。

【例 7.7】 试用 74LS163 构造 2421 码十进制计数器。

解 分析设计要求，2421 码是采用 4 位二进制表示 1 位十进制数字符号的 BCD 码。不允许 0101～1010 六种状态出现，所以起跳状态为 0100，跳越次态为 1011。此时，不能按一般方法直接利用起跳状态中所有的 1 或所有的 0 产生预置位电平，可借助 2421 码卡诺图并利用无关态化简生成，如图 7.21 所示。因此，反馈逻辑输出表达式为

$$/M=\overline{\overline{Q}_3\cdot Q_2}$$

将反馈接到/LD 输入端，同时，数据输入端 DCBA 置为 1011。电路连接图如图 7.22 所示。

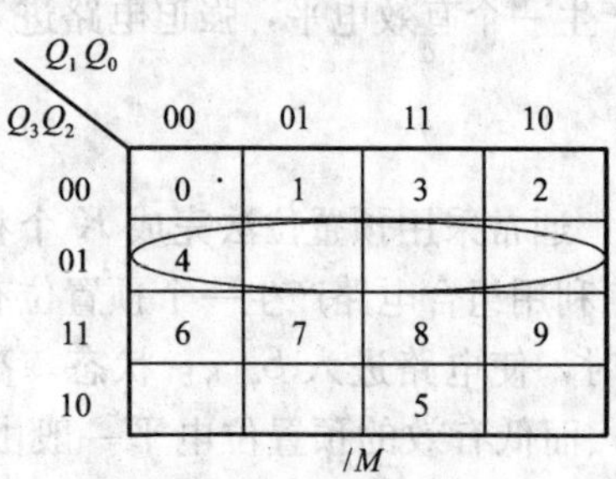

图 7.21 反馈逻辑卡诺图

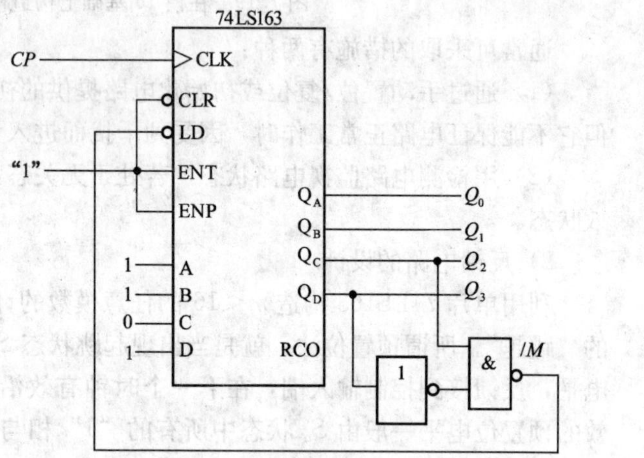

图 7.22 2421 码计数器电路图

3. 基于 74LS163 的大模数（$m>16$）计数器设计

当所设计计数器的模 $m>16$ 时，可采取多个 74LS163 级联扩展的方法实现。其设计思路为：利用循环进位输出端 RCO 和计数使能输入端 ENT 和 ENP 将多个 4 位二进制计数器级联扩展 $n\times4$ 位（$n=2, 3, \cdots$），在此基础上，可根据需要设计相应的反馈网络。图 7.23 是一种响应速度较快的三个 74LS163 级联方案。

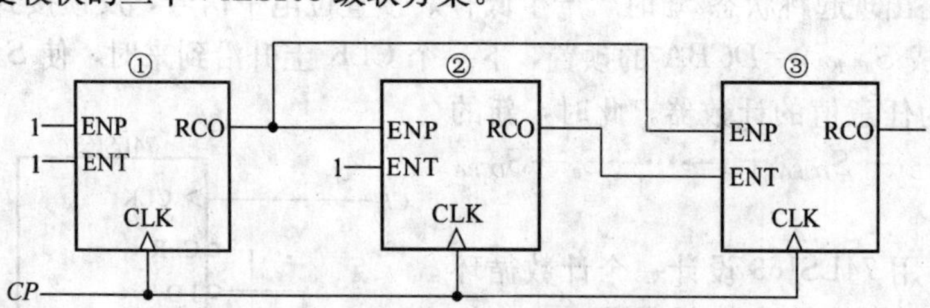

图 7.23 扩展示意图

这种方案考虑了 RCO 与 ENT 的关系，即当计数器①为 1110、计数器②为 1111、计数器③为 1111 时，不等①片计到 1111，②、③两片已提前建立 RCO，一旦①片的 RCO 建立，各片立刻计数。所以计数响应速度较快。

【例 7.8】 用 74LS163 构造一个 0 ～ 47 的二进制计数器。

解 题意要求设计一个模 48 的二进制计数器，先用两片 74LS163 级联构成 8 位二进制计数器（模为 256），其计数输出为 $Q_7Q_6Q_5Q_4Q_3Q_2Q_1Q_0$。再根据起跳状态为 $(47)_{10}=(00101111)_2$，

将 $Q_5Q_3Q_2Q_1Q_0$ 与非生成预置位信号反馈接到两片 74LS163 的/CLR 端，当下一个时钟信号到来时，跳转回 00000000 状态。电路连接图如图 7.24 所示。

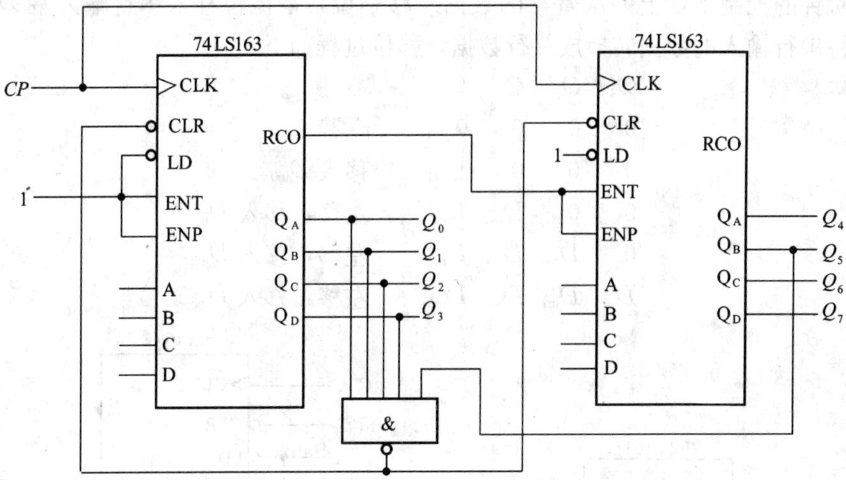

图 7.24　基于 74LS163 的模 48 计数器电路图

若模可以分解成 $N_1 \times N_2$ 的形式（N_1、N_2 均小于等于 16），可采用两个基于 74LS163 的小模数计数器级联设计，图 7.25 所示电路采用模 6 计数器和模 8 计数器级联构成模 48 计数器。

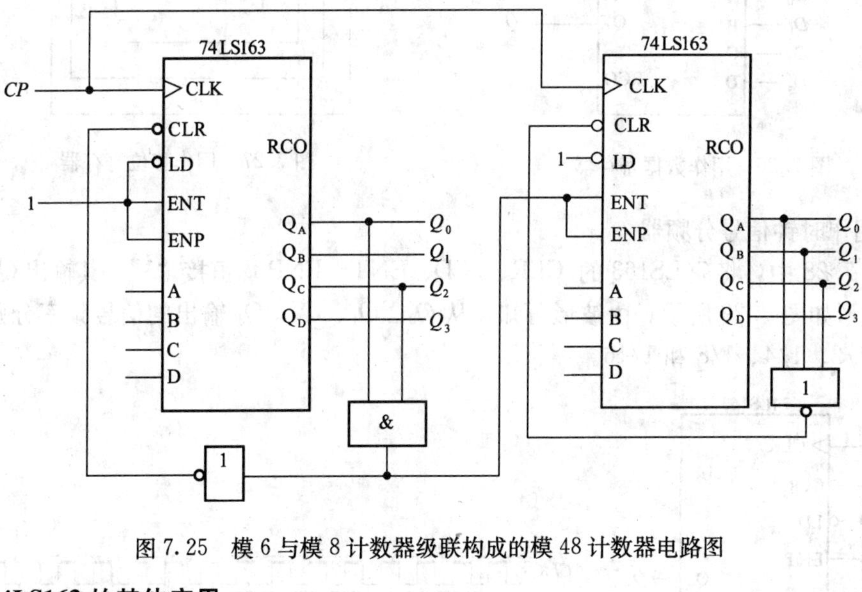

图 7.25　模 6 与模 8 计数器级联构成的模 48 计数器电路图

4. 74LS163 的其他应用

74LS163 除用于计数外，还可用作数据寄存器、移位寄存器、时钟信号分频器等。

1）用作数据寄存器

只要将置数控制输入端/LD 恒接“0”，则当 CLK 有效沿到来时，数据输入端 D_3、D_2、D_1、D_0 的状态就被寄存，反映在 $Q_3Q_2Q_1Q_0$。此时，74LS163 可作为上升沿有效且具有同步清零功能的 4 位数据寄存器，如图 7.26 所示。

2）用作移位寄存器

按照图 7.27 所示进行电路连接，则可用 74LS163 构成串行输入、并行输出的移位寄存器。即在时钟的控制下，上一次寄存的数据左移一位，最低位移入串行输入端 D_{in} 的状态。因此，可将串行输入的数据转换成并行数据。移位过程如下：

Q_3	Q_2	Q_1	Q_0	
0	0	0	0	清零
0	0	0	D_{in0}	移入 D_{in0}
0	0	D_{in0}	D_{in1}	左移，移入 D_{in1}
0	D_{in0}	D_{in1}	D_{in2}	左移，移入 D_{in2}
D_{in0}	D_{in1}	D_{in2}	D_{in3}	左移，移入 D_{in3}

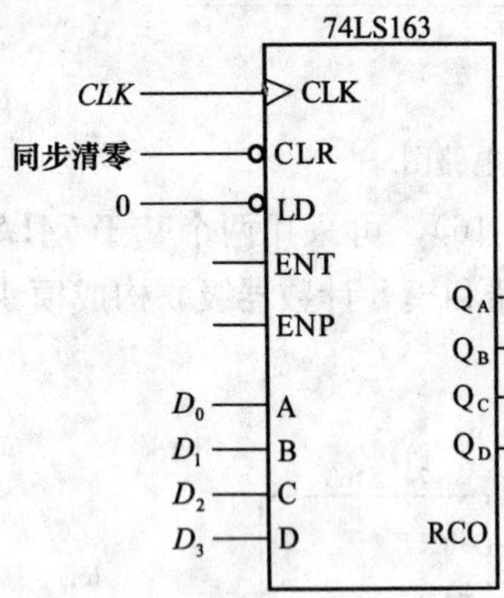

图 7.26　用作数据寄存器

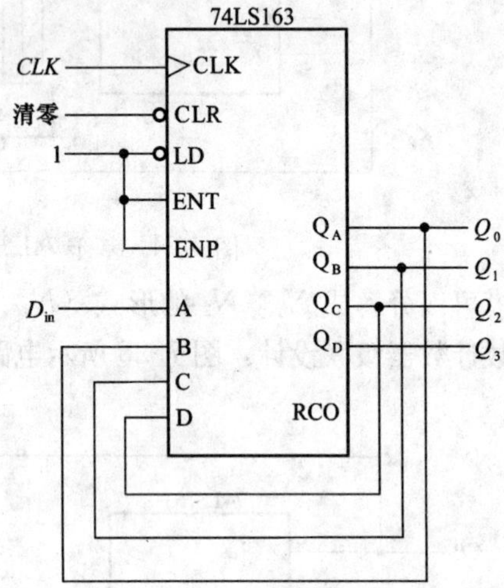

图 7.27　用作移位寄存器

3）用作时钟信号分频器

在图 7.28 中，将 74LS163 的/CLR、/LD、ENT、ENP 均恒接“1”，其输出 $Q_3Q_2Q_1Q_0$ 的输出波形如图 7.29 所示。由波形可知，从 Q_0、Q_1、Q_2、Q_3 输出的信号频率分别相当于 CLK 的 1/2、1/4、1/8 和 1/16。

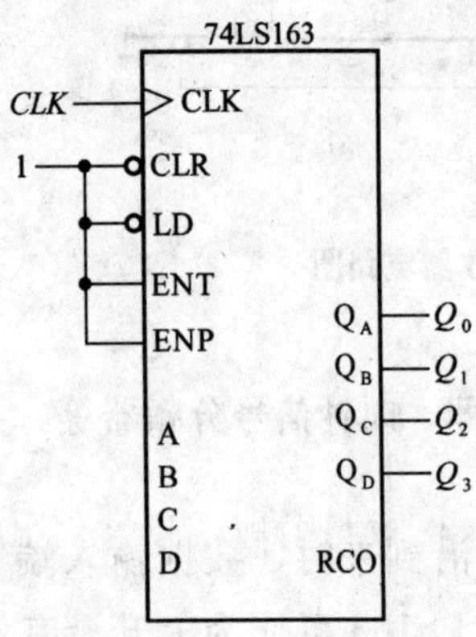

图 7.28　用作时钟信号分频器

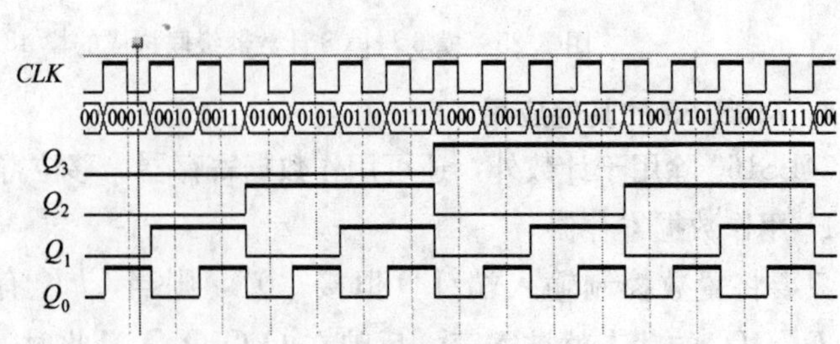

图 7.29　分频器仿真波形

【例 7.9】 请分析图 7.30 所示电路的逻辑功能。

解 从启动清零开始，根据电路连接及功能表，求得 Q_D Q_C Q_B Q_A 的计数循环如下：

Q_D	Q_C	Q_B	Q_A
0	0	0	0
0	1	1	0
0	1	1	1
1	0	0	0
1	1	1	0
1	1	1	1

分析：每 6 个 *CLK*，*F* 输出一个占空比（高电平所占时间与信号周期的比例）为 50%的方波信号。所以，*F* 的输出信号频率是 *CLK* 的 1/6，或称 *F* 是 *CLK* 的六分频。

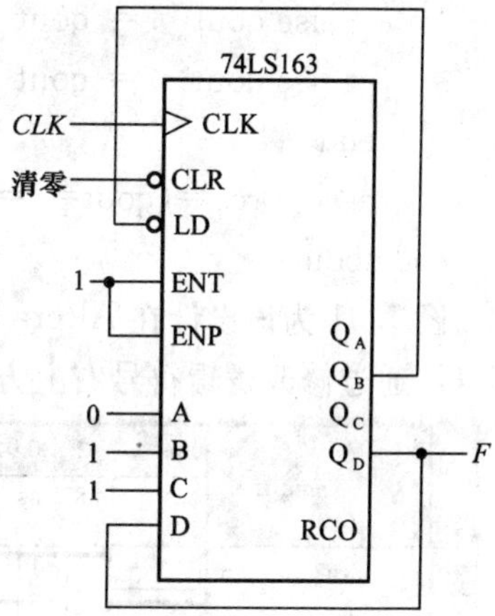

图 7.30 例 7.9 题图

7.2.4 其他类型的 MSI 计数器简介

74LS161 除/CLR 为异步清零外，其余功能和 74LS163 相同。适合采用强置位法构造任意进制计数器。

74LS160 和 74LS162 分别类似于 74LS161 和 74LS163，但它们是模 10 计数器，又称十进制计数器，即从 0000→0001→…→1001→0000→…，且当 $Q_DQ_CQ_BQ_A$ =1001 时，RCO=1。

74LS169 是同步 4 位二进制可逆计数器，当输入控制信号 UP/DN 为 1 时，进行加 1 计数；当输入控制信号 UP/DN 为 0 时，进行减 1 计数。另外，它的计数使能信号和循环进位（借位）输出都是低有效。

7.2.5 任意模数加 1 计数器的 Verilog HDL 模型

采用传统的 MSI 器件设计逻辑电路，往往受到该器件的功能、规模等限制，很多精力花在器件级联、反馈设计上。在现代数字系统设计中，采用硬件描述语言进行参数化建模，可使设计人员摆脱器件的束缚，将主要精力用于功能设计与描述，而将电路结构的实现等工作交给 EDA 的综合工具完成。

下面是一个任意模数加 1 计数器的 Verilog HDL 模型，为支持任意模数，定义了三个标志符常量：din _ width 为置数操作时的数据输入位宽；qout _ width 为计数器输出位宽；counter _ size 为计数器的模数。

```
module counter_M ( clrn, clk, enp, ent, ldn, din, qout, rco ) ;
  parameter din_width='d7;
  parameter qout_width='d7;
  parameter counter_size ='d100; // 模 100
  input clrn, clk, ent, enp, ldn ;
```

```
    input [din_width-1:0] din ;      //参数化定义数据输入位宽
    output [qout_width-1:0] qout ;    //参数化定义输出位宽
    output rco ;
    reg [qout_width-1:0] qout ;
    always @ ( posedge clk )
      begin
        if ( ~clrn ) qout <= 0 ;
        else if ( ! ldn ) qout <= din;
        else if ( enp && ent==1 )
        if ( qout= =counter_size-1 ) qout <= 0 ;    //参数化模控制描述
        else qout <= qout +1 ;
        else qout <= qout ;
      end
      assign rco=(qout= =counter_size-1 && ent) ? 1:0 ;  //参数化循环进位描述
  endmodule
```

图 7.31 为该设计在 Altera Quartus II 中的功能仿真波形，图 7.32 为生成的参数化逻辑符号，通过修改逻辑符号右上方的参数表，重新编译，即可得到一个新模数的计数器。

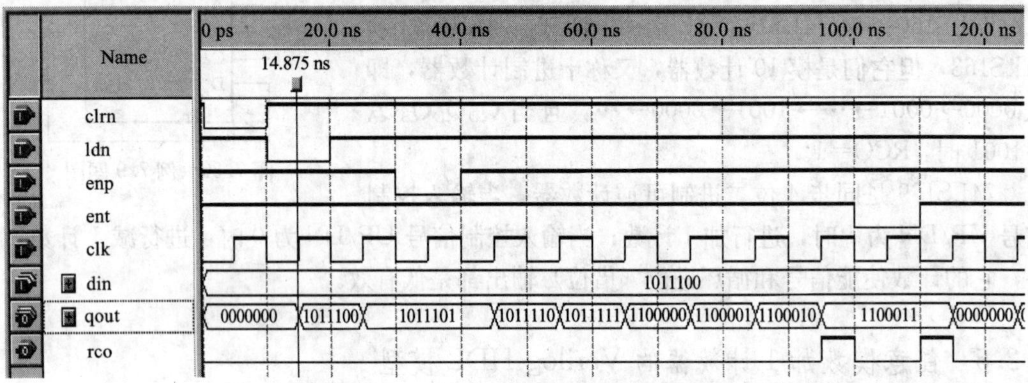

图 7.31　counter _ M 模 100 仿真波形

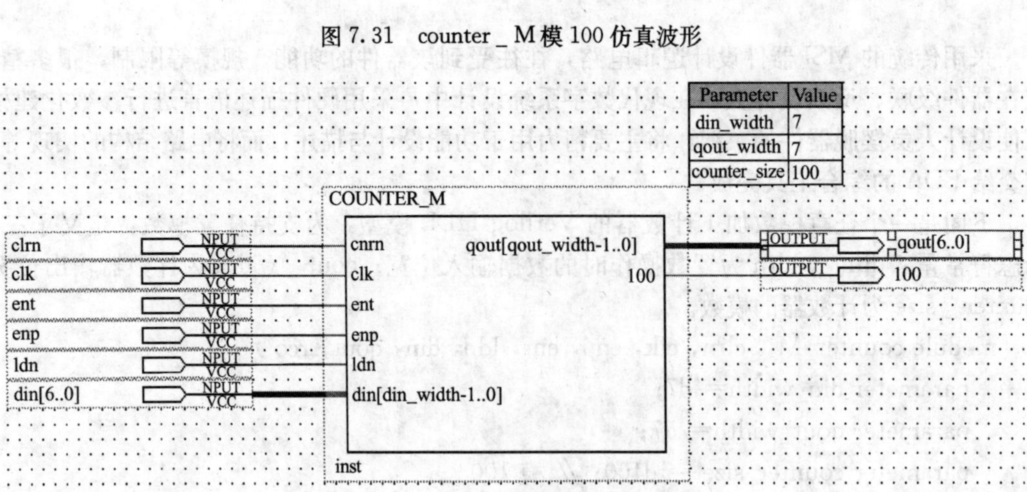

图 7.32　counter _ M 参数化逻辑符号

7.3 寄存器

在数字系统中经常使用寄存器存放二进制代码，如地址寄存器、指令寄存器、数据寄存器、控制寄存器、状态寄存器……，寄存器是由一组触发器构成的，信息是在统一的时钟脉冲作用下存入寄存器。

图 7.33 所示电路是一种简单的 4 位寄存器，在 CP 的上升沿将输入端 $ABCD$ 存入寄存器，$Q_AQ_BQ_CQ_D$ 是寄存器的输出。

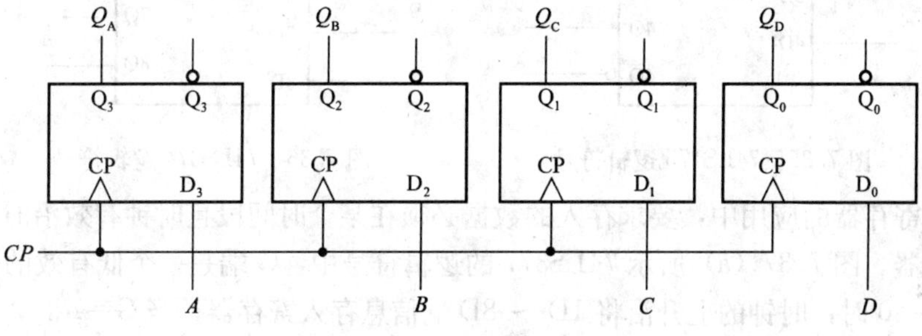

图 7.33　简单的 4 位寄存器

图 7.34 是具有控制功能的 4 位寄存器电路，$/RESET$ 有效时，通过异步清零端将寄存器置为 0000，在 CP 上升沿，数据输入端（$ABCD$）的信息写入寄存器，只有在控制信号 M=1时，才送到输出端（$Q_AQ_BQ_CQ_D$）。

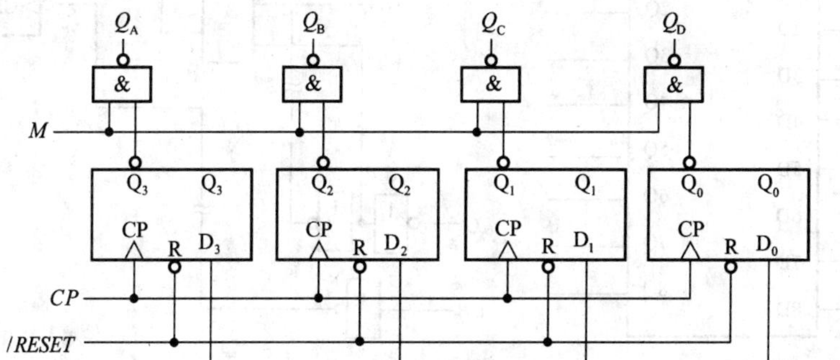

图 7.34　具有控制功能的 4 位寄存器

图 7.35 是通用 4 位并行寄存器 74LS175 的逻辑符号，它的逻辑功能为：在 CLK 上升沿将输入端 1D、2D、3D、4D 的信息写入寄存器；在其输出端提供互补输出；CLR 是一个低有效的异步清零控制端，当它为 0 时，立即将寄存器清零，一般用于系统初始化。

在数字系统中，通常处理的信息是以字节为单位的，每个字节 8 位。所以，8 位寄存器的应用更广泛。图 7.36 是 74LS374 的逻辑符号，其功能为：在时钟的上升沿将 1D ～ 8D 端的信息并行存入寄存器；OE 是低有效的三态输出控制端，为 0 时，将 8 位寄存数据并行输出到 1Q ～ 8Q，为 1 时，输出端为高阻状态。因此，这种寄存器可挂接到公共总线上。

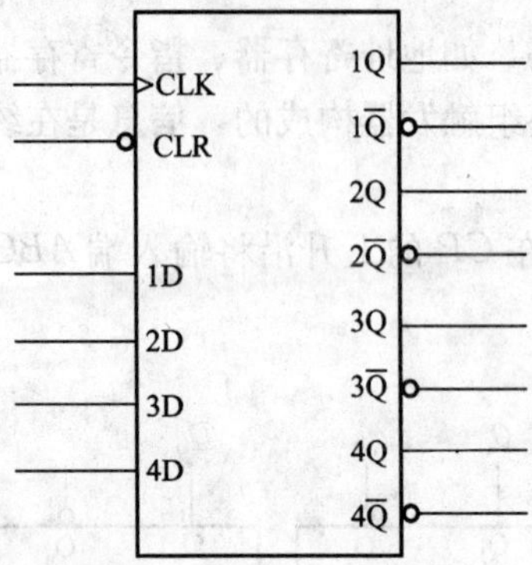

图 7.35　74LS175 逻辑符号

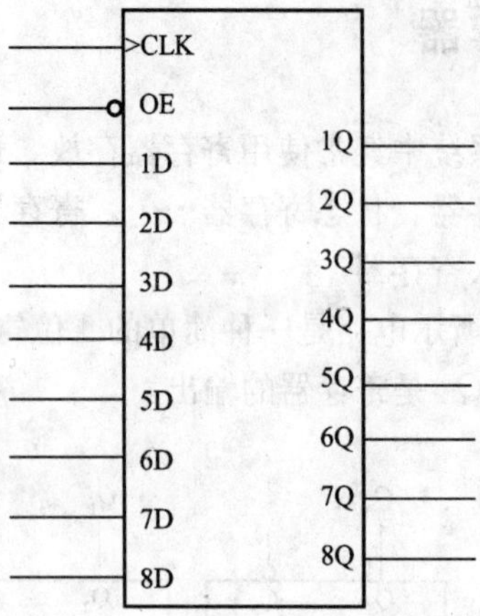

图 7.36　74LS374 逻辑符号

在某些寄存器的应用中，要求存入的数据必须在某个时间段且时钟有效沿时，才能将数据存入寄存器。图 7.37（a）所示 74LS377 的逻辑符号中，G 端是一个低有效的数据输入使能端。当 G=0 时，时钟的上升沿将 1D ～ 8D 端信息存入寄存器；当 G=1 时，寄存器内的数据保持不变。图 7.37（b）是其中的 1 位等效逻辑图。

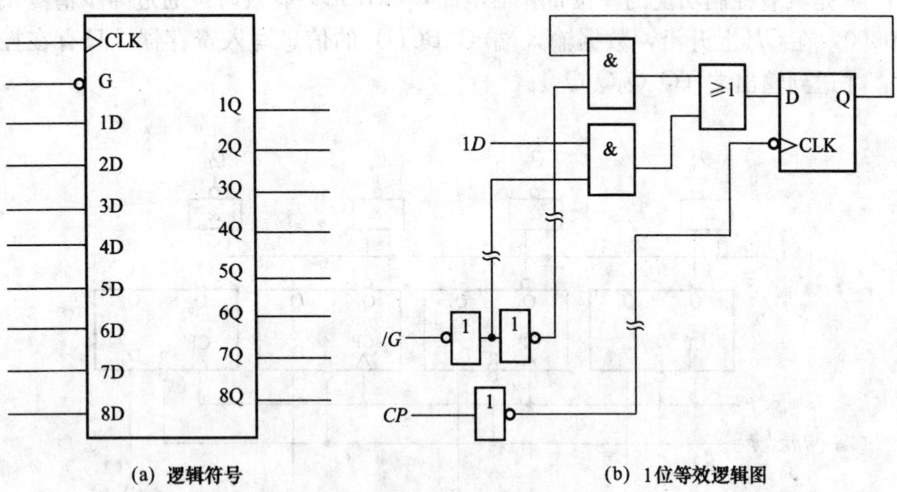

图 7.37　使能输入寄存器 74LS377

下面是一个异步清零、上升沿寄存、输出具有三态功能的 8 位寄存器的 Verilog HDL 描述。

```
module myreg_8 ( data, clk, reset, oe, q ) ;
    input clk, reset, oe ;
    input [7 : 0] data ;
    output [7 : 0] q ;
```

```
  reg [7 : 0] temp ; //  内部寄存变量
  assign q = ( oe = =1 ) ? temp : 8'hzz ; //  oe=0 时,输出高阻
  always @ ( posedge clk or negedge reset )
  begin
    if (! reset) temp <= 8'h00 ; // 异步清零
    else temp <= data ;  // 寄存数据
  end
endmodule
```

7.4 移位寄存器

移位寄存器是一种既能存储数据，又能对所存数据在时钟信号的作用下按位向高位（或低位）顺移的寄存器。按照逻辑功能，可分为串行输入—串行输出、串行输入—并行输出、并行输入—串行输出等三类。按移位方式，可有：单向移位、双向移位、循环移位、扭环移位等。

利用移位操作，可实现简单的乘除法运算。例如：将原寄存器中的数据向高位移 1 位（左移 1 位），相当于乘以 2；向低位移 1 位（右移 1 位），相当于除以 2。在数字通信系统中，移位寄存器广泛用于并行数据和串行数据之间的转换。

7.4.1 串行输入—串行输出结构的移位寄存器

图 7.38 所示为串行输入—串行输出结构的右移移位寄存器。串行数据加载到串行输入端 *SERIN* 上，每来一个时钟有效沿，寄存器中的数据就向右顺移 1 位，最左边的 1 位存入 *SERIN* 端的新数据。如果寄存器由 n 个触发器构成，则 *SERIN* 端的新数据经过 n 个时钟节拍之后，就会出现在串行输出 *SEROUT* 端。这种电路常用来进行信号的延时。

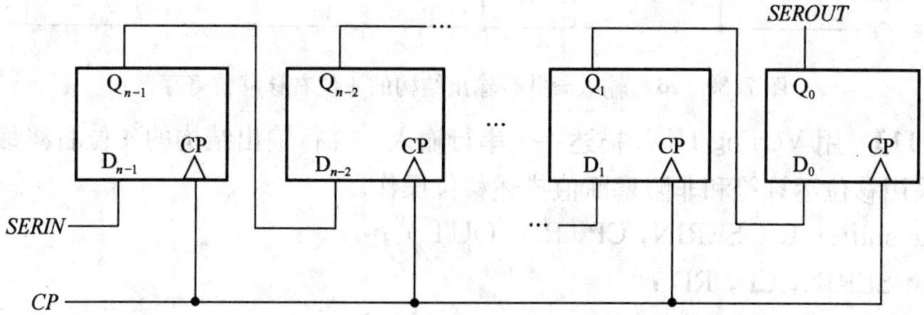

图 7.38 串行输入—串行输出结构的右移移位寄存器

【例 7.10】 用 Verilog HDL 描述一个串行输入—串行输出结构的 4 位右移移位寄存器。

解 描述移位操作必须采用非阻塞赋值，否则，无法得到预期的结果。

```
module shifter_R ( SERIN, CP, SEROUT ) ;
```

```
  input SERIN, CP ;
  output SEROUT ;
  reg [3:0] Q ;   // 定义寄存器变量
  always @ ( posedge CP )
  begin   // 下面的移位描述不能采用阻塞赋值
       Q[3]<= SERIN ;
       Q[2]<= Q[3] ;
       Q[1]<= Q[2] ;
       Q[0]<= Q[1 ];
    end
  assign SEROUT= Q[0];   // 串出描述
endmodule
```

7.4.2 串行输入—并行输出结构的移位寄存器

图 7.39 所示为串行输入—并行输出结构的 4 位右移移位寄存器。当串行输入 *SERIN* 端的数据经过四个时钟脉冲后，顺序移入寄存器，可在 *RD* 控制下将寄存器中的数据并行输出。显然，这种寄存器可用于将串行数据转换成并行数据。

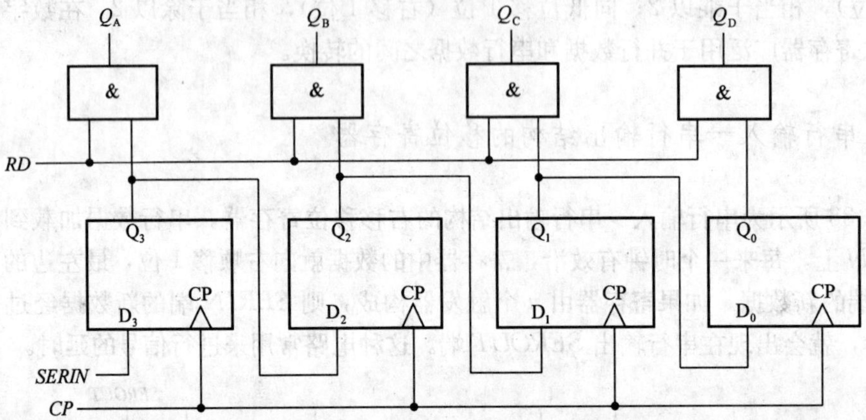

图 7.39 串行输入—并行输出结构的 4 位右移移位寄存器

【例 7.11】 用 Verilog HDL 描述一个串行输入—并行输出结构的 4 位右移移位寄存器。

解 采用移位运算符和非阻塞赋值描述移位操作。

```
module shifter_R ( SERIN, CP, RD, OUT ) ;
  input SERIN, CP, RD ;
  output [3:0] OUT ;
  reg [3:0] Q ;
  always @ ( posedge CP )
    begin
       Q <= Q>>3 ;
```

```
      Q[3]<= SERIN ;
    end
  assign OUT= (RD= =1) ? Q:0 ; // 并行输出描述
endmodule
```

7.4.3 并行输入—串行输出结构的移位寄存器

图 7.40 是一个并行输入—串行输出结构 4 位右移移位寄存器电路。其中的 *LD*/*SHIFT* 是一个置数/移位控制信号，当 *LD*/*SHIFT* 为 1 时，在 *CP* 作用下，从输入端 *A*、*B*、*C*、*D* 并行接受数据；当 *LD*/*SHIFT* 为 0 时，在 *CP* 作用下，将寄存器中的数据顺序移出，空位由输入端 *SIN* 补充。这种寄存器常用来进行并行数据到串行数据的转换。

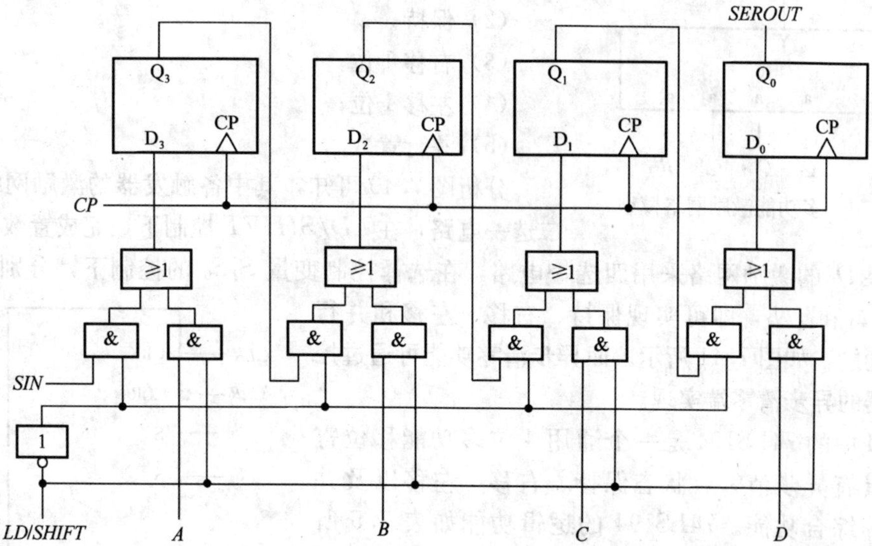

图 7.40 并行输入—串行输出结构 4 位右移移位寄存器

【例 7.12】 用 Verilog HDL 描述一个并行输入—串行输出结构的 4 位右移移位寄存器。

解 应在充分理解图 7.40 所示电路功能的基础上，进行功能描述，而不要受其电路结构的限制。

```
module shifter_R ( SIN, CP, LD, Data, SEROUT ) ;
  input SIN, CP , LD;
  input [3:0] Data ;
  output SEROUT ;
  reg [3:0] Q ;
  always @ ( posedge CP )
    if (LD= =1) Q<=Data ;   // 并入
    else                     // 移位
      begin
        Q[3]<= SIN ;
```

```
        Q[2]<=Q[3]；
        Q[1]<=Q[2]；
        Q[0]<=Q[1]；
      end
    assign SEROUT= Q[0]；    // 串出
  endmodule
```

7.4.4 多功能移位寄存器 74LS194

如何设计满足下列功能要求的移位寄存器？

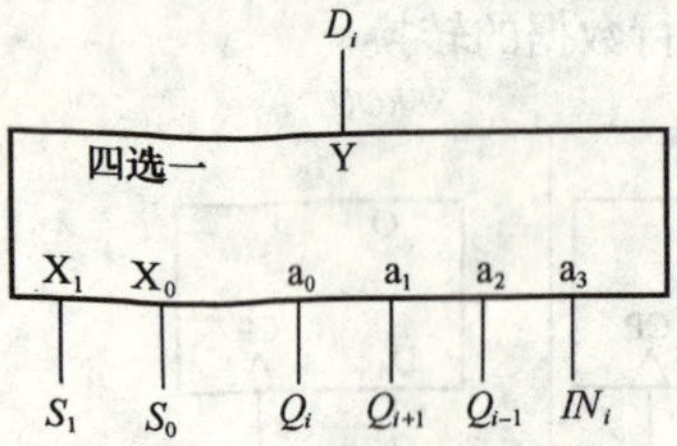

图 7.41 多功能激励网络模型

(1) 低有效异步清零；

(2) 保持；

(3) 右移 1 位；

(4) 左移 1 位；

(5) 并行置数。

分析图 7.40 可知，其中各触发器的激励网络是一个二选一电路，在 $LD/SHIFT$ 控制下，完成置数和右移操作。如果 D_i 的激励网络采用四选一电路，在选择控制变量 S_1S_0 的控制下，分别选中 Q_i、Q_{i+1}、Q_{i-1} 和 IN_i，即可实现保持、右移、左移和并行置数的功能，如图 7.41 所示。而异步清零功能可通过控制触发器的异步清零端实现。

MSI 中的 74LS194 是一个通用 4 位多功能移位寄存器，具有异步清零、状态保持、右移、左移以及并行置数等综合功能。74LS194 的逻辑功能如表 7.5 所示，图 7.42 是它的逻辑符号。图 7.43 给出了 74LS194 的逻辑原理图。其中，CLK 是上升沿有效的时钟信号；$/CLR$ 是低有效的异步清零输入端；S_1、S_0 工作方式选择控制输入端；R_{in} 是右移时的串行输入 L_{in} 是左移时的串行输入端；A、B、C、D 是并行时的数据输入端；Q_D 是右移时的串行输出端；Q_A 移时的串行输出端；Q_A、Q_B、Q_C、Q_D 是并行输

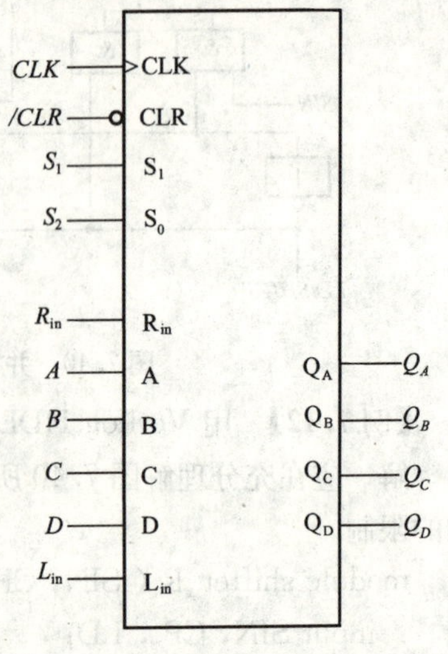

图 7.42 74LS194 逻辑符号

表 7.5 74LS194 功能表

S_1	S_0	CLK	$Q_{A(t+1)}$	$Q_{B(t+1)}$	$Q_{C(t+1)}$	$Q_{D(t+1)}$	功能
X	X	X	0	0	0	0	异步清零
0	0	↑	Q_A	Q_B	Q_C	Q_D	保持
	1	↑	R_{in}	Q_A	Q_B	Q_C	右移
	0	↑	Q_B	Q_C	Q_D	L_{in}	左移
	1	↑	A	B	C	D	置数

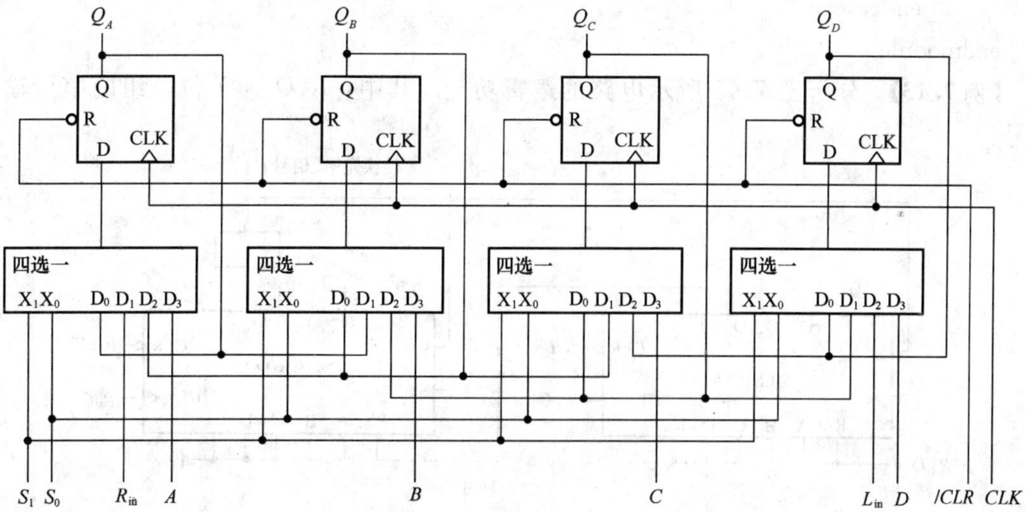

图 7.43　74LS194 逻辑原理图

下面是 74LS194 的 Verilog HDL 模型，图 7.44 为功能仿真波形。

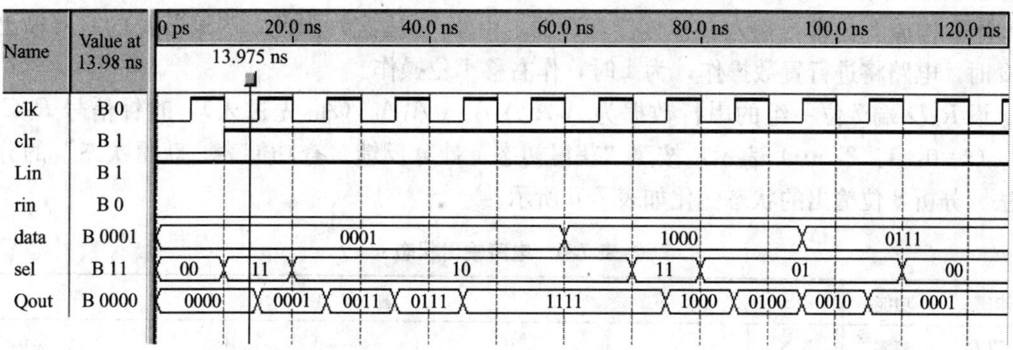

图 7.44　74LS194 的功能仿真波形

```
module my_194 (clr, clk, data, Rin, Lin, sel, Qout) ;
  input clr, clk, Rin, Lin;
  input [1:0] sel;
  input [3:0] data;
  output [3:0] Qout;
  reg [3:0] Qout;
  always @ (posedge clk or negedge clr)
    if ( ! clr ) Qout <= 4'b0000;
    else
      case ( sel )
        2'b00:Qout<=Qout;
        2'b01:begin Qout<=Qout>>1;Qout[3]<=Rin; end
        2'b10:begin Qout<=Qout<<1;Qout[0]<=Lin; end
        2'b11:Qout<=data;
```

endcase
endmodule

【例 7.13】 分析图 7.45 所示电路的逻辑功能。其中，R_XD 为 7 位一组的串行输入信号。

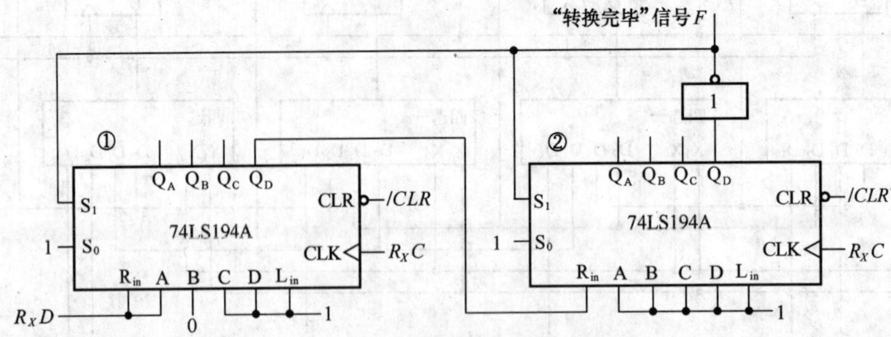

图 7.45 例 7.13 题图

解 从给定电路的结构看，第①片的右移输出端连接到第②片的右移输入端，第②片的右移输出端经非门产生 F 并反馈连接到两片的 S_1，它们的 S_0 恒为 1。所以，该电路由两片 74LS194 构成 8 位串行输入右移移位寄存器。由于 S_0 固定，因此，当第②片的右移输出端为 0 时，电路将进行置数操作；为 1 时，作右移 1 位操作。

设 R_XD 端 7 位一组的串行数据为 $A_6A_5A_4A_3A_2A_1A_0$（A_0 先进入），时钟信号 R_XC 用 CP_i（i=0，1，2，…）表示，按照"获得初态、计算反馈、查功能表、获得次态"的分析方法，分析 8 位输出的状态变化如表 7.6 所示。

表 7.6 电路输出状态

步骤	功能	S_1S_0	输出							
/CLR	清零	××	0	0	0	0	0	0	0	0
CP_0	并入	11	A_0	0	1	1	1	1	1	1
CP_1	右移	01	A_1	A_0	0	1	1	1	1	1
CP_2	右移	01	A_2	A_1	A_0	0	1	1	1	1
CP_3	右移	01	A_3	A_2	A_1	A_0	0	1	1	1
CP_4	右移	01	A_4	A_3	A_2	A_1	A_0	0	1	1
CP_5	右移	01	A_5	A_4	A_3	A_2	A_1	A_0	0	1
CP_6	右移	01	A_6	A_5	A_4	A_3	A_2	A_1	A_0	0
CP_7	并入	11	A_0	0	1	1	1	1	1	1

电路通过/CLR 启动清零后，S_1S_0＝11，在 CP_0 作用下，将 $A_0$0111111 并行置入寄存器；此时，S_1S_0=01，在 CP_1 的作用下，上次寄存器内容右移 1 位，并将 A_1 移入，寄存器内容变为 $A_1A_0$011111；仍有 S_1S_0＝01，重复上次操作；直到 CP_6 作用后，寄存器内容为 $A_6A_5A_4A_3A_2A_1A_0$0，7 位串行数据均被移入转换成并行数据，此时的右移输出端为 0，即 F=1（此前 F 均为 0），形成转换完毕的有效信号，后续电路可据此取走转换结果。F=1 使得 S_1S_0＝11，在 CP_7 的作用下，置数，开始下一组 7 位串行数据的转换。

因此，该电路的逻辑功能为：将 7 位串行数据转换成并行数据，F 是高有效的转换结束信号。

7.5 移位寄存器型计数器

如果将移位寄存器的输出以某种方式反馈到串行输入端，则可得到连接简单、编码别具特色、用途广泛的移位寄存器型计数器。

显然，移位寄存器型计数器的输出与计数脉冲的个数没有数值上的对应关系，一般采用循环移位方式，用不同的状态来表示脉冲的个数。

图 7.46 给出了基于右移循环移位的计数器模型。下面介绍根据不同反馈方式构成的、常用的三种移位寄存器型计数器：环形计数器、扭环形计数器和最大长度移位型计数器。

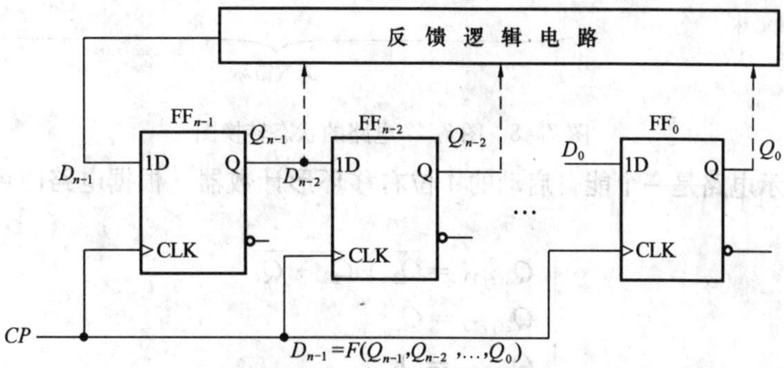

图 7.46 （右移）移位寄存器型计数器电路结构示意图

7.5.1 环形计数器

环形计数器的反馈电路为：$D_{n-1}=Q_0$，并构成自循环的移位寄存器。现以 $n=4$ 为例分析其特性。图 7.47 给出了 4 位环形计数器的逻辑图。由于 $D_3=Q_0$，所以在连续不断的时钟脉冲作用下，寄存器中的数据循环右移。

假设电路的初始状态 $Q_3Q_2Q_1Q_0=1000$，则在时钟信号 CP 的作用下，电路的状态将按 1000→0100→0010→0001→1000 的顺序循环变化。因此，可以把这个电路用作 CP 的模 4 计数器。根据移位寄存器的特点，可直接画出图 7.48 所示的状态转换图。如果将 1000、0100、0010 和 0001 所构成的循环称为有效循环，则其他几个循环就是无效循环。从状态转换图可看出，一旦电路脱离有效循环进入无效循环，就会在无效循环中转换，不能自动返回有效循环。所以，图 7.47 所示电路是不能自启动的。为了保证电路能自启动，必须打破无效循环，一种方法是在不改变寄存器移位方式的前提下，调整反馈逻辑电路，通过串行输入端，使电路进入有效循环；另一种方法是利用电路的并行置数操作（例如 74LS194 $S_1S_0=11$时），使电路进入有效循环。

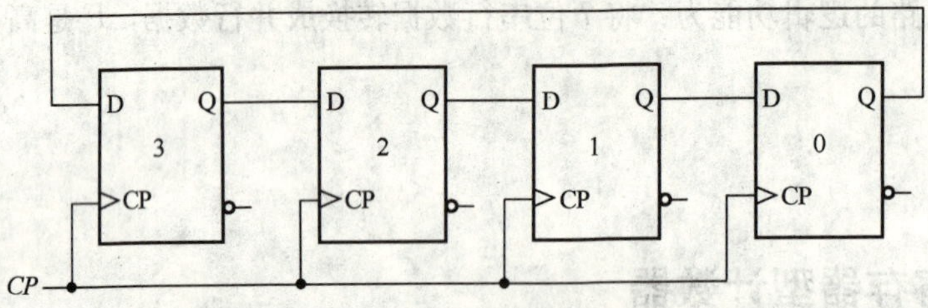

图 7.47　4 位环形计数器逻辑图

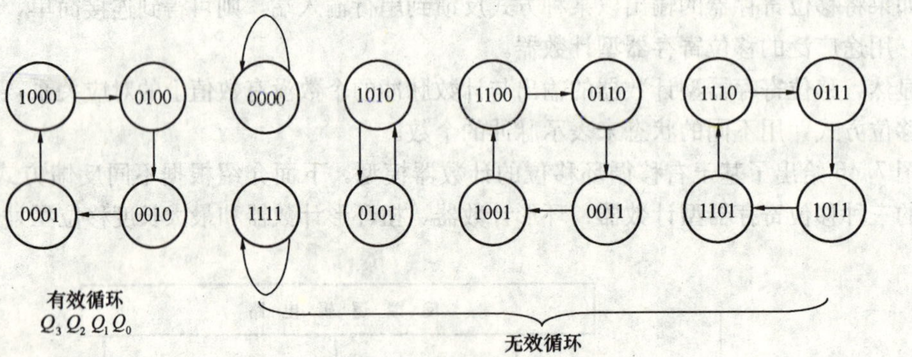

图 7.48　图 7.47 电路的状态转换图

图 7.49 所示电路是一个能自启动的 4 位右移环形计数器。根据电路图可写出状态方程组，并

$$
\begin{cases}
Q_{3(t+1)} = \overline{Q_3 + Q_2 + Q_1} \\
Q_{2(t+1)} = Q_3 \\
Q_{1(t+1)} = Q_2 \\
Q_{0(t+1)} = Q_1
\end{cases}
$$

画出状态转换图，从图 7.50 所示的状态转换图可知，调整了电路输出到串行输入端 D_3 的反馈逻辑后，无效循环被打破，均能返回有效循环。

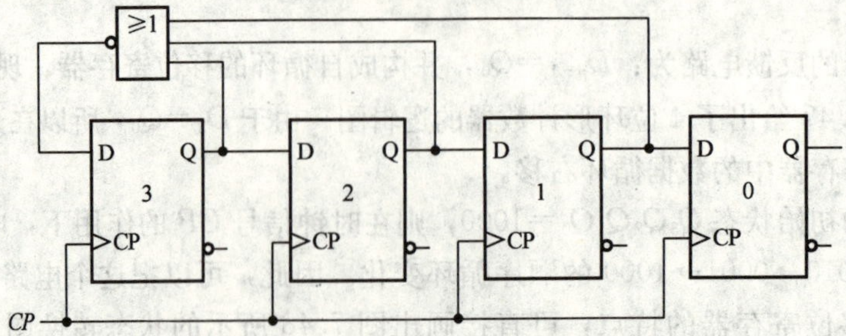

图 7.49　能自启动的 4 位右移环形计数器

计数器的突出优点是电路结构简单，在有效循环的每个状态中只包含一个 1。可以器输出端的 1 状态直接表示电路的一个状态，不需要另外增加译码器电路。图环形计数器的输出波形，可以看出，在时钟的作用下，触发器 $Q_3Q_2Q_1Q_0$ 顺序宽的脉冲。因此，该电路可直接用作节拍发生器。

器的主要缺陷是没有充分利用电路的状态。用 n 位的移位寄存器构成环形计数

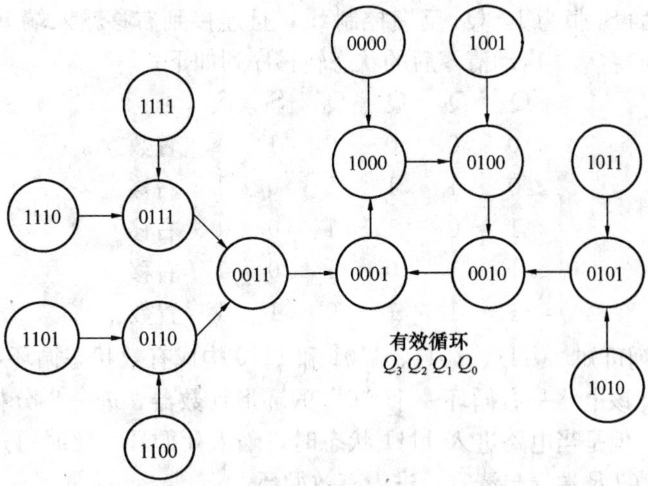

图 7.50　图 7.49 电路的状态转换图

器时，只使用了 n 个状态，有 2^n-n 个无效状态。

【例 7.14】 采用 74LS194 实现右循环一个“1”的环形计数器。

解　根据 74LS194 功能表，令 $S_1S_0=01$，即设置成右移工作方式，参照图 7.49 的反馈逻辑 $D_3=\overline{Q_3+Q_2+Q_1}$，令 $R_{in}=\overline{Q_A+Q_B+Q_C}$。当启动清零后，开始循环一个“1”。电路连接图如图 7.52 所示。

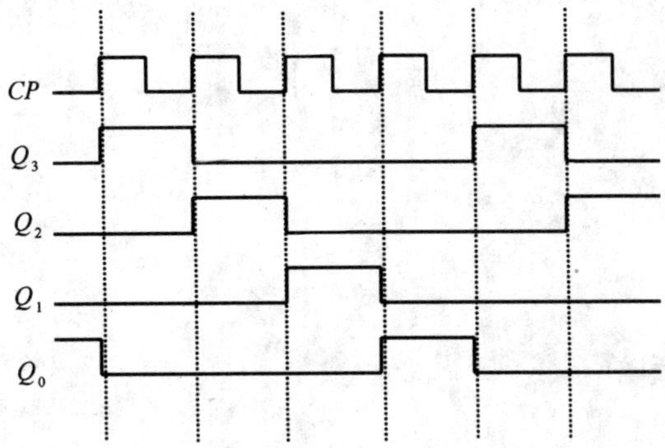

图 7.51　4 位环形计数器的输出波形

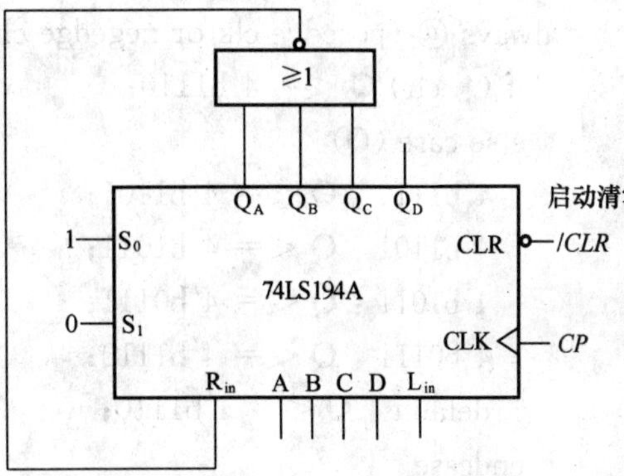

图 7.52　74LS194 构成右循环一个“1”电路

【例 7.15】 分析图 7.53 所示电路的逻辑功能。

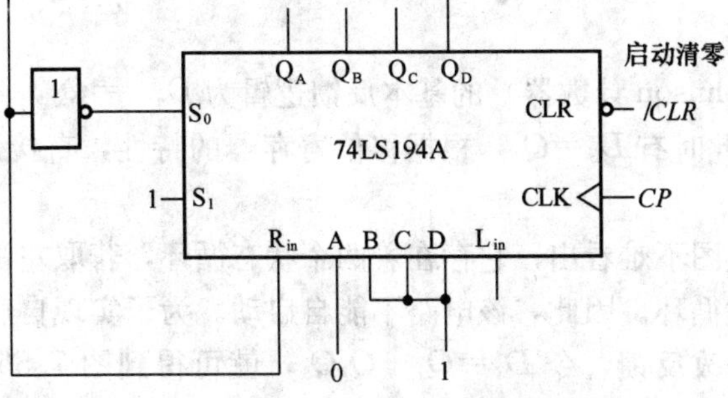

图 7.53　例 7.15 题图

解　74LS194 的 S_1 恒为 1，Q_D 反馈控制 S_0，且连接到右移输入端 R_{in}，因此，该电路的基本操作为置数或右移。启动清零后的状态转移序列如下：

Q_A	Q_B	Q_C	Q_D	S_1	S_0	
0	0	0	0	1	1	置数
0	1	1	1	0	1	右移
1	0	1	1	0	1	右移
1	1	0	1	0	1	右移
1	1	1	0	1	1	置数

从状态转移序列可知，0111、1011、1101 和 1110 构成有效状态循环，且每个有效状态中只有一个 0，因此该电路是右循环一个“0”的环形计数器。进一步分析，只要无效状态中有 0，就能返回。但是当电路进入 1111 状态时，陷入死循环。此时可用一个与非门产生一个低电平，利用/*CLR* 端异步清零，进入有效循环。

【例 7.16】　4 位左循环一个“0”的 Verilog HDL 描述。

解　按题意，有效循环由 1110、1101、1011 和 0111 构成，可用 case 语句描述，并用 default 控制无关态。

```
module L_shift_0 (clr, clk, Q) ;
  input clr, clk ;
  output [3:0] Q ;
  reg [3:0] Q ;
  always @ (posedge clk or negedge clr)
    if (! clr) Q <= 4'b1110;
    else case (Q)
      4'b1110 : Q <= 4'b1101;
      4'b1101 : Q <= 4'b1011;
      4'b1011 : Q <= 4'b0111;
      4'b0111 : Q <= 4'b1110;
      default : Q <= 4'b1110;
    endcase
endmodule
```

2　扭环形计数器

不形计数器（Johnson 计数器）的基本反馈逻辑为 $D_{n-1}=\overline{Q}_0$，4 位右移扭环形计数器 7.54 所示。此时有 $D_3=\overline{Q}_0$，根据移位寄存器的特性，直接画出如图 7.55 所示的图。

的状态转换图不难看出，它存在着两个状态循环，若取左侧的状态循环作为有效就是无效循环。因此，该电路不能自启动。为了实现自启动，在确保基本移位提下，修改反馈，令 $D_3=\overline{Q}_0+\overline{Q}_1Q_3$，就可得到图 7.56 所示的能自启动的 4 电路，从图 7.57 所示状态转换图可知，修改后的电路打破了无效循环，使

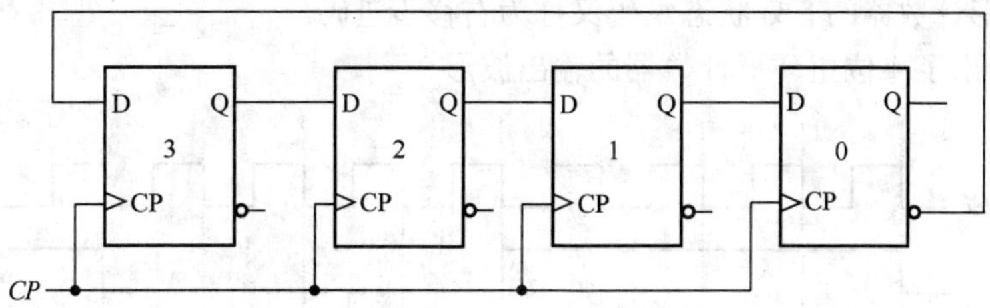

图 7.54　4 位扭环形计数器电路

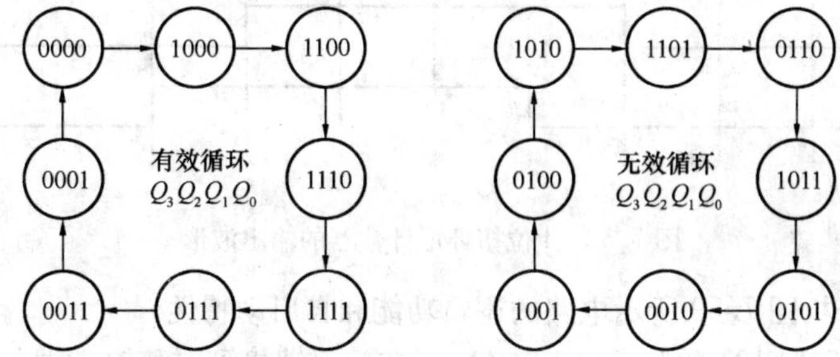

图 7.55　图 7.54 电路的状态转换图

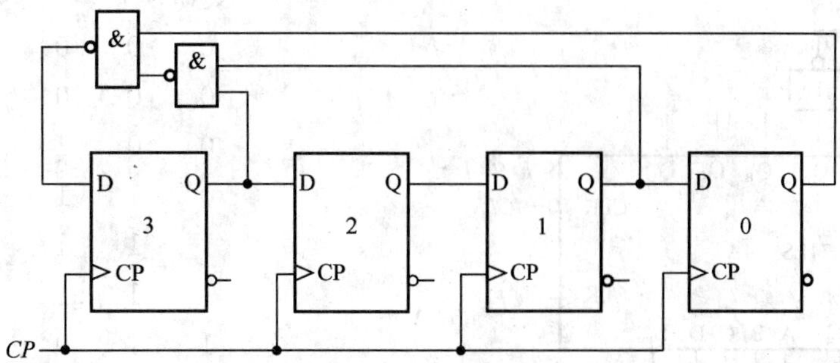

图 7.56　能自启动的 4 位扭环形计数器电路

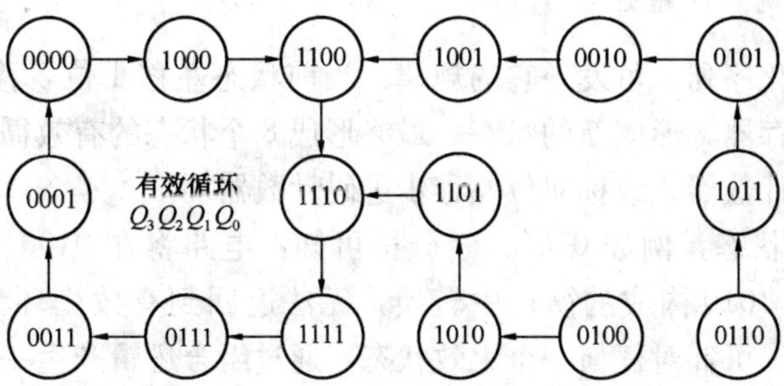

图 7.57　图 7.56 电路的状态转换图

其能够自启动。

可以看出，当采用 n 位的移位寄存器构成扭环形计数器时，可以得到含有 $2n$ 个有效状态的循环，比环形计数器多一倍。而且，有效循环中相邻的两个状态只有 1 位发生变化，符合可靠性编码原则，所以将电路状态进行译码时不会出现险象。

这种扭环形计数器的有效状态编码又称为右移步进码。

图 7.58 给出了 4 位扭环形计数器的输出波形。

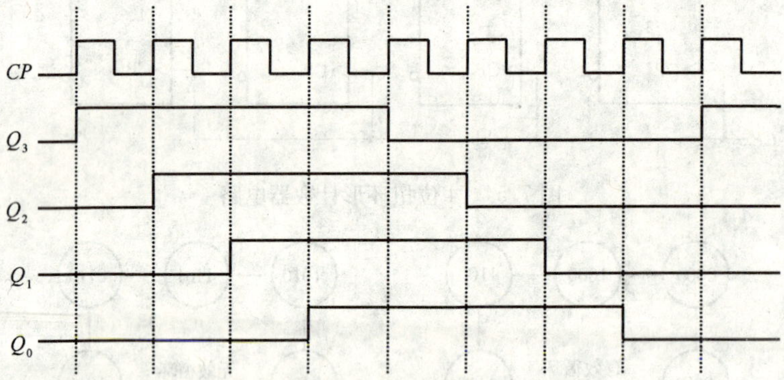

图 7.58　4 位扭环形计数器的输出波形

【例 7.17】 分析图 7.59 所示电路的逻辑功能和自启动特性。

解 电路中，74LS194 的 $S_1S_0=10$，Q_A 经非门反馈接到左移输入端 L_{in}。所以，电路启动清零后不断进行左移操作。其状态变化序列如下：

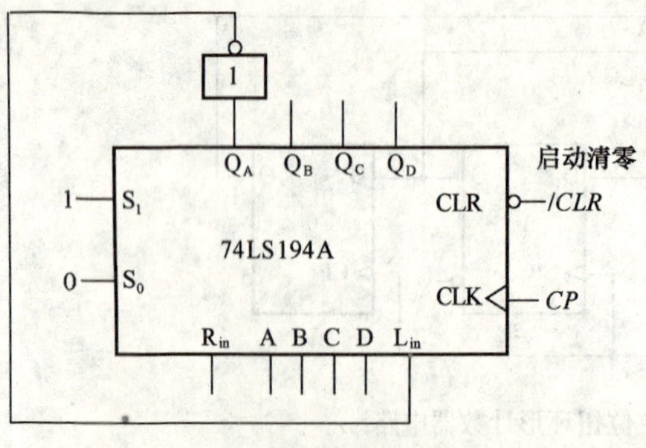

Q_A	Q_B	Q_C	Q_D
0	0	0	0
0	0	0	1
0	0	1	1
0	1	1	1
1	1	1	1
1	1	1	0
1	1	0	0
1	0	0	0

图 7.59　例 7.17 题图

通过分析状态变化序列，可发现它的规律：当前状态左移 1 位，移出的状态位反相后，经左移输入端移入寄存器，形成新的状态。最终形成 8 个状态的有效循环。因此，该电路是一个 4 位左移扭环形计数器，或称 4 位左移步进码计数器。

当电路进入无效状态，例如 0100，经分析可知，电路将在 0100、1001、0010、0101、11、0110、1101 和 1010 构成的循环中转换，无法返回到有效循环。所以电路不能自启

为打破无效循环，可针对任何一个无效状态，通过组合逻辑产生一个低有效的信号，反到/CLR 端，利用异步清零操作使电路进入有效循环。

不难理解，若在图 7.59 中，将非门改接到 Q_B，则可构成模 6 左移扭环形计数器；门改接到 Q_C，则可构成模 4 左移扭环形计数器；或用与非门将 Q_B、Q_C 反馈到成模 5 左移扭环形计数器；或用与非门将 Q_A、Q_B 反馈到 L_{in}，形成模 7 左移扭环。

7.5.3 最大长度移位型计数器

若反馈逻辑采用 $D_{n-1}=Q_1\oplus Q_0$，则可构成最大长度移位型计数器。图 7.60 是 $n=3$ 时的最大长度移位型计数器电路。图 7.61 是它的状态转换图。

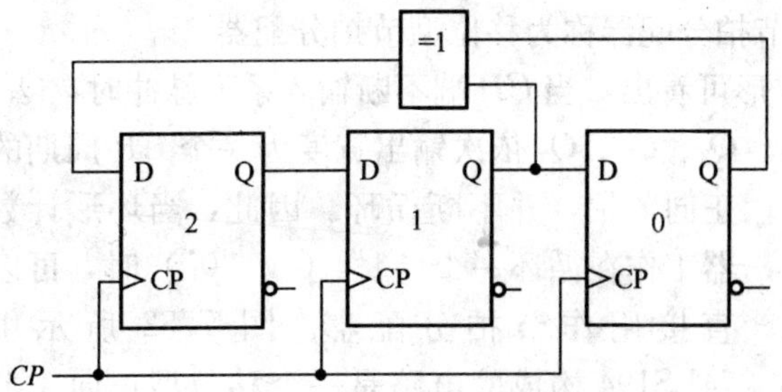

图 7.60 3 位最大长度移位型计数器电路

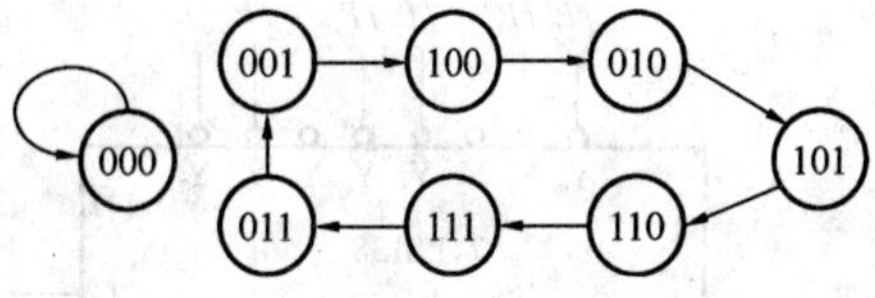

图 7.61 图 7.60 电路的状态转换图

由状态转换图可见，000 状态是电路的"陷阱"，可令 $D_2=Q_1\oplus Q_0+\overline{Q}_1\overline{Q}_2$，使电路进入 000 时，经一个 CP 返回有效状态 100。

当采用 n 位的移位寄存器构成最大长度移位型计数器时，可以得到含有 2^n-1 个有效状态的循环。虽然它的状态利用率最高，但其状态变化时不符合可靠性编码原则，对状态进行译码时，译码电路比较复杂，且可能出现由竞争引起的险象。

图 7.62 是 3 位右移最大长度移位型计数器的输出波形。

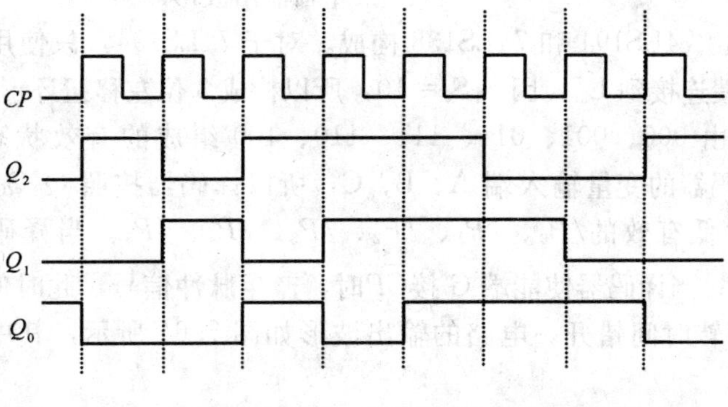

图 7.62 3 位右移最大长度移位型计数器的输出波形

7.6 节拍分配器

在某些数字系统中，有时需要系统按照事先规定的顺序完成一系列运算或操作。这就要求系统的控制器能正确地发出一组在时间上有先后顺序的节拍信号，进而产生各节拍下的控制信号。能够产生这种顺序节拍信号的部件称为节拍分配器。

当节拍分配器的输出为电平信号时，称为节拍发生器；当节拍分配器的输出为脉冲（脉冲宽度通常与主时钟脉冲宽度相同）时，称为脉冲发生器。

按照节拍分配器的结构分类，节拍分配器可分为移位型和计数型两类。

7.6.1 移位型节拍（脉冲）分配器

由移位寄存器型计数器和译码器构成的节拍分配器称为移位型节拍分配器。

由图7.51所示的4位环形计数器输出波形可看出，当 CP 端不断输入系列脉冲时，Q_3、Q_2、Q_1、Q_0 依次输出宽度为一个 CP 周期的正向节拍，并不断循环。因此，当环形计数器工作在循环一个“1”（或“0”）时，可以直接用作节拍分配器。图7.52所示由74LS194构成的电路是一个移位型正向4节拍发生器。而图7.53所示由74LS194构成的电路是一个移位型负向4节拍发生器。

当采用扭环形计数器，并取用步进码有效循环，构造节拍（脉冲）发生器时，需要附加译码电路（或用MSI译码器）对扭环形计数器的输出状态进行译码，产生顺序节拍（脉冲）。

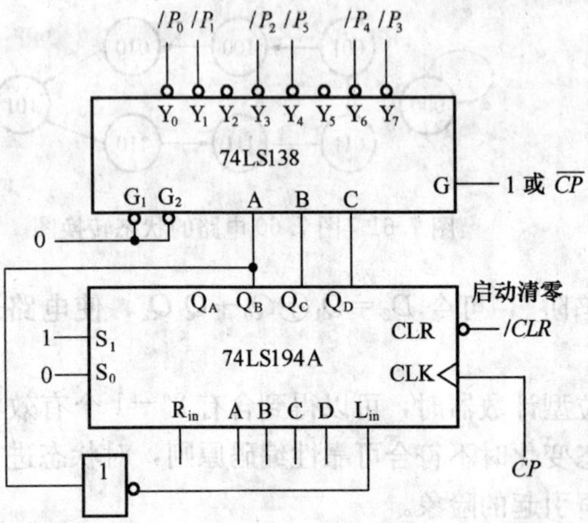

图7.63 例7.18题图

【例7.18】 分析图7.63所示电路的功能并画输出波形。

解 给定电路由74LS194和74LS138构成。对于74LS194，只使用其中的 $Q_BQ_CQ_D$，并将 Q_B 经非门反馈连接到 L_{in}，因 $S_1S_0=10$，所以构成3位左移扭环形计数器，启动清零后，$Q_BQ_CQ_D$ 形成由000、001、011、111、110、100组成的有效状态循环。由于 Q_B、Q_C、Q_D 连接到译码器的变量输入端A、B、C，所以译码器按照 $Q_BQ_CQ_D$ 的状态循环顺序，依次循环产生低有效的 $/P_0$、$/P_1$、$/P_2$、$/P_3$、$/P_4$、$/P_5$。当译码器使能端G接1时，产生节拍信号；当译码器使能端G接 $\overline{CP}$ 时，产生脉冲信号，此时使用 $\overline{CP}$ 是为了将选通信号与触发器翻转时间错开。电路的输出波形如图7.64所示，其中 $/P_i$ 是节拍信号，$/P'_i$ 是脉冲信号。

通过上述分析，给定电路是一个基于3位左移扭环形计数器的6节拍（脉冲）发生器。

7.6.2 计数型节拍（脉冲）分配器

当需要的节拍（脉冲）数较多时，可以用计数器和译码器组成节拍（脉冲）发生器。

图7.65是用4位同步二进制加1计数器74LS163和译码器74LS138构成的8节拍发生器。74LS163被接成计数状态，即CLR、LD、ENT、ENP均恒为1，并将它的低3位输出 Q_2、Q_1、Q_0 与译码器74LS138的变量输入端A、B、C顺序对应连接。当给计数器的时钟输入端连续加载 CP 信号时，其 $Q_2Q_1Q_0$ 的状态将按000～111的顺序反复循环（自然二进

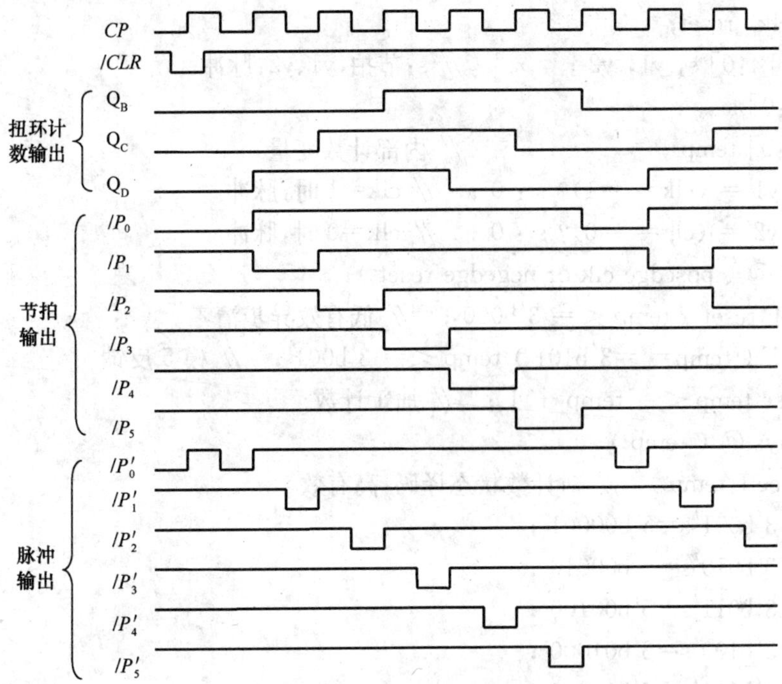

图 7.64　基于 3 位左移扭环形计数器的 6 节拍（脉冲）发生器波形图

制模 8 计数），译码器不断对 $Q_2Q_1Q_0$ 的状态进行译码，按照 $Q_2Q_1Q_0$ 的状态变化顺序标定译码输出顺序，就得到循环顺序为 $/P_0$、$/P_1$、$/P_2$、$/P_3$、$/P_4$、$/P_5$、$/P_6$ 和 $/P_7$ 的节拍信号。

需要注意的是，由于计数器状态变化时存在多位同时变化的情况，例如从 101 到 110 或 111 到 000，所以该电路的输出可能因竞争而出现险象。在实际应用中，可采用一个 8 位寄存器，利用时钟的下降沿（避开触发器的翻转时间）对节拍信号锁存，但此时输出的节拍信号延迟了半个时钟周期。另外，也可采用 CP 信号控制译码器使能端的方法消除险象，但此时构成的是脉冲发生器。

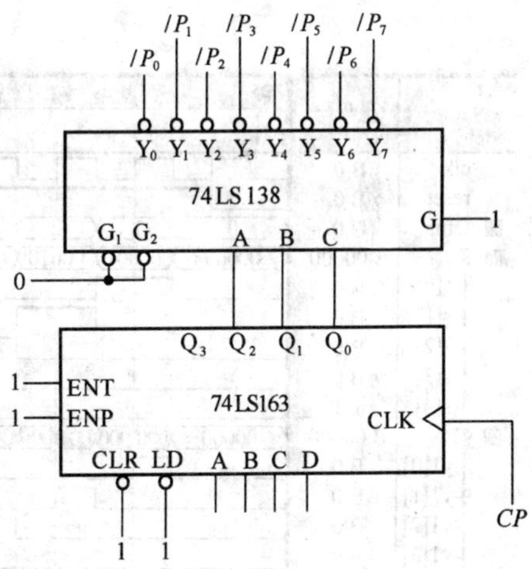

图 7.65　计数型 8 节拍发生器

总之，构造节拍（脉冲）发生器时应注意两点：一是应按状态变化顺序所对应的译码信号顺序标定节拍（脉冲）；二是，应设法消除可能出现的险象。

【例 7.19】 用 Verilog HDL 描述一个计数型 5 节拍（脉冲）发生器。

解　用一个 always 描述 001～101 模 5 计数器，异步清零；用另一个 always 描述对计数状态译码产生的节拍；用 assign 描述在时钟控制下产生的脉冲。下面是 Verilog HDL 描述，图 7.66 是它的仿真波形。

```
module jiepai_5 (clk, reset, s, y1, y2 ) ;
  input clk, reset;
  output [4:0] s, y1, y2 ;            // s:节拍,y1、y2:脉冲
  reg [4:0] s ;
  reg [2:0] temp ;                    // 内部计数变量
  assign y1 = (clk= =1)? s : 0 ;   // clk=1 时,脉冲
  assign y2 = (clk= =0)? s : 0 ;   // clk=0 时,脉冲
  always @ ( posedge clk or negedge reset )
    if ( ! reset ) temp <= 3'b000 ;   // 低有效异步清零
    else if ( temp= =3'b101 ) temp <= 3'b001 ;   // 模 5 反馈
      else temp <= temp + 1 ;  // 加 1 计数
    always @ ( temp )
      case ( temp )  // 对计数状态译码,高有效
        3'b001's=5'b00001 ;
        3'b010's=5'b00010 ;
        3'b011's=5'b00100 ;
        3'b100's=5'b01000 ;
        3'b101's=5'b10000 ;
        default's=5'b00000;  // 无关态处理
      endcase
endmodule
```

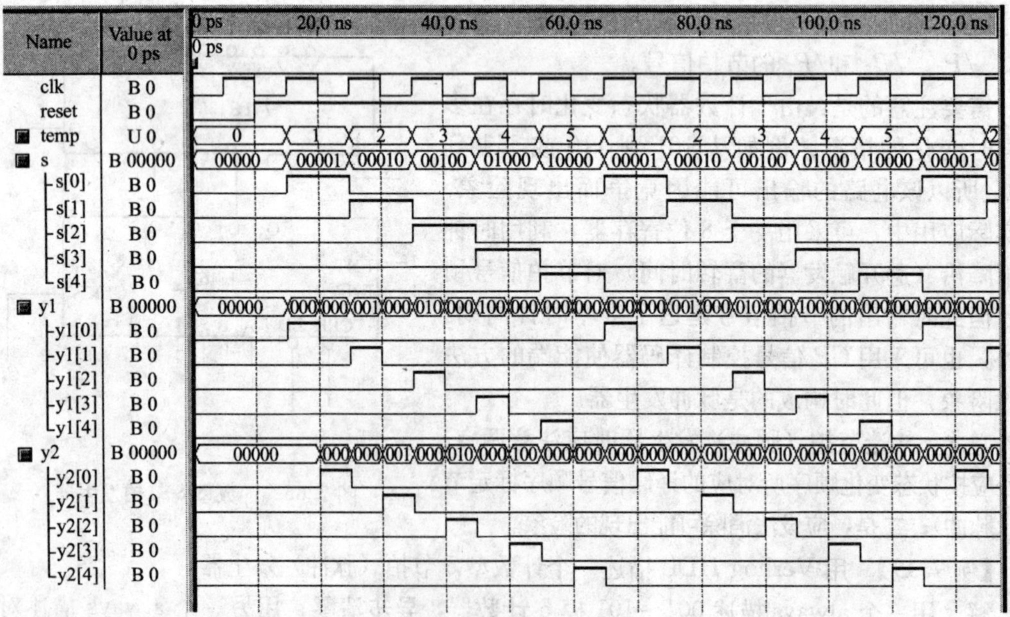

图 7.66　计数型 5 节拍（脉冲）发生器仿真波形

7.7 序列信号发生器

在数字信号的传输和数字系统的测试中，有时需要用到一组特定的串行信号。通常把这种串行信号称为序列信号。能够产生序列信号的电路称为序列信号发生器。

可以采用计数器和数据选择器构成方便、灵活的序列信号发生器。例如，需要产生一个8位的序列信号：$A_7\ A_6\ A_5\ A_4\ A_3\ A_2\ A_1\ A_0$（先产生$A_7$），可用一个模8计数器产生的000～111计数状态作为八选一的变量输入，将要产生的序列信号$A_7\ A_6\ A_5\ A_4\ A_3\ A_2\ A_1\ A_0$对应加载到八选一的数据输入端$D_0 \sim D_7$，那么，在时钟信号的作用下，$A_7 \sim A_0$就循环不断地出现在数据选择器的输出端Y。显然，这种电路可以在某种控制下，将一组一组的8位并行数据变成串行数据发送出去。

图7.67所示就是用计数器74LS163和数据选择器74LS151构成的8位序列信号发生器。只要$A_7A_6A_5A_4A_3A_2A_1A_0$取不同的值，就可产生不同的8位序列信号。

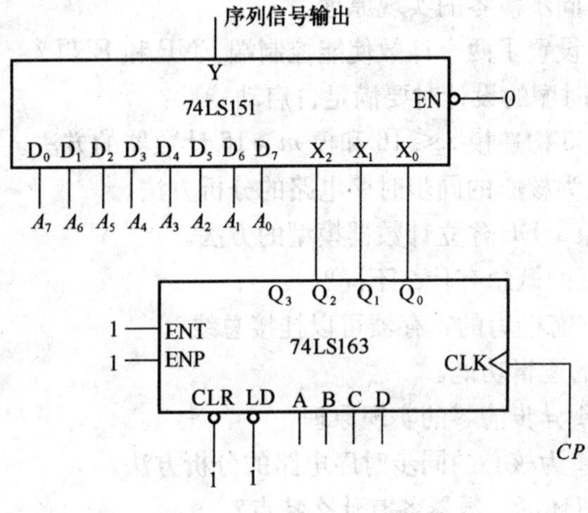

图7.67 8位序列信号发生器

本章小结

本章介绍了六种典型同步时序电路：计数器、寄存器、移位寄存器、移位型计数器、节拍分配器和序列信号发生器。

从基于触发器的设计方法（状态方程法）入手，引申出MSI时序器件（74LS163、74LS194…），并重点介绍了围绕这些时序器件所构成的同步时序电路的设计思路、分析方法以及Verilog HDL建模方法。

基于硬件描述语言的建模方法，使设计人员摆脱了逻辑器件（触发器、MSI器件等）

的束缚，可按照电路的行为特性进行描述，且设计的修改、保存以及交流也十分方便。例如，对于 Verilog HDL，建立状态转换图或状态转移表后，可在 always 中采用 case 语句直接描述，并且可用 default 语句方便地处理无关状态；至于清零、置数、使能等操作，可用 if…else 语句进行描述（或添加、有效级调整）。总之，硬件描述语言为设计各种“自主”逻辑电路（芯片）提供了极大的帮助。

另外，在本章的某些论述中没有过分追求完整，而是留有余地，供读者进一步研究与思考。

思考题

1. 所谓典型同步时序电路，有哪些特点？

2. 总结基于触发器设计同步时序电路的方法和步骤。

3. 由例 7.2 总结出的设计规律，能直接画出用 T 触发器实现的逻辑图吗？

4. 请说明 74LS163 同步清零的实现原理。

5. 为什么 74LS163 设置了两个计数使能控制端 ENP 和 ENT？

6. 为什么进行同步时序的设计时要满足自启动特性？

7. 总结采用 74LS163 构造模 $m\leqslant 16$ 和模 $m\geqslant 16$ 计数器的方法。

8. 总结以 74LS163 为核心的同步时序电路的分析方法。

9. 总结采用 Verilog HDL 建立计数器模型的方法。

10. 寄存器与锁存器的概念有什么不同？

11. 为什么说具有三态能力的寄存器可以挂接总线？

12. 总结 74LS194 的逻辑功能。

13. 请说明 74LS194 异步清零的实现原理。

14. 总结以 74LS194 为核心的同步时序电路的分析方法。

15. 环形计数器、扭环形计数器各有什么特点？

16. 能否采用 1110、1101、1011、0111 作为环形计数器的有效循环？

17. 为什么不采用图 7.55 中右侧的状态循环作为扭环形计数器的有效循环？

18. 图 7.63 所示电路的输出会不会出现险象？为什么？

19. 采用 0001、0010、0100、1000 作为有效循环的环形计数器能直接用作节拍发生器吗？

20. 采用扭环形计数器构造节拍（脉冲）发生器时，为什么要增加译码电路？

21. 设计计数型节拍分配器时，如何防止险象的发生？

22. 例 7.19 的 Verilog HDL 模型中，两个 assign 语句的作用是什么？

23. 为什么例 7.19 中，利用状态 001～101 产生节拍，而没利用 000～100？结合波形说明。

24. 分析例 7.19 的模块结构，并总结采用 Verilog HDL 建立同步时序电路模型的方法。

25. 总结序列信号发生器的设计方法，并建立图 7.67 所示电路的 Verilog HDL 模型。

习　题

7.1　用下降沿 D 触发器设计一个模 8 加 1 计数器，画出电路图。

7.2　用上升沿 JK 触发器设计一个模 8 减 1 计数器，画出电路图。

7.3　用上升沿 T 触发器设计一个模 4 加 1 计数器，画出电路图。

7.4　用下降沿 JK 触发器设计一个 001～110 的能自启动的模 6 加 1 计数器，画出电路图。

7.5　画出下列计数器的状态转换图：

(1) 8421 码加 1 计数器；

(2) 2421 码加 1 计数器；

(3) 余 3 码减 1 计数器；

(4) 格雷 BCD 码减 1 计数器。

7.6　采用 Verilog HDL 建模，描述下列计数器：

(1) 8421 码减 1 计数器；

(2) 2421 码加 1 计数器；

(3) 余 3 码加 1 计数器；

(4) 格雷 BCD 码减 1 计数器；

(5) 4 位格雷码加 1 计数器。

7.7　采用 Verilog HDL 建模，描述一个 4 位可逆计数器，当 UP=1 时加 1 计数；当 UP=0 时减 1 计数。并具有循环进位（借位）输出。

7.8　分析图习 7.1 所示电路的逻辑功能，并建 Verilog HDL 模型。

7.9　分析图习 7.2 所示电路的逻辑功能，并建 Verilog HDL 模型。

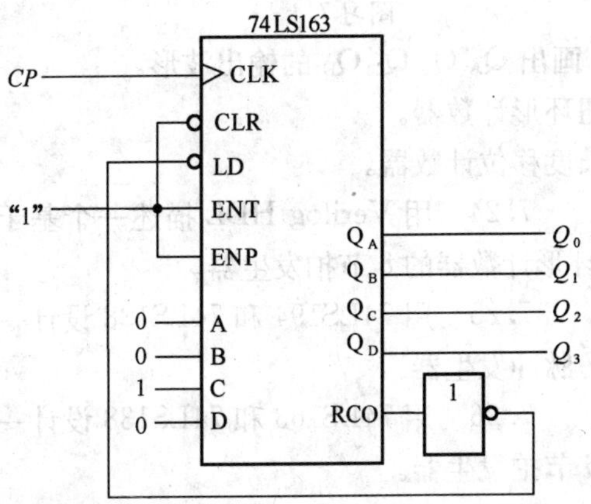

图习 7.1

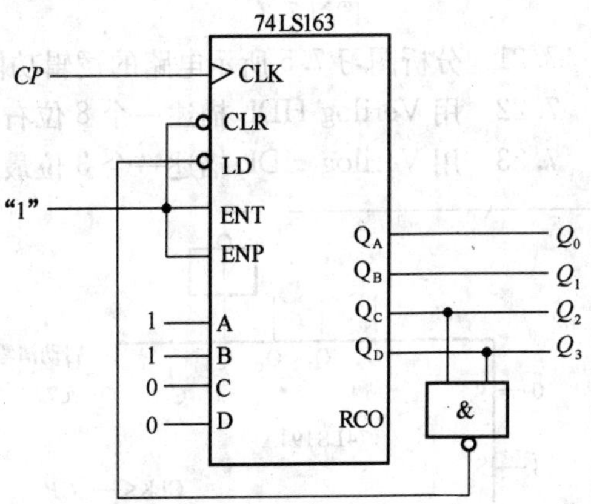

图习 7.2

7.10　用 74LS163 构造 0000～1011 计数器，画出电路图。

7.11 用 74LS163 和代码转换电路构造 4 位格雷码加 1 计数器，画出电路图。

7.12 分析图习 7.3 所示电路的逻辑功能，并画出 F 的波形图。

7.13 用两片 74LS163 构造一个模 60 = 模 10 * 模 6 的计数器。

7.14 用 Verilog HDL 描述一个 8 位串行输入—串行输出结构的左移移位寄存器电路。

7.15 用 Verilog HDL 描述一个 8 位串行输入—并行输出结构的右移移位寄存器电路。

7.16 用 Verilog HDL 描述一个 8 位并行输入—串行输出结构的左移移位寄存器电路。

7.17 画出状态转换图，并进行 Verilog HDL 描述：

(1) 8 位右循环一个“0”；

(2) 8 位右循环一个“1”；

(3) 8 位左循环一个“0”；

(4) 8 位左循环一个“1”。

7.18 用 74LS194 设计 4 位左循环一个“0”的环形计数器。

7.19 用两片 74LS194 设计 8 位右循环一个“1”的环形计数器。

7.20 分析图习 7.4 所示电路的逻辑功能，画出 Q_A Q_B Q_C Q_D 的输出波形。

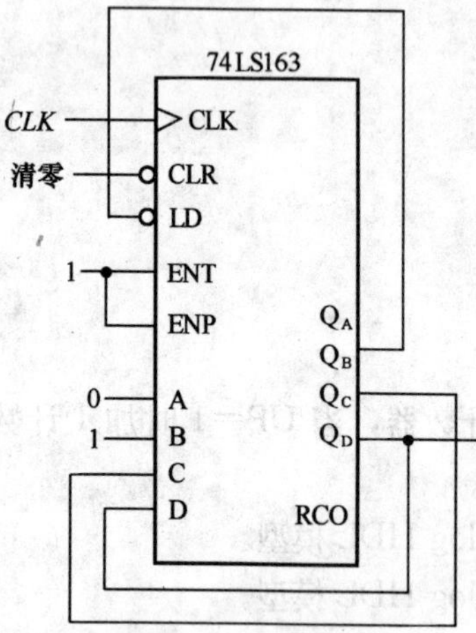

图习 7.3

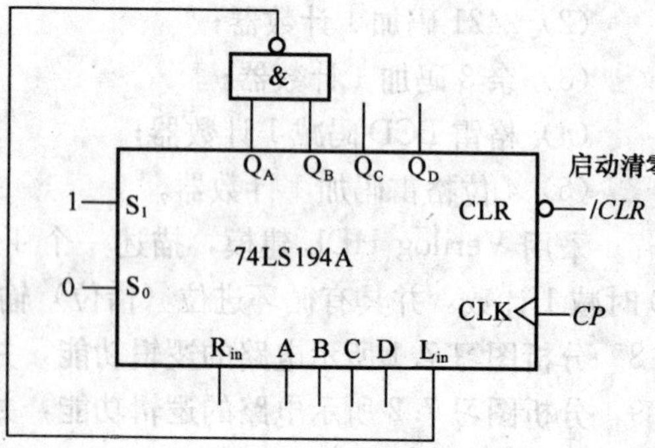

图习 7.4

7.21 分析图习 7.5 所示电路的逻辑功能，画出 Q_A Q_B Q_C Q_D 的输出波形。

7.22 用 Verilog HDL 描述一个 8 位右移扭环形计数器。

7.23 用 Verilog HDL 描述一个 3 位最大长度移位计数器。

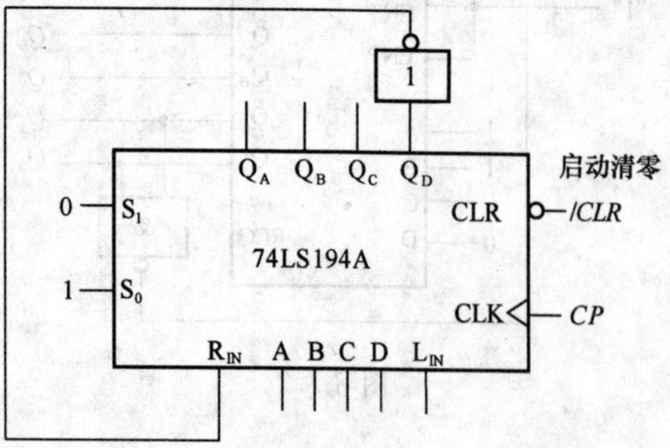

图习 7.5

7.24 用 Verilog HDL 描述一个基于扭环形计数器的 8 节拍发生器。

7.25 用 74LS194 和 74LS138 设计一个 7 脉冲发生器。

7.26 用 74LS163 和 74LS138 设计一个 6 节拍发生器。

7.27 用 Verilog HDL 描述一个计数型的 10 脉冲发生器。

7.28 用 74LS163 和 74LS151 设计一个

循环产生 01100101 序列信号的发生器。

7.29 用 Verilog HDL 建立一个能产生 10 位序列信号的发生器模型。

7.30 分析图习 7.6 电路，当 $X_3\ X_2\ X_1\ X_0$ 取值从 0000 到 1110 时，输出 F 的脉冲频率与时钟 CP 频率的关系。

7.31 分析图习 7.7 所示电路的功能，画 F 的波形图。

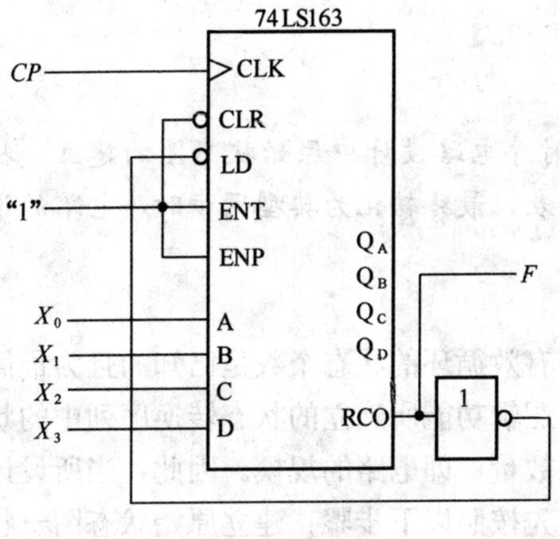

图习 7.6

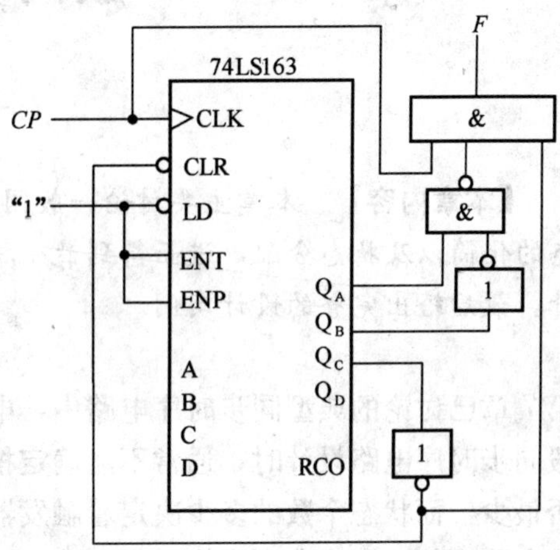

图习 7.7

7.32 分析正文图 7.25 所示模 48 计数器的计数序列。

7.33 用 Verilog HDL 设计一个灯光控制模型。要求红、黄、绿 3 种颜色的灯在时钟信号作用下，按照表习 7.1 规定的顺序亮灭。表中 1 表示“亮”，0 表示“灭”。

表习 7.1

CP 顺序	红	黄	绿	*CP* 顺序	红	黄	绿
0	0	0	0	5	0	0	1
1	1	0	0	6	0	1	0
2	0	1	0	7	1	0	0
3	0	0	1	8	0	0	0
4	1	1	1				

第 8 章　一般同步时序电路的设计

【本章内容】　本章主要讨论一般同步时序电路设计中原始状态图的建立、状态的化简以及状态分配，进而得到最小状态表，最终转化为典型同步时序电路的设计。最后给出完整的设计实例。

第 7 章已讨论的典型同步时序电路中，电路有效循环的状态个数是已知的且为最简；而在一般同步时序电路设计时，通常不能确定根据逻辑功能所建立的状态转换序列中的状态个数是否最少，而状态个数的多少决定着触发器的数量，即电路的规模。因此，当所设计的同步时序电路不能确定为典型同步时序电路时，应先按照以下步骤：建立原始状态图→状态化简→状态分配，得到最小状态表或最简的状态转换图，再遵循典型同步时序电路的设计原则完成设计。

一般同步时序电路的设计步骤如下：

(1) 根据要求建立原始状态转换图，并形成原始状态表；

(2) 对原始状态表进行化简，消去多余状态，求得最小状态表；

(3) 对最小状态表进行状态分配（状态编码），形成卡诺图形式的二进制状态表；

(4) 选定触发器类型，求最简激励函数和输出函数；

(5) 画出逻辑电路图；

(6) 检查电路是否具有自启动特性，若符合设计要求，设计完成，否则需要修改设计，甚至重新设计。

如果采用硬件描述语言建模，则可根据编码后的最小状态表（状态转换图）进行描述，然后在 EDA 平台上进行仿真调试，并下载到开发板上进行物理测试。

8.1　原始状态图（表）的建立

直接根据逻辑功能的文字描述得到的状态图（表）称为原始状态图（表）。这种图或表的正确与否是同步时序电路设计中最关键的一步，因为它是整个设计的基础。这一步正确，后面的工作才有效。

因此，在构造原始状态图（表）时，首先要保证状态图的正确性，本着“宁多勿漏”的原则，确保状态没有遗漏，至于存在的多余状态，可通过状态化简予以去除。

由于状态图比较直观，因此通常先建立原始状态图，然后转换成状态表。当然，对于比较明确的逻辑问题，可直接建立状态表。

建立原始状态图的方法很多，这里只介绍比较简洁、实用的直接状态指定法。具体过程如下：

首先，弄清电路的输入条件和输出要求，从而确定输入、输出变量的个数和表示符号；其次，假设一个初态，从这个初态出发，每加入一个输入组合，就确定其次态，该次态或是现态本身、或是另一个已有状态、或需增添一个新状态。重复上述过程，直到每一个现态向次态的转换都已确定且不再产生新的状态。最后，根据原始状态图形成原始状态表。

这里需要注意两点，一是状态名虽可任意选取，但最好能反映状态所代表的含义；二是从每个状态出发，应将 n 个输入的 2^n 种可能转移的方向考虑周全，不要遗漏。

【例 8.1】 试建立模 5 可逆计数器的原始状态图（表），当输入 X 为 0 时，加 1 计数；当 X 为 1 时，减 1 计数。

解 由题意可知，电路有一个输入端 X，电路的状态数是 5 个，设状态名为 S_i（$i=0$，1，2，3，4）。当 $X=0$ 时，状态变化顺序为 $S_0 \to S_1 \to S_2 \to S_3 \to S_4 \to S_0 \to \cdots$；当 $X=1$ 时，状态变化顺序为 $S_0 \to S_4 \to S_3 \to S_2 \to S_1 \to S_0 \to \cdots$。由于该逻辑问题较为清晰，可直接建立如表 8.1 所示的原始状态表。

表 8.1 模 5 可逆计数器原始状态表

现态 S \ 输入 X	0	1
S_0	S_1	S_4
S_1	S_2	S_3
S_2	S_3	S_2
S_3	S_4	S_1
S_4	S_0	S_0

次态 S_{t+1}

序列检测器是一种常用的信号序列检测电路，它有固定的检测码，在时钟 CP 的控制下，接收串行随机信号（X），每一个 CP 接收 1 位，当输入数据与检测码相同时，检测电路输出有效信号。其电路模型如图 8.1 所示。

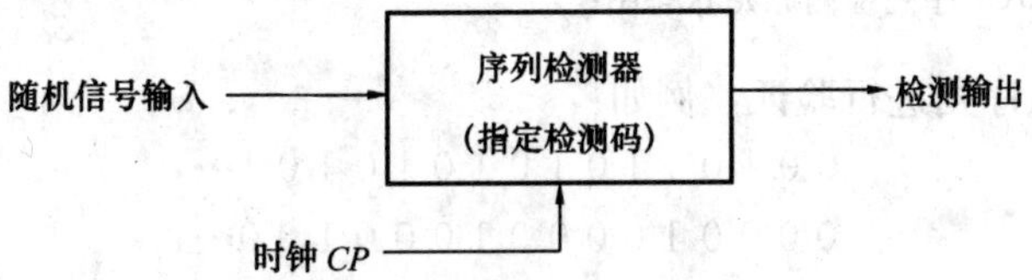

图 8.1 序列检测器电路模型

【例 8.2】 建立“0101”序列检测器的原始状态图和原始状态表。当输入 X 中出现“0101”序列时，电路输出 Z 为 1；否则，Z 为 0。

解 电路只有 1 位串行输入，所以每个状态应有两个出口；另外，电路有一个输出 Z，所以应确定电路采用 Moore 型还是 Mealy 型，在此选用 Moore 型。

设电路初态为 S_A，表示没有收到“0101”中的第一个有效信息；S_0 表示收到 0；S_{01} 表示收到 01；S_{010} 表示收到 010；S_{0101} 表示收到 0101。根据输入的变化形成原始状态图的过程如下：

(1) 从初态 S_A 出发，此时输出 $Z=0$。若输入 $X=1$，不是检测序列的开始，但应停留在初态 S_A；若输入 $X=0$，检测序列的第 1 位的 0 已到来，但应进入新状态 S_0，表示已收到第 1 位的 0。

(2) 从状态 S_0 出发，此时输出 $Z=0$。若输入 $X=1$，检测序列的前 2 位的 01 已到来，应进入新状态 S_{01}，表示已收到前 2 位的 01；若输入 $X=0$，收到的是 00，不属于检测序列，但它是检测序列的第 1 位，应停留在 S_0。

(3) 从状态 S_{01} 出发，此时输出 $Z=0$。若输入 $X=1$，收到 011，不属于检测序列，也不是检测序列的第 1 位，应返回 S_A；若输入 $X=0$，收到 010，属于检测序列的前 3 位，应进入新状态 S_{010}。

(4) 从状态 S_{010} 出发，此时输出 $Z=0$。若输入 $X=1$，收到 0101，属于检测序列，应进入新状态 S_{0101}；若输入 $X=0$，收到 0100，不属于检测序列，但它是检测序列的第 1 位，应进入 S_0。

(5) 从状态 S_{0101} 出发，此时已检测到“0101”序列，输出 $Z=1$。若输入 $X=1$，返回到初态 S_A；若输入 $X=0$，则回到 S_0，因为它是检测序列的第 1 位。

根据上述过程，可得到图 8.2 所示的“0101”序列检测器的原始状态图和表 8.2 所示的原始状态表。

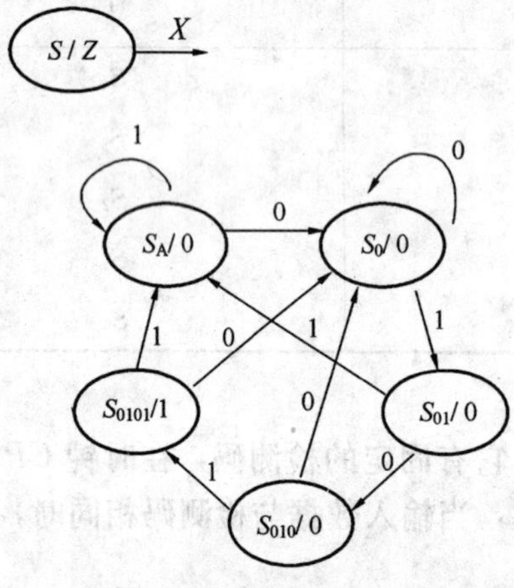

图 8.2 “0101”序列检测原始状态图

表 8.2 “0101”序列检测原始状态表

S \ X	0	1	Z
S_A	S_0	S_A	0
S_0	S_0	S_{01}	0
S_{01}	S_{010}	S_A	0
S_{010}	S_0	S_{0101}	0
S_{0101}	S_0	S_A	1

S_{t+1}

可根据各种输入序列进行验证，例如：

X 0 0 1 0 1 1 0 1 0 1 0 1 0 1 0 1…

Z 0 0 0 0 1 0 0 0 0 1 0 0 0 1 0 0…

进一步分析可知，当检测到“0101”后，电路将重新开始检测，所以，它是一个不可重“0101”序列检测器。事实上，检测到“0101”后，最后两位的“01”可作为下一序列的头两位重复使用。因此，如果在 S_{0101} 时，输入 X=0，转到 S_{010}，可实现“0101”可重序列检测。即

X 0 0 1 0 1 1 0 1 0 1 0 1 0 1 0 1…

Z 0 0 0 0 1 0 0 0 0 1 0 1 0 1 0 1…

【例 8.3】 建立 Mealy 型不可重和可重“101”序列检测器的原始状态图和原始状态表。检测到“101”后输出 $Z=1$，否则 $Z=0$。

解 依题意，输入与输出应满足

输入 X　　　　0 0 1 0 1 1 0 1 0 1 0 1 1 0 1 0 1…

不可重 Z　　　0 0 0 0 1 0 0 1 0 0 0 1 0 0 1 0 0…

可重 Z　　　　0 0 0 0 1 0 0 1 0 1 0 1 0 0 1 0 1…

即检测到“101”后，不可重时，重新开始检测；可重时，最后检测到的 1 可作为下一序列的开头，重复使用。按照例 8.2 的过程建立 Mealy 型原始状态图，如图 8.3 所示。

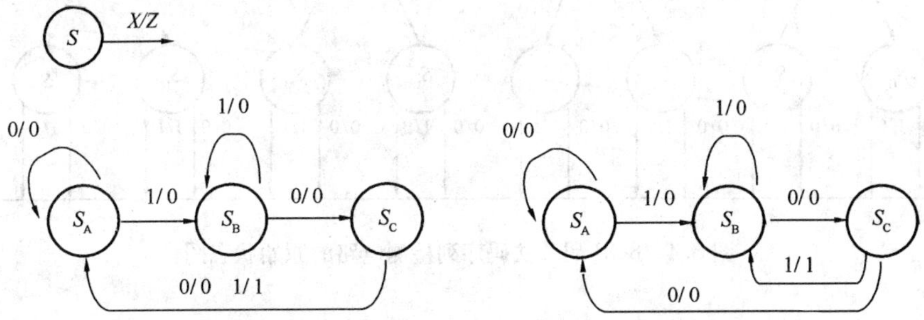

(a) 不可重　　　(b) 可重

图 8.3　Mealy 型“101”序列检测原始状态图

由图 8.3 可看出，可重与不可重的区别，体现在检测到有效序列后（$Z=1$）的状态转移方向。表 8.3 是不可重时的 Mealy 型原始状态表；表 8.4 是可重时的 Mealy 型原始状态表。

表 8.3　不可重 Mealy 型原始状态表

S \ X	0	1
S_A	$S_A/0$	$S_B/0$
S_B	$S_C/0$	$S_B/0$
S_C	$S_A/0$	$S_A/1$
	S_{t+1}/Z	

表 8.4　可重 Mealy 型原始状态表

S \ X	0	1
S_A	$S_A/0$	$S_B/0$
S_B	$S_C/0$	$S_B/0$
S_C	$S_A/0$	$S_B/1$
	S_{t+1}/Z	

【例 8.4】 试画出检验串行输入 8421 码非法码的检测电路的原始状态图。

解 根据题意有 X 分成 4 位一组串行输入。当检测出 8421 码的非法码时输出 Z 为 1，正常 8421 码时输出 Z 为 0。设每组的低位先进入，即电路由低位开始检测。

设检测电路的初态为 S_A，随着 X 的第一位（最低位）输入，电路由 S_A 状态转换为 S_B（$X=0$）或者 S_C（$X=1$）状态；随着 X 的第二位输入，电路由 S_B、S_C 状态进入 S_D、S_E、S_F 或 S_G 状态；当 X 的第三位输入时，状态又可以变化为 S_H、S_I、S_J、S_K、S_L、S_M、S_N 或 S_P 状态。在这阶段，输出 Z 一直处于 0 状态。当 X 输入第四位（最高位）时，在不同的现态下，若检测出不符合 8421 码的非法码，输出 Z 为 1；若符合 8421 码，输出 Z 为 0，电路返回初始态进行下一组检测。

为了便于分析，将原始状态图设计成图 8.4 所示的树状结构。由原始状态图可以很容易得到原始状态表，请读者自行画出。

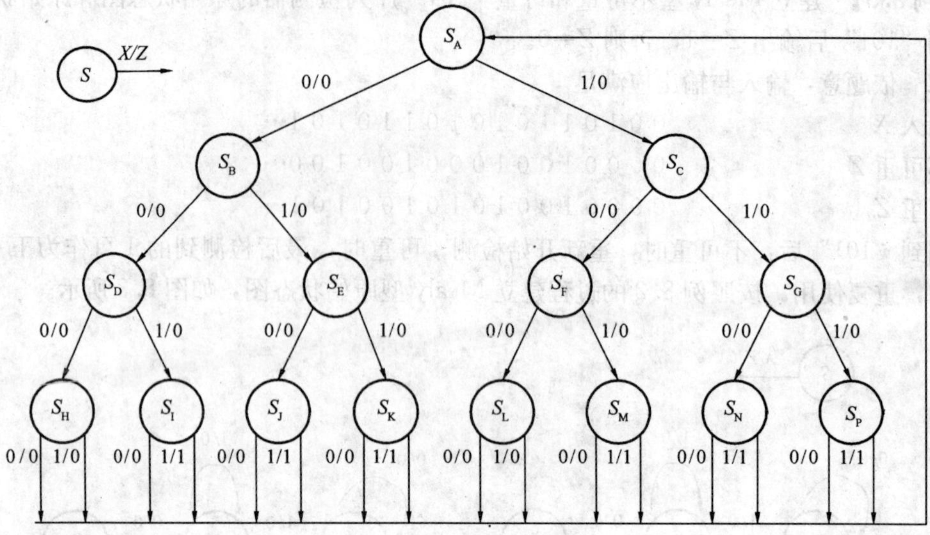

图 8.4　8421 码非法码序列检测电路的原始状态图

8.2　状态化简

在形成原始状态表时，设计的主要目的是使原始状态表能够正确描述电路的逻辑功能要求，并没有过多地考虑状态数是否最少，因此在原始状态表中可能存在多余状态。显然，状态数越少，则对应的逻辑电路越简单。这就需要在不改变电路外部特性的基础上，对原始状态表进行化简。

所谓状态化简，就是采用某种化简技术从原始状态表中消去多余状态，得到一个既能正确描述给定的逻辑功能，又能使所包含的状态数目达到最少的状态表——最小状态表。

本节只介绍利用隐含表对完全给定同步时序电路原始状态表进行化简的方法。关于不完全给定同步时序电路原始状态表的化简，请读者查阅有关资料。

所谓完全给定同步时序电路指其原始状态表中所有的次态和输出都是确定的。完全给定同步时序电路原始状态表的化简，是利用状态之间的等效关系进行的。下面给出关于等效的几个重要概念。

1）等效状态

假设状态 S_A 和 S_B 是完全给定同步时序电路原始状态表中的两个状态，如果对于所有可能的输入序列（长度和结构是任意的），分别从 S_A 和 S_B 出发，所得到的输出响应序列完全相同，则两个状态是等效（等价）的，称 S_A 和 S_B 为等效对，记作：（S_A，S_B）。等效状态可以合并为一个状态，它不会改变电路的外部特性。

从整体上讲，原始状态表已经反映了各状态在任意输入序列下的输出。

等效状态有三个特点：

(1) 对称性。若（S_A，S_B），则（S_B，S_A）。

(2) 自反性。对于任何状态 S_i，有（S_i，S_i）。

(3) 传递性。若有（S_A，S_B）且（S_B，S_C），则有（S_A，S_C）。

2）等效类

所含状态都可以相互构成等效对的状态的集合（若干彼此等价的状态构成的集合），称为等效类。由（S_A，S_B）和（S_B，S_C），可以推出（S_A，S_C），进而可知 S_A、S_B、S_C 属于同一等效类，记作：（S_A，S_B），（S_B，S_C）$\rightarrow$ {S_A，S_B，S_C}。

在等效关系中，等效对是狭义的概念，针对两个状态而言。等效类是广义的概念，针对若干个状态而言，甚至一个状态也可称为等效类。

3）最大等效类

在一个原始状态表中，不是任何其他等效类子集的等效类称为最大等效类。

完全给定同步时序电路原始状态表的化简过程，就是寻找最大等效类的过程。若将每个最大等效类中的所有状态合并为一个新状态，就可得到最小状态表。显然，化简后的状态数等于最大等效类的个数。

判断原始状态表中两个状态是否等效（等价）的标准为：如果两个状态，对每一种可能的输入组合都满足下列两个条件，那么这两个状态等效。

条件一，它们的输出必须完全相同。

条件二，它们的次态属于下列情况之一：

(1) 次态相同；

(2) 次态交错或者次态维持；

(3) 后继状态等效；

(4) 次态循环。

图 8.5～图 8.9 是上述状态等效判别条件的图例，说明如下：

图 8.5 中，状态 S_1 和 S_2 的输出相同，满足条件一；并且相同输入的次态相同，满足条件二。如果分别从 S_1 和 S_2 出发，加入任意输入序列，那么除了第一次状态转换外，其他的状态转换都是由同一状态（S_3 或 S_4）出发而得到的，因此产生的输出序列完全一致。所以，状态 S_1 和 S_2 等效。

图 8.6 中，状态 S_1 和 S_2 的输出相同，满足条件一；分别从 S_1 和 S_2 出发，加入任意输入序列，当输入为 0 时，产生的输出都为 0，且次态交错，当输入变为 1 时，产生输出 1，且不论现态是 S_1 或 S_2 都将进入同一状态 S_3（次态相同），由此产生的输出序列必然完全相同。故状态 S_1 和 S_2 等效。

图 8.7 中，其情况类似于图 8.6。它是一种次态维持的情况。

图 8.8 中，状态 S_1 和 S_2 是否等效，取决于状态 S_3 和 S_4 的等效情况，S_3 和 S_4 因输出相同且满足次态相同、次态维持而等效，从而导致状态 S_1 和 S_2 在输入为 1 时的次态相同，所以，状态 S_1 和 S_2 等效。

图 8.9 中，如果将 S_1 和 S_2，S_3 和 S_4，S_5 和 S_6 作为状态对，可发现：每个状态对中，两个状态在相同输入下的输出相同。状态对 S_1 和 S_2 是否等效取决于状态对 S_3 和 S_4 是否等效，状态对 S_3 和 S_4 是否等效取决于状态对 S_5 和 S_6 是否等效，而状态对 S_5 和 S_6 是否等效取决于状态对 S_1 和 S_2 是否等效，即形成了次态循环，其他次态都相同或交错。如果从某个状态对的两个状态出发，加入任意输入序列，虽然产生何种状态的转换规律可能不同，但产

生的状态对的规律必然相同，因此产生的输出序列必然相同，所以，状态对 S_1 和 S_2，S_3 和 S_4，S_5 和 S_6 均构成等效对。

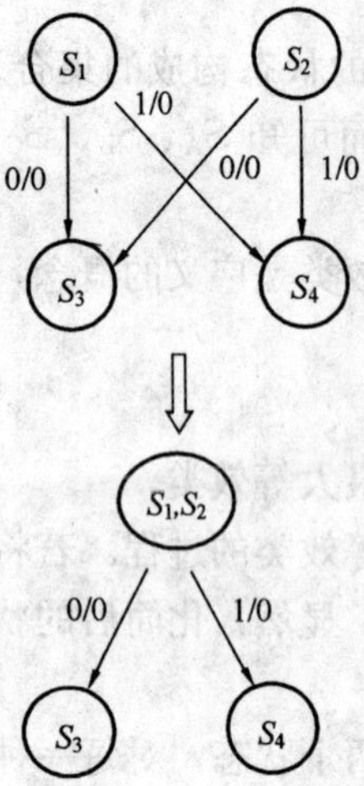

图 8.5 次态相同

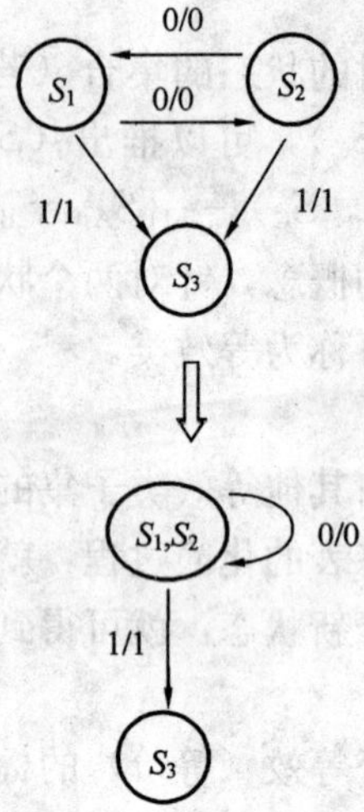

图 8.6 次态交错

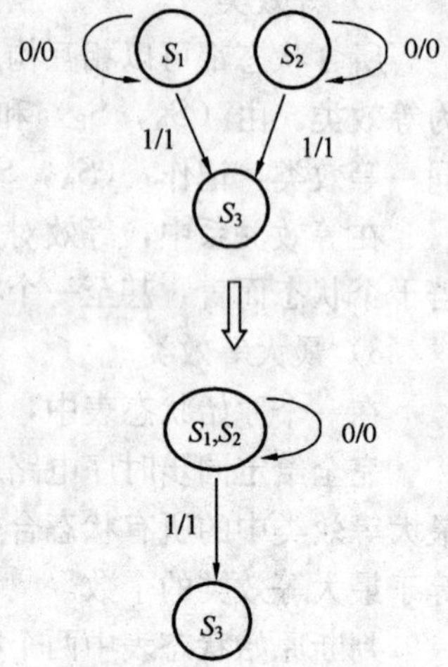

图 8.7 次态维持

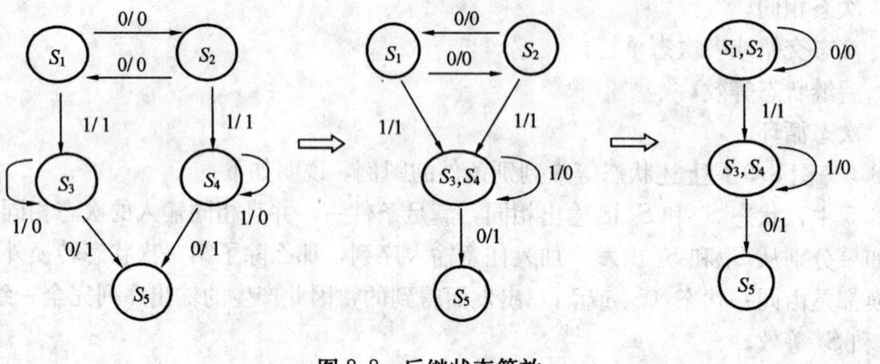

图 8.8 后继状态等效

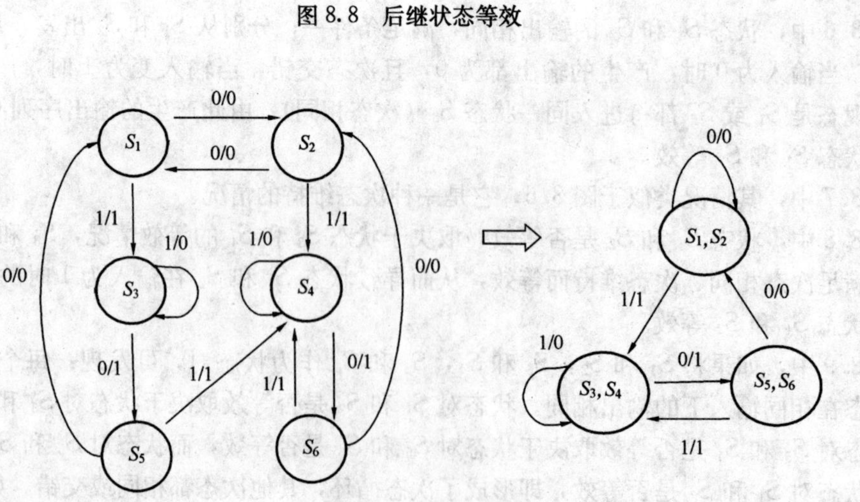

图 8.9 次态循环

通过上述分析可知，确定原始状态表中的所有等效对，是状态化简的关键环节。对于比较复杂的原始状态表，直接在原始状态表中寻找等效对，既不方便又不直观。通常利用隐含表来确定等效对，它是一种规范的方法。

隐含表的结构如图 8.10 所示。设原始状态表中有 n 个状态 $S_1 \sim S_n$，在隐含表的水平方向标注 S_1、S_2、…、S_{n-1}，垂直方向标注 S_2、S_3、…、S_n。即垂直方向少第一个状态（“缺头”），水平方向少最后一个状态（“少尾”）。隐含表中的小方格用来标注一个状态对（S_i，S_j）的等效情况。

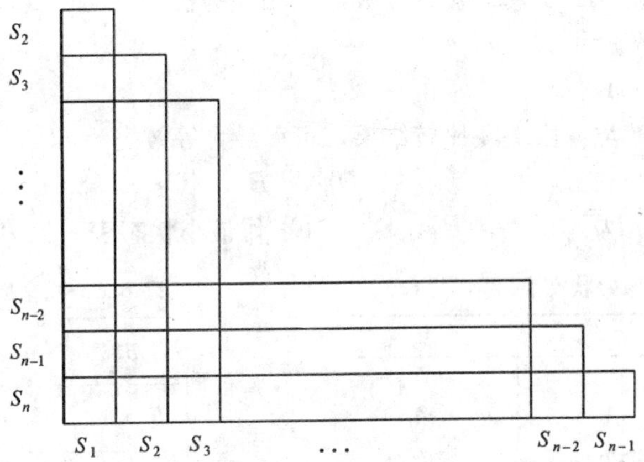

图 8.10　隐含表的结构

利用隐含表法对原始状态图进行化简的基本思想是：先对原始状态表中的各状态进行两两比较，找出所有等效对；然后利用等效的传递性，确定等效类；最后确定最大等效类，将每个最大等效类命名一个新状态，构造最小状态表。

利用隐含表法对原始状态图进行化简的步骤：

第一步：画出隐含表。

第二步：顺序比较。对原始状态表中的各状态进行两两比较，其结果可能出现三种情况：

(1) 状态 S_i 和 S_j 的输出完全相同，且符合次态相同或次态交错或次态维持，表示 S_i 和 S_j 等效，在隐含表对应方格中标注“√”；

(2) 状态 S_i 和 S_j 的输出不相同，表示 S_i 和 S_j 不等效，在隐含表对应方格中标注“×”；

(3) 状态 S_i 和 S_j 的输出完全相同，但其次态既不相同也不交错、维持，说明 S_i 和 S_j 是否等效取决于其他状态对，在对应的方格中标注需要进一步考察的状态对。

第三步：关联比较。确定第二步中待考察的次态对是否等效，并由此确定原状态对是否等效。若后续状态对等效或者出现循环，则这些状态对都是等效的，在对应方格中不加标注；若后续状态对中出现不等效，则在它以前的状态对都是不等效的，在对应方格中添加“×”标注。

第四步：列出所有等效对，根据传递性确定等效类。

第五步：确定最大等效类。各最大等效类之间不应出现相同状态；原始状态表中的每一个状态必须属于某一个最大等效类；不与其他任何状态等效的单个状态也是一个最大等效类。

第六步：作最小状态表。每个最大等效类可以合并为一个状态，重新命名，用一个新符号表示。这样，由一组新的状态符号所构成的状态表就是所求的最小状态表。

【例 8.5】 化简表 8.5 所示的原始状态表。

解 (1) 画隐含表，如表 8.6 所示。

(2) 顺序比较，如表 8.6 所示。

(3) 关联比较，状态对 AB 是否等效，取决于 BC 是否等效。由顺序比较结果可直接看出 BC 不等效，所以 AB 也不等效，在相应方格中添加"×"。同理，BD 也不等效，如表 8.7 所示。

(4) 等效对只有 (A, D)。

(5) 列出最大等效类，由关联比较结果，可得最大等效类为

$$\{A, D\}, \{B\}, \{C\}$$

(6) 令 $S_1=\{A, D\}$，$S_2=\{B\}$，$S_3=\{C\}$ 作最小状态表，如表 8.8 所示。

表 8.5 原始状态表

S \ X	0	1
A	D/0	B/0
B	D/0	C/0
C	D/0	C/1
D	D/0	B/0
	S_{t+1}/Z	

表 8.6 隐含表、顺序比较

B	BC		
C	×	×	
D	√	BC	×
	A	B	C

表 8.7 关联比较

B	BC×		
C	×	×	
D	√	BC×	×
	A	B	C

表 8.8 最小状态表

S \ X	0	1
S_1	$S_1/0$	$S_2/0$
S_2	$S_1/0$	$S_3/0$
S_3	$S_1/0$	$S_3/1$
	S_{t+1}/Z	

【例 8.6】 化简表 8.9 所示的原始状态表。

解 (1) 画隐含表，如表 8.10 所示。

(2) 顺序比较，如表 8.10 所示。

(3) 关联比较，状态对 AB 是否等效，取决于 CF 是否等效。由顺序比较结果可直接看出 CF 等效，所以 AB 也等效，不加标记。而 DG 取决于 CD、DE 是否等效，只要 CD、DE 中有一个不等效，则 DG 就不等效，在此 CD、DE 均不等效，所以在相应方格中添加"×"。再看 AE，取决于 BE，而 BE 取决于 AE、CF，已得 CF 等效，所以，AE、BE 为次态循环，故 AE、BE 都等效。其结果如表 8.11 所示。

(4) 列出等效对，有 (A, B)，(A, E)，(B, E)，(C, F)。

(5) 求等效类，根据传递性有 (A, B)，(A, E)，(B, E) → $\{A, B, E\}$。

(6) 列出最大等效类，由关联比较结果，可得最大等效类为

$$\{A, B, E\}, \{C, F\}, \{D\}, \{G\}$$

(7) 令 $S_1=\{A, B, E\}$，$S_2=\{C, F\}$，$S_3=\{D\}$，$S_4=\{G\}$ 作最小状态表，如表8.12所示。

表 8.9　原始状态表

S \ X	0	1
A	C/0	B/1
B	F/0	A/1
C	F/0	G/0
D	D/1	E/0
E	C/0	E/1
F	C/0	G/0
G	C/1	D/0

S_{t+1}/Z

表 8.10　隐含表、顺序比较

B	CF					
C	×	×				
D	×	×	×			
E	BE	CF AE	×	×		
F	×	×	√	×	×	
G	×	×	×	CD DE	×	×
	A	B	C	D	E	F

表 8.11　关联比较

B	CF					
C	×	×				
D	×	×	×			
E	BE	CF AE	×	×		
F	×	×	√	×	×	
G	×	×	×	CD × DE	×	×
	A	B	C	D	E	F

表 8.12　最小状态表

S \ X	0	1
S_1	$S_2/0$	$S_1/1$
S_2	$S_2/0$	$S_4/0$
S_3	$S_3/1$	$S_1/0$
S_4	$S_2/1$	$S_3/0$

S_{t+1}/Z

8.3　状态分配

利用状态化简技术对原始状态表进行化简，可得到最小状态表。对最小状态表中用字符表示的状态进行编码的过程，称为状态分配（状态编码）。

进行状态分配要解决两个问题：一是确定触发器的数量；二是选择状态分配方案，构造卡诺图形式的二进制状态/输出表。以便按典型同步时序电路的设计步骤，得到电路的状态方程组和输出方程，进而得到各触发器的激励方程（激励网络），从而采用传统的“触发器+组合逻辑”实现。也可用硬件描述语言（例如 Verilog HDL）直接建模。

若设最小状态表中的状态个数为 n，触发器的个数为 K，则 n、K 之间应满足

$$2^K \geqslant n \text{ 或 } K \geqslant \log_2 n$$

式中，K 取满足上述关系的最小整数。

在传统“触发器+组合逻辑”的数字系统设计中，追求触发器的数量最少以及组合逻辑中逻辑门数量最少，以达到整个电路最简的目的。所以，当确定了触发器的数量后，通常采用相邻状态分配法解决状态编码问题。它的主要思路是：尽可能使卡诺图形式的二进制状态/输出表中 1 或 0 的分布为相邻，以便形成较大卡诺圈，使电路的状态方程最

简，即激励网络最简。相邻状态分配法是一种经验的方法，主要根据以下三条相邻原则，通过比较来确定：

（1）在相同输入条件下，次态相同时，现态应进行相邻分配。所谓相邻分配，指两个状态的二进制代码中仅有 1 位不同。

（2）在不同的输入条件下，同一现态的次态应进行相邻分配。

（3）输出完全相同，两个现态应进行相邻分配，以保证输出方程最简。

在以上三条中，第一条最重要，应优先满足。

【例 8.7】 用相邻状态分配法对表 8.13 所示的最小状态表进行状态分配。

解 有四个状态，需两个触发器，设为 Q_1Q_2。

状态分配（编码）过程如下：

根据原则（1），S_1S_2、S_1S_3 应相邻分配；

根据原则（2），S_3S_4、S_1S_2、S_1S_3、S_2S_4 应相邻分配；

根据原则（3），S_1S_2、S_1S_3、S_2S_3 应相邻分配。

Q_2 \ Q_1	0	1
0	S_1	S_3
1	S_2	S_4

图 8.11　例 8.7 状态分配

综合考虑，S_1S_2、S_1S_3 应相邻分配，因为三个原则都要求。可借助卡诺图，得到满足上述相邻要求的状态分配方案，如图 8.11 所示。由此可得关于 Q_1Q_2 顺序的状态编码为

$$S_1 = 00, S_2 = 01, S_3 = 10, S_4 = 11$$

将上述编码代入表 8.13 所示的最小状态表，并适当调整，可得到表 8.14 所示的卡诺图形式的二进制状态/输出表。至此完成了状态分配。当然，它不是唯一的。

表 8.13　例 8.7 最小状态表

S \ X	0	1
S_1	$S_3/0$	$S_4/0$
S_2	$S_3/0$	$S_1/0$
S_3	$S_2/0$	$S_4/0$
S_4	$S_1/1$	$S_2/1$

S_{t+1}/Z

表 8.14　卡诺图形式二进制状态/输出表

Q_1Q_2 \ X	0	1
00	10/0	11/0
01	10/0	00/0
11	00/0	01/0
10	01/1	11/1

$Q_{1(t+1)}Q_{2(t+1)}/Z$

有了表 8.14 所示的卡诺图形式的二进制状态/输出表，就可以求电路的状态方程和输出方程，并可用 D 触发器或 JK 触发器实现。

必须指出，状态分配的三条原则在大多数情况下是有效的，并且得到的电路是比较简单的。但是，由于问题的复杂性，有时可能得不到预期的结果，需要多种分配方案比较后，再确定最佳方案。另外，对于同步时序电路来讲，状态分配方案的不同，并不影响电路工作的稳定性，仅影响激励网络的复杂程度。

在现代数字系统设计中，已普遍采用基于 EDA 平台和 PLD 的设计技术。而 PLD 中丰富的触发器资源以及 EDA 中的自动化综合工具，使设计者不必过分追求“触发器个数最少、激励网络最简”的传统要求。特别是在状态编码时，通常采用可靠性编码：一是采用格雷码（循环码）编码，最大程度上保证激励网络（或后续电路）不发生功能险象；二是采用

1 位热编码，即最小状态表中的每一个状态对应一个触发器，使电路的状态变化规律形成循环一个“1”或循环一个“0”，可不添加译码电路直接控制后续电路。

所以，表 8.13 所示最小状态表的状态可按格雷码编码方式，分配得到$S_1=00$、$S_2=01$、$S_3=11$、$S_4=10$，进而直接得到卡诺图形式的二进制状态/输出表；也可采用 1 位热编码，分配得到 $S_1=0001$、$S_2=0010$、$S_3=0100$、$S_4=1000$，此时，电路所需触发器的数量增加到 4 个。在用硬件描述语言建立同步时序电路模型时，通常采用 1 位热编码方法进行状态分配。

8.4　一般同步时序电路设计举例

下面以“1011”序列检测器和模 6 可逆计数器的设计为例，给出一般同步时序电路设计的全过程。

【例 8.8】 采用上升沿 *JK* 触发器设计一个“1011”序列检测器（不可重），并建 Verilog HDL模型。

解　采用 Mealy 型电路，设电路的串行输入端为 X，输出端为 Z，当检测到“1011”时 $Z=1$，否则 $Z=0$。不可重意味着输入、输出满足

X　　0 1 0 1 1 0 1 1 1 0 1 1 0…

Z　　0 0 0 0 1 0 0 0 0 0 0 1 0…

第一步，设 S_0 为初态；S_1 表示收到第 1 位的“1”；S_{10} 表示收到前两位“10”；S_{101} 表示收到前 3 位的“101”；S_{1011} 表示收到了“1011”。画出原始状态图如图 8.12 所示，并可得到如表 8.15 所示的原始状态表。

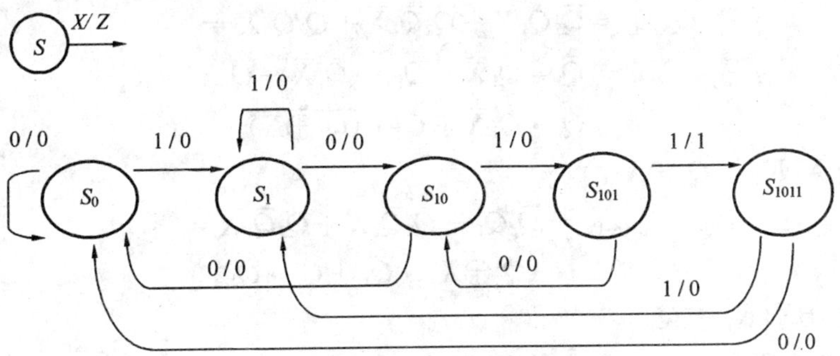

图 8.12　原始状态图

第二步，根据表 8.16 所示隐含表，先顺序比较，再关联比较，得到最大等效类且重新命名如下：

$$\begin{array}{cccc}\{S_0, S_{1011}\} & \{S_1\} & \{S_{10}\} & \{S_{101}\} \\ \downarrow & \downarrow & \downarrow & \downarrow \\ Y_0 & Y_1 & Y_2 & Y_3\end{array}$$

由此可得表 8.17 所示的最小状态表。

第三步，最小状态表中有四个状态，需要两个触发器，设顺序为 Q_2Q_1 并按照格雷码直接进行状态分配，令 $Y_0=00$，$Y_1=01$，$Y_2=11$，$Y_3=10$，得到表 8.18 所示的卡诺图形式二进制状态/输出表。

表 8.15 原始状态表

S \ X	0	1
S_0	$S_0/0$	$S_1/0$
S_1	$S_{10}/0$	$S_1/0$
S_{10}	$S_0/0$	$S_{101}/0$
S_{101}	$S_{10}/0$	$S_{1011}/1$
S_{1011}	$S_0/0$	$S_1/0$
	S_{t+1}/Z	

表 8.16 隐含表

S_1	S_0S_{10} ×			
S_{10}	S_1S_{101} ×	S_0S_{10} S_1S_{101} ×		
S_{101}	×	×	×	
S_{1011}	√	S_0S_{10} ×	×	×
	S_0	S_1	S_{10}	S_{101}

表 8.17 最小状态表

Y \ X	0	1
Y_0	$Y_0/0$	$Y_1/0$
Y_1	$Y_2/0$	$Y_1/0$
Y_2	$Y_0/0$	$Y_3/0$
Y_3	$Y_2/0$	$Y_0/1$
	Y_{t+1}/Z	

表 8.18 二进制状态/输出表

Q_2Q_1 \ X	0	1
00	00/0	01/0
01	11/0	01/0
11	00/0	10/0
10	11/0	00/1
	$Q_{2(t+1)}Q_{1(t+1)}/Z$	

第四步，根据表 8.18 所示的二进制状态/输出表可求得电路的状态方程及输出方程。题意要求用 JK 触发器实现，故应将状态方程变换成 $Q_{i(t+1)}=J_i\overline{Q}_i+\overline{K}_iQ_i$ 形式，以求解触发器的 J_i 与 K_i。

由

$$\begin{aligned}Q_{2(t+1)} &= \overline{Q}_2Q_1\overline{X}+Q_2\overline{Q}_1\overline{X}+Q_2Q_1X= \\ &\overline{Q}_2\cdot Q_1\overline{X}+Q_2\cdot(\overline{Q}_1\overline{X}+Q_1X)= \\ &\overline{Q}_2\cdot Q_1\overline{X}+Q_2\cdot\overline{(Q_1\oplus X)}\end{aligned}$$

可得，$J_2=Q_1\overline{X}, K_2=Q_1\oplus X$。

由

$$\begin{aligned}Q_{1(t+1)} &= \overline{Q}_2Q_1+\overline{Q}_2\overline{Q}_1X+Q_2\overline{Q}_1\overline{X}= \\ &(Q_2\oplus X)\cdot\overline{Q}_1+\overline{Q}_2\cdot Q_1\end{aligned}$$

可得，$J_1=Q_2\oplus X, K_1=Q_2$。

电路的输出方程为 $Z=Q_2\overline{Q}_1X$。

第五步，画出用上升沿 JK 触发器实现的“1011”序列检测器的逻辑电路图，如图8.13所示。

第六步，自启动性讨论。由于没有无关状态，所以电路可自启动。

第七步，建立“1011”序列检测器的 Verilog HDL 模型。可根据最小状态表直接描述，用 parameter 进行状态编码（便于修改）；用一个 always 描述组合部分，即在当前状态（现态）下，根据输入 X 的条件，应产生的激励（次态）和输出（Z）；用一个 always描述时序部分，即在时钟的作用下，完成电路状态的转换。

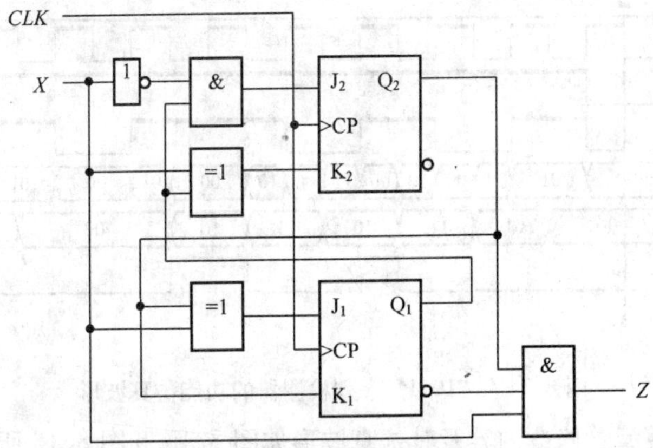

图 8.13 “1011”序列检测器电路图

```
module t_1011 (reset, clk, x, z) ;
  input reset, clk, x ;
  output z ;
  parameter y0=2'b00, y1=2'b01, y2=2'b11, y3=2'b10; // 状态编码
  reg z ;
  reg [2: 1] now, next;                    // 定义状态变量
   always @ ( x or now )                   // 描述组合部分
    case (now)                             // 按照最小状态表描述
       y0: if (x) begin next=y1; z=0; end
           else begin next=y0; z=0; end
       y1: if (! x) begin next=y2; z=0; end
           else begin next=y1; z=0; end
       y2: if (x) begin next=y3; z=0; end
           else begin next=y0; z=0; end
       y3: if (x) begin next=y0; z=1; end
           else begin next=y2; z=0; end
       default: begin next=y0; z=0; end
    endcase
   always @ ( posedge clk )                // 时序部分
    if (! reset) now<=y0;                  // 同步清零
    else   now<=next;                      // 状态转换
endmodule
```

图 8.14 是“1011”序列检测器的功能仿真波形。从波形上看，似乎输出 Z 发生了问题，刚检测到 101 就为 1 了。这是由于 Mealy 型电路的输出不仅与现态有关，还和电路的输入有关，当电路在 now 为 11 时，检测到 1，在时钟上升沿进入 10，而此刻的输入 X 仍为 1，导致 Z 立刻跟随变为 1。事实上，后续电路在使用 Z 信号进行控制操作时，一定要先进行同步化处理。为了说明同步化处理的效果，对此模块稍作修改，即可成为输出同步化的

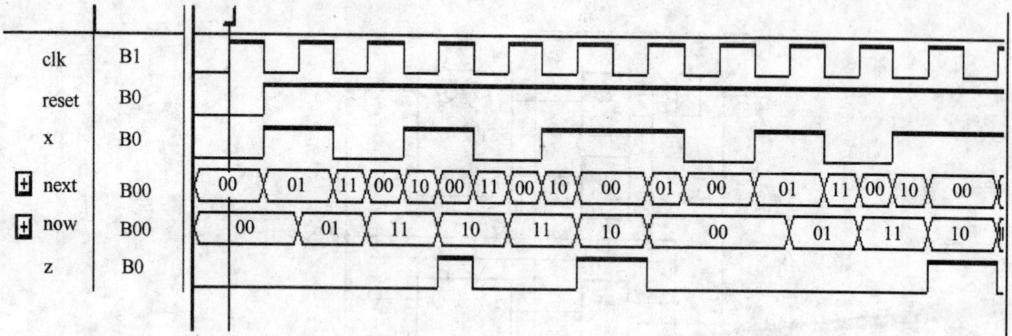

图 8.14 “1011”序列检测器的功能仿真波形

“1011”序列检测器模型。修改内容及其仿真波形如图 8.15 和图 8.16 所示，其中 z1 为同步化以后的输出。

z1为同步化输出端

```
module  t_1011 (reset, clk, x, z, z1, now, next);
    input  reset, clk, x;
    output z, zl;
    output [2:1] now, next;
    parameter  y0=2'b01, y1=2'b01,
               y2=2'b11, y3=2'b10;
    reg  z, z1;
    reg [2:1]   now, next;
  always @ (x or now)
    case (now)
       y0: if (x)    begin next=y1; z=0; end
           else      begin next=y0; z=0; end
       y1: if (! x)  begin next=y2; z=0; end
           else      begin next=y1; z=1; end
       y2: if (x)    begin next=y3; z=0; end
           else      begin next=y0; z=0; end
       y3: if (x)    begin next=y0; z=1; end
           else      begin next=y2; z=0; end
         default :   begin next=y0; z=0; end
     endcase
    always @ (posedge clk)
    if (! reset) begin now<=y0; z1<=0; end
    else begin now<=next; z1<=1; end
endmodule
```

同步化处理

图 8.15 同步化 Verilog HDL 模型

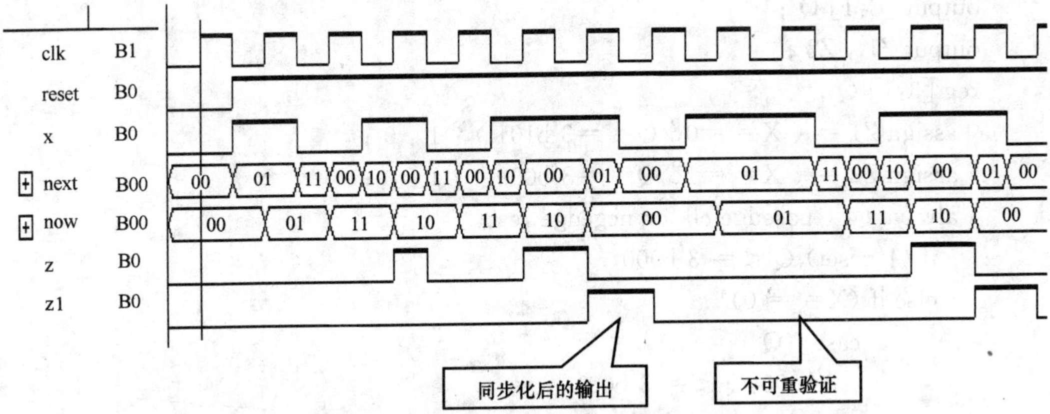

图 8.16 “1011”序列检测器同步化输出波形

由图 8.17 所示 Mealy 型电路的输出同步化示意图，可看出所谓同步化就是在输出端增加了一个 D 触发器，在时钟的同步下（采样），将 z 送到 z_1。

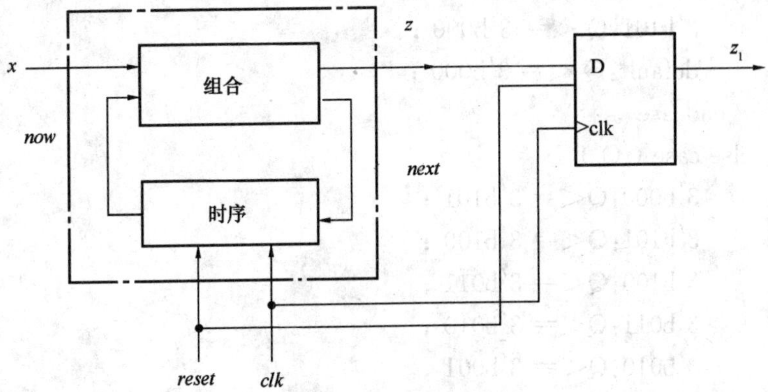

图 8.17 Mealy 型电路输出同步化示意图

【例 8.9】 建立一个模 6 可逆计数器的 Verilog HDL 模型。当 $X=0$ 时，加 1 计数，加到 101 时，进位信号 $Z_1=1$，否则，$Z_1=0$；当 $X=1$ 时，减 1 计数，减到 000 时，借位信号 $Z_2=1$，否则，$Z_2=0$。另外，该计数器有一个异步清零端。

解 由题意可知，该计数器的状态为 000、001、010、011、100 和 101，无须化简。

当 $X=0$ 时，状态变化规律为

$Z_1=1$

000→001→010→011→100→101

当 $X=0$ 时，状态变化规律为

$Z_2=1$

101→100→011→010→001→000

模 6 可逆计数器的 Verilog HDL 描述如下：

```
module counter_6 (clk , reset , X , Q , Z1 , Z2) ;
  input clk , reset , X ;
```

```
   output [3:1] Q ;
   output Z1 , Z2 ;
   reg [3:1] Q ;
     assign Z1 = ( X= =0&Q= =3'b101 ) ? 1 : 0 ;
     assign Z2 = ( X= =1&Q= =3'b000 ) ? 1 : 0 ;
     always @ ( posedge clk or negedge reset )
       if (! reset) Q <= 3'b000 ;
       else if (X= = 0)
               case ( Q )
                 3'b000:Q <= 3'b001 ;
                 3'b001:Q <= 3'b010 ;
                 3'b010:Q <= 3'b011 ;
                 3'b011:Q <= 3'b100 ;
                 3'b100:Q <= 3'b101 ;
                 3'b101:Q <= 3'b000 ;
                 default:Q <= 3'b000 ;
               endcase
            else case ( Q )
                 3'b000:Q<= 3'b101 ;
                 3'b101:Q<= 3'b100 ;
                 3'b100:Q<= 3'b011 ;
                 3'b011:Q<= 3'b010 ;
                 3'b010:Q<= 3'b001 ;
                 3'b001:Q<= 3'b000 ;
                 default:Q<= 3'b000 ;
            endcase
endmodule
```

显然，这个模型的描述方法比较直观，易于理解。读者可自行写出更加简洁的行为描述，并且可在此基础上设计任意状态变化规律的模 6（甚至模 n）可逆计数器模型，或添加计数使能、并行置数等功能。

图 8.18 是模 6 可逆计数器的功能仿真波形。

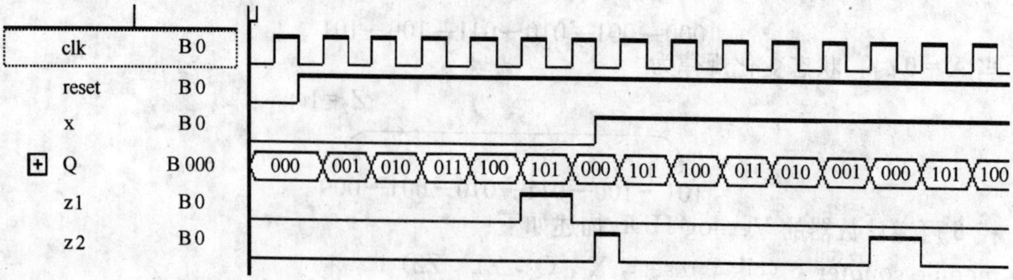

图 8.18 模 6 可逆计数器的功能仿真波形

本章小结

本章介绍了一般同步时序电路的设计初期，如何根据逻辑设计要求建立原始状态图和原始状态表；如何用隐含表对原始状态表进行状态化简，得到最小状态表；如何对最小状态表中的状态进行编码；最后，通过两个设计示例完整地归纳总结了一般同步时序电路的设计方法与步骤，并给出了 Verilog HDL 设计描述。

根据逻辑设计要求建立原始状态图是一般同步时序电路设计的关键，应本着“宁多勿漏”的原则，先建立主序列（有效序列），再补充辅助序列。由原始状态图建立原始状态表时，应注意原始状态表的形式：现态、输入作为横、纵坐标，表内填写次态和输出。另外，还应注意 Moore 型与 Mealy 型电路在图、表上的区别。

原始状态表的状态化简是在状态等效基础上进行的。根据等效的传递性，在等效对中寻求等效类，从而确定最大等效类，然后，将每个最大等效类中的状态合并为一个新状态，由这些新状态即可构成最小状态表。在充分理解状态等效的判定条件后，利用隐含表进行状态化简是一种较为规范的方法：按照“缺头少尾”构造隐含表后，先进行两两状态的顺序比较，然后进行关联比较，最后确定最大等效类，命名新状态，得到最小状态表。应充分注意：不与任何其他状态构成等效对的独立状态是一个最大等效类。

对最小状态表进行状态分配（编码）是为了得到卡诺图形式的二进制状态表，以求解状态方程组和输出方程，进而用触发器实现。相邻分配法的核心是尽量使卡诺图形式二进制状态/输出表中的“1”或“0”相邻，确保得到的状态方程组和输出方程最简。

当采用硬件描述语言 Verilog HDL 建模时，可根据最小状态表，用 parameter 进行状态分配：二进制、格雷码或 1 位热编码。然后参照同步时序电路的模型，进行描述。当电路为 Mealy 型时，用两个 always 分别描述组合部分（激励、输出）和时序部分；当电路为 Moore 型时，用三个 always 分别描述激励、输出和时序部分。

思考题

1. 根据逻辑设计要求建立原始状态图时，如何理解“宁多勿漏”的原则？
2. 如何正确理解序列检测器设计中，可重与不可重的概念？举例说明。
3. 如何读懂一个序列检测器的状态图，正确判断检测序列？
4. 正确理解原始状态图与原始状态表的对应关系，相互转换方法。
5. 总结状态等效的有关概念。
6. 状态等效的判别条件是什么？
7. 如何理解“不与任何其他状态构成等效对的独立状态是一个最大等效类”？
8. 最小状态表与最大等效类的关系是什么？

9. 隐含表的结构是什么?

10. 总结利用隐含表进行状态化简的步骤。

11. Moore 型与 Mealy 型电路在图、表上的区别是什么?

12. 状态分配的目的是什么? 相邻分配的本质是什么?

13. 为什么状态编码后，要构造卡诺图形式的二进制状态/输出表?

14. 根据最小状态表，采用硬件描述语言 Verilog HDL 的建模方法是什么?

15. 参照同步时序电路的模型，思考为什么 Mealy 型电路通常用两个 always，而 Moore 型通常需要三个 always?

习　题

8.1　建立 Mealy 型 0101 序列（不可重）检测器的原始状态图和原始状态表。

8.2　建立 Mealy 型 1010 序列（可重）检测器的原始状态图和原始状态表。

8.3　分别建立 1111 序列的不可重、1 位可重、2 位可重、3 位可重时，序列检测器的原始状态图。

8.4　建立 Moore 型 0010 序列检测器的原始状态图和原始状态表。

8.5　用隐含表化简表习 8.1～表习 8.4 所示的各原始状态表，给出最小状态表。

表习 8.1

S \ X	0	1
S_1	$S_4/0$	$S_2/0$
S_2	$S_3/1$	$S_1/0$
S_3	$S_2/1$	$S_5/0$
S_4	$S_1/0$	$S_2/0$
S_5	$S_4/1$	$S_1/0$

S_{t+1}/Z

表习 8.2

S \ X	0	1
A	B/0	A/1
B	C/0	A/0
C	C/0	B/0
D	E/0	D/1
E	C/0	D/0

S_{t+1}/Z

表习 8.3

S \ X	00	01	11
S_1	$S_4/1$	$S_3/0$	$S_5/1$
S_2	$S_4/0$	$S_5/0$	$S_3/1$
S_3	$S_1/0$	$S_5/0$	$S_2/1$
S_4	$S_1/1$	$S_2/0$	$S_5/1$
S_5	$S_1/1$	$S_3/0$	$S_2/1$

S_{t+1}/Z

表习 8.4

S \ X	0	1
A	A/0	C/0
B	D/1	A/0
C	F/0	F/0
D	E/1	B/0
E	G/1	G/0
F	C/0	C/0
G	B/1	H/0
H	H/0	C/0

S_{t+1}/Z

8.6 试画出检验串行输入余 3 码的非法码检测电路的原始状态图，并用隐含表化简，给出最小状态表。

8.7 试画出串行输入 4 位一组奇检验电路的原始状态图，并进行化简，给出最小状态表。

8.8 表习 8.5 为某同步时序电路的最小状态表，请用 D 触发器（Q_1Q_0）实现，状态分配为：$A=00$，$B=01$，$C=11$，$D=10$。

8.9 请用 JK 触发器（Q_1Q_0）实现表习 8.6 所示最小状态表对应的电路，状态分配为：$A=00$，$B=01$，$C=11$，$D=10$。

8.10 根据表习 8.5 和表习 8.6 所示最小状态表，建立对应的 Verilog HDL 模型。

表习 8.5

S \ X	0	1
A	$B/0$	$D/0$
B	$C/0$	$A/0$
C	$D/0$	$A/0$
D	$D/1$	$C/1$

S_{t+1}/Z

表习 8.6

S \ X	0	1	Z
A	B	D	0
B	C	B	0
C	B	A	1
D	B	C	0

S_{t+1}/Z

8.11 建立串行输入 4 位一组偶校验同步时序电路的原始状态图和原始状态表，利用隐含表法求出最小状态表，进行状态编码后，采用 Verilog HDL 建模。

8.12 设计一个同步时序电路，它有两个输入 x_1、x_2，一个输出 z。当 x_1 和 x_2 的输入连续两个以上一致时，输出 $z=1$，否则 $z=0$。要求用 D 触发器实现并建 Verilog HDL 模型。

8.13 用 Verilog HDL 描述一个具有下述特点的计数器：

(1) 两个控制输入，c_1 控制计数器的模，c_2 控制计数器的加、减。

(2) 如 $c_1=0$，则计数器为模 5 计数；如 $c_1=1$，则计数器为模 7 计数。

(3) 如 $c_2=0$，则计数器为加 1 计数；如 $c_2=1$，则计数器为减 1 计数。

8.14 用 Verilog HDL 建立一个 0011 序列检测器模型。

8.15 用 Verilog HDL 描述表习 8.7 功能表所示的多模数计数器。

表习 8.7

Q_1Q_0 \ XY	00	01	10	11
00	01	11	11	00
01	10	00	10	01
10	11	01	01	10
11	00	10	00	11

$Q_{1(t+1)}Q_{0(t+1)}$

8.16 某同步时序电路的三个输入端 A、B、C 在同一时刻只能有一个为 1（另外两个必为 0）或 A、B、C 皆为 0。电路中各状态之间的转换关系如下：

（1）在状态 S_0，$A=1$ 时，转向 S_1；$B=1$ 时，转向 S_2；$C=1$ 时，转向 S_3；$A=B=C=0$ 时，转向 S_0。

（2）在状态 S_1，下一个状态必为 S_2。

（3）在状态 S_2，下一个状态必为 S_3。

（4）在状态 S_3，下一个状态必为 S_0。

请用 Verilog HDL 建立该电路的模型。

参考文献

[1] 鲍家元，毛文林.数字逻辑.2版.北京：高等教育出版社，2002.

[2] 侯建军.数字逻辑与系统.北京：中国铁道出版社，1999.

[3] 高吉祥.数字电子技术.北京：电子工业出版社，2003.

[4] 刘真，李宗伯，文梅，等.数字逻辑原理与工程设计.北京：高等教育出版社，2003.

[5] 胡家宝.数字逻辑.北京：机械工业出版社，2006.

[6] 徐惠民.数字逻辑设计与VHDL描述.2版.北京：机械工业出版社，2004.

[7] 侯建军.数字逻辑与系统解题辅导和Foundation操作指南.北京：中国铁道出版社，2001.

[8] 李益达.数字逻辑电路设计与实现.北京：科学出版社，2004.

[9] 王尔乾.数字逻辑及数字集成电路.2版.北京：清华大学出版社，2002.

[10] 王金明.Verilog HDL程序设计教程.北京：人民邮电出版社，2004.

[11] John F Wakerly. DIGITAL DESIGN Principles & Practices.北京：高等教育出版社，2001.

[12] Victor P Nelson. DIGITAL LOGIC CIRCUIT ANALYSIS & DESIGN.北京：清华大学出版社，1997.